普通物理教程 下册

主编 魏京花 / 副主编 余丽芳 陶丽

清华大学出版社
北京

内容简介

《普通物理教程》(上、下册)是根据教育部最新修订的"高等学校理工科非物理类专业大学物理课程基本要求"和国内工科物理教材改革动态,并结合编者多年从事工科物理教学的经验编写而成。其中,上册为力学篇和电磁学篇,下册为热学篇、振动与波篇、波动光学篇、量子物理基础篇及专题选读篇,全书共计7篇15章内容。每章由教学基本内容、例题、章节要点和习题四部分组成,书后附有习题答案。

本书可作为高等院校非物理专业学生物理课程的基础教材,也可作为高校物理教师、学生和相关技术人员的参考书。

图书在版编目(CIP)数据

普通物理教程. 下册/魏京花主编. --北京:清华大学出版社,2013 (2014.1重印)
ISBN 978-7-302-31720-3

Ⅰ. ①普…　Ⅱ. ①魏…　Ⅲ. ①普通物理学—高等学校—教材　Ⅳ. ①O4

中国版本图书馆CIP数据核字(2013)第048704号

责任编辑:邹开颜　赵从棉
封面设计:常雪影
责任校对:刘玉霞
责任印制:何　芊

出版发行:清华大学出版社
网　　址:http://www.tup.com.cn, http://www.wqbook.com
地　　址:北京清华大学学研大厦A座　　邮　　编:100084
社 总 机:010-62770175　　邮　　购:010-62786544
投稿与读者服务:010-62776969, c-service@tup.tsinghua.edu.cn
质 量 反 馈:010-62772015, zhiliang@tup.tsinghua.edu.cn
印 装 者:北京国马印刷厂
经　　销:全国新华书店
开　　本:185mm×260mm　　印　　张:16　　字　　数:385千字
版　　次:2013年5月第1版　　印　　次:2014年1月第2次印刷
印　　数:3001～4700
定　　价:29.00元

产品编号:041446-01

前言

FOREWORD

物理学是研究物质的基本结构、基本运动形式及相互作用和转化规律的科学。它的基本理论渗透在自然科学的各个领域，广泛应用于生产技术，是自然科学和工程技术的基础。大学物理课程是高等学校理工科各专业学生的一门重要的必修基础课，它是为提高学生的现代科学素质服务的，在培养学生现代的科学的自然观、宇宙观和辩证唯物主义世界观，培养学生的探索、创新精神，培养学生的科学思维能力，掌握科学方法等方面，都具有其他课程不可替代的重要作用。

本书在内容上遵循教育部最新修订的"高等学校理工科非物理类专业大学物理课程基本要求"，在编写中力求使读者掌握物理学的基本概念和规律，建立较完整的物理思想，同时渗透人文社会科学知识，让读者活用所学知识，加强应用能力，实现知识、能力与素质协调发展。全书共分7篇：力学、电磁学、热学、振动与波、波动光学、量子物理基础及专题选读，分上、下两册出版。为了帮助学生掌握各篇内容的体系结构与脉络，每章编有章节要点并附有部分习题。书中最后附有物理学常用数据及常用数学公式以及习题答案，以方便学生查阅和使用。本书还有少量的阅读材料以开阔学生视野，拓展知识面，激发学生的学习兴趣，并启迪学生的创造性。全书讲授约需120学时。

本书由魏京花、黄伟、余丽芳、苏欣纺、聂传辉、王俊平、马黎君和陶丽8位教师共同编写完成。全书分为7篇15章，其中第1章、第9章和第10章由魏京花编写，第2章由王俊平编写，第3章由马黎君编写，第4章由黄伟编写，第5章和第6章由苏欣纺编写，第7章由聂传辉编写，第8章、第11～13章由余丽芳编写，第14章、第15章及专题选读由陶丽编写。全书由魏京花负责统稿，黄伟教授审稿并定稿。本书在编写过程中参考了近年来出版的部分优秀大学物理教材(见参考文献)，同时得到北京市优秀教学团队——北京建筑工程学院大学物理教学团队全体教师的大力支持和帮助，在此一并表示衷心感谢。

由于编者水平有限，书中难免存在错误和不当之处，恳请使用本教材的师生和其他读者随时提出宝贵意见。

编　者

2013年4月

目录

CONTENTS

第3篇 热 学

第4篇 振动与波

第6篇 量子物理基础

第7篇 专题选读

第3篇

热　学

第 9 章

气体动理论

热学按研究角度和研究方法的不同，分为两种理论：一是宏观理论，称为热力学；二是微观理论，称为统计物理学。热力学不涉及物质的微观结构，只是根据由观察和实验所总结得到的热力学规律，用严密的逻辑推理方法，着重分析研究系统在物态变化过程中有关热功转换等关系和实现条件。而统计物理学则是从物质的微观结构出发，依据每个粒子所遵循的力学规律，用统计的方法来推求宏观量与微观量统计平均值之间的关系，解释并揭示系统宏观热现象及其有关规律的微观本质，本章所讲的气体动理论就属于统计物理学基础部分。热力学与气体动理论的研究对象是一致的，但是研究的角度和方法却截然不同。在对热运动的研究上，气体动理论和热力学二者起到了相辅相成的作用。热力学的研究成果，可以用来检验微观气体动理论的正确性；气体动理论所揭示的微观机制，可以使热力学理论获得更深刻的意义。

气体动理论的研究对象是分子的热运动。从微观上看，热现象是组成系统的大量粒子热运动的集体表现，它是不同于机械运动的一种更加复杂的物质运动形式。由于分子的数目十分巨大，对于大量粒子的无规则热运动，不可能像力学中那样，对每个粒子的运动进行逐个描述，而只能探索它的群体运动规律。就单个粒子而言，由于受到其他粒子的复杂作用，其具体的运动过程可以变化万千，具有极大的偶然性、无序性；但就大量分子的集体表现来看，运动却在一定条件下遵循确定的规律，正是由于这种特点，使得统计方法在研究热运动时得到广泛应用。在本章中，我们将根据气体分子的模型，从物质的微观结构出发，用统计的方法来研究气体的宏观性质和规律，及它们与微观量统计平均值之间的关系，从而揭示系统宏观性质及其有关规律的微观本质。

9.1 平衡状态　理想气体状态方程

9.1.1 宏观描述与微观描述

1. 热力学系统

热力学研究的对象是大量粒子（如原子、分子）组成的物质体系，称为热力学系统或热力学体系。处于体系之外的一切，称为外界。外界可与体系相互作用。热力学体系可分为

3类:孤立体系、封闭体系和开放体系。与外界既无物质交换也无能量交换的体系称为孤立体系,如绝热壁所包围的体系;与外界无物质交换,但有能量交换的体系称为封闭体系,如带有不漏气活塞的汽缸内的气体;与外界既有物质交换,又有能量交换的体系称为开放体系,如一个开口容器中的气体。

2. 宏观量与微观量

要研究系统的性质及其变化规律,那么就要对系统的状态加以描述。用一些物理量从整体上对系统状态进行描述的方法称为宏观描述,如用温度、压强、体积、热容等对气体的整体属性进行的描述。描述系统整体特性的可观测物理量称为宏观量。相应地,用一组宏观量描述的系统状态称为宏观态。宏观量一般为人们可观察到又可以用仪器进行测量的物理量。

任何宏观物体都是由分子、原子等微观粒子组成。通过对微粒子运动的说明来描述系统的方法称为微观描述。通常把描述单个粒子运动状态的物理量称为微观量,如粒子的质量、位置、动量、能量等。相应地,用系统中各粒子的微观量描述的系统状态称为微观态。微观量不能被直接观察到,一般也不能直接测量。

3. 气体状态参量

当系统处于平衡态时,系统的宏观性质将不再随时间变化,因此可以使用相应的物理量来具体描述系统的状态。这些物理量统称为状态参量,或简称态参量。一般用气体体积 V、压强 p 和温度 T 来作为状态参量。下面介绍这三个状态参量。

体积:气体的体积,通常是指组成系统的分子的活动范围,是气体分子能到达的空间体积。由于分子的热运动,容器中的气体总是分散在容器中的各个空间部分,因此,气体的体积也就是盛气体容器的容积,在国际单位制(SI)中,体积的单位是立方米,用符号 m^3 表示,常用单位还有升,用符号 L 表示。

压强:气体的压强,是气体作用于器壁单位面积上的正压力,是大量气体分子频繁碰撞容器壁产生的平均冲力的宏观表现。压强与分子无规则热运动的频繁程度和剧烈程度有关。在国际单位制中,压强的单位是帕斯卡,用符号 Pa 表示,常用的压强单位还有:cmHg(厘米汞柱)、atm(标准大气压)等。它们与 Pa 的关系是

$$1\text{atm} = 76\text{cmHg} = 1.013\,25 \times 10^5\,\text{Pa}$$

温度:从宏观上说,温度是表示物体冷热程度的物理量;而从微观本质上讲,它表示的是分子热运动的剧烈程度。温度的数值表示方法称为温标。物理学中常用两种温标:热力学温标和摄氏温标。摄氏温标所确定的温度用 t 表示,单位是℃(摄氏度);国际单位制中采用热力学温标,所确定的温度用 T 表示,单位是开尔文,用符号 K 表示。摄氏温标与热力学温标的关系是

$$T = t + 273.15$$

在大学物理中我们规定使用热力学温标。

一定量气体,在一定容器中具有一定体积,如果各部分具有相同温度和相同压强,我们就说气体处于一定的状态。所以说,对于一定的气体,它的 p、T、V 三个量完全决定了它的状态。其中,体积和压强都不是热学所特有的,体积 V 属于几何参量,压强 p 属于力学参量,而温度 T 是描述状态的热学性质的参量。应该指出,只有当气体的温度、压强处处相同

时，才能用 p、T、V 描述系统状态。

4. 平衡态　平衡过程

处在没有外界影响条件下的热力学系统宏观性质（如 p、T、V）不再随时间变化，经过一定时间后，将达到一个确定的状态，而无论系统原先所处的状态如何。这种在不受外界影响的条件下，宏观性质不随时间变化的状态称为平衡状态，简称平衡态。

当然，在实际情况下，气体不可能完全不与外界交换能量，并不存在完全不受外界影响从而使得宏观性质绝对保持不变的系统，所以，平衡态只是一种理想状态，它是在一定条件下对实际情况的抽象和近似。以后，只要实际状态与上述要求偏离不是太大，就可以将其作为平衡态来处理，这样既可简化处理的过程，又有实际的指导意义。

必须指出，平衡态是指系统的宏观性质不随时间变化。从微观看，气体分子仍在永不停息地作热运动，各粒子的微观量和系统的微观态都会不断地发生变化。只要分子热运动的平均效果不随时间变化，系统的宏观状态性质就不会随时间变化。所以，我们把这种平衡态称为热动平衡。

当气体与外界交换能量时，它的状态就会发生变化，一个状态连续变化到另一个状态所经历的过程叫做状态的变化过程。如果过程中的每一中间状态都无限趋于平衡态，这个过程就称为平衡过程。显然，平衡过程是个理想的过程，在许多情况下，实际过程可近似地当作平衡过程处理。如图 9-1所示，p-V 图上一个点代表系统的一个平衡态，p-V 图上一条曲线表示系统一个平衡过程。应该注意，不是平衡态不能在 p-V 图上表示。

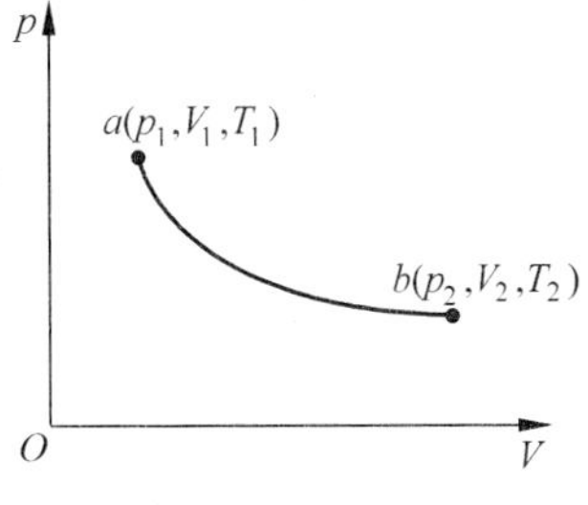

图 9-1　平衡过程曲线

9.1.2　理想气体状态方程

理想气体是一个抽象的物理模型。那么，什么样的气体是理想气体呢？在中学物理中，我们学过三个著名的气体实验规律，即玻意耳定律、盖-吕萨克定律和查理定律。后来人们发现，对不同气体来说，这三条定律的适用范围是不同的，一般气体只是在温度不太低（与室温比较）、压强不太大（与标准大气压比较）的时候才遵从气体的这三个实验定律。在任何情况下都服从上述三个实验定律的气体是没有的，这就给理论研究带来了不便。为了简化问题，人们设想有一种气体，在任何情况下都严格地遵从这三个定律，并将这种气体称为理想气体。而实际气体在温度不太低、压强不太大时都可近似地看成理想气体，在温度越高、压强越小时，近似的程度越高。

实验证明，气体在某个平衡态时，p、T、V 三个量之间存在一定关系，把这种关系称为气体的物态方程。理想气体物态方程是理想气体在平衡态时状态参量所满足的方程，可以由上述三个实验定律推出，表示为

$$pV=\frac{m_0}{M}RT=\nu RT \tag{9-1}$$

式中，R 为摩尔气体常数；ν 为气体的摩尔数；m_0 为气体质量；M 为气体的摩尔质量。在国际单位制中，

$$R = 8.31\text{J}/(\text{mol}\cdot\text{K})$$

理想气体物态方程表明了在平衡态下理想气体的各个状态参量之间的关系。当系统从一个平衡态变化到另外的平衡态时,各状态参量发生变化,但它们之间仍然要满足物态方程。

对一定质量的气体,它的状态参量 p、T、V 中只有两个是独立的,因此,任意两个参量给定,就确定了气体的一个平衡态。

例 9-1 某容器内装有质量为 100kg、压强为 10atm、温度为 47℃的氧气。因容器漏气,一段时间后,压强减少为原来的 5/8,温度为 27℃。求:

(1) 容器的体积;

(2) 漏出了多少氧气。

解:根据理想气体的状态方程可作如下计算。

(1) 漏气前状态

由 $p_1V=\dfrac{m_1}{M}RT_1$ 得

$$V=\frac{m_1RT_1}{p_1M}=\frac{100\times 8.31\times 320}{10\times 1.01\times 10^5\times 32\times 10^{-3}}=8.2(\text{m}^3)$$

(2) 漏气后状态

由 $p_2V=\dfrac{m_2}{M}RT_2$ 得

$$m_2=\frac{p_2VM}{RT_2}=\frac{\frac{5}{8}\times 10\times 1.01\times 10^5\times 8.2\times 32\times 10^{-3}}{8.31\times 300}=66.6(\text{kg})$$

$$\Delta m = m_1 - m_2 = 33.4(\text{kg})$$

即漏出了 33.4kg 的氧气。

9.2 理想气体的压强公式与温度公式

9.2.1 理想气体分子模型与压强公式

热现象是物质中大量分子无规则运动的集体体现。研究物质中大量分子热运动的集体表现,需要用到统计的方法,应用统计方法就需要建立模型。

1. 理想气体的微观模型

在宏观上我们知道,理想气体是一种在任何情况下都遵守玻意耳定律、盖-吕萨克定律和查理定律的气体。但从微观上看,什么样的分子组成的气体才具有这种宏观特性呢?在常温常压下,气体分子间的距离比液体和固体分子间的距离要大得多。由于气体分子间距离大,故分子间相互作用力很小。真实气体的压强越小,即气体越稀薄,就越接近理想气体。所以理想气体的微观模型具有以下特征:

(1) 分子本身的大小与分子间距离相比可以忽略不计,即对分子可采用质点模型。

(2) 除了碰撞的瞬间外,分子与分子之间、分子与容器壁之间的相互作用力可忽略不计,分子受到的重力也可忽略不计。

(3) 分子与容器壁以及分子与分子之间的碰撞属于牛顿力学中的完全弹性碰撞。

上述理想气体的微观模型是通过对宏观实验结果的分析和综合提出的一个假说。通过这个假说得到的结论与宏观实验结果进行比较可判断模型的正确性。实验证明，实际气体中分子本身占的体积约只占气体体积的千分之一，在气体中分子之间的平均距离远大于分子的几何尺寸，所以将分子看成质点是完全合理的。从另一个方面看，已达到平衡态的气体如果没有外界影响，其温度、压强等状态参量都不会因分子与容器壁以及分子与分子之间的碰撞而发生改变，气体分子的速度分布也保持不变，因而分子与容器壁以及分子与分子之间的碰撞是完全弹性碰撞也是理所当然的。

综上所述，理想气体可以看成是彼此间无相互作用的、自由的、无规则运动着的弹性质点的集合，这就是理想气体的微观模型。

2. 平衡态的统计假设

理想气体的微观模型主要是针对分子的运动特征而建立起来的一个假设。为了以此模型为基础，求出平衡态时气体的一些宏观状态参量，还必须知道理想气体处于平衡态时分子的群体特征。这些特征也叫做平衡态的统计特性。气体在平衡态时，分子是在作无规则的热运动，虽然每个分子的速度大小和方向是不定的，具有偶然性；但对大量分子来说，在任一时刻，都各自以不同大小的速度在运动，而且向各方向运动的概率是相等的，没有一个方向占优势，具有分布空间均匀性，宏观表现就是气体分子密度各处相同，如若不然就会发生扩散，也就不是平衡态了。也就是说平衡态的孤立系统，处在各种可能的微观运动状态的概率相等。根据这一事实，我们可以归纳出平衡态的两条统计假设：

(1) 理想气体处于平衡态时气体分子出现在容器内任何空间位置的概率相等；

(2) 气体分子向各个方向运动的概率相等。

根据上述假设还可以得出以下推论：

(1) 分子速度和它的各个分量的平均值为零

平衡态理想气体中各个分子朝各个方向运动的概率相等。因此，分子速度的平均值为零，各种方向的速度矢量相加会相互抵消。类似地，分子速度的各个分量的平均值也为零。设 N 个分子在某一时刻的速度都分解成直角坐标的三个分量，则有

$$\overline{v}_x = \overline{v}_y = \overline{v}_z = 0$$

(2) 分子沿各个方向运动的速度分量平方的各种平均值相等

例如沿 x、y、z 三个方向速度分量的方均值应该相等。某方向的速度分量的方均值，定义为分子在该方向上的速度分量的平方的平均值，即把所有分子在该方向上的速度分量平方后加起来再除以分子总数：

$$\overline{v_x^2} = \frac{\sum_{i=1}^{N} v_{ix}^2}{N},\quad \overline{v_y^2} = \frac{\sum_{i=1}^{N} v_{iy}^2}{N},\quad \overline{v_z^2} = \frac{\sum_{i=1}^{N} v_{iz}^2}{N}$$

按照统计性假设，分子群体在 x、y、z 三个方向的运动应该是各向相同的，则有

$$\overline{v_x^2} = \overline{v_y^2} = \overline{v_z^2}$$

对每个分子来说，如第 i 个分子，有

$$v_i^2 = v_{ix}^2 + v_{iy}^2 + v_{iz}^2$$

因而每个分子速度大小的平方平均值为

$$\overline{v^2}=\frac{v_1^2+v_2^2+\cdots+v_i^2+\cdots+v_N^2}{N}$$

根据统计假设可知

$$\overline{v^2}=\overline{v_x^2}+\overline{v_y^2}+\overline{v_z^2}$$

$$\overline{v_x^2}=\overline{v_y^2}=\overline{v_z^2}$$

所以有

$$\overline{v_x^2}=\overline{v_y^2}=\overline{v_z^2}=\frac{\overline{v^2}}{3}$$

即速度分量的方均值等于方均速率的1/3。这个结论在下面证明压强公式时要用到。

3. 理想气体压强公式

气体对器壁的压强,是大量分子对器壁碰撞的结果。对每一个分子来说,在什么时候与器壁在什么地方碰撞,给予器壁冲量大小等,都是偶然的、随机的、断续的,但对容器内大量气体分子来说,它们每时每刻都不断地与器壁各部分发生碰撞,使器壁受到一个持续的、恒定大小的作用力。分子数越多,器壁受到的作用力越大。最早使用力学规律来解释气体压强的科学家是伯努利。他认为:气体压强是大量气体分子单位时间内给予器壁单位面积上的平均冲力。下面假定每个分子的运动均服从力学规律,并以理想气体分子模型和统计假设为依据,推导气体的压强公式。

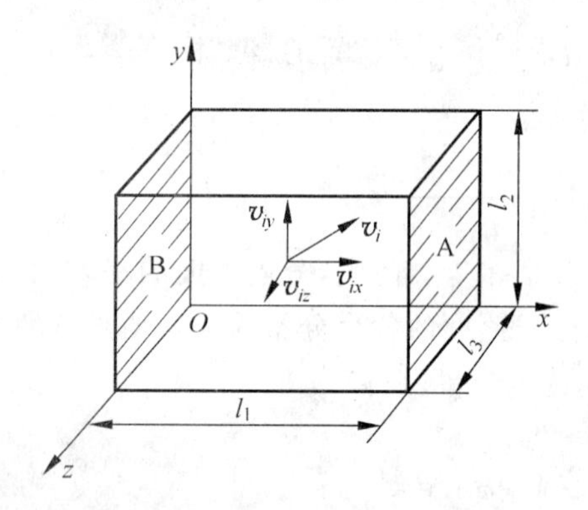

图 9-2 推导气体压强公式用图

为讨论方便,假设有同种理想气体盛于一个边长为l_1、l_2、l_3的长方体容器中,并处于平衡态。设有N个分子,分子质量均为m,选取如图9-2所示坐标系,气体处于平衡态时,容器器壁上各处的压强相同,所以在此只计算一个面上的压强即可,以A面为例。

第一步:先考虑某一个分子i在单位时间内对A面的冲量。

设第i个分子速度为$\boldsymbol{v}_i$,分量式:

$$\boldsymbol{v}_i=v_{ix}\boldsymbol{i}+v_{iy}\boldsymbol{j}+v_{iz}\boldsymbol{k}$$

由动量定理知,分子i与A面碰撞1次受到器壁对它的冲量为

$$I'_{ix}=-mv_{ix}-mv_{ix}=-2mv_{ix}$$

根据牛顿第三定律,分子给予器壁的冲量为

$$I_{ix}=2mv_{ix}$$

当分子i与A面弹性碰撞后,又弹到B面(不计分子间碰撞),之后由B面又弹回A面,如此往复。则单位时间内分子i与A面碰撞次数为$\frac{v_{ix}}{2l_1}$;单位时间内A面受分子i的冲量为$I_{ix}=2mv_{ix}\cdot\frac{v_{ix}}{2l_1}=\frac{mv_{ix}^2}{l_1}$。

由上可知，每一分子对器壁的碰撞以及作用在器壁上的冲量是间歇的、不连续的。但是，实际上容器内分子数目极大，它们对器壁的碰撞就像密集雨点打到雨伞上一样，对器壁有一个均匀而连续的压强。

第二步：计算单位时间内所有分子对A面的冲量。公式为

$$I_x = I_{1x} + I_{2x} + \cdots + I_{Nx} = \sum_{i=1}^{N} I_{ix} = \sum_{i=1}^{N} \frac{mv_{ix}^2}{l_1} = \frac{m}{l_1}\sum_{i=1}^{N} v_{ix}^2$$

第三步：计算单位时间内A面受到的平均冲力。

按力学的理解，根据动量定理，气体在单位时间内给A面的冲量也就是气体给A面的平均冲力，设单位时间内A面受到的平均冲力大小为$\bar{F}$，有

$$I_x = \bar{F}\Delta t = \bar{F} = \frac{m}{l_1}\sum_{i=1}^{N} v_{ix}^2$$

按前面所学习过的速度分量的方均值的定义$\overline{v_x^2} = \frac{\sum_{i=1}^{N} v_{ix}^2}{N}$，速度分量的方均值与方均速率的关系$\overline{v_x^2} = \frac{1}{3}\overline{v^2}$，则气体给A面的平均冲力$\bar{F}$可写为

$$\bar{F} = \frac{m}{l_1}\sum_{i=1}^{N} v_{ix}^2 = \frac{Nm\overline{v^2}}{3l_1}$$

第四步：得出压强公式。

由于气体大量分子的密集碰撞，分子对器壁的冲力在宏观上表现为一个恒力，它就等于平均冲力。因而可以求得A面上的压强

$$p = \frac{\bar{F}}{S} = \frac{\bar{F}}{l_2 l_3} = \frac{Nm\overline{v^2}}{3l_1 l_2 l_3} = \frac{Nm\overline{v^2}}{3V}$$

式中，$V = l_1 l_2 l_3$。又$n = \frac{N}{V}$（单位体积内分子数），称气体的分子数密度，则压强公式可写为

$$p = \frac{1}{3}nm\overline{v^2} \tag{9-2}$$

再考虑到气体分子的平均平动动能为

$$\bar{w} = \frac{1}{2}m\overline{v^2}$$

所以压强公式为

$$p = \frac{2}{3}n \times \frac{1}{2}m\overline{v^2} = \frac{2}{3}n\bar{w} \tag{9-3}$$

从以上讨论可知，压强p的微观本质或统计性质是：单位时间内所有分子对单位器壁面积的冲量。n、$\overline{v^2}$、$\bar{w}$均是统计平均值，所以p也是一个统计平均值。在推导理想气体压强公式时，虽假定容器是一长方体，但进一步分析可知，p的表达式与容器的形状大小无关，适合任何形状容器，而且推导中未考虑分子碰撞（若考虑结果也不变）。

气体的压强与分子数密度和平均平动动能都成正比。这个结论与实验是高度一致的，它说明了我们对压强的理论解释以及理想气体平衡态的统计假设都是合理的。

9.2.2 气体分子的平均平动动能与温度的关系

1. 温度公式

由理想气体状态方程

$$pV = \frac{m_0}{M}RT$$

得

$$p = \frac{1}{V} \cdot \frac{m_0}{M}RT = \frac{1}{V} \cdot \frac{N}{N_0}RT = n\frac{R}{N_0}T$$

式中，$n=\frac{N}{V}$为分子数密度；N 为分子总数；N_0 为阿伏伽德罗常数，$N_0 \approx 6.02 \times 10^{23}\,\mathrm{mol}^{-1}$。

令 $k=\frac{R}{N_0}=8.31/6.023\times 10^{23}=1.38\times 10^{-23}$ (J/K)，叫做玻耳兹曼常数。所以理想气体状态方程又可以写为

$$p = nkT \tag{9-4}$$

将式(9-4)与式(9-3)相比较，得分子的平均平动动能为

$$\overline{w} = \frac{3}{2}kT \tag{9-5}$$

则理想气体的温度公式为

$$T = \frac{2\overline{w}}{3k} \tag{9-6}$$

上式为温度这个宏观量与微观量 $\overline{w}$ 的关系式。因为 $\overline{w}$ 是统计平均量，温度 T 也是统计平均量，此式说明了温度 T 的微观本质即温度是分子平均平动动能的量度，也反映了大量气体分子热运动的剧烈程度，气体的温度越高，分子的平均平动动能越大，分子无规则热运动的程度越剧烈。所以说温度 T 为宏观上大量气体分子热运动的集体表现。同时，分子数很大时，温度才有意义，对于少数或单个分子谈论温度是没有意义的。由式(9-6)，若 $T=0$，则 $\overline{w}=0$，但实际上这是不对的，根据近代量子论，尽管 $T=0$，但是分子还有振动，故 $\overline{w}\neq 0$(平均动能)。这说明了经典理论的局限性。

在生活中，往往认为热的物体温度高，冷的物体温度低，这种凭主观感觉对温度的定性了解在要求严格的热力学理论和实践中显然是远远不够的，必须对温度建立起严格且科学的定义。假设有两个热力学系统 A 和 B，原先处在各自的平衡态，现在使系统 A 和 B 互相接触，使它们之间能发生热传递，这种接触称为热接触。一般说来，热接触后系统 A 和 B 的状态都将发生变化，但经过充分长一段时间后，系统 A 和 B 将达到一个共同的平衡态，由于这种共同的平衡态是在有传热的条件下实现的，因此称为热平衡。如果有 A、B、C 三个热力学系统，当系统 A 和系统 B 都分别与系统 C 处于热平衡时，那么，系统 A 和系统 B 此时也必然处于热平衡状态，所以说温度也是表征气体处于热平衡状态的物理量。

2. 气体分子的方均根速率

根据公式$\frac{1}{2}m\,\overline{v^2}=\frac{3}{2}kT$，我们可计算出任何温度下理想气体分子的方均根速率为

$$\sqrt{\overline{v^2}}=\sqrt{\frac{3kT}{m}}=\sqrt{\frac{3RT}{M}} \tag{9-7}$$

上式是气体分子速率的一种统计平均值。气体分子速率有大有小，并不断改变着，分子的方均根速率是对整个气体分子速率总体上的描述。处于各自平衡态的两种气体，只要温度相同，那么这两种气体分子的平均平动动能一定相等，但是这两种气体分子的方均根速率并不相等，分子质量大的，其方均根速率较小。

表 9-1 列出了几种气体在温度为 0℃时的方均根速率，我们从中可了解分子速率的一个大致情况。

表 9-1　几种气体在 0℃时的方均根速率

气体种类	方均根速率 $\sqrt{\overline{v^2}}$ /(m/s)	摩尔质量/(10^{-3} kg/mol)
O_2	4.61×10^2	32.0
N_2	4.93×10^2	28.0
H_2	1.84×10^3	2.02
CO_2	3.93×10^2	44.0
H_2O	6.15×10^2	18.0

9.3　能量按自由度均分定理　理想气体的内能

9.3.1　自由度

确定一个物体空间位置所需要的独立坐标数，叫做该物体的运动自由度，简称自由度。

对空间自由运动的质点，其位置需要三个独立坐标(如 x、y、z)来确定。例如，将飞机看成一个质点时确定它在空中的位置所需要的独立坐标数是三个，分别是飞机的经度、纬度和高度，所以飞机运动的自由度为 3。若质点被限制在一个平面或曲面上运动，自由度将减少，此时只需要两个独立坐标就能确定它的位置。如将在大海中航行的船看成质点，确定它在大海海面上的位置所需要的独立坐标数为两个，分别是船的经度和纬度，即自由度为 2。若质点被限制在一直线或曲线上运动，则只需要一个坐标就能确定它的位置，如将在铁轨上运行的火车看成质点时，其自由度为 1。

物体的自由度与物体受到的约束和限制有关，物体受到的限制(或约束)越多，自由度就越小。考虑到物体的形状和大小，它的自由度等于描写物体上每个质点坐标的个数减去所受到的约束方程的个数。

对自由细杆而言，确定其运动位置可先确定杆质心 O'(相当于质点)的运动位置，有 3 个平动自由度，再确定杆绕质心转动的方位，可用方位角 α、β、γ 表示，如图 9-3 所示(图中 x'、y'、z'与 x、y、z 轴分别平行)，但这三个方位角的方向余弦满足下列式子：

$$\cos^2\alpha+\cos^2\beta+\cos^2\gamma=1$$

则三个方位角 α、β、γ 中只有两个独立变数，即绕质心的转动自由度为 2。所以对自由细杆来说，其自由度为 5，其中 3 个平动自由度和 2 个转动自由度。对于刚体而言，我们可将刚体的运动分解为质心的平动和绕质心的转动。质心的平动需要三个独立坐标数，绕质心的转动需要确定通过质心轴线的方位角和绕该轴线转过的角度。如图 9-4 所示，由上述分析可知轴线的方位角 α、β、γ 中只有两个是独立的，加上确定绕轴转动的一个独立坐标 θ，因此，整个自由刚体的自由度为 6，其中 3 个平动自由度和 3 个转动自由度。

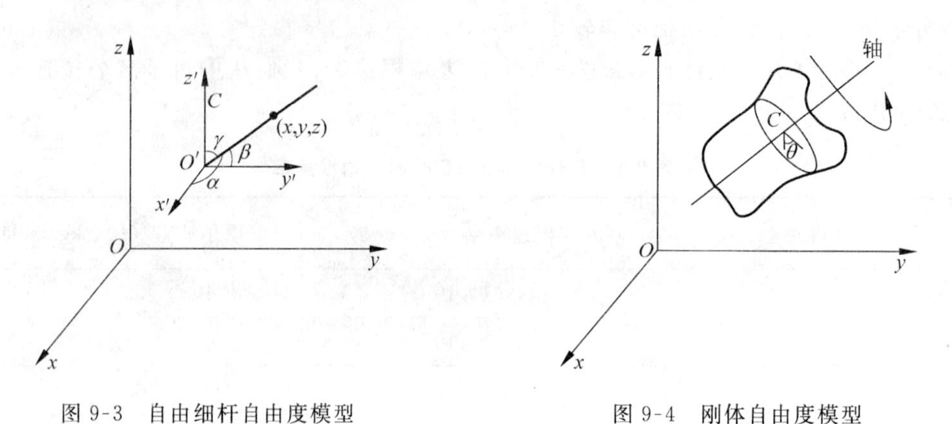

图 9-3　自由细杆自由度模型　　　　图 9-4　刚体自由度模型

9.3.2　气体分子的自由度

因气体分子有多种结构，分子运动的自由度也就各不相同。根据自由度的定义，单原子气体分子可以看成一个自由质点，它的自由度为 3。对于刚性双原子气体分子可看成是距离确定的两个质点（两个原子之间的距离不变），相当于自由细杆，其自由度为 5，其中 3 个平动自由度和 2 个转动自由度。对于刚性的多原子气体分子，可看成自由刚体（非杆），其自由度为 6，其中 3 个平动自由度和 3 个转动自由度。

事实上，双原子或多原子气体分子一般不是完全刚性的，原子间的距离在原子间的相互作用下会发生变化，分子内部要出现振动，要考虑振动自由度，所以对于非刚性双原子气体分子，其自由度为 6，其中 3 个平动自由度，2 个转动自由度再加 1 个振动自由度。非刚性多原子气体分子，其自由度为 $3n$（n 个分子，$n\geqslant 3$），其中 3 个平动自由度，3 个转动自由度，再加 $3n-6$ 个振动自由度。但在常温下，振动自由度可以不予考虑。所以在以后无特殊声明时仅讨论刚性情况。

实际气体分子的运动情况视气体的温度而定。例如氢气分子，在低温时，只可能有平动；在室温时，可能有平动和转动；只有在高温时，才可能有平动、转动和振动。而氯气分子，在室温时已可能有平动、转动和振动。

9.3.3　能量均分定理

对理想气体，分子平均平动动能为

$$\overline{w}=\frac{1}{2}m\,\overline{v^2}=\frac{1}{2}m\,\overline{v_x^2}+\frac{1}{2}m\,\overline{v_y^2}+\frac{1}{2}m\,\overline{v_z^2}=\frac{3}{2}kT$$

从前面讨论可知

$$\overline{v_x^2} = \overline{v_y^2} = \overline{v_z^2}$$

所以

$$\frac{1}{2}m\overline{v_x^2} = \frac{1}{2}m\overline{v_y^2} = \frac{1}{2}m\overline{v_z^2} = \frac{1}{2}\times\frac{1}{3}m\overline{v^2} = \frac{1}{3}\times\frac{3}{2}kT = \frac{1}{2}kT$$

上式表明，气体分子的平均平动动能是平均分配在三个平动自由度上的，每个自由度将分得平均平动动能的1/3，没有哪个自由度的运动更占优势，所以每一平动自由度上分得的平均平动动能为$\frac{1}{2}kT$。

这个结论虽然是对平动而言的，但可以推广到转动和振动。如果气体是由刚性的多(双)原子分子构成的，则分子的热运动除了分子的平动外，还有分子的转动。转动也有相应的能量。由于分子间频繁的碰撞，分子间的平动能量和转动能量是不断相互转化的。实验证明，当理想气体达到平衡态时，其中的平动能量与转动能量是按自由度分配的。从而就得到如下的能量按自由度均分定理。

理想气体在温度为T的平衡态下，分子运动的每一个平动自由度和转动自由度都平均分得$\frac{1}{2}kT$的能量，而每一个振动自由度平均分得kT的能量$\left(\frac{1}{2}kT\text{平均动能和}\frac{1}{2}kT\text{的平均势能}\right)$。这个结果可以由经典统计物理学理论得到严格的证明，称为能量按自由度均分定理，简称能量均分定理。

对刚性气体而言，不考虑振动自由度。若用t、r分别表示气体分子的平动、转动自由度，则有

$$\text{平均平动动能} = \frac{t}{2}kT,\quad \text{平均转动动能} = \frac{r}{2}kT$$

若气体分子的总自由度用i表示，$i=t+r$，则分子平均能量(平均动能)为

$$\bar{\varepsilon} = \frac{i}{2}kT \tag{9-8}$$

对于单原子分子：

$$t = 3,\quad r = 0,\quad \bar{\varepsilon} = \frac{3}{2}kT$$

对于刚性双原子分子：

$$t = 3,\quad r = 2,\quad \bar{\varepsilon} = \frac{5}{2}kT$$

对于刚性多原子分子：

$$t = 3,\quad r = 3,\quad \bar{\varepsilon} = \frac{6}{2}kT$$

能量均分定理适用于达到平衡态的气体、液体、固体和其他由大量运动粒子组成的系统。对大量粒子组成的系统来说，动能之所以会按自由度均分是依靠分子频繁的无规则碰撞来实现的。在碰撞过程中，一个分子的动能可以传递给另一个分子，一种形式的动能可以转化成另一种形式的动能，而且动能还可以从一个自由度转移到另一个自由度。但只要气体达到了平衡态，那么任意一个自由度上的平均动能就应该相等。

9.3.4 理想气体的内能

对于实际气体来说，除了上述的分子平动动能、转动动能、振动动能和振动势能以外，由于分子间存在着相互作用的保守力，所以还具有分子之间的相互作用势能。我们把所有分子的各种形式的动能和势能的总和称为气体的内能。

对于理想气体来说，不计分子与分子之间的相互作用力，所以分子与分子之间相互作用的势能也就忽略不计。理想气体的内能只是分子各种运动能量的总和。下面我们只考虑刚性气体分子。

设理想气体分子有 i 个自由度，每个分子的平均总动能为$\frac{i}{2}kT$，而 1mol 理想气体有 N_0 个分子，所以 1mol 理想气体的内能为

$$E = N_0 \times \frac{i}{2}kT = \frac{i}{2}RT$$

而质量为 m_0，即$\frac{m_0}{M}$mol$\left(令\frac{m_0}{M}=\nu, \nu\text{ 为摩尔数}\right)$的理想气体的内能为

$$E = \frac{m_0}{M}\cdot\frac{i}{2}RT = \nu\frac{i}{2}RT, \quad \frac{m_0}{M} = \nu \tag{9-9}$$

由上式可以看出，一定质量的理想气体的内能完全决定于分子运动的自由度 i 和气体的热力学温度 T。对于给定的系统来说（m_0、i 都是确定的），理想气体平衡态的内能唯一地由温度来确定，而与气体的体积和压强无关，也就是说，理想气体平衡态的内能是温度的单值函数，由系统的状态参量就可以确定它的内能。系统内能是一个态函数，只要状态确定了，那么相应的内能也就确定了，与过程无关。

按照理想气体物态方程 $pV=\nu RT$，内能公式还可以写为

$$\Delta E = \nu\frac{i}{2}R\Delta T$$

如果状态发生变化，则系统的内能也将发生变化。对于理想气体系统来说，内能的变化为

$$E = \frac{i}{2}pV$$

也可写为

$$\Delta E = \frac{i}{2}\Delta(pV)$$

与状态变化所经历的具体过程无关。

应该注意，内能与力学中的机械能有着明显的区别。静止在地球表面上的物体的机械能（动能和重力势能）可以等于零，但物体内部的分子仍然在运动着和相互作用着，因此，内能永远不会等于零。物体的机械能是一种宏观能，它取决于物体的宏观运动状态。而内能却是一种微观能，它取决于物体的微观运动状态。微观运动具有无序性，所以，内能是一种无序能量。内能公式在后面有广泛的应用，需要熟练掌握。

例 9-2 一容器内储有理想气体氧气，处于 0℃。试求：

(1) 氧分子的平均平动动能；

(2) 氧分子的平均转动动能；

(3) 氧分子的平均动能；

(4) 氧分子的平均能量；

(5) $\frac{1}{2}$mol 氧气的内能。

解：(1) $\bar{\varepsilon}_t=\frac{3}{2}kT=\frac{3}{2}\times1.38\times10^{-23}\times273=5.65\times10^{-21}(\mathrm{J})$

(2) $\bar{\varepsilon}_r=\frac{2}{2}kT=\frac{2}{2}\times1.38\times10^{-23}\times273=3.76\times10^{-21}(\mathrm{J})$

(3) $\bar{\varepsilon}_{平均动能}=\frac{5}{2}kT=\frac{5}{2}\times1.38\times10^{-23}\times273=9.41\times10^{-21}(\mathrm{J})$

(4) $\bar{\varepsilon}_{平均能量}=\bar{\varepsilon}_{平均动能}=9.41\times10^{-21}(\mathrm{J})$

(5) $E=\frac{m_0}{M}\cdot\frac{i}{2}RT=\frac{1}{2}\times\frac{5}{2}\times8.31\times273=2.84\times10^3(\mathrm{J})$

例 9-3　一容器内储有氧气，在标准状态下($p=1.013\times10^5\mathrm{Pa}$，$T=273.15\mathrm{K}$)，试求：(1)$1\mathrm{m}^3$ 内有多少个分子；(2)O_2 分子的方均根速率$\sqrt{\overline{v^2}}$是多少。

解：(1) 根据 $p=nkT$ 得

$$n=\frac{p}{kT}=\frac{1.013\times10^5}{1.38\times10^{-23}\times273.15}=2.68\times10^{25}(\mathrm{m}^{-3})$$

这个数值即为 $1\mathrm{m}^3$ 内的分子数。

(2) 根据$\sqrt{\overline{v^2}}=\sqrt{\frac{3RT}{M}}$得

$$\sqrt{\overline{v^2}}=\sqrt{\frac{3\times8.31\times273.15}{32\times10^{-3}}}=416(\mathrm{m/s})$$

由此可见，在标准状态下，氧分子的方均根速率与声波在空气中的传播速度差不多。

9.4　麦克斯韦速率分布律

在气体分子中，所有分子均以不同的速率运动着，有的速率小，可以小到零，有的速率大，可以大到很大。而且由于碰撞，每个分子的速率都在不断地改变。因此，在某一时刻，就考察某一特定分子而言，它的速率为多大，沿什么方向运动完全是偶然的，是没有规律的。但是对大量分子整体来说，在一定条件下，它们的速率分布却遵从着一定的统计规律。

假设把分子的速率按其大小分为若干长度相同的区间，如从 0～100 为第一区间，100～200 为第二区间，……实验和理论都已经证明，当气体处于平衡态时，分布在不同区间的分子数是不同的，但是，分布在各个区间内的分子数占分子总数的百分率基本上是确定的。所谓的分子速率分布就是要研究气体在平衡态下，分布在各速率区间内的分子数占总分子数的百分率。

9.4.1　麦克斯韦分子速率分布定律

在平衡态下，气体分子速率的大小各不相同。由于分子的数目巨大，速率 v 可以看作在

0～∞之间是连续分布的。设气体分子总数为 N，平衡态下在速率区间 $v\sim v+\mathrm{d}v$ 内的分子数为 $\mathrm{d}N$，则比值 $\frac{\mathrm{d}N}{N}$ 表示在此速率区间内出现的分子数占总分子数的比率，或理解为一个分子出现在 $v\sim v+\mathrm{d}v$ 区间内的几率。

实验表明：$\frac{\mathrm{d}N}{N}$ 与 v 及速率间隔 $\mathrm{d}v$ 有关，若区间间隔很小，则可认为 $\frac{\mathrm{d}N}{N}$ 与 $\mathrm{d}v$ 成正比，比例系数是 v 的函数，即

$$\frac{\mathrm{d}N}{N}=f(v)\mathrm{d}v$$

或

$$f(v)=\frac{\mathrm{d}N}{N\mathrm{d}v}$$

此式表示的是在速率 v 附近单位速率间隔内出现的分子数占总分子数的比率，它反映了气体分子的速率分布，它与所取区间 $\mathrm{d}v$ 的大小无关，仅与速率 v 有关。我们把 $f(v)$ 定义为平衡态下的速率分布函数，也称为分子速率分布的概率密度。

要掌握分子按速率的分布规律，就是要求出这个函数的具体形式。在近代测定气体分子速率的实验获得成功之前，麦克斯韦和玻耳兹曼等人应用概率论、统计力学等已从理论上确定了气体分子按速率分布的统计规律，即速率分布函数为

$$f(v)=4\pi\left(\frac{m}{2\pi kT}\right)^{\frac{3}{2}}\mathrm{e}^{-\frac{m}{2kT}v^2}v^2 \tag{9-10}$$

此式称为麦克斯韦速率分布函数。式中，m 为气体分子质量；k 为玻耳兹曼常数；T 为热力学温度。气体分子的速率分布函数曲线如图 9-5 所示。由速率分布函数 $f(v)$ 可求出 $v\sim v+\mathrm{d}v$ 区间内的分子数为

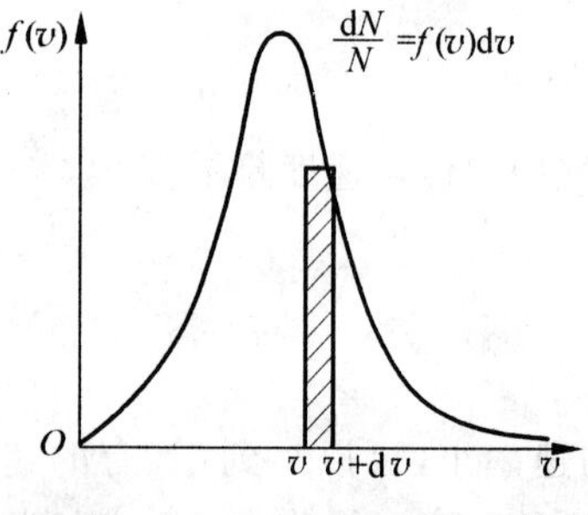

图 9-5　分子速率分布曲线

$$\mathrm{d}N=Nf(v)\mathrm{d}v$$

$v\sim v+\mathrm{d}v$ 区间的分子数在总数中占的比率，即一个分子的速率在 $v\sim v+\mathrm{d}v$ 区间的概率

$$\frac{\mathrm{d}N}{N}=f(v)\mathrm{d}v$$

在分布函数 $f(v)$ 的曲线上，它表示曲线下一个微元矩形的面积。

$v_1\sim v_2$ 区间的分子数可以用积分表示为

$$\Delta N=\int_{v_1}^{v_2}Nf(v)\mathrm{d}v$$

$v_1\sim v_2$ 区间的分子数在总数中占的比例，即一个分子的速率在 $v_1\sim v_2$ 区间的概率

$$\frac{\Delta N}{N}=\int_{v_1}^{v_2}f(v)\mathrm{d}v$$

在分布曲线上，它表示在 $v_1\sim v_2$ 区间曲线下的面积。令 $v_1=0$，$v_2=\infty$，则 ΔN 即为全部分子数 N，故有

$$\int_0^{\infty}f(v)\mathrm{d}v=1$$

此式称为速率分布函数的归一化条件，表示所有分子与分子总数的比率为 1，即一个分子速率在 0～∞区间的概率为 1。在分布曲线上，它表示在 0～∞区间曲线下的面积为 1。

从分布函数的具体形式（式(9-10)）可知，对于一给定的气体来说，其速率分布的情况只与体系所处的温度有关。图 9-6 给出了不同温度下所对应的速率分布曲线。

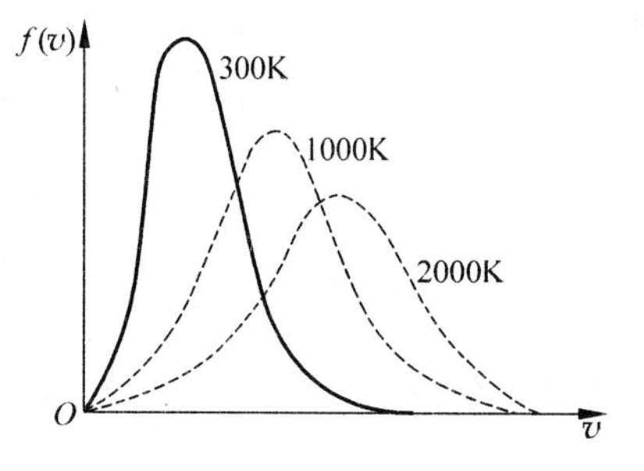

图 9-6 不同温度所对应的速率分布曲线

9.4.2 气体分子速率的三种统计平均值

利用速率分布函数，可以推导出反映分子热运动情况的分子速率的三种平均值，现分别介绍如下。

1. 最概然速率 v_p

从图 9-5 可以看到，分布函数的曲线有一个极大值。这说明，虽然气体分子的速率可以取零到无穷大之间的一切数值，但具有某种速率的分子出现的几率最大，就是与图上极大值相对应的速率，也就是使 $f(v)$ 取最大值的速率，称为最概然（可几）速率，记作 v_p。可见，对等速率间隔而言，v_p 附近速率区间内分子数占总分子数的比率最大。注意：v_p 不是最大速率。要确定 v_p，可以取速率分布函数 $f(v)$ 对速率 v 的一级微商，并令其等于 0，则可求出 v_p，即

$$\frac{\mathrm{d}f(v)}{\mathrm{d}v}=\frac{\mathrm{d}}{\mathrm{d}v}\left[4\pi\left(\frac{m}{2\pi kT}\right)^{\frac{3}{2}}\mathrm{e}^{-\frac{m}{2kT}v^2}v^2\right]$$

$$=4\pi\left(\frac{m}{2\pi kT}\right)^{\frac{3}{2}}\left(-\frac{m}{2kT}\cdot 2v\mathrm{e}^{-\frac{m}{2kT}v^2}v^2+2v\mathrm{e}^{-\frac{m}{2kT}v^2}\right)=0$$

此时 $v=v_p\neq0$，上式化简得

$$-\frac{m}{2kT}v_p^2+1=0$$

即最概然速率为

$$v_p=\sqrt{\frac{2kT}{m}}=\sqrt{\frac{2RT}{M}}=1.41\sqrt{\frac{RT}{M}} \tag{9-11}$$

2. 平均速率 $\bar{v}$

大量分子速率的算术平均值，称为算术平均速率，简称平均速率，它是由 N 个分子的速率相加起来然后除以分子总数而得出的。因为在 $v\sim v+\mathrm{d}v$ 内分子数为 $\mathrm{d}N=Nf(v)\mathrm{d}v$，而且 $\mathrm{d}v$ 很小，所以，可认为 $\mathrm{d}N$ 个分子速率相同，且均为 v。这样，在 $v\sim v+\mathrm{d}v$ 内 $\mathrm{d}N$ 个分子速率和为

$$v\mathrm{d}N=Nvf(v)\mathrm{d}v$$

在整个速率区间内分子速率总和为

$$\int_0^N v\mathrm{d}N=\int_0^\infty Nvf(v)\mathrm{d}v=N\int_0^\infty vf(v)\mathrm{d}v$$

所以 N 个分子的平均速率为

$$\bar{v}=\frac{\int_0^N v\mathrm{d}N}{N}=\int_0^\infty vf(v)\mathrm{d}v=\int_0^\infty v4\pi\left(\frac{m}{2\pi kT}\right)^{\frac{3}{2}}\mathrm{e}^{-\frac{mv^2}{2kT}}v^2\mathrm{d}v$$

$$=4\pi\left(\frac{m}{2\pi kT}\right)^{\frac{3}{2}}\int_0^\infty v\mathrm{e}^{-\frac{m}{2kT}v^2}v^2\mathrm{d}v$$

将上式作积分，得算术平均速率 $\bar{v}$ 为

$$\bar{v}=\sqrt{\frac{8kT}{\pi m}}=\sqrt{\frac{8RT}{\pi M}}\approx 1.60\sqrt{\frac{RT}{M}} \tag{9-12}$$

3. **方均根速率$\sqrt{\overline{v^2}}$**

按照与导出 $\bar{v}$ 的值同样的道理，分子速率平方的平均值可通过分布函数 $f(v)$用积分表示。N 个分子速率平方的平均值为

$$\overline{v^2}=\frac{\int_0^N v^2\mathrm{d}N}{N}=\int_0^\infty v^2 f(v)\mathrm{d}v=4\pi\left(\frac{m}{2\pi kT}\right)^{\frac{3}{2}}\int_0^\infty \mathrm{e}^{\frac{-mv^2}{2kT}}v^4\mathrm{d}v=\frac{3kT}{m}$$

即方均根速率为

$$\sqrt{\overline{v^2}}=\sqrt{\frac{3kT}{m}}=\sqrt{\frac{3RT}{M}}\approx 1.73\sqrt{\frac{RT}{M}} \tag{9-13}$$

此式与前面所讲的式(9-6)结果一致。

上面讨论的结果表明，气体分子速率的三种统计平均值 v_p、$\bar{v}$、$\sqrt{\overline{v^2}}$ 都与$\sqrt{T}$成正比。同种类的理想气体，在同一温度下，三种速率的统计平均值满足关系 $v_p<\bar{v}<\sqrt{\overline{v^2}}$，如图 9-7 所示。在室温下，它们的数量级一般为每秒几百米。三种速率的统计平均值就不同的问题有各自的应用，如 v_p 可用来讨论速率分布；$\bar{v}$ 可用来计算平均距离；$\sqrt{\overline{v^2}}$ 可用来计算平均平动动能。

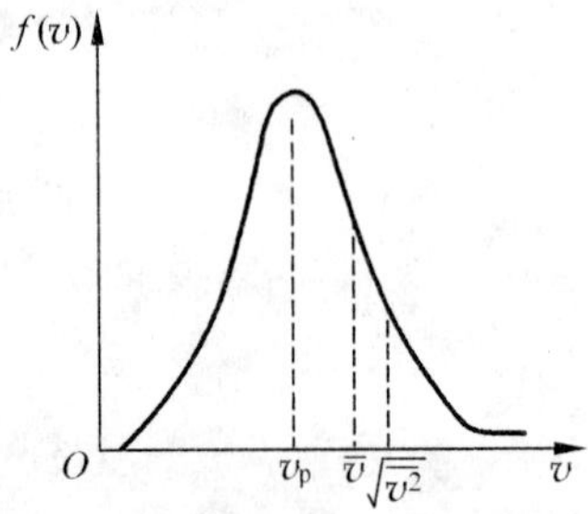

图 9-7　三种速率的统计值

麦克斯韦速率分布律描述的是理想气体处于平衡态时，在不考虑分子力，也不考虑外场（重力场、电场、磁场等）对分子的作用下的气体速率分布率。这时，气体分子只有动能而没有势能，并且气体分子在空间分布是均匀的。若考虑外场对分子的作用时，则遵循玻耳兹曼分布，在此不作讨论。

9.5　分子数按能量分布的统计规律

麦克斯韦速率分布律给出了在不计重力场作用情况下，理想气体处于平衡态时，气体分子数按分子速率分布的规律。本节我们将讨论气体分子按分子能量大小的分布规律。

9.5.1　玻耳兹曼能量分布律

1. 不计外场力时，分子按动能的分布规律

由麦克斯韦速率分布律可知，在不计外场力时，分子气体按速率分布的规律为

$$\frac{\mathrm{d}N}{N}=4\pi\left(\frac{m}{2\pi kT}\right)^{\frac{3}{2}}\mathrm{e}^{-\frac{m}{2kT}v^2}v^2\mathrm{d}v$$

我们不难将它转换为分子按动能 E_k 的分布规律。

分子的平均动能为

$$E_\mathrm{k}=\frac{1}{2}mv^2$$

两边微分得

$$\mathrm{d}E_\mathrm{k}=mv\mathrm{d}v$$

利用关系式 $E_\mathrm{k}=\frac{1}{2}mv^2$，$v=\sqrt{\frac{2E_\mathrm{k}}{m}}$ 和 $\mathrm{d}v=\frac{\mathrm{d}E_\mathrm{k}}{\sqrt{2mE_\mathrm{k}}}$ 对麦克斯韦速率分布律作变量代换得

$$\frac{\mathrm{d}N}{N}=\frac{2}{\sqrt{\pi}}(kT)^{-3/2}\cdot E_\mathrm{k}^{1/2}\cdot\mathrm{e}^{-\frac{E_\mathrm{k}}{kT}}\mathrm{d}E_\mathrm{k}\tag{9-14}$$

这就是分子按动能的分布律，它是麦克斯韦速率分布律的另外一种表示形式。同样，我们也可以引入分子的动能分布函数：

$$f(E_\mathrm{k})=\frac{\mathrm{d}N}{N\mathrm{d}E_\mathrm{k}}=\frac{2}{\sqrt{\pi}}(kT)^{-3/2}\cdot E_\mathrm{k}^{1/2}\cdot\mathrm{e}^{-\frac{E_\mathrm{k}}{kT}}\tag{9-15}$$

其物理意义是在动能 E_k 附近区间内的分子数占总分子数的比率。

根据统计平均值的计算公式，利用分子的动能分布函数，即可求出理想气体分子的平均平动动能为

$$\overline{E_\mathrm{k}}=\int_0^\infty E_\mathrm{k}f(E_\mathrm{k})\mathrm{d}E_\mathrm{k}$$

将式(9-15)代入上式积分运算即可得

$$\overline{E_\mathrm{k}}=\frac{3}{2}kT$$

显然，理想气体分子的平均平动动能是温度的单值函数。

2. 在外场力中，分子按能量的分布规律

当分子在保守力场中运动时，分子除了具有平动动能 E_k 以外，还具有相应的势能 E_p。这时，分子的总能量为

$$E=E_\mathrm{k}+E_\mathrm{p}=\frac{1}{2}mv^2+E_\mathrm{p}=\frac{1}{2}m(v_x^2+v_y^2+v_z^2)+E_\mathrm{p}$$

由于分子动能是分子速度的函数，而分子势能一般来说是位置坐标的函数，所以，某一能量区间内的分子实际上就是速度限定在一定速度区间内，同时位置限定在一定的坐标区间内的分子。玻耳兹曼从理论上推导出当系统在外力场中处于平衡状态时，分子位置在坐标区间 $x\sim x+\mathrm{d}x$，$y\sim y+\mathrm{d}y$，$z\sim z+\mathrm{d}z$ 内，同时速度介于 $v_x\sim v_x+\mathrm{d}v_x$，$v_y\sim v_y+\mathrm{d}v_y$，$v_z\sim v_z+\mathrm{d}v_z$ 的分子数 $\mathrm{d}N$ 为

$$dN = n_0\left(\frac{m}{2\pi kT}\right)^{\frac{3}{2}} e^{-\frac{(E_k+E_p)}{kT}} dv_x dv_y dv_z dx dy dz \tag{9-16}$$

式中，n_0 表示势能 E_p 为零处单位体积内具有各种速率的分子数；其他各量与麦克斯韦速率分布律的意义相同。此式称为玻耳兹曼分子按能量分布定律，简称玻耳兹曼分布律。

关于玻耳兹曼分布律的几点说明：

(1) 麦克斯韦速率分布律没有考虑外力场的作用，气体分子在空间的分布是均匀的。但如果有外力场（保守力场）存在，需要考虑分子的势能。这时分子不仅按速率有一定的分布，而且在空间的分布也是不均匀的。玻耳兹曼正是考虑了这一情况，给出了气体分子按能量的分布规律。

(2) 由玻耳兹曼分布律可知，在相等的速度和坐标区间 $dv_x dv_y dv_z dx dy dz$ 内，分子的总能量 E_k+E_p 不同，则分子数 dN 不同。dN 正比于 $e^{-\frac{E_k+E_p}{kT}}$，$e^{-\frac{E_k+E_p}{kT}}$ 称为玻耳兹曼因子或概率因子，它是决定分布的重要因素。可以看出，当能量较高时，分子数较少；当能量较低时，分子数较多。因此，玻耳兹曼能量分布律的一个重要结论是：按照统计分布，分子总是优先占据低能量的状态，或者说分子处于低能量状态的概率大。

(3) 如果只考虑分子按位置的分布，可把玻耳兹曼分布律对所有可能的速度积分，根据麦克斯韦速率分布函数的归一化条件

$$\int_{-\infty}^{+\infty}\int_{-\infty}^{+\infty}\int_{-\infty}^{+\infty}\left(\frac{m}{2\pi kT}\right)^{\frac{3}{2}} e^{-\frac{E_k}{kT}} dv_x dv_y dv_z = 1$$

玻耳兹曼分布律可写成

$$dN = n_0 e^{-\frac{E_p}{kT}} dx dy dz$$

dN 表示分布在坐标区间 $x \sim x+dx, y \sim y+dy, z \sim z+dz$ 内各种速度的分子总数。该坐标区间单位体积的分子数为

$$n = \frac{dN}{dx dy dz}$$

$$n = n_0 e^{-\frac{E_p}{kT}} \tag{9-17}$$

这是分子按势能的分布规律，是玻耳兹曼分布律的另一种形式。

(4) 玻耳兹曼分布律是一个普遍的规律，它对任何物质微粒（气体、液体和固体分子等）在任何保守力场中的运动都成立。

9.5.2 重力场中微粒按高度的分布

作为玻耳兹曼分布律的应用，我们研究重力场中气体分子或微粒按高度的分布。当气体分子处于重力场中，气体分子受到重力和分子无规则热运动两种作用，热运动使分子趋于均匀分布，重力则使分子向地面聚集。达到平衡状态时，分子在空间呈现非均匀分布，分子数密度随高度的增加而减小，形成上疏下密的分布。

由式(9-17)可知，分子数密度按势能分布的统计规律为

$$n = n_0 e^{-\frac{E_p}{kT}}$$

如果取坐标轴 z 垂直向上，并取 $z=0$ 处为重力势能零点，则高度为 z 处的分子势能为

$E_p=mgz$。代入上式可得

$$n = n_0 e^{-\frac{mgz}{kT}} \tag{9-18}$$

式中，n_0 是 $z=0$ 处单位体积内的分子数。它表示气体分子的密度随高度的增大按指数规律减少，分子质量 m 越大即重力作用越显著，n 就减小得越迅速；气体温度 T 越高即分子热运动越剧烈，n 就减小得越缓慢。

应用式(9-18)很容易得到大气压强随高度变化的规律，将其代入理想气体的状态方程式，可得

$$p = n_0 kT e^{-mgz/kT}$$

式中的 $n_0 kT$ 是 $z=0$ 处的压强，用 p_0 表示。则大气压强随高度变化的关系为

$$p = p_0 e^{-mgz/kT} = p_0 e^{-\frac{Mgz}{RT}} \tag{9-19}$$

式中 M 为气体的摩尔质量。式(9-19)称为等温气压公式。将其取对数可得

$$z = \frac{kT}{mg}\ln\frac{p_0}{p} = \frac{RT}{Mg}\ln\frac{p_0}{p} \tag{9-20}$$

由此，只要测出大气压强随高度的变化，即可判断在爬山和航空中上升的高度。需要指出，实际的大气层由于温度不均匀，且不处于平衡态，上式只是近似成立，不能作为精确测量高度的依据。

9.6　分子碰撞和平均自由程

气体分子之间的碰撞，对于气体中发生的过程有重要作用。例如，在气体中建立的麦克斯韦分子速率分布律，确立的能量按自由度的均分定理等，都是通过气体分子的频繁碰撞加以实现并维持的，因此可以说，分子间的碰撞是气体中建立平衡态并维持其平衡态的保证。下面我们介绍分子碰撞和平均自由程的一些概念。

9.6.1　分子的平均碰撞频率

一个分子在单位时间内和其他分子碰撞的平均次数，称为分子的平均碰撞频率，用 $\overline{Z}$ 表示。为简化问题，我们采用这样一个模型：假定在大量气体分子中，只有被考察的特定分子 A 在以算术平均速率 v 运动着，其他分子都静止不动。显然由于碰撞，分子 A 在运动过程中，其球心的轨迹将是一条折线，如图 9-8 所示。假设分子恰能相互作用时，两质心间的距离称为有效直径，用 d 表示，以 $2d$ 为直径，以折线为轴作圆柱，其截面称为碰撞截面。如图 9-8 所示，显然只有分子中心落入圆柱体内的分子才能与分子 A 相碰。分子 A 在 Δt 时间内运动的相对平均距离为 $v\Delta t$，相应的圆柱体的体积为

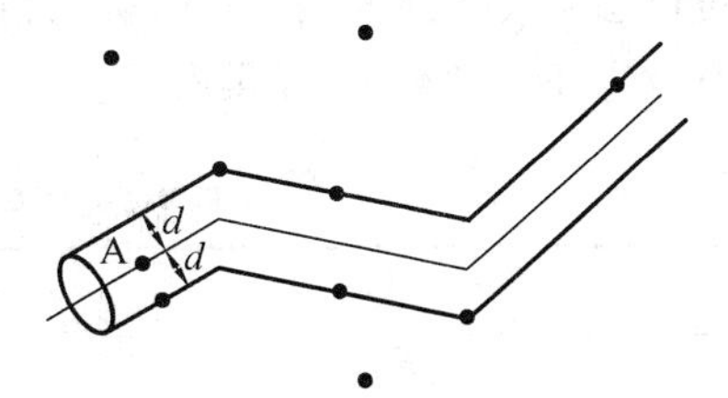

图 9-8　$\overline{\lambda}$ 和 $\overline{Z}$ 的计算

$$V = \pi d^2 \cdot \overline{v}\Delta t$$

设单位体积内的分子数为 n，在 Δt 时间内与分子 A 相碰的分子数就等于该圆柱体内的分子数，为 $n\pi d^2 \overline{v}\Delta t$。由此得平均碰撞频率为

$$\overline{Z}=\frac{nV}{\Delta t}=n\pi d^2\overline{v}$$

考虑到实际上所有分子都在不停地运动，且各个分子运动的速率也不相同，这就需要对上式加以修正，式中的算术平均速率 $\overline{v}$ 应改为平均相对速率 $\overline{u}$。理论可以证明，平均相对速率 $\overline{u}=\sqrt{2}\overline{v}$，所以分子的平均碰撞频率为

$$\overline{Z}=\sqrt{2}n\pi d^2\overline{v} \tag{9-21}$$

上式表明，分子的平均碰撞频率与单位体积中的分子数、分子的算术平均速率及分子直径的平方成正比。

9.6.2 分子的平均自由程

分子在连续两次碰撞之间自由运动所经历的路程的平均值，称为分子的平均自由程，用 $\overline{\lambda}$ 表示。分子的平均自由程 $\overline{\lambda}$ 与平均碰撞频率 $\overline{Z}$ 和分子的算术平均速率 $\overline{v}$ 的关系为

$$\overline{\lambda}=\frac{\overline{v}}{\overline{Z}}$$

将式(9-21)代入上式得

$$\overline{\lambda}=\frac{1}{\sqrt{2}n\pi d^2} \tag{9-22}$$

上式表明，分子的平均自由程与分子数密度、分子碰撞截面成反比，而与分子的平均速率无关。对一定量气体，体积不变时，平均自由程不随温度变化。

根据理想气体状态方程 $p=nkT$，式(9-22)还可写成

$$\overline{\lambda}=\frac{kT}{\sqrt{2}\pi d^2 p} \tag{9-23}$$

从上式可以看出，当气体温度恒定时，平均自由程与压强成反比，气体的压强越小时，气体越稀薄，分子的平均自由程越大；反之，分子的平均自由程越短。

根据计算，在标准状态下，各种气体分子的平均碰撞频率 $\overline{Z}$ 的数量级在每秒 10^9 左右，平均自由程 $\overline{\lambda}$ 的数量级为 $10^{-9}\sim10^{-7}$m。气体分子每秒钟碰撞次数达几十亿次之多，由此可以想象气体分子热运动的复杂情况。表 9-2 和表 9-3 给出了一些分子平均自由程 $\overline{\lambda}$ 和有效直径 d 的数据，以供参考。

表 9-2　15℃时 1atm 下几种气体的 $\overline{\lambda}$ 和 d 的数值　m

气　体	$\overline{\lambda}$	d
H_2	11.8×10^{-8}	2.7×10^{-10}
N_2	6.28×10^{-8}	3.7×10^{-10}
O_2	6.79×10^{-8}	3.6×10^{-10}
CO_2	4.19×10^{-8}	4.6×10^{-10}

表 9-3　0℃时不同压强下空气的 $\bar{\lambda}$ 值

p/atm	1	1.316×10^{-3}	1.316×10^{-5}	1.316×10^{-7}	1.316×10^{-9}
$\bar{\lambda}$/m	4×10^{-8}	5×10^{-5}	5×10^{-3}	5×10^{-1}	50

本章要点

1）气态方程

$$pV=\nu RT,\quad p=nkT$$

2）压强公式

$$p=\frac{2}{3}n\left(\frac{1}{2}m\overline{v^2}\right)=\frac{2}{3}n\bar{w}$$

3）温度公式

$$T=\frac{2\bar{w}}{3k}$$

4）能量按自由度均分定理

$$\bar{\varepsilon}=\frac{i}{2}kT$$

5）理想气体的内能

$$\Delta E=\nu\frac{i}{2}R T$$

6）麦克斯韦分子速率分布定律

$$f(v)=\frac{\mathrm{d}N}{N\mathrm{d}v}$$

三种速率：

$$v_{\mathrm{p}}=\sqrt{\frac{2RT}{M}},\quad \bar{v}=\sqrt{\frac{8RT}{\pi M}},\quad \sqrt{\overline{v^2}}=\sqrt{\frac{3RT}{M}}$$

7）平均碰撞频率

$$\bar{Z}=\sqrt{2}n\pi d^2\bar{v}$$

8）平均自由程

$$\bar{\lambda}=\frac{\bar{v}}{\bar{Z}},\quad \bar{\lambda}=\frac{1}{\sqrt{2}n\pi d^2},\quad \bar{\lambda}=\frac{kT}{\sqrt{2}\pi d^2 p}$$

习题 9

一、选择题

1. 已知某理想气体的压强为 p，体积为 V，温度为 T，气体的摩尔质量为 M，k 为玻耳兹曼常量，R 为摩尔气体常量，则该理想气体的密度为（　　）。

A. M/V　　B. $pM/(RT)$　　C. $pM/(kT)$　　D. $p/(RT)$

2. 三个容器 A、B、C 中装有同种理想气体，其分子数密度 n 相同，而方均根速率之比为

$(\overline{v_A^2})^{1/2}:(\overline{v_B^2})^{1/2}:(\overline{v_C^2})^{1/2}=1:2:4$,则其压强之比 $p_A:p_B:p_C$ 为(　　)。

A. 1∶2∶4　　B. 1∶4∶8　　C. 1∶4∶16　　D. 4∶2∶1

3. 已知氢气与氧气的温度相同,判断下列说法哪个正确(　　)。

A. 氧分子的质量比氢分子大,所以氧气的压强一定大于氢气的压强

B. 氧分子的质量比氢分子大,所以氧气的密度一定大于氢气的密度

C. 氧分子的质量比氢分子大,所以氢分子的速率一定比氧分子的速率大

D. 氧分子的质量比氢分子大,所以氢分子的方均根速率一定比氧分子的方均根速率大

4. 关于温度的意义,有下列几种说法:

(1) 气体的温度是分子平均平动动能的量度。

(2) 气体的温度是大量气体分子热运动的集体表现,具有统计意义。

(3) 温度的高低反映物质内部分子运动剧烈程度的不同。

(4) 从微观上看,气体的温度表示每个气体分子的冷热程度。

这些说法中正确的是(　　)。

A. (1)、(2)、(4)　　B. (1)、(2)、(3)　　C. (2)、(3)、(4)　　D. (1)、(3)、(4)

5. 一瓶氦气和一瓶氮气密度相同,分子平均平动动能相同,而且它们都处于平衡状态,则它们(　　)。

A. 温度相同,压强相同

B. 温度、压强都不相同

C. 温度相同,但氦气的压强大于氮气的压强

D. 温度相同,但氦气的压强小于氮气的压强

6. 压强为 p、体积为 V 的氦气(He,视为理想气体)的内能为(　　)。

A. $\frac{3}{2}pV$　　B. $\frac{5}{2}pV$　　C. $\frac{1}{2}pV$　　D. $3pV$

7. 两容器内分别盛有氢气和氧气,若它们的温度和压强分别相等,但体积不同,则下列量相同的是:①单位体积内的分子数;②单位体积的质量;③单位体积的内能。其中正确的是(　　)。

A. ①②　　B. ②③　　C. ①③　　D. ①②③

8. 在标准状态下,若氧气(视为刚性双原子分子的理想气体)和氦气的体积比$\frac{V_1}{V_2}=\frac{1}{2}$,则其内能之比$\frac{E_1}{E_2}$为(　　)。

A. $\frac{3}{10}$　　B. $\frac{1}{2}$

C. $\frac{5}{6}$　　D. $\frac{5}{3}$

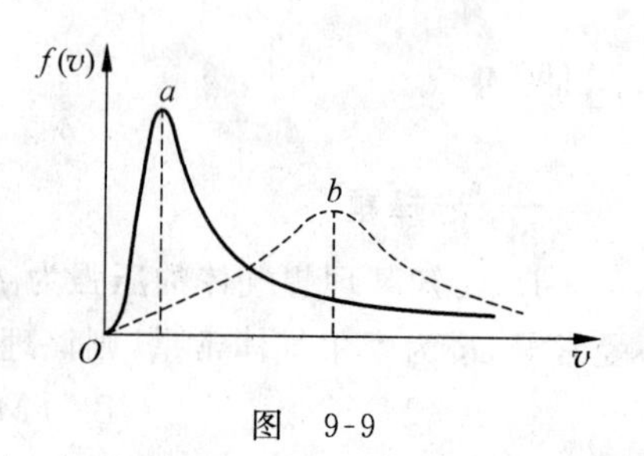

图 9-9

9. 设图 9-9 所示的两条曲线分别表示在相同温度下氧气和氢气分子的速率分布曲线;令$(v_p)_{O_2}$和$(v_p)_{H_2}$分别表示氧气和氢气的最概然速率,则(　　)。

A. 图中 a 表示氧气分子的速率分布曲线；$\frac{(v_p)_{O_2}}{(v_p)_{H_2}}=4$

B. 图中 a 表示氧气分子的速率分布曲线；$\frac{(v_p)_{O_2}}{(v_p)_{H_2}}=1/4$

C. 图中 b 表示氧气分子的速率分布曲线；$\frac{(v_p)_{O_2}}{(v_p)_{H_2}}=1/4$

D. 图中 b 表示氧气分子的速率分布曲线；$\frac{(v_p)_{O_2}}{(v_p)_{H_2}}=4$

10. 在恒定不变的压强下，气体分子的平均碰撞频率 $\bar{Z}$ 与温度 T 的关系是(　　)。

A. $\bar{Z}$ 与 T 无关　　B. $\bar{Z}$ 与$\sqrt{T}$成正比

C. $\bar{Z}$ 与$\sqrt{T}$成反比　　D. $\bar{Z}$ 与 T 成正比

二、填空题

1. 在容积为 10^{-2} m^3 的容器中，装有质量 100g 的气体，若气体分子的方均根速率为 200m/s，则气体的压强为________。

2. 1mol 氧气(视为刚性双原子分子的理想气体)储于一氧气瓶中，温度为 27℃，这瓶氧气的内能为________J；分子的平均平动动能为________J；分子的平均总动能为________J。(摩尔气体常量 $R=8.31$J/(mol·K)，玻耳兹曼常量 $k=1.38\times10^{-23}$J/K)

3. 三个容器内分别储有 1mol 氦气(He)、1mol 氢气(H_2)和 1mol 氨气(NH_3)(均视为刚性分子的理想气体)。若它们的温度都升高 1K，则三种气体的内能的增加值分别为：氦气，$\Delta E=$________；氢气，$\Delta E=$________；氨气，$\Delta E=$________。

4. 2g 氢气与 2g 氦气分别装在两个容积相同的封闭容器内，温度也相同(氢气分子视为刚性双原子分子)。

(1) 氢气分子与氦气分子的平均平动动能之比 $\bar{w}_{H_2}/\bar{w}_{He}=$________。

(2) 氢气与氦气压强之比 $p_{H_2}/p_{He}=$________。

(3) 氢气与氦气内能之比 $E_{H_2}/E_{He}=$________。

5. 图 9-10 所示曲线为处于同一温度 T 时氦(原子量 4)、氖(原子量 20)和氩(原子量 40)三种气体分子的速率分布曲线。其中曲线 a 是________气分子的速率分布曲线；曲线 c 是________气分子的速率分布曲线。

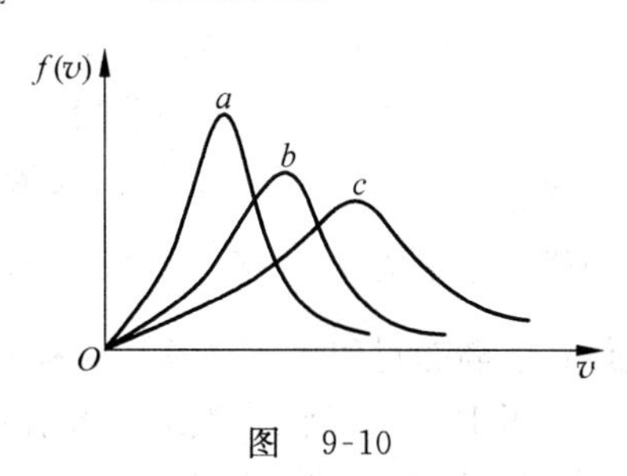

图　9-10

三、计算题

已知某理想气体分子的方均根速率为 400m/s，当其压强为 1atm 时，求气体的密度。

四、思考题

1. 在麦克斯韦速率分布律中，速率分布函数 $f(v)$的物理意义是什么？

2. 试说明下列各式的物理意义：(1) $f(v)\mathrm{d}v$；(2) $Nf(v)\mathrm{d}v$；(3) $\int_{v_1}^{v_2} f(v)\mathrm{d}v$；(4) $N\int_{v_1}^{v_2} f(v)\mathrm{d}v$；(5) $\frac{\int_{v_1}^{v_2} vf(v)\mathrm{d}v}{\int_{v_1}^{v_2} f(v)\mathrm{d}v}$。

第10章

热力学基础

热力学是关于热现象的宏观理论，它从观察和实验中总结出来的热力学定律出发，用逻辑推理的方法，研究物质热运动的宏观现象及其规律。热力学的基本定律源于实践，因此，由热力学推导出来的结论具有高度的可靠性；又由于在热力学中不考虑物质的微观结构及微观变化过程，所以其结果具有普遍意义。

热学的两个分支——统计物理学和热力学，分别构成热学的微观理论和宏观理论，两者互相验证，相辅相成，使人们对热现象有了更加全面的认识。

10.1 体积功 热量 内能

10.1.1 体积功

在力学中讨论的动能定理阐述了外力对物体做功会使物体状态发生变化；在热力学中，外界对热力学系统做功也会改变系统的状态。这里所说的热力学系统一般是指所研究的宏观物体，如气体、液体等，它们由大量的分子组成。系统以外的物体称为外界。在热力学中，功的概念除了力学中 $W=\int \boldsymbol{F}\cdot \mathrm{d}\boldsymbol{l}$ 的机械功之外，还包括电磁功等其他类型的功。下面讨论气体在准静态过程中因体积发生变化所做的功——体积功。

如图 10-1(a)所示，汽缸内装有定量气体，压强为 p，活塞面积为 S，可无摩擦地左右滑动，作用于活塞上的力为 $F=pS$。当系统(活塞)经一微小的准静态过程，使活塞移动一微小段距离 Δl 时，气体对活塞所做的功

$$\Delta W = F\Delta l = pS\Delta l = p\Delta V \tag{10-1}$$

当 $\Delta V>0$ 时，$\Delta W>0$，即气体膨胀对外界做正功；当 $\Delta V<0$ 时，$\Delta W<0$，即气体被压缩对外界做负功。

在一个有限的准静态过程中，气体的体积由 V_1 变到 V_2，它对外界做的总功应为

$$W = \int_{V_1}^{V_2} p\mathrm{d}V \tag{10-2}$$

上式适于形状任意的容器。对于图 10-1(c)中从 $A\rightarrow B$ 的准静态过程，气体膨胀，对外做功为正，$W_{AB}>0$，功的大小等于曲线下的面积；对于图10-1(d)中从$B\rightarrow A$的准静态过程，即

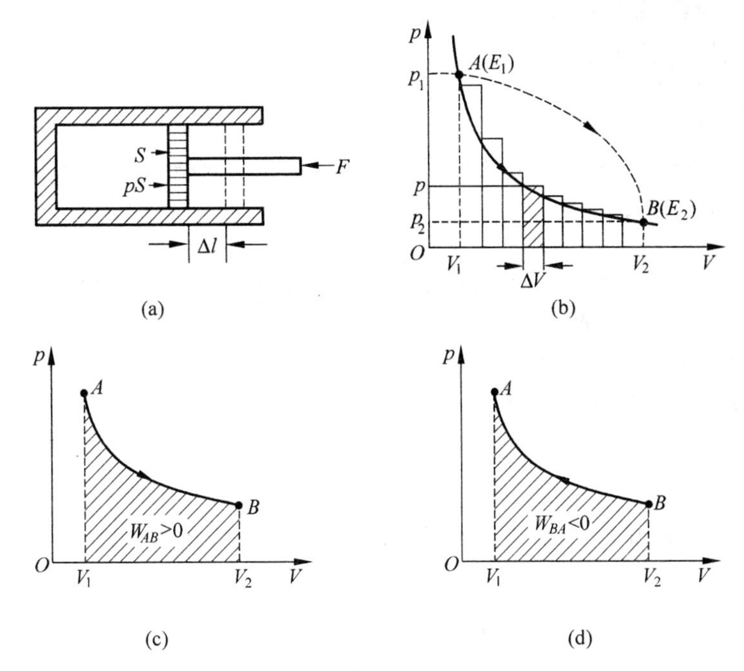

图 10-1　汽缸中气体变化过程与功的 p-V 图

图 10-1(c)的逆过程，气体被压缩，气体对外界做功为负，即 $W_{BA}<0$，功的大小仍等于曲线下的面积。

需要强调的是，内能是状态的函数，而功不是状态的函数，即只给出系统的初态(p_1,V_1)与末态(p_2,V_2)，并不能确定状态变化过程中系统对外做功的数值，即功的大小与过程有关。在相同的 A、B 两个平衡态之间(图 10-1(b))，过程不同(沿实线与沿虚线)功的大小也不同。因此，功不是状态函数，而是过程量。

10.1.2　热量

除了做功可以改变系统的热状态外，传热也可以改变它的热状态。不同温度的两个物体接触，热的物体温度下降，冷的物体温度上升，最后达到平衡。在这个过程中，通过传热引起了两个物体的状态(温度)发生变化。系统与外界之间由于存在温差而传递的能量称为热量，通常用 Q 表示，单位是焦耳或 J。

热量的传递方向用 Q 的正、负表示，通常规定 $Q>0$ 表示系统从外界吸热，$Q<0$ 表示系统向外界放热。

因为系统吸收或放出的热量与具体过程有关，所以热量与功一样，也是一个过程量。

10.1.3　内能

系统的内能，是指在一定状态下系统内各种能量的总和，即系统中所有分子无规则运动动能和势能的总和。当系统处在一定状态时，就有一定的内能，系统的内能是其状态的单值函数。内能为态函数，其增量仅与始末状态有关，而与过程无关。第6章我们讲过理想气体的内能仅是温度的单值函数，由式(9-9)有

$$E=\nu\frac{i}{2}RT$$

如用 E_1 与 E_2 分别表示上述绝热过程中系统的初态和末态内能的大小，则系统内能的增量

$$\Delta E=E_2-E_1=\nu\frac{i}{2}R\Delta T=\nu\frac{i}{2}R(T_2-T_1) \tag{10-3}$$

从上式可知，对质量一定的某种气体，内能的增量由温度的变化决定，即由状态变化决定。

例 10-1 不计振动时，水蒸气、氢气和氧气的自由度数分别为6、5、5。试计算1mol的水蒸气分解为同温度的氢气和氧气时系统内能的增量 ΔE。

解：水蒸气分解的化学式为

$$H_2O\longrightarrow H_2+\frac{1}{2}O_2$$

故1mol的水蒸气分解为1mol的 H_2 和 $\frac{1}{2}$mol的 O_2。因此在温度 T 时，三者的内能分别为

$$E_{H_2O}=\frac{6}{2}RT$$

$$E_{H_2}=\frac{5}{2}RT$$

$$E_{O_2}=\frac{1}{2}\cdot\frac{5}{2}RT=\frac{5}{4}RT$$

$$\Delta E=(E_{H_2}+E_{O_2})-E_{H_2O}=\frac{5}{2}RT+\frac{5}{4}RT-\frac{6}{2}RT=\frac{3}{4}RT$$

因 ΔE 与 T 成正比关系，仅从内能方面看，在较低温度下分解水蒸气较为有利。

10.2 热力学第一定律及其应用

10.2.1 热力学第一定律

热力学第一定律是包含热现象在内的能量转化和守恒定律。

实验证明，热力学系统在状态变化的过程中，若从外界吸收热量 Q，系统内能由 E_1 增大到 E_2，同时系统对外做功 W，那么用数学式表示上述过程，有

$$Q=E_2-E_1+W \tag{10-4}$$

式(10-4)的意义是：系统内能的增量与系统对外界做功之和，等于系统从外界吸收的热量，这就是热力学第一定律。这种关系可由能量守恒定律直接得来，并已为大量事实所证明。

另外，应指出如下几点：

(1) 在应用上式时，如系统从外界吸热，$Q>0$，如系统向外界放热，$Q<0$；外界对系统做功时，$W<0$，系统对外界做功时，$W>0$；系统内能减少时，$E_2-E_1<0$，系统内能增加时 $E_2-E_1>0$。这些规定虽然并非唯一，但其目的在于应用式(10-4)时，不要因为符号的正负而使计算结果出错。其实，只要清楚能量关系，就会得到守恒关系，就会得到正确结果。

(2) 上式同样适用于非准静态过程，只要初态与末态是平衡态就可以了。

对式(10-4)进行微分，即得状态发生微小变化时的热力学第一定律

$$dQ = dE + dW \tag{10-5}$$

历史上，有人试图设计所谓的第一类永动机，它无须任何动力和燃料而不断地对外做功，但所有这类尝试都失败了，因为它违背了能量守恒这一自然界的基本定律。

10.2.2 热力学第一定律的过程应用

1. 等体过程、定体摩尔热容

系统的体积保持不变的过程称为等体过程，在 p-V 图上等体过程是平行于 p 轴的线段，如图 10-2 所示。由理想气体状态方程可知，当 $V_1 = V_2$ 时，等体过程的过程方程为

$$\frac{p_1}{T_1} = \frac{p_2}{T_2} = 恒量$$

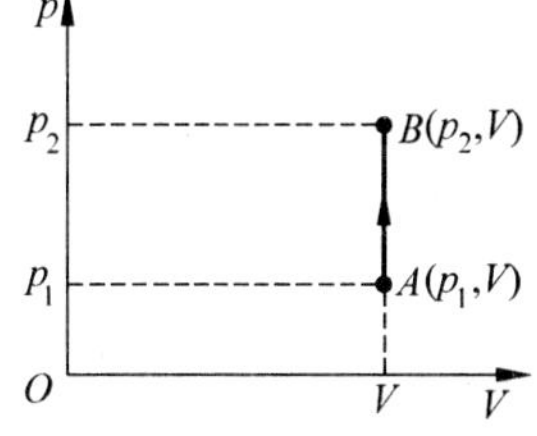

图 10-2 等体过程

在等体过程中，体积不变，系统与外界没有功的交换，$W=0$，由热力学第一定律可得

$$Q_V = \Delta E = E_2 - E_1$$

把内能增量表示式(10-3)代入上式，可得

$$Q_V = \nu \frac{i}{2} R \Delta T = \nu C_V (T_2 - T_1) \tag{10-6}$$

式中

$$C_V = \frac{i}{2} R \tag{10-7}$$

称为气体的定体摩尔热容。从式(10-7)可以看出，C_V 的意义是：在体积不变的条件下，使 1mol 某种气体的温度升高 1K 时所需的热量。在国际单位制中，摩尔热容的单位是焦耳/(摩尔·开)或 J/(mol·K)。

定体摩尔热容与分子自由度 i 有关。对刚性单原子分子、双原子分子、多原子分子，其定体摩尔热容分别是 $\frac{3}{2}R$、$\frac{5}{2}R$ 与 $3R$。

2. 等压过程、定压摩尔热容

系统的压强保持不变的过程称为等压过程，在 p-V 图上等压过程是平行于 V 轴的线段，如图 10-3 所示。

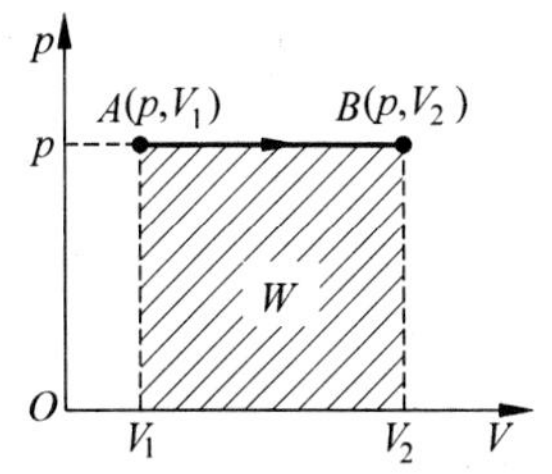

图 10-3 等压过程

由理想气体状态方程，可得等压过程的过程方程

$$\frac{V_1}{T_1} = \frac{V_2}{T_2} = 恒量$$

在等压过程中，由式(10-2)可知，气体对外界做的功

$$W = \int_{V_1}^{V_2} p dV = p(V_2 - V_1) \tag{10-8}$$

气体温度由 T_1 变到 T_2 时，内能的增量仍由式(10-3)计算，考虑

到$\frac{i}{2}R=C_V$，可把内能增量写成

$$\Delta E = E_2 - E_1 = \nu C_V(T_2 - T_1) \tag{10-9}$$

由热力学第一定律可知，系统从外界吸收的热量

$$Q_p = W + \Delta E$$

如果把 Q_p 表示成

$$Q_p = \nu C_p(T_2 - T_1) \tag{10-10}$$

则式中 C_p 定义为定压摩尔热容，它的意义是：在压强不变的条件下，使 1mol 某种气体的温度升高 1K 时所需的热量。

考虑到理想气体状态方程 $pV=\nu RT$，可把式(10-8)写成

$$W = p(V_2 - V_1) = \nu R(T_2 - T_1) \tag{10-11}$$

把式(10-9)、式(10-11)代入式(10-10)可得

$$\nu C_p(T_2 - T_1) = \nu R(T_2 - T_1) + \nu C_V(T_2 - T_1)$$

于是，等压过程的定压摩尔热容

$$C_p = R + C_V \tag{10-12}$$

这个公式称为迈耶公式，它给出定压摩尔热容与定体摩尔热容的关系。在等压过程中，欲使气体温度增高，气体体积必随之增大，前者使气体内能增加，后者使气体对外界做功；而在等体过程中只有前者没有后者，因此欲使气体增加相同的温度，等压过程要做更多的功，故$C_p>C_V$。

从式(10-12)还可看到摩尔气体常数 R 的物理意义：对 1mol 的相同气体，使其温度升高 1K 时，等压过程比等体过程多需的热量。有时还引入比热容比 γ 这一概念，其定义为

$$\gamma = \frac{C_p}{C_V} = \frac{C_V + R}{C_V} = \frac{i+2}{i} \tag{10-13}$$

因此，C_p 与 C_V 还可用 γ 与 R 表示，即

$$C_V = \frac{RC_V}{R} = \frac{RC_V}{C_p - C_V} = \frac{R}{\gamma - 1}, \quad C_p = \gamma C_V = \gamma\frac{R}{\gamma - 1}$$

3. 等温过程

系统的温度保持不变的过程称为等温过程。在 p-V 图上，等温过程如图 10-4 中的曲线所示。

等温过程的过程方程为

$$p_1V_1 = p_2V_2 = pV = 恒量$$

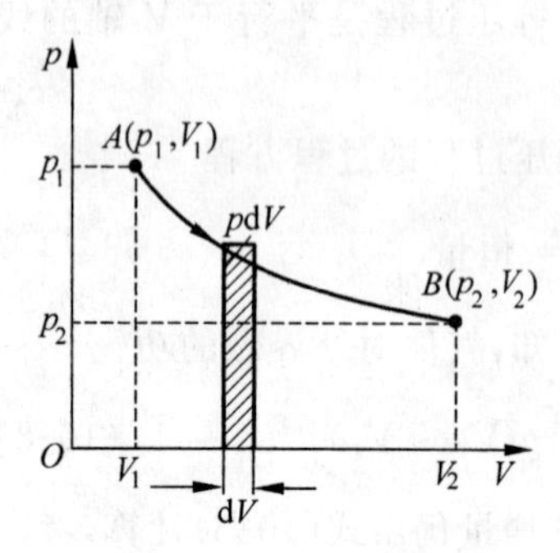

图 10-4　等温过程

等温过程内能不变，$\Delta E=0$。由热力学第一定律及理想气体状态方程，有

$$Q_T = W = \int_{V_1}^{V_2} p\mathrm{d}V = \nu RT\int_{V_1}^{V_2}\frac{\mathrm{d}V}{V}$$

上式积分后，可得

$$Q_T = \nu RT\ln\frac{V_2}{V_1} = \nu RT\ln\frac{p_1}{p_2} \tag{10-14}$$

上式表明，气体膨胀($V_2>V_1$)时，$Q_T=W>0$，气体从外界吸收的热量全部用于对外做功；气体被压缩($V_2<V_1$)时，

$Q_T=W<0$,外界对气体所做的功,全部以热量形式由气体传给外界。

4. 绝热过程

系统与外界没有热量交换的过程称为绝热过程。在实际工程问题中,当过程进行的时间很短,以致只有相对很少的热量在系统与外界交换时,也可近似地看成绝热过程。如蒸汽机汽缸中蒸汽的膨胀,压缩机中空气的压缩等都可近似看作绝热过程。

在绝热过程中,$Q=0$,由热力学第一定律的微分形式,可得

$$\mathrm{d}W+\mathrm{d}E=p\mathrm{d}V+\nu C_V\mathrm{d}T=0$$

由理想气体状态方程可得

$$p\mathrm{d}V+V\mathrm{d}p=\nu R\mathrm{d}T$$

将以上两式消去 $\mathrm{d}T$,可得

$$\left(1+\frac{R}{C_V}\right)p\mathrm{d}V+V\mathrm{d}p=0$$

而 $1+\dfrac{R}{C_V}=\gamma$,故上式可写成

$$\gamma\frac{\mathrm{d}V}{V}+\frac{\mathrm{d}p}{p}=0$$

积分上式,得

$$pV^\gamma=\text{恒量}\ C_1 \tag{10-15}$$

该式即为绝热方程。

根据理想气体状态方程,式(10-15)还可写成

$$TV^{\gamma-1}=\text{恒量}\ C_2 \tag{10-16}$$

$$T^{-\gamma}p^{\gamma-1}=\text{恒量}\ C_3 \tag{10-17}$$

这两个方程与式(10-15)等价,也是绝热方程。

在 p-V 图上,绝热过程如图 10-5 中的实线所示。为了比较,图中还画出了等温线(虚线),两者交于点 A。

等温过程 $pV=$恒量,绝热过程 $pV^\gamma=$恒量。两者在 A 点的斜率分别为

$$\left(\frac{\mathrm{d}p}{\mathrm{d}V}\right)_T=-\frac{p}{V}$$

$$\left(\frac{\mathrm{d}p}{\mathrm{d}V}\right)_Q=-\gamma\frac{p}{V}$$

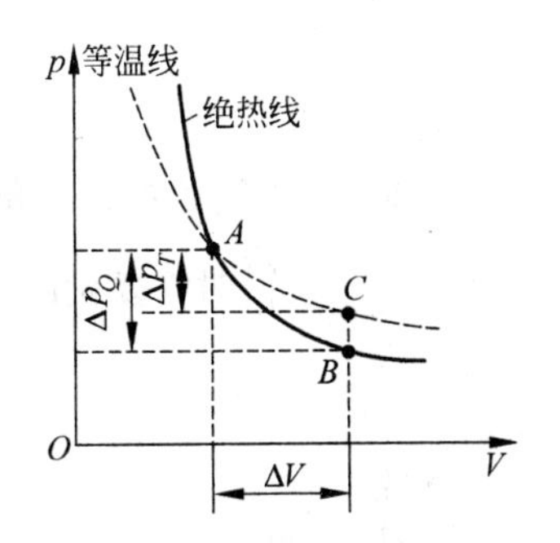

图 10-5 绝热线与等温线

而 $\gamma>1$,因此对同一点,绝热线比等温线更陡。其原因如下:设一定质量的气体分别经历等温过程与绝热过程,并使两过程中体积增量相同。对于等温过程,气体压强的降低仅因体积增大(n 减小)所致;对于绝热过程,压强的降低是体积增大和温度降低共同造成的,所以压强的降低较多。这些情况可从图 10-5 中看到。为了便于比较,表 10-1 还列出了几个热力学过程的重要公式。

表 10-1 热力学过程的重要公式

过程	过程方程	系统的内能增量	气体对外界做的功	系统从外界吸收的热量	摩尔热容
等体	$\frac{p}{T}=$恒量	$\nu C_V(T_2-T_1)$	0	$\nu C_V(T_2-T_1)$	$C_V=\frac{i}{2}R$
等压	$\frac{V}{T}=$恒量	$\nu C_V(T_2-T_1)$	$p(V_2-V_1)$或$\nu R(T_2-T_1)$	$\nu C_p(T_2-T_1)$	$C_p=C_V+R$
等温	$pV=$恒量	0	$\nu RT\ln\frac{V_2}{V_1}$或$\nu RT\ln\frac{p_1}{p_2}$	$\nu RT\ln\frac{V_2}{V_1}$或$\nu RT\ln\frac{p_1}{p_2}$	∞
绝热	$pV^\gamma=$恒量	$\nu C_V(T_2-T_1)$	$-\nu C_V(T_2-T_1)$或$\frac{p_2V_2-p_1V_1}{\gamma-1}$	0	0

例 10-2 如图 10-6 所示，活塞将封闭的汽缸平分为体积为 V_0 的左右两室，温度相同，压强均为 p_0，两室装有同种理想气体。现保持温度不变，用外力 $\boldsymbol{F}$ 缓慢推动活塞使 $V_{左}=2V_{右}$，在不计摩擦力时求外力所做的功 W。

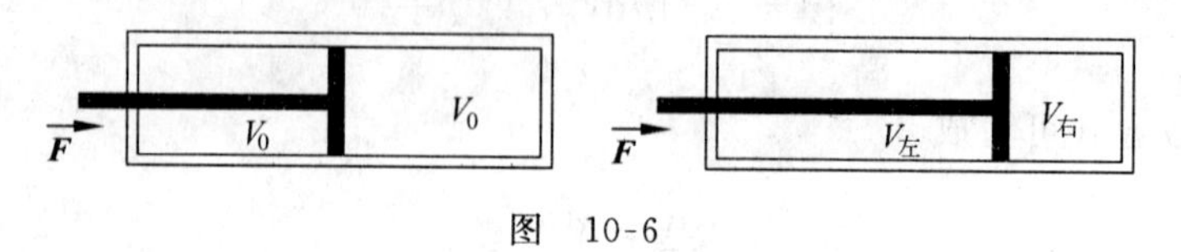

图 10-6

解：汽缸总体积为 $2V_0$，由题意可得

$$V_{左}=\frac{4}{3}V_0,\quad V_{右}=\frac{2}{3}V_0$$

等温过程中外力对两室气体所做体积功分别为

$$W_{左}=-\nu RT\ln\frac{V_{左}}{V_0}=-p_0V_0\ln\frac{4}{3}$$

$$W_{右}=-\nu RT\ln\frac{V_{右}}{V_0}=-p_0V_0\ln\frac{2}{3}$$

外力所做总功

$$W=W_{左}+W_{右}=p_0V_0\ln\frac{9}{8}$$

例 10-3 氢气摩尔数为 8mol，初态时 $p_1=1.03\times10^5\,\mathrm{Pa}$，$T_1=273\mathrm{K}$，体积为 V_1，求把体积压缩至 $V_2=\frac{V_1}{10}$时需要做的功。

(1) 等温过程；

(2) 绝热过程；

(3) 等压过程。

能否设想一个过程，在外力做功接近为零时使系统从状态 p_1、V_1、T_1 到状态 p_2、V_2、T_2。

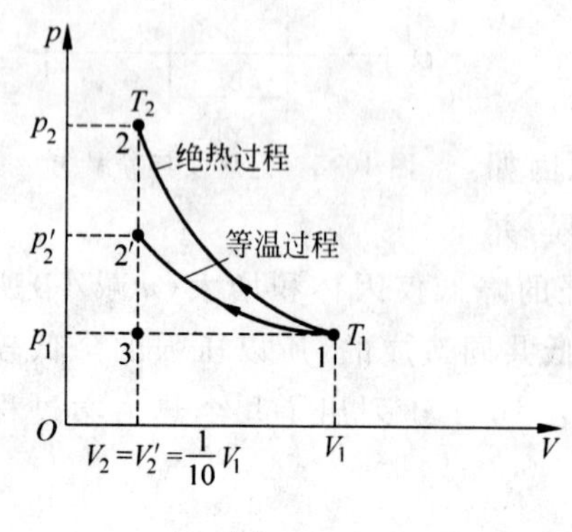

图 10-7

解：把上述三个过程示于图 10-7。

(1) 等温过程。从点 1 到点 2′外界做功为

$$W_T=\nu RT_1\ln\frac{V_1}{V_2}=8\times8.31\times273\times\ln10$$
$$=4.18\times10^4(\mathrm{J})$$

(2) 绝热过程。因为氢是双原子气体，不计振

动时，自由度数 $i=5$，故比热容比 $\gamma=\frac{i+2}{i}=\frac{5+7}{5}=1.4$。绝热过程中

$$T_1V_1^{\gamma-1}=T_2V_2^{\gamma-1}$$

$$T_2=\left(\frac{V_1}{V_2}\right)^{\gamma-1}T_1=10^{0.4}\times 273=700.7(\mathrm{K})$$

在绝热过程中，系统与外界无热量交换，外界对系统做功 W_1 等于系统内能增量，故

$$W_1=\Delta E=\nu\frac{i}{2}R\Delta T=8\times\frac{5}{2}\times 8.31\times(700.7-273)=7.11\times 10^4(\mathrm{J})$$

(3) 等压过程。W_p 等于线段$\overline{31}$下的面积

$$W_p=p_1(V_1-V_2)$$

本例题初态为标准状态，1mol 理想气体所占体积为 $V_0=22.4\times 10^{-3}\mathrm{m}^3$，故 $V_1=8V_0$，$V_2=0.8V_0$，代入上式可得

$$W_p=1.013\times 10^5\times(8-0.8)\times 22.4\times 10^{-3}=1.63\times 10^4(\mathrm{J})$$

10.3　循环过程与循环效率

10.3.1　循环过程

系统经过一系列状态变化之后又回到原来状态的过程称为循环过程，简称循环。参与循环的物质称为工质，如蒸汽机中的气体。在 p-V 图上，循环过程对应一条闭合曲线，如图 10-8所示。如循环按顺时针方向(如图 11-8(a)沿 $AaBbA$)进行，称为正循环；循环按逆时针方向($AbBaA$)进行称为逆循环(图 11-8(b))。

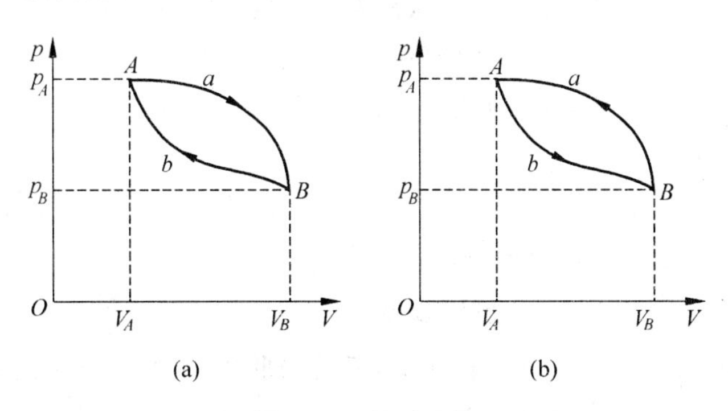

图 10-8　循环过程

系统的内能是状态的单值函数，所以，经历一个循环又回到初始状态有改变，$\Delta E=0$，这是循环过程的重要特征。

10.3.2　正循环、热机效率

1. 正循环过程中的功

对于图 10-8 所示的正循环，可分为两部分：AaB 与 BbA ，状态 A 体积最小，状态 B 体积最大。在过程 AaB 中，气体膨胀对外做功，其数值 W_a 为 AaB 过程曲线下的面积，如

图 10-9(a)所示。在过程 BbA 中，外界压缩气体做功，其数值 W_b 为 BbA 过程曲线下的面积，如图 10-9(b)所示。从图中可知，W_a 的值大于 W_b 的值(这是正循环的一个特点)。所以，气体经过这样一个循环过程之后，对外做的总功为

$$W = W_a - W_b \tag{10-18}$$

显然，在 p-V 图上，总功等于循环过程曲线所包围的面积，如图 10-9(c)所示。

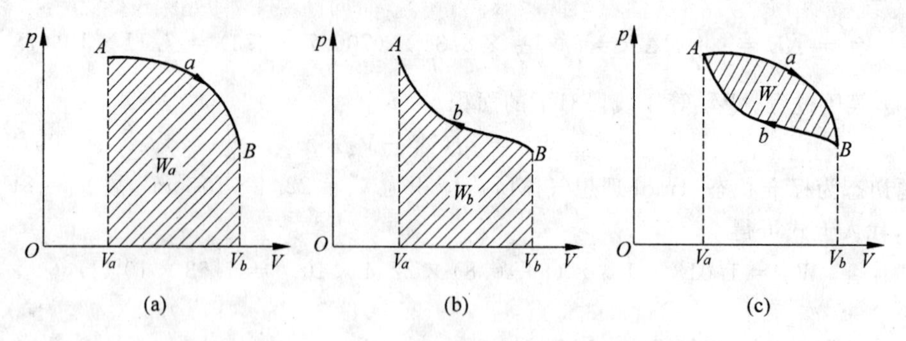

图 10-9　正循环过程中的功

2. **循环过程中的内能**

前面曾经指出：内能是系统状态的函数，与过程无关。所以，系统经历一个循环过程之后，内能不变，即 $\Delta E=0$。

3. **正循环过程中的热量与做功的关系**

对于图 10-8(a)所示的正循环，在经历一个循环过程之后内能不变，因此，在这个循环过程中，系统从高温热源吸收的总热量 Q_1，一部分用于对外做功 W，另一部分则向低温热源放出。设 Q_2 为向低温热源放出的热量的绝对值，由热力学第一定律可知

$$W = Q_1 - Q_2 \tag{10-19}$$

正循环对外做功，对应正循环的机器称为热机。热机中功与热量的这种关系示意于图 10-10。

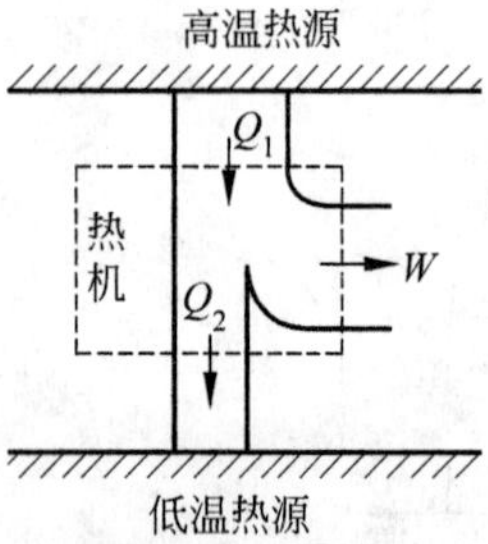

高温热源

Q_1

热机

W

Q_2

低温热源

图　10-10

4. **热机效率**

在正循环中，系统吸收的热量 Q_1 不能全部转换为系统对外所做之功 W，即 $W<Q_1$。两者之比定义为热机效率 η，即

$$\eta = \frac{W}{Q_1} = \frac{Q_1 - Q_2}{Q_1} = 1 - \frac{Q_2}{Q_1} \tag{10-20}$$

由上式可知，$\frac{Q_2}{Q_1}$ 越小，热机效率越高，这就要求热机应尽量多地从高温热源吸热，而尽量少地向低温热源放热。因为 Q_2 不能等于零，所以热机效率永远小于 1。

蒸汽机、内燃机以及喷气发动机，虽然它们的工作方式不同，但都是把热转变为功的热机。

10.3.3　逆循环、制冷系数

1. 逆循环中功与热量的关系

对于图 10-8(b)所示的逆循环，由于循环方向与正循环相反，所以在逆循环过程中，外界对系统做功 W 使工质从低温热源吸收热量 Q_2，而向高温热源放出热 Q_1。根据热力学第一定律，在一个逆循环中，存在如下关系：

$$\begin{cases} Q_1 = W + Q_2 \\ W = Q_1 - Q_2 \end{cases} \tag{10-21}$$

由于逆循环过程中工质从低温热源吸收热量，所以经一逆循环过程后，低温的温度更低，故对应逆循环的机器叫制冷机，它靠外界对系统做功来工作。

式(10-21)表示的制冷机中功与热量的关系示于图 10-11 中。

2. 制冷系数

系统从低温热源中吸取的热量 Q_2 与所消耗的总功 W 之比定义为制冷机的制冷系数 e，即

$$e = \frac{Q_2}{W} = \frac{Q_2}{Q_1 - Q_2} \tag{10-22}$$

上式表明，如外界做功一定，制冷机从低温热源吸取的热量越多，制冷系数就越大。

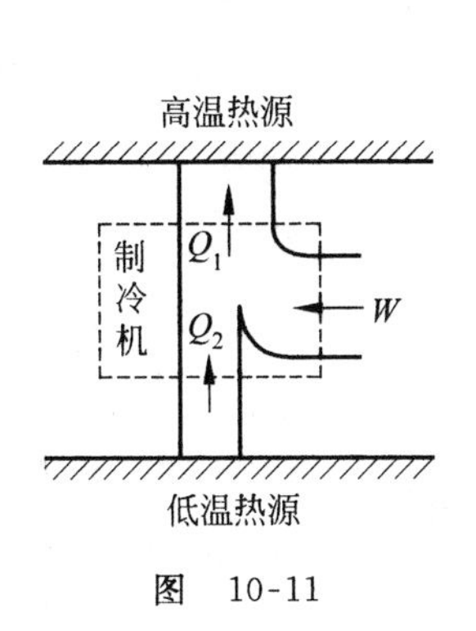

图　10-11

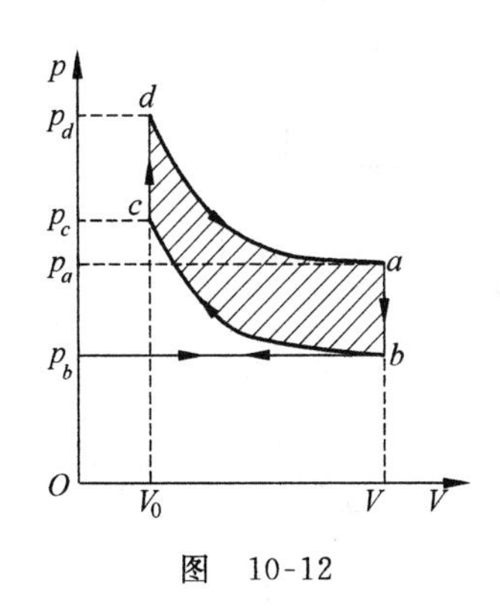

图　10-12

例 10-4　图 10-12 所示的正循环称为奥托循环。其中 $a \to b$ 与 $c \to d$ 是两个等体过程，$d \to a$ 与$b \to c$ 是两个绝热过程，求此循环对应的热机效率 η。

解：在此循环中，吸热与放热只在两个等体过程中进行，设过程 $c \to d$ 吸热为 Q_1，则

$$Q_1 = \nu C_V (T_d - T_c)$$

系统由 $a \to b$ 放热为

$$Q_2 = \nu C_V (T_a - T_b)$$

所以该循环的效率为

$$\eta = 1 - \frac{Q_2}{Q_1} = 1 - \frac{T_a - T_b}{T_d - T_c}$$

这是用 a、b、c、d 四个状态时的温度表示的热机效率。利用绝热过程中温度与体积的关系，还可把 η 写成另外一种形式。

因为 $a\to b$ 与 $c\to d$ 是等体过程，$d\to a$ 与 $b\to c$ 是绝热过程，因此有如下关系：

$$V_d = V_c = V_0, \quad V_a = V_b = V$$
$$T_d V_d^{\gamma-1} = T_a V_a^{\gamma-1}, \quad T_c V_c^{\gamma-1} = T_b V_b^{\gamma-1}$$
$$(T_a - T_b)V^{\gamma-1} = (T_d - T_c)V_0^{\gamma-1}$$

故

$$\frac{T_a - T_b}{T_d - T_c} = \left(\frac{V_0}{V}\right)^{\gamma-1}$$

将此式代入 η 的表示式，得

$$\eta = 1 - \left(\frac{V_0}{V}\right)^{\gamma-1} = 1 - \frac{1}{\left(\frac{V_0}{V}\right)^{\gamma-1}} = 1 - \frac{1}{R^{\gamma-1}}$$

式中，$R=\frac{V}{V_0}$ 称为压缩比。上式表明，压缩比越大，效率越高。奥托循环可近似看作一种内燃机的理想循环。实际工作中，内燃机汽缸压缩比不能取得太大，若取 $R=7, \gamma=1.4$，则

$$\eta = 1 - \frac{1}{7^{1.4-1}} = 55\%$$

由于各种原因，实际汽油内燃机的效率只有 25%左右。

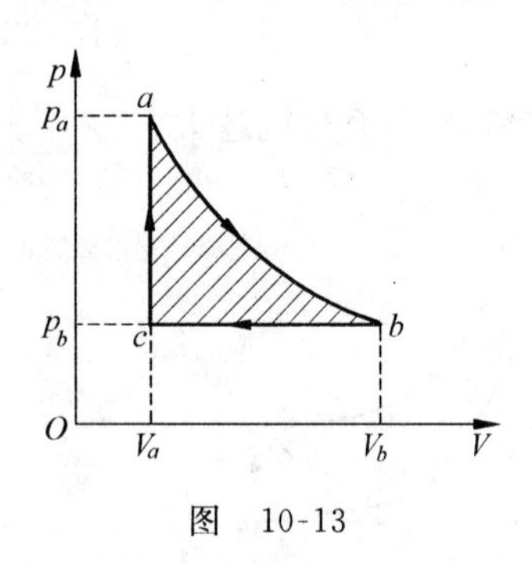

图 10-13

例 10-5 图 10-13 所示循环中 $a\to b$ 为等温过程，$V_b = 2V_a$，求该循环的热机效率。设工质为理想单原子气体。

解：过程 $a\to b$ 为等温膨胀，气体吸热 Q_{ab} 并对外做功。过程 $c\to a$ 为等体升压，温度升高吸热 Q_{ca} 对外不做功。系统经一个循环，吸收的总热量为

$$Q_1 = Q_{ab} + Q_{ca} = \nu R T_a \ln\frac{V_b}{V_a} + \nu C_V (T_a - T_c)$$

由理想气体状态方程 $pV=\nu RT$ 及 $V_b=2V_a$ 可得

$$\nu R T_a \ln\frac{V_b}{V_a} = p_a V_a \ln 2$$

因为 ab 为等温过程，故 $T_a = T_b$，由理想气体状态方程可知

$$p_a V_a = p_b V_b$$

故

$$p_a = \frac{V_b}{V_a} p_b = 2p_b = 2p_c$$

再考虑到单原子气体 $C_V=\frac{i}{2}R=\frac{3}{2}R$，则

$$\nu C_V (T_a - T_c) = \frac{3}{2}\nu R(T_a - T_c) = \frac{3}{2}(p_a V_a - p_c V_c) = \frac{3}{2}\left(p_a V_a - \frac{1}{2}p_a V_a\right) = \frac{3}{4}p_a V_a$$

故

$$Q_1 = p_a V_a \ln 2 + \frac{3}{4}p_a V_a = \left(\ln 2 + \frac{3}{4}\right)p_a V_a$$

整个循环中只有等压过程 bc 向外放热

$$Q_2 = Q_{bc} = \nu C_p (T_b - T_c) = \nu\frac{5}{2}R(T_b - T_c) = \frac{5}{2}p_b(V_b - V_c) = \frac{5}{4}p_a V_a$$

故热机效率

$$\eta = 1 - \frac{Q_2}{Q_1} = 1 - \frac{\frac{5}{4}p_a V_a}{\left(\ln 2 + \frac{3}{4}\right)p_a V_a} = 1 - \frac{\frac{5}{4}}{\ln 2 + \frac{3}{4}} = 13\%$$

10.4　卡诺循环与卡诺定理

10.4.1　卡诺循环

卡诺循环是工作在两热源之间的理想循环，该循环给出了在两个恒温热源的条件下，热机效率所能达到的极限。

卡诺正循环由两个准静态等温过程和两个准静态绝热过程组成。在图 10-14(a)中所示的卡诺循环 p-V 中，曲线 ab 和 cd 分别表示温度为 T_1 与温度为 T_2 的两条等温线，曲线 bc 与 da 表示两条绝热线。图 10-14(b)为卡诺循环的工作示意图。

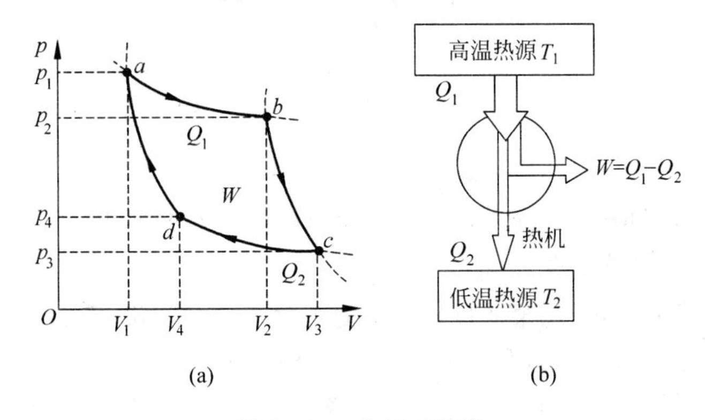

图 10-14　卡诺正循环

气体在等温膨胀过程 ab 中，从高温热源吸收的热量为

$$Q_1 = \nu R T_1 \ln \frac{V_2}{V_1}$$

气体在等温压缩过程 cd 中，向低温热源放出的热量大小为

$$Q_2 = \nu R T_2 \ln \frac{V_3}{V_4}$$

根据绝热方程，对 bc 和 da 两个绝热过程有

$$T_1 V_2^{\gamma-1} = T_2 V_3^{\gamma-1}$$

$$T_1 V_1^{\gamma-1} = T_2 V_4^{\gamma-1}$$

二式相除得

$$\frac{V_2}{V_1} = \frac{V_3}{V_4}$$

将此式代入 Q_1 的表达式，可得

$$Q_1 = \nu R T_1 \ln \frac{V_3}{V_4}$$

于是

$$\frac{Q_1}{Q_2}=\frac{T_1}{T_2}$$

将此式代入式(10-20)，可得卡诺循环的热机效率为

$$\eta=\frac{W}{Q_1}=\frac{Q_1-Q_2}{Q_1}=1-\frac{T_2}{T_1} \tag{10-23}$$

上式表明，卡诺循环的效率 η 仅取决于两恒温热源的温度，高温热源的温度 T_1 越高，低温热源的温度 T_2 越低，卡诺循环的效率 η 就越高。此外，由于低温热源温度 T_2 不可能为零，故卡诺循环的效率不可能等于1。

如果循环方向相反，即按 $adcba$ 作逆时针循环，称为卡诺逆循环，是卡诺制冷机的循环过程。用与上面类似的方法，可求出制冷系数

$$e=\frac{Q_2}{W}=\frac{Q_2}{Q_1-Q_2}=\frac{T_2}{T_1-T_2} \tag{10-24}$$

上式表明：T_2 越低，e 也越小，即欲从低温热源中吸取相同的热量 Q_2，低温热源的温度 T_2 越低，所消耗的功越多。当 $T_2\to 0\text{K}$ 时，$e\to 0$，这意味着，当低温热源的温度接近0K时，再想降低它的温度，需耗散几乎是无穷大的功。这从一个角度说明，$T=0\text{K}$ 的状态是不能达到的。

10.4.2 卡诺定理

在介绍卡诺定理之前，有必要先介绍一下可逆过程与不可逆过程。

1. 可逆过程与不可逆过程

在系统状态变化过程中，如果逆过程能重复正过程的每一状态，而且不引起其他变化，这样的过程称为可逆过程；反之，在不引起其他变化的条件下，不能使逆过程重复正过程的每一状态，或者说虽然重复，但必然会引起其他变化，这样的过程都叫做不可逆过程。

下面通过活塞在汽缸中的运动，来说明可逆过程与不可逆过程。设汽缸的运动无限缓慢，则气体在任意时刻都可看作处于准平衡状态，这时，如果再略去一切能引起能耗的效应（如摩擦、粘滞力等），那么，不仅气体的正逆两过程经历了相同的平衡态，正逆过程都是准静态过程，而且由于没有能量耗散，在正逆两过程终了时，外界不会发生任何变化。因此，这种状况下的气体状态变化过程才可成为可逆过程。

由上例可见，可逆过程的条件是：

(1) 过程要无限缓慢地进行，即此过程应是准静态过程；

(2) 系统不受摩擦力、粘滞力等可以耗散能量的力的作用。

理想的可逆过程并不存在，当考虑摩擦力和粘滞力时，活塞运动过程是不可逆过程，或者当不考虑摩擦力等耗能因素，如果活塞不是无限缓慢地移动，以致气体不能看作平衡态时，也是不可逆过程。因此，对于可逆过程，上述两个条件缺一不可。

不可逆过程几乎随处可见，如气体的扩散、摩擦生热等都是不可逆过程；生命的进程也是不以人们意志为转移的不可逆过程。

2. 卡诺定理

卡诺定理内容如下：

(1) 在相同的高温热源(温度 T_1)与相同的低温热源(温度 T_2)之间工作的一切可逆机，其效率相等，且与工质无关，即

$$\eta = 1 - \frac{Q_2}{Q_1} = 1 - \frac{T_2}{T_1} \tag{10-25}$$

(2) 在相同的高温热源(T_1)与相同的低温热源(T_2)之间工作的一切不可逆的效率 η' 不可能大于可逆机的效率 η，即

$$\eta' \leqslant 1 - \frac{T_2}{T_1} \tag{10-26}$$

例 10-6　设卡诺循环的工质为氮气，在绝热膨胀过程中气体的体积增大到原体积的2倍，求循环效率。

解：不计振动时，氮气的比热容比 $\gamma=1.4$，由绝热过程可知

$$T_1V_1^{\gamma-1} = T_2V_2^{\gamma-1} = T_2(2V_1)^{\gamma-1}$$

得

$$\frac{T_2}{T_1} = \frac{1}{2^{\gamma-1}} = \frac{1}{2^{1.4-1}} = \frac{1}{2^{0.4}} = 0.758$$

故此循环的热机效率

$$\eta = 1 - \frac{T_2}{T_1} = 1 - 0.758 = 24.2\%$$

例 10-7　某卡诺制冷机的高温热源 $T_1=310\text{K}$，低温热源 $T_2=260\text{K}$，欲从低温热源吸取 $Q_2=1.56\times10^5\text{J}$ 的热量，求：

(1) 该制冷机的制冷系数 e；

(2) 所需外力做的功 W。

解：(1)卡诺机的制冷系数

$$e = \frac{T_2}{T_1 - T_2} = \frac{260}{310-260} = 5.2$$

(2) 外力做功

因为制冷系数

$$e = \frac{Q_2}{W}$$

故

$$W = \frac{Q_2}{e} = \frac{1.56\times10^5}{5.2} = 3\times10^4(\text{J})$$

10.5　热力学第二定律

10.5.1　自发过程的方向性

自发过程是指：在不受外界干预的情况下所发生的过程。日常生活中的自发过程有很多，如两个不同温度的物体接触后，热量自发地从高温物体向低温物体转移，使两个物体的温度趋于相同而不是相反，这是热量过程的方向性；香水气体分子自瓶中向外扩散，却不能

使扩散到周围的香水气体分子再重新回到瓶中，这是气体分子扩散的方向性；用摩擦（做机械功）生热却不能用热产生等量的机械功而不产生其他影响……这些现象就是由自发过程的方向性引起的。在热力学中，符合热力学第一定律的过程并不能发生，如上面所述的热量传递过程及摩擦过程，尽管它们的逆过程符合热力学第一定律，却不可能发生。热力学第二定律就是揭示与热现象有关的宏观过程进行的方向性的定律，它向人们指出了实际宏观过程进行的方向和条件。

10.5.2 热力学第二定律的两种表述

由于热力学理论是在研究如何提高热机效率的基础上发展起来的，热力学第二定律的表述有很多种，最早提出并沿用至今的是 1851 年开尔文提出的与热机工作相关的开尔文表述和 1850 年克劳修斯提出的与制冷机相关的克劳修斯表述。

（1）开尔文表述：不可能从单一热源吸收热量使之完全变为有用功而不引起其他变化。

（2）克劳修斯表述：不可能把热量从低温物体传向高温物体而不引起其他变化。

结合热机的工作还可以进一步说明开尔文说法的意义。如果能制造一台热机，它只利用一个恒温热库工作，工作物质从它吸热，经过一个循环后，热量全部转换为功而未引起其他效果，这样我们就实现了一个“其唯一效果是热全部变为功”的过程。这是不可能的，因而只利用一个恒温热库进行工作的热机是不可能制成的。这种假想的热机叫单热源热机。不需要能量输入而能持续做功的机器叫第一类永动机，它的不可能是由于违反了热力学第一定律。有能量输入的单热源热机叫第二类永动机，由于违反了热力学第二定律，它也是不可能的。

尽管热力学第二定律有很多种表述，但它们的实质是相同的，开尔文表述与克劳修斯表述也是完全等效的。我们无法举出一个例子违反上述两种表述，这个定律是热学中最基本的定律之一。

10.5.3 热力学第二定律的统计意义

热力学第二定律指出，一切与热现象有关的实际过程都是不可逆的。从分子动理论的观点看，这种不可逆性是由大量分子无规则热运动引起的，因此必然服从统计规律。下面从统计观点说明其微观本质，从而揭示热力学第二定律的统计意义。

首先，看热功转换问题。功转换为热的过程，从微观上看是大量分子（宏观物体的）的规则运动转换为大量分子的无规则运动。而前者的运动状态出现的概率小于后者的运动状态出现的概率，因此功转换为热的微观过程的进行方向，是由概率小的宏观状态向概率大的宏观状态方向进行。相反的过程，即热自动转换为功的问题，因概率极小，以致实际上无法发生。这就是热功转换不可逆性的微观解释。

下面从微观的角度出发，粗略地分析宏观态的进行方向。

设某长方形容器的中间有一隔板把它分成 A、B 两个相等的部分。如初态为 A 侧有 4 个相同的分子 a、b、c、d，而 B 侧没有，现打开隔板并分析分子的空间分布。

为简单计，只讨论这4个分子在A、B两侧的分布情况。如表10-2所示，一共有16(2^4)种不同的分布情况。这样的每一种分布称为一个微观态，本例共有16种微观态。从宏观上看，这4个分子没有什么不同，把分子仅按分子个数的每一种分布称为一个宏观态，本例共有5种宏观态。每一种宏观态中所包含的微观态的数目(W)不同。根据统计理论，在不受外界影响的系统中，所有的微观态以相同的机会出现。因此，某一宏观态出现的概率与它所对应的微观态数成正比。表10-2表明分子均匀分布($N_A=N_B$)的宏观态出现的概率最大$\left(\frac{6}{16}\right)$，分子全部集中在A(或B)的宏观态出现概率最小$\left(\frac{1}{16}=\frac{1}{2^4}\right)$。当分子总数为$N$时，分子全部集中在A或B的宏观态出现概率应为$\frac{1}{2^N}$。显然，$N$越大，分子集中于一室的概率越小。这表明，一旦扩散出去的分子再让它回去，实际上已不可能，即使发生，宏观上也观察不到。实际观察到的，只能是气体分子基本均匀地分布在A、B两室，即出现概率最大的宏观状态。

表10-2　4个分子在A、B二室的分布

微观状态	A室	abcd	abc	abd	acd	bcd	ab	ac	ad	bc	bd	cd	a	b	c	d	0
	B室	0	d	c	b	a	cd	bd	bc	ad	ac	ab	bcd	cda	dab	abd	abcd
宏观状态	N_A	4	3				2						1				0
	N_B	0	1				2						3				4
宏观态对应的微观态数W		1	4				6						4				1
宏观态出现的概率		1/16	4/16				6/16						4/16				1/16

由以上分析可知，气体自由膨胀过程不可逆的实质是：该过程只能从概率较小的宏观态向概率较大的宏观态进行。自动地进行相反的过程，并非原则上不可能，但因概率太小，几乎不能发生，即使发生，实际上也观察不到。

对于和热现象有关的其他实际过程，也可得到相同的结论，即孤立系统内发生的一切实际过程，总是从概率小的宏观态向概率大的宏观态进行，也可以说成：从包含微观态少的宏观态向包含微观态多的宏观态进行，这就是热力学第二定律的统计意义。它指出热力学实际过程的进行方向。孤立系统处于非平衡时，它将以绝对优势向平衡态过渡，平衡态就是出现概率大的宏观态。

出现概率大的宏观态也称为无序性大的宏观态。有N个微观态的宏观态就比有一个微观态的宏观态的无序性大；气体膨胀后的无序性就比膨胀前的无序性大。功转变为热是大量分子的有序运动自动地转变为分子的无序运动，反映到宏观上是机械能转变为内能的过程。从这一角度看，可以得到如下结论：一切自然过程总是沿着向无序性增大的方向进行。这一结论也可作为热力学第二定律的一个表述。但这一结论的意义远不止于热学。

例10-8　关于逆过程出现情况的讨论。

假设某封闭容器内有1mol气体分子，分子数目为$N_0=6.02\times10^{23}$个，现将容器分为A、B两个体积相等的部分，并讨论分子集中于A或B这种宏观态的出现概率。

$$\text{某宏观态出现概率} = \frac{\text{该宏观态对应的微观态数}\ W}{\text{微观态总数}}$$

对于所有分子全部集中于 A 这种宏观态，它对应的微观态数为 1，微观态总数为 $2^{6.02\times10^{23}}$ 个，因此，其宏观态出现概率为$\frac{1}{2^{6.02\times10^{23}}}$。

再假设每秒钟出现 10^8 个微观态，则上述宏观态出现的平均周期应为

$$T = \frac{2^{6.02\times10^{23}}}{10^8} \approx 10^{2\times10^{23}}\ (\text{s})$$

地球的年龄不过几十亿年，而上述宏观状态的平均出现周期远大于这个时间。可见这种状态多么难于出现，即使出现了又稍纵即逝，人们也无法察觉。

如果人的感知空间仅是整个空间体积的$\frac{1}{M}$，那时如把空间分为体积相等的 M 个小空间，则微观态的总数要增至 M^N，所有 N 个分子全部分布于某一个小空间的概率将为$\frac{1}{M^N}$，出现的可能性就更小了。

10.6 熵与熵增原理

10.6.1 玻耳兹曼公式

从上节可以知道，系统宏观态所含微观态数 W 增大的趋势，决定着孤立系统内实际过程的进行方向和不可逆性。为定量表示这一规律，需给出热力学第二定律的数学表示式。玻耳兹曼引入了称为熵的物理量(S)，并给出了如下公式：

$$S = k\ln W \tag{10-27}$$

上式称为玻耳兹曼公式。其中，k 为玻耳兹曼常量，W 为某宏观态所含微观态数，称为热力学概率。对于系统的某一宏观态，有一个 W 值，因此也就有一个 S 值与之对应。因此，式(10-27)定义的熵 S 是系统状态的单值函数。熵的单位与 k 相同，为焦耳/开或 J/K。

由式(10-27)可知，系统宏观态的热力学概率越大，对应该状态的熵也越大，因此熵是系统无序性的量度。

现在对熵的认识，已远远超出分子运动领域。有些学者甚至认为熵是震撼世界的七大思想中的一个。

10.6.2 熵增原理

熵同内能相似，具有重要意义的并非某一平衡态的值，而是初、末状态的熵增量，或称熵变。显然，熵变仅由初、末状态决定，而与过程无关。指出这一点是非常重要的，它给计算有关熵变的问题提供了方便：只要保持初、末两状态不变，可以通过任意过程计算熵变。

用熵代替热力学概率 W 后，关于自然界自发过程进行方向的规律可表述为：在孤立系统中进行的自发过程，总是沿熵不减小的方向进行，这就是熵增加原理。用数学式表示为

$$\Delta S = k\ln\frac{W_2}{W_1} \geqslant 0 \tag{10-28}$$

式中，W_1 与 W_2 分别是过程始、末两状态的某宏观态所含的微观态数。上式适用于孤立系统。对于非孤立系统，如对外放热的系统，在放热过程中熵是减小的。式(10-28)中的等号适于理想的可逆过程($W_2=W_1$)，不等号适于一切孤立系统的实际过程。

10.6.3 克劳修斯熵公式

由卡诺定理出发，通过把任意可逆循环看作由许多小卡诺循环组成的方法，可以导出熵的计算公式。

对于无限小的可逆过程，有

$$dS=\frac{dQ}{T} \tag{10-29}$$

式中，dS 表示熵的元增量；dQ 为无限小可逆过程中系统从外界吸收的热量；T 为外界热源或环境的温度。因为过程是可逆的，T 也是系统的温度，$\frac{dQ}{T}$常称为热温比。式(10-29)表明在无限小的可逆过程中，系统熵的元增量等于其热温比。

如以 S_1 和 S_2 表示状态 1 变到状态 2 时的熵，那么系统沿任何可逆过程从状态 1 变到状态 2 时熵的增量

$$\Delta S=S_2-S_1=\int_1^2\left(\frac{dQ}{T}\right)_{可逆} \tag{10-30}$$

式(10-29)和式(10-30)可看成是熵的宏观定义。式(10-30)称为克劳修斯熵公式。

用克劳修斯熵公式计算系统的熵变时要注意两点：

(1) 由于熵是态函数，ΔS 只与初态和末态有关，与过程无关，因此无论是可逆或不可逆过程，当系统由状态 1 变化到状态 2 时，都可以任意设想一个可逆过程连接初态 1 和末态 2，并用式(10-30)进行计算。

(2) 系统总熵变等于各组成部分熵变之总和。

阅读材料 7　热力学第三定律

本章我们学习了热力学第一定律和热力学第二定律，有没有热力学第三定律(third law of thermodynamics)呢？答案是有，它与热力学第二定律一样有各种不同的表达方式，但德国物理化学家能斯特给出的能斯特定律和普朗克的绝对零度不能达到原理被普遍应用。

1. 能斯特定律

1906 年，能斯特(W. H. Nernst，1864—1941)在研究低温下各种化学反应的性质时，总结大量实验资料得出了一个普遍规则，即凝聚系统的熵在等温过程中的改变，随着热力学温度趋近于 0K，可表示为

$$\lim_{T\to 0K}(\Delta S)_T=0 \tag{10-31}$$

这就是能斯特定理(Nernst theorem)，一般情况下可作为热力学第三定律的一种表述。

若系统为一单元系，熵是温度 T 以及其他参量 y 的函数，则式(10-31)中的$(\Delta S)_T$ 可以是在保持温度不变的条件下，因 y 的改变而引起的熵的变化；若系统为一多元系，则$(\Delta S)_T$

可以是因化学变化而引起的熵的变化。能斯特定理表明，无论是同一种物质不同态参量 y 的熵，还是不同物质的熵，在温度趋于热力学温度 0K（absolute zero）时都趋于相同的值。1911 年普朗克提出，可以令 $T\to 0\text{K}$ 时的零点熵 $S_0\to 0$，按此确定的熵称为绝对熵（absolute entropy）。这样，任意态的熵也就唯一地确定了。

根据热力学第三定律，当我们需要计算若干个状态的熵的绝对值时，只要将积分路径的起点（初态）选择在热力学温度 0K，即取 $T=0\text{K}$ 为基准温度，而令 $S_0=0$。若 C_V 表示系统在体积 V 保持不变情况下的热容，则绝对熵可表示为

$$S(V,T)=\int_0^T \frac{C_V}{T}\mathrm{d}T \tag{10-32}$$

由于熵值 $S(V,T)$ 应该是有限的，因此要求

$$\lim_{T\to 0\text{K}} C_V=0 \tag{10-33}$$

否则式(10-32)中的被积函数在 T 趋于零时要发散。应该注意到，式(10-33)是热力学第三定律所要求的，然而这并不要求在热力学温度趋于 0K 时体系的熵一定要趋于零。

在统计物理中我们看到，经典统计法所给出的气体和固体的热容都与式(10-33)不符，所以经典统计法是不符合热力学第三定律的。然而，从量子统计的结果来看，不论是气体、固体还是自由电子气等，它们的热容都满足式(10-33)，是与热力学第三定律符合的。总之，热力学第三定律是与量子力学规律相符的，是低温下实际系统量子性质的宏观表现。

应该注意到，能斯特定理不能应用于那些不处于统计平衡态的物质，例如有些无定形的材料或无序合金，它们在低温下能以很长的弛豫时间作为“冻结”的亚稳态存在，这时能斯特定理并不成立。因此，通常把热力学温度 0K 不能达到的原理作为热力学第三定律的标准说法，而把能斯特定理作为它的推论。

2. 热力学温度 0K 不能达到原理

普遍而言，热力学第三定律可以用热力学温度 0K 不能达到原理来表述，即不可能施行有限的过程把一个物体冷却到热力学温度 0K。

1912 年，能斯特是根据他于 6 年前提出的定理推出这一原理的。我们以顺磁盐系统为例，说明这一推理的过程。图 10-15 所示的是顺磁盐的温熵图，以磁场强度 H 为外参量 y。按照能斯特定理有

$$\lim_{T\to 0\text{K}}(\Delta S)_T=0$$

故 $S(H,T)$ 和 $S(0,T)$ 两条曲线必相交于坐标原点；由于热容

$$C_H=T\left(\frac{\partial S}{\partial T}\right)_H>0$$

故曲线的斜率 $\left(\frac{\partial S}{\partial T}\right)_H$ 是正的；在绝热条件下可逆地退去磁场（这就是所谓的绝热退磁，adiabatic demagnetization），将使物体温度降低，故相应于 $H=0$ 的曲线必定在相应于 $H>0$ 的曲线的左侧。

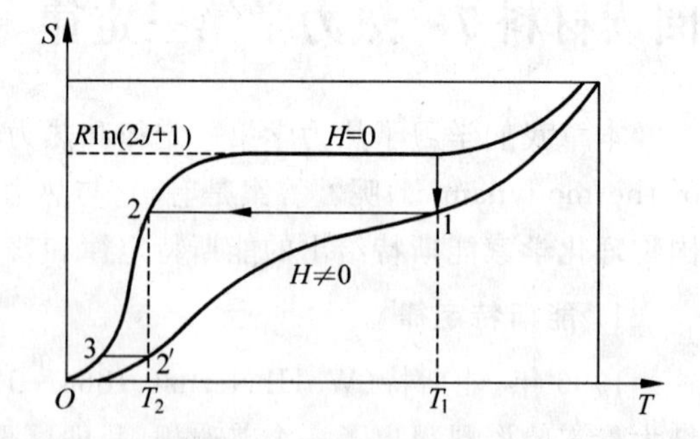

图 10-15　顺磁盐的温熵图

在图 10-15 上取 1、2 两点，温度分别为 T_1、T_2，由式(10-33)有

$$S_1(H,T_1)=\int_0^{T_1}\frac{C_H}{T}\mathrm{d}T$$

$$S_2(0,T_2)=\int_0^{T_2}\frac{C_0}{T}\mathrm{d}T$$

若在绝热条件下退去外磁场，则顺磁盐的状态从点 1 变到点 2；根据熵增加原理，在这一绝热退磁过程中熵的变化为

$$\Delta S=S_2(0,T_2)-S_1(H,T_1)=\int_0^{T_2}\frac{C_0}{T}\mathrm{d}T-\int_0^{T_1}\frac{C_H}{T}\mathrm{d}T\geqslant 0$$

为了保证上式中两积分项之差不小于零，由于 $T_1\neq 0$，所以 T_2 不可能等于零，即绝热退磁降温不可能达到热力学温度 0K。

热力学温度 0K 虽然不可能达到，但可以无限趋近。核绝热退磁是目前达到最低温度的方法，其原理与顺磁盐绝热退磁类似，仍可用图 10-15 作为其原理性温熵图。如图所示，在核系统的状态到达点 2 后，还可等温磁化到点 2′，然后再绝热退磁至点 3，可以无限趋近热力学温度 0K。例如，芬兰赫尔辛基大学的科学家们利用稀释制冷机（dilution refrigerator）先使核绝热去磁装置的温度降低到 mK，然后再利用二级铜核绝热退磁使核系统温度达到 50nK，使铜样品的自由电子和晶格温度达到了 9μK。1990 年，他们使银的核自旋温度达到了 800pK。

3. 负温度

在日常生活中，只要一提起零下的温度，人们就会联想到凛冽寒风的冰雪世界，这是由于通常所用的摄氏温度的零点和水的冰点吻合。自从建立热力学温标以来，人们都习惯于只考虑正的温度，况且热力学第三定律又表明 $T=0\mathrm{K}$ 是达不到的，就更不要说 $T<0\mathrm{K}$ 的负温度了。

然而，要求温度必须取正值的理由何在呢？我们不妨来考察一下简单的二能级系统，它有 ε_1 和 ε_2 两个能级，且 $\varepsilon_2>\varepsilon_1$。在热平衡时，在两个能级上分布的粒子数 N_1 和 N_2 应满足玻耳兹曼分布，即

$$N_2=N_1\mathrm{e}^{\frac{-(\varepsilon_2-\varepsilon_1)}{kT}}$$

随着温度的升高，N_2 逐渐增大，系统的内能和熵均随之增加，如图 10-16 所示。直到 $T\to\infty$，$N_2=N_1$，系统的熵达到了极大值，系统最无序。

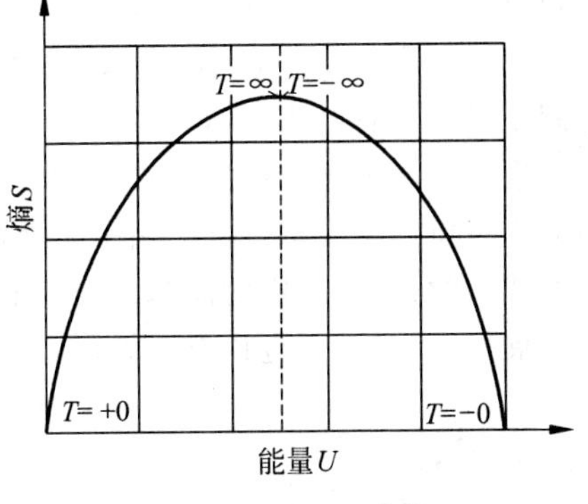

图 10-16　S-U 曲线

在热力学温度 T 从 0K 升高到∞的正温区中，有

$$\frac{1}{T}=\left(\frac{\partial S}{\partial U}\right)_{V,N}>0,\quad T\in(0,\infty)\tag{10-34}$$

如果继续设法把粒子从低能级抽运到高能级，正如在专题Ⅰ激光中所叙述的那样，则有 $N_2>N_1$，即实现了粒子数反转。这时，两个能级上的粒子数之比为

$$\frac{N_2}{N_1}=\mathrm{e}^{\frac{-(\varepsilon_2-\varepsilon_1)}{kT}}>1$$

由于 $\varepsilon_2-\varepsilon_1>0$，则当 $N_2>N_1$ 时就有 $T<0$。因此，负温度（negative temperature）指的是处在较高能级的粒子数大于处在较低能级的粒子数的情况，这相应于粒子数反转的情况。同时，从 $U=N_1\varepsilon_1+N_2\varepsilon_2$ 和 $S=k\ln W$ 两式我们还可以看出，在粒子数反转之后，随着 T 上升内能继续增加而熵却减小，即在温度 T 从 $-\infty$ 升高到 -0 的负温区中，有

$$\frac{1}{T}=\left(\frac{\partial S}{\partial U}\right)_{V,N}<0,\quad T\in(-\infty,-0) \tag{10-35}$$

应该注意到，这样定义的负温区不处在 $T=0\text{K}$ 以下，而处在 $T=\infty$ 以上，即负温度是比正无穷大温度还要高的温度。在负温区出现了粒子数反转，也就是说背离了平衡态的玻耳兹曼分布，这时系统实际上处于非平衡态。

概括而言，负温度的概念要有物理意义，必须满足下列条件：

（1）系统的能谱必须有确定的上限，否则处在负温度的系统会有无限大的能量。有的系统是只能具有正温度的系统，例如只具有平动和振动自由度的系统，其能谱无上限。因此，只有粒子有一定的自由度才可能处在负温度，磁场中核自旋的取向是在负温度实验中最常考虑的一个自由度。

（2）系统内部必须达到热平衡。这个条件意味着在负温度时，系统的状态必须具备按照玻耳兹曼因子来确定的占有数。

（3）处于负温度状态的系统必须是孤立的。若把一个处于负温度的系统与一个处于正温度的系统热接触，则热量将从负温度系统传递向正温度系统，这表明负温度比正温度更热。而且，一个处于负温度的系统和一个只能具有正温度的系统之间的能量交换，总会导致出现一个使它们都具有正温度的平衡态。

1951 年，普赛尔（E. M. Purcell）和庞德（R. V. Pound）利用核磁共振技术观测 LiF 晶体中 ^{7}Li 核与 ^{19}F 核的磁化时发现：先加磁场使核自旋沿场强方向顺向排列，然后突然倒转磁场，在瞬间观测到了相应于粒子数反转的负温度现象，直到自旋晶格相互作用导致平衡态重新建立为止。

与负温度相对应的粒子数反转，在激光中得到了重要的实际应用。在实验中观测到负温度现象以后不久，汤斯（C. H. Townes，1915— ），普罗霍洛夫（A. M. Prokhorov，1916— ）和巴索夫（N. G. Basov，1922— ）相互独立地通过外加抽运，使粒子数发生反转，再用谐振选模，从而实现了微波的受激发射——微波激射（maser）。到 1958 年，汤斯与夏洛（A. L. Schawlow）又提出了在光波频段采用两块反射镜作为谐振腔的激光器的设想。1960 年，梅曼制成了第一台红宝石激光器。

应该指出的是，尽管负热力学温度是存在的，而且负温度有许多引人入胜的地方，但实际应用中负温度现象及其应用是非常稀少的，目前几乎没有什么实用价值。现在实际上遇到的热力学系统，它们的能基都没有上限，因而它们也总处于正热力学温度区域。当然，科学发展是无止境的，也许有一天负温度区域能得到有效的开发。

本章要点

1）体积功

$$W=\int_{V_1}^{V_2}p\,\mathrm{d}V$$

2）热力学第一定律

$$Q=E_2-E_1+W=\Delta E+W,\quad \mathrm{d}Q=\mathrm{d}E+\mathrm{d}W$$

3）气体的摩尔热容

定容摩尔热容

$$C_V=\frac{i}{2}R$$

定压摩尔热容

$$C_p=\left(\frac{i}{2}+1\right)R$$

迈耶公式

$$C_p=R+C_V$$

4）循环过程

热机效率

$$\eta=\frac{W}{Q_1}=1-\frac{Q_2}{Q_1}$$

制冷系数

$$e=\frac{Q_2}{W}=\frac{T_2}{T_1-T_2}$$

5）卡诺循环

卡诺热机效率

$$\eta=\frac{W}{Q_1}=1-\frac{T_2}{T_1}$$

卡诺制冷机制冷系数

$$e=\frac{Q_2}{W}=\frac{T_2}{T_1-T_2}$$

6）热力学第二定律的定性表述

开尔文表述、克劳修斯表述；热力学第二定律的统计意义。

7）熵与熵增原理

$$S=k\ln W,\quad \Delta S=k\ln\frac{W_2}{W_1}\geqslant 0,\quad \Delta S=S_2-S_1=\int_1^2\left(\frac{\mathrm{d}Q}{T}\right)_{\text{可逆}}$$

习题 10

一、选择题

1. 1mol 氧气和 1mol 水蒸气(均视为刚性分子理想气体)，在体积不变的情况下吸收相等的热量，则它们的(　　)。

A. 温度升高相同，压强增加相同　　B. 温度升高不同，压强增加不同

C. 温度升高相同，压强增加不同　　D. 温度升高不同，压强增加相同

2. 一定量理想气体，从状态 A 开始，分别经历等压、等温、绝热三种过程(AB、AC、AD)，其容积由 V_1 都膨胀到 $2V_1$，其中(　　)。

A. 气体内能增加的是等压过程，气体内能减少的是等温过程

B. 气体内能增加的是绝热过程，气体内能减少的是等压过程

C. 气体内能增加的是等压过程，气体内能减少的是绝热过程

D. 气体内能增加的是绝热过程，气体内能减少的是等温过程

3. 如图 10-17 所示，一定量的理想气体，沿着图中直线从状态 a（压强 $p_1=4\text{atm}$，体积 $V_1=2\text{L}$）变到状态 b（压强 $p_2=2\text{atm}$，体积 $V_2=4\text{L}$），则在此过程中（　　）。

A. 气体对外做正功，向外界放出热量　　B. 气体对外做正功，从外界吸热

C. 气体对外做负功，向外界放出热量　　D. 气体对外做正功，内能减少

4. 若在某个过程中，一定量的理想气体的内能 E 随压强 p 的变化关系为一直线（其延长线过 E-p 图的原点，见图 10-18），则该过程为（　　）。

A. 等温过程　　B. 等压过程　　C. 等体过程　　D. 绝热过程

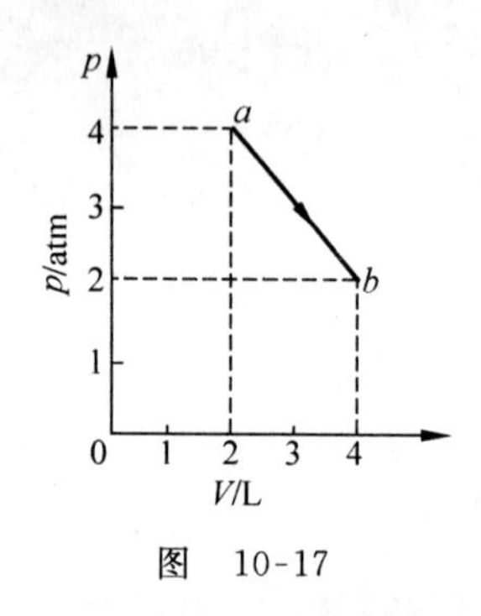

图　10-17

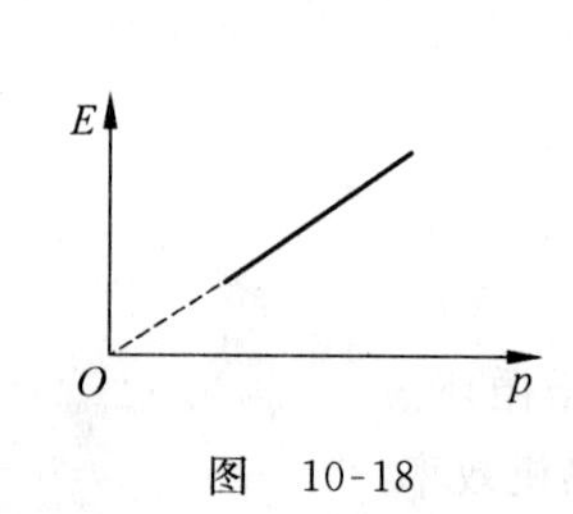

图　10-18

5. 在室温条件下，压强、温度、体积都相同的氮气和氦气在等压过程中吸收了相同的热量，则它们对外做功之比为 W(氮)/W(氦)=（　　）。

A. 5/9　　B. 5/7　　C. 1/1　　D. 9/5

6. 一定量的理想气体，由初态 a 经历 $a\,c\,b$ 过程到达终态 b（如图 10-19 所示），已知 a、b 两状态处于同一条绝热线上，则（　　）。

A. 内能增量为正，对外做功为正，系统吸热为正

B. 内能增量为负，对外做功为正，系统吸热为正

C. 内能增量为负，对外做功为正，系统吸热为负

D. 不能判断

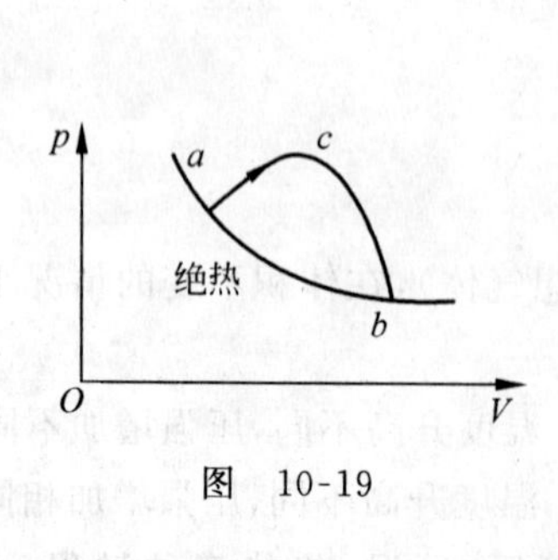

图　10-19

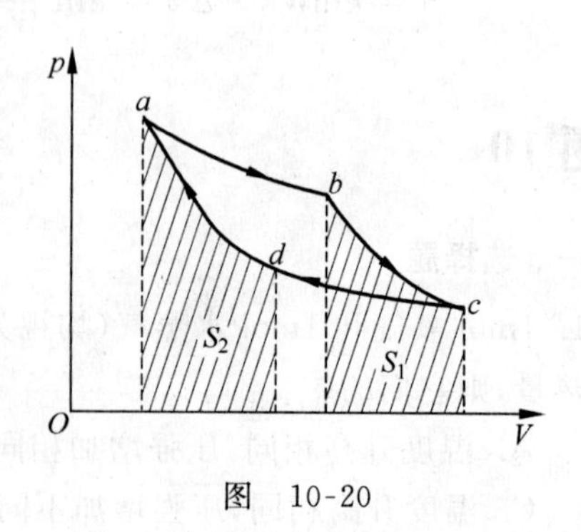

图　10-20

7. 理想气体卡诺循环过程的两条绝热线下的面积大小（图 10-20 中阴影部分）分别为

S_1 和 S_2，则二者的大小关系是(　　)。

A. $S_1>S_2$　　B. $S_1<S_2$　　C. $S_1=S_2$　　D. 无法确定

8. 在温度分别为 327℃和 27℃的高温热源和低温热源之间工作的热机，理论上的最大效率为(　　)。

A. 25%　　B. 50%　　C. 75%　　D. 91.74%

9. 设高温热源的热力学温度是低温热源的热力学温度的 n 倍，则理想气体在一次卡诺循环中，传给低温热源的热量是从高温热源吸取的热量的(　　)。

A. n 倍　　B. $n-1$ 倍　　C. $\frac{1}{n}$倍　　D. $\frac{n+1}{n}$倍

10. 关于热功转换和热量传递过程，有下面一些叙述：

(1) 功可以完全变为热量，而热量不能完全变为功。

(2) 一切热机的效率都不可能等于 1。

(3) 热量不能从低温物体向高温物体传递。

(4) 热量从高温物体向低温物体传递是不可逆的。

以上这些叙述(　　)。

A. 只有(2)、(4)正确　　B. 只有(2)、(3)、(4)正确

C. 只有(1)、(3)、(4)正确　　D. 全部正确

二、填空题

1. 有两个相同的容器，一个盛有氦气，另一个盛有氧气(视为刚性分子)，开始时它们的压强和温度都相同。现将 9J 的热量传给氦气，使之升高一定温度，如果使氧气也升高同样的温度，则应向氧气传递热量为________。

2. 对于室温条件下的单原子分子气体，在等压膨胀的情况下，系统对外所做之功与从外界吸收的热量之比 $W:Q$ 等于________。

3. 如图 10-21 所示，理想气体从状态 A 出发经 $ABCDA$ 循环过程回到初态 A，则在一循环中气体净吸收的热量为________。

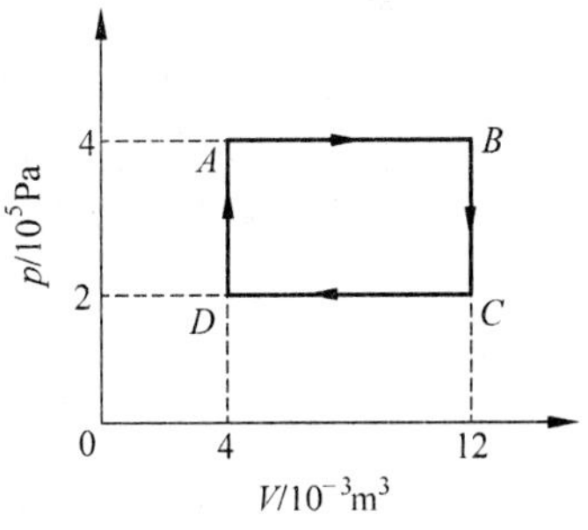

图　10-21

4. 某理想气体等温压缩到给定体积时外界对气体做功 $|W_1|$，又经绝热膨胀返回原来体积时气体对外做功 $|W_2|$，则整个过程中气体从外界吸收的热量 $Q=$________，内能增加了 $\Delta E=$________。

5. 一汽缸内储有 10mol 的单原子分子理想气体，在压缩过程中外界做功 209J，气体升温 1K，此过程中气体内能增量为________，外界传给气体的热量为________。(摩尔气体常量 $R=8.31$J/(mol·K))

6. 一定量的某种理想气体在等压过程中对外做功为 200J。若此种气体为单原子分子气体，则该过程中需吸热________J；若为双原子分子气体，则需吸热________J。

7. 有 1mol 刚性双原子分子理想气体，在等压膨胀过程中对外做功 W，则其温度变化 $\Delta T=$________；从外界吸取的热量 $Q_p=$________。

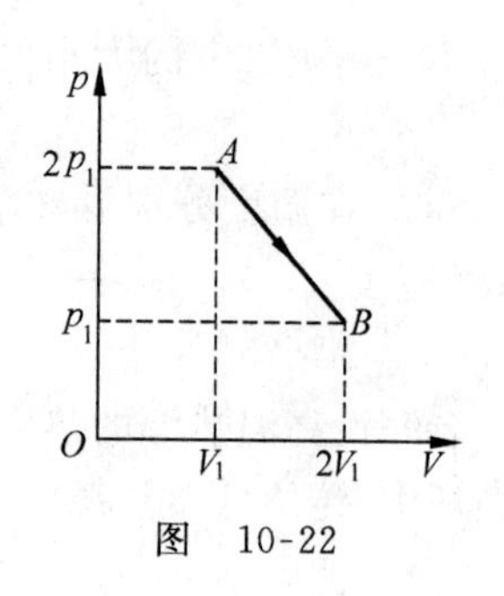

图 10-22

8. 一定量理想气体，从 A 状态（$2p_1,V_1$）经历如图 10-22 所示的直线过程变到 B 状态（$p_1,2V_1$），则 AB 过程中系统做功 $W=$________；内能改变 $\Delta E=$________。

9. 常温常压下，一定量的某种理想气体（其分子可视为刚性分子，自由度为 i），在等压过程中吸热为 Q，对外做功为 W，内能增加为 ΔE，则 $W/Q=$________，$\Delta E/Q=$________。

10. 已知 1mol 的某种理想气体（其分子可视为刚性分子），在等压过程中温度上升 1K，内能增加了 20.78J，则气体对外做功为________，气体吸收热量为________。

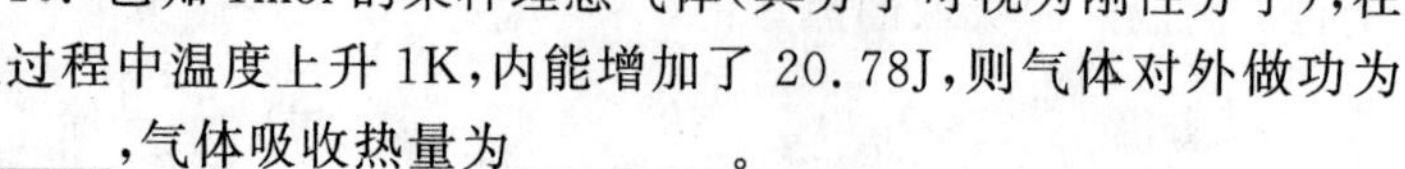

三、计算题

1. 如图 10-23 所示，一定量的理想气体经历 acb 过程时吸热 500J，则经历 $acbda$ 过程时，吸热为多少？

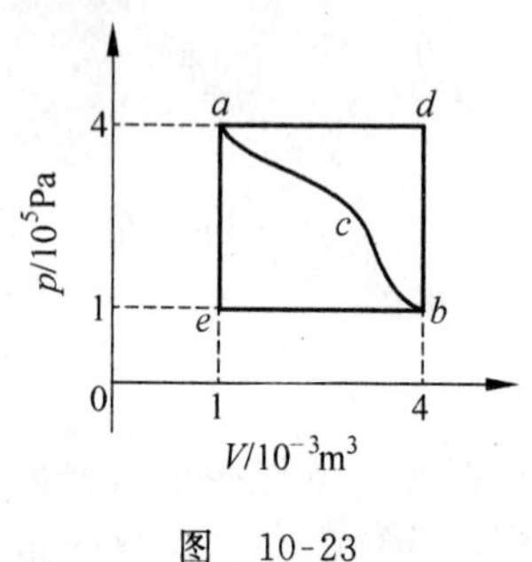

图 10-23

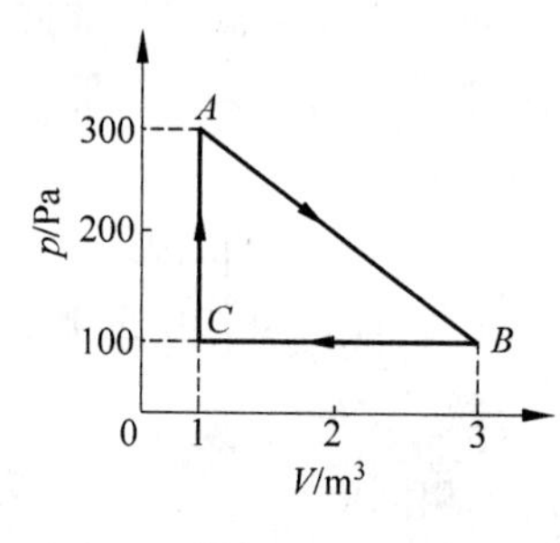

图 10-24

2. 一定量的某种理想气体进行如图 10-24 所示的循环过程。已知气体在状态 A 的温度为 $T_A=300$K，求：(1)气体在状态 B、C 的温度；(2)各过程中气体对外所做的功；(3)经过整个循环过程，气体从外界吸收的总热量（各过程吸热的代数和）。

3. 汽缸内储有 36g 水蒸气（视为刚性分子理想气体），经 $abcda$ 循环过程如图 10-25 所示，其中 ab、cd 为等体过程，bc 为等温过程，da 为等压过程。试求：

(1) da 过程中水蒸气做的功 W_{da}；(2) ab 过程中水蒸气内能的增量 ΔE_{ab}；

(3) 循环一周水蒸气做的净功 W；(4) 循环效率 η。

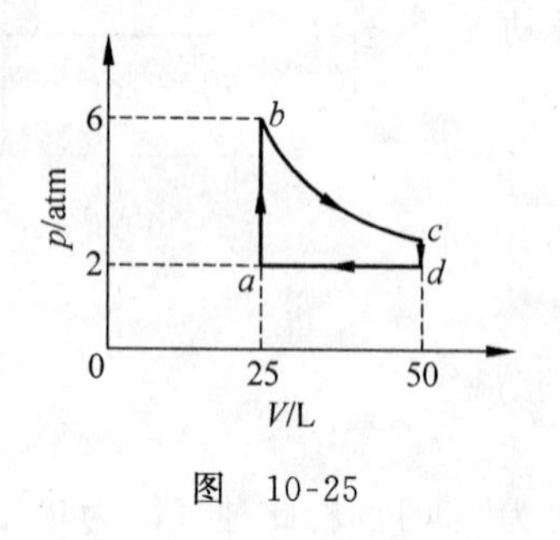

图 10-25

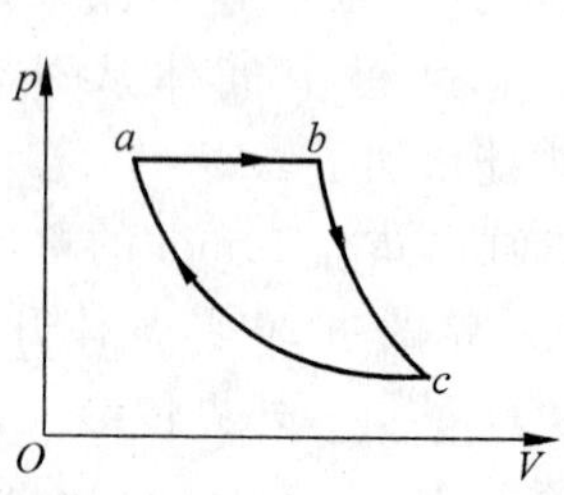

图 10-26

4. 一定量双原子分子理想气体，经历如图 10-26 所示循环。其中，ab 为等压过程，经此过程系统内能变化 $E_b-E_a=3\times10^4$J，bc 为绝热过程，气体经 ca 等温过程时，外界对系统做功 3.78×10^4J。

(1) 求此循环的效率。(2) bc 过程中系统做功多少？

第4篇

振动与波

第11章

机 械 振 动

机械振动是指物体在一定的位置附近所作的往复运动，这是自然界中一种很普遍的运动形式。钟摆的摆动、心脏的跳动、汽缸中活塞的运动、琴弦的颤动等都是机械振动。在力学中，研究振动的规律具有重要意义，这是进一步研究地震学、建筑学、声学甚至生物学的基础。另外，在物理学的领域中振动具有更为广泛的含义。当一个系统的状态发生变化时，若某个物理量围绕在某一定值附近反复变化，则此量也可看作是在振动。因此掌握机械振动的规律也是进一步学习物理学其他分支的基础。振动在空间的传播过程称为波，机械振动的传播过程就形成了机械波。掌握振动的理论就为进一步学习波动理论打下了基础。

就形式而言，机械振动是多种多样的。它们可以是周期性的，也可以是非周期性的（广义地说，任何机械运动都可以看作是振动）。但在各种机械振动中，最简单、最基本的形式是简谐振动。说其简单是因为它的动力学方程及其解有着最简单的形式；说其基本是因为任何复杂的振动都可以分解为若干不同频率、不同振幅的简谐振动。本章将主要介绍简谐振动。

11.1 简谐振动的基本概念和规律

11.1.1 简谐振动的动力学方程及其解——运动方程

为了说明简谐振动的基本特征，首先看两个具体的例子。

例 11-1 水平弹簧振子的运动。

将劲度系数为 k 的轻弹簧一端固定，另一端接一个质量为 m 的物体（振子），水平放置在光滑平面上（见图 11-1），就形成了水平的弹簧振子系统。当振子被拉（或压）离平衡位置（即振子受弹力为零的位置）时，由于弹力的作用，振子将会在平衡位置附近作往复运动。设 x 轴原点与平衡位置重合，运动中振子位于任意位置 x 时，所受的弹力为

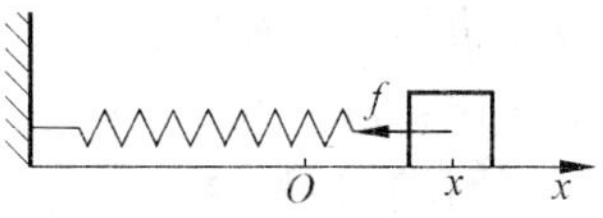

图 11-1 弹簧振子的简谐振动

$$f = -kx \tag{11-1}$$

即弹力的大小与振子相对平衡位置的位移成正比；弹力的方向与位移的方向相反。

根据牛顿第二定律，对弹簧振子，可列出动力学方程

$$-kx = m\frac{\mathrm{d}^2x}{\mathrm{d}t^2}$$

或

$$\frac{\mathrm{d}^2x}{\mathrm{d}t^2}+\frac{k}{m}x=0 \tag{11-2}$$

这说明振子加速度的大小与位移成正比，方向与位移方向相反。

例 11-2 单摆小角度摆动。

在一根不会伸缩的轻线下端系一个可看作质点的小球，上端点 A 固定，这就形成了一个单摆（如图 11-2 所示）。摆球被拉离平衡位置点 O 后，在重力的作用下会返回点 O。而到达点 O 时，它由于具有动能会继续摆动。若忽略空气阻力，这种摆动可以一直持续下去。这里单摆可以看作是定轴转动的刚体，根据转动定理可列出其动力学方程。设摆球偏离点 O 时摆线与铅直方向的夹角为 θ，并以点 O 为基准，取逆时针方向的角位移 θ 为正。由于摆球只受到重力矩的作用，且由于小角度摆动，故重力矩可写为

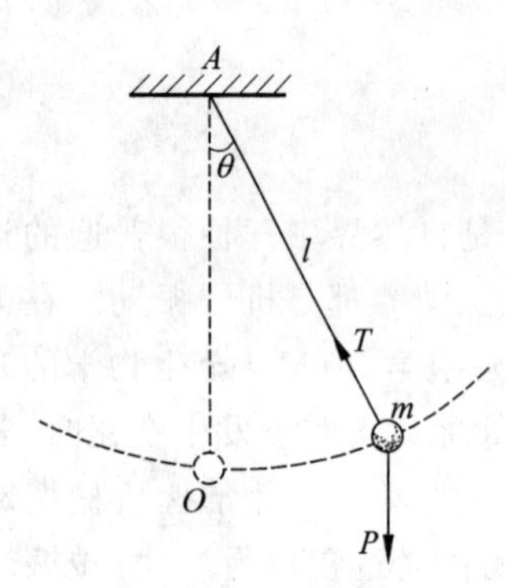

图 11-2 单摆

$$-mgl\sin\theta \approx -mgl\theta$$

其中负号表示力矩的方向与角位移的方向相反，m、l 分别表示摆球的质量和摆线的长度，g 表示重力加速度。根据转动定理，应有

$$-mgl\theta = ml^2\alpha$$

其中，ml^2 为摆球的转动惯量，α 为角加速度。整理上式可得到

$$\frac{\mathrm{d}^2\theta}{\mathrm{d}t^2}+\frac{g}{l}\theta=0 \tag{11-3}$$

与式(11-2)比较可知，两式在数学上是完全等价的。

分析以上两例可知，当以变量 x 代替例 11-1 中的 x 以及例 11-2 中的 θ，以 ω^2 代替式(11-2)、式(11-3)中的 k/m、g/l 时，两式将具有相同的形式：

$$\frac{\mathrm{d}^2x}{\mathrm{d}t^2}+\omega^2x=0 \tag{11-4}$$

这是一个二阶线性齐次常微分方程。式中的 ω 是一个仅由振动系统本身性质决定的常数，至于它的物理意义我们稍后再讨论。类似的例子还可以举出很多。于是我们定义，凡动力学方程的形式满足式(11-4)的物体的运动称为简谐振动。

分析简谐振动的特点可知，振动物体的加速度（或角加速度）总是与位移（或角位移）大小成正比，方向相反。从受力的角度看，它们不是受到弹力（即力与位移的大小成正比，方向相反）就是受到与弹力的规律完全类似的力矩（即力矩与角位移的大小成正比，方向相反），对此我们将后者称为准弹性力。因此它们具有相同的动力学方程形式就是必然的了。

按照微分方程的理论，式(11-4)有标准的解法，其解——运动方程的形式为

$$x = A\sin(\omega t+\alpha)$$

或

$$x = A\cos(\omega t + \alpha) \tag{11-5}$$

或正、余弦函数的线性组合。为了便于教学，以下我们仅取余弦函数形式的式(11-5)。式中 A、α 是需由初始条件确定的积分常数，且 A 恒为正数。由式(11-5)也可以得到广义的速度 v(可以是速度，也可以是角速度)、广义的加速度 a(可以是加速度，也可以是角加速度)的表达式

$$v = \frac{\mathrm{d}x}{\mathrm{d}t} = -A\omega\sin(\omega t + \alpha) \tag{11-6}$$

$$a = \frac{\mathrm{d}^2 x}{\mathrm{d}t^2} = -A\omega^2\cos(\omega t + \alpha) = -\omega^2 x \tag{11-7}$$

可见简谐振动的位移、速度、加速度都是随时间周期性变化的简谐函数，不过它们变化的步调是不一致的。如图 11-3 所示为 $\alpha=0$ 时弹簧振子的位移、速度、加速度随时间变化情况。式(11-5)～式(11-7)同样可以作为判断简谐振动的依据。

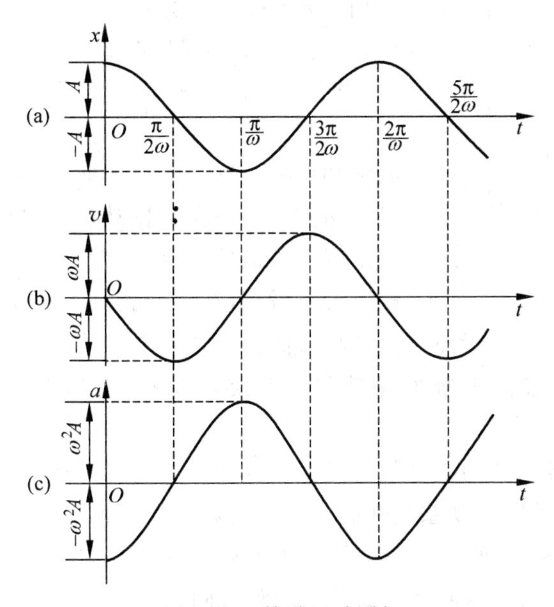

图 11-3　简谐运动图解

11.1.2　描述简谐振动的特征量

1. 振幅

振幅是指简谐振动的物体偏离平衡位置最大位移的绝对值。在运动方程(11-5)中，A 即为振幅。

振幅的大小取决于振动系统的初始状态。以下还将看到振幅的大小将直接关系着振动系统的能量。设 $t=0$ 时振动物体的位置和速度分别为 x_0、v_0，由式(11-5)、式(11-6)可得

$$x_0 = A\cos\alpha \tag{11-8}$$

$$v_0 = -A\omega\sin\alpha \tag{11-9}$$

$$A = \sqrt{x_0^2 + (v_0/\omega)^2} \tag{11-10}$$

由此式可见振幅 A 是由振动系统的初始状态决定的，而且在一般情况下，$A\neq x_0$，只有在 $v_0=0$ 时才有 $A=x_0$。

2. **相位与初相**

在运动方程(11-5)中，括号内的 $\omega t+\alpha=\varphi$ 称为系统的相位。显然 φ 是时间 t 的函数。当 $t=0$ 时，$\varphi=\alpha$，因此 α 即称为初相。

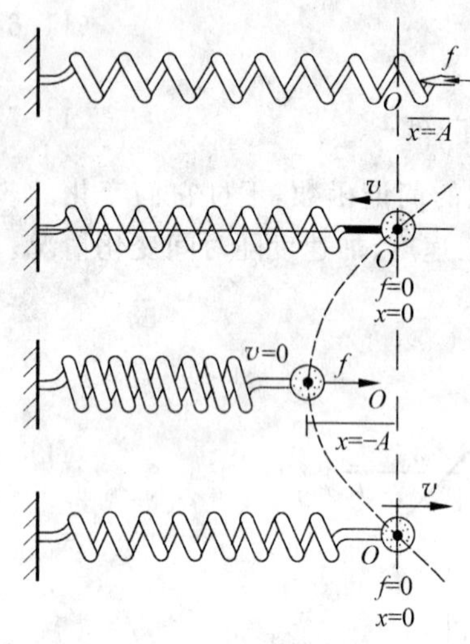

图 11-4　水平弹簧振子的振动过程

相位是表示系统振动状态的重要特征量。可以认为系统在任意时刻的位置、速度等都是由相位决定的。下面以水平弹簧振子的振动过程(图 11-4)为例说明这一点。

设水平弹簧振子的运动方程为

$$x=A\cos(\omega t+\alpha)$$

当相位 $\varphi=(\omega t+\alpha)=0$ 时，$x=A$，$v=0$；当 $0<\varphi<\pi/2$(即 φ 处于第一象限)时，$v<0$，即振子沿 $-x$ 轴方向运动；当 $\varphi=\pi/2$ 时，$x=0$，即振子回到平衡位置，而速度达到反向最大值，$v=-A\omega$；当 $\pi/2<\varphi<\pi$(即 φ 位于第二象限)时，振子继续反向运动；当 $\varphi=\pi$ 时，$x=-A$，$v=0$。以上是振子半个完整振动过程的情形，接下去的一半过程是完全类似的，是振子沿 x 轴正方向($v>0$)的运动过程。可以看到，在整个振动过程中不同时刻的相位 φ 就决定了系统在该时刻的位置和速度。例如，同样在平衡位置，当振子的相不同时，速度也不相同。总之，用相位描述系统的振动状态是突出了振动具有周期性这样一个重要的特点。

另外相位还为比较不同的振动状态提供了方便。这里可以比较同一振动系统在不同时刻的状态；也可以比较不同振动系统在同一时刻的状态。设两个振动状态所对应的相位分别为 φ_1 和 φ_2，若 $\varphi_1>\varphi_2$，称振动状态 1 超前于振动状态 2；若 $\varphi_1<\varphi_2$，则称振动状态 1 滞后于振动状态 2；若 $\varphi_1=\varphi_2$，则称两个振动状态同相或同步。

初相 α 是表征振动系统初始状态的特征量，因此 α 值是由初始条件决定的。由式(11-8)、式(11-9)联立消去 A，即可得到初相公式

$$\alpha=\arctan(-v_0/\omega x_0) \tag{11-11}$$

由这个公式可以看到，初相的确是由初始条件决定的。但是仅由此式往往还不能将 α 值唯一确定下来，一般要在式(11-9)～式(11-11)中任取两式才能在$(-\pi,\pi)$的区间内唯一确定下来。这在处理具体问题时需要充分注意。

3. **周期和频率**

简谐振动是具有周期性的运动。所谓周期是指振动物体作一次完全振动所需要的时间。而一次完全振动是指物体由某一状态(位置、速度)出发，经过一段时间后第一次完全恢复到原有状态的过程。根据以上的定义不难看出，若以 T 表示周期，则物体在任意时刻 t 的位置(或速度)应与物体在时刻 $t+T$ 的位置(或速度)完全相同。代入运动方程(11-5)后有

$$\cos(\omega t+\alpha)=\cos[\omega(t+T)+\alpha]$$

再考虑余弦函数的周期性有

$$\cos(\omega t+\alpha)=\cos(\omega t+\alpha+2\pi)$$

于是不难看出

$$T=\frac{2\pi}{\omega} \tag{11-12}$$

联系前面提到的作简谐振动的两个例子可知，对弹簧振子 $\omega=\sqrt{\frac{k}{m}}$，振动周期为

$$T=2\pi\sqrt{\frac{m}{k}} \tag{11-13}$$

对单摆，$\omega=\sqrt{\frac{g}{l}}$，振动周期为

$$T=2\pi\sqrt{\frac{l}{g}} \tag{11-14}$$

周期的倒数称为频率，以下用 ν 表示。它的物理意义是表示在单位时间内物体所作的完全振动的次数。频率的单位为 s^{-1}，即 Hz(赫兹)。由式(11-12)可得

$$\nu=\frac{1}{T}=\frac{\omega}{2\pi}$$

或

$$\omega=2\pi\nu \tag{11-15}$$

可见 ω 与 ν 只差常数倍 2π，因此 ω 被称为圆频率。

由以上介绍不难看出，简谐振动的周期和频率完全是由振动系统自身的性质决定的，与系统的振动状态无关。也就是说，当振动系统自身的性质(如弹簧振子的 m、k；单摆的 l、g)一经确定，则无论它们振动与否，它们的振动周期和频率就已经完全确定下来了。因此，可将它们称为固有周期和固有频率、固有圆频率。对于一个作简谐振动的系统，要确定其振动周期和频率，只需根据有关的力学规律列出动力学方程，再与简谐振动动力学方程的标准形式(11-4)对比，就会很容易找出 ω，从而求出 T 或 ν。

例 11-3 原长为 0.50m 的弹簧上端固定，下端挂一质量为 0.1kg 的砝码。当砝码静止时，弹簧的长度为 0.60m，若将砝码向上推，使弹簧回到原长，然后放手，则砝码作上下振动。

(1) 证明砝码上下运动为简谐振动；

(2) 求此简谐振动的振幅、角频率和频率；

(3) 若从放手时开始计时，求此简谐振动的振动方程(取正向向下)。

解：(1) 选如图 11-5 所示的坐标系，以振动物体的平衡位置为坐标原点。设 t 时刻砝码位于 x 处，根据受力分析有

$$mg-k(x+x_0)=m\frac{d^2x}{dt^2} \tag{1}$$

式中 x_0 为砝码处于平衡时弹簧的伸长量，因而有

$$mg=kx_0$$

将此式代入到式(1)中，化简后有

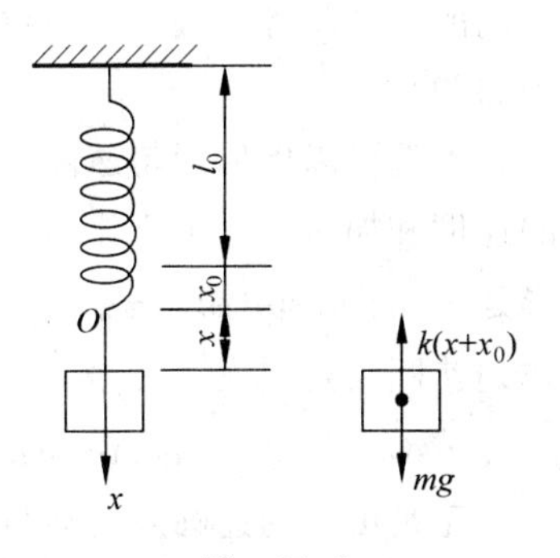

图 11-5

$$\frac{\mathrm{d}^2x}{\mathrm{d}t^2}+\frac{k}{m}x=0$$

因此,砝码的运动为简谐振动。

(2) 砝码振动的角频率和频率分别为

$$\omega=\sqrt{\frac{k}{m}}=\sqrt{\frac{g}{x_0}}=\sqrt{\frac{9.8}{0.1}}=9.9(\mathrm{rad/s})$$

$$\nu=\frac{\omega}{2\pi}=1.58(\mathrm{Hz})$$

设砝码的振动方程为

$$x=A\cos(\omega t+\alpha) \tag{2}$$

由初始条件,$t=0$ 时,$x=-x_0=-0.1$,$v=0$,得

$$A=0.1\mathrm{m},\quad \alpha=\pi$$

(3) 将以上讨论的结果代入式(2)得振动方程

$$x=0.1\cos(9.9t+\pi)\ (\mathrm{m})$$

11.2 旋转矢量

利用几何图形旋转矢量可以更为形象、直观地描述简谐振动的规律。掌握这种方法对今后进一步学习振动合成以及电学、光学课程极为有用。

简谐振动和匀速圆周运动有一个很简单的关系。如图 11-6 所示,设一质点沿圆心在 O 点、半径为 A 的圆周作匀速运动,其角速度为 ω。以圆心 O 为原点。设质点的矢径经过与 x 轴夹角为 α 的位置时开始计时,则在任意时刻 t,此矢径与 x 轴的夹角为 $\omega t+\alpha$,而质点在 x 轴上的投影的坐标为

$$x=A\cos(\omega t+\alpha)$$

这正与式(11-5)所表示的简谐振动定义公式相同。由此可知,作匀速圆周运动的质点在某一矢径(取作 x 轴)上的投影的运动就是简谐振动。圆周运动的角速度(或周期)就等于振动的角频率(或周期),圆周的半径就等于振动的振幅。初始时刻作圆周运动的质点的矢径与 x 轴的夹角就是振动的初相。

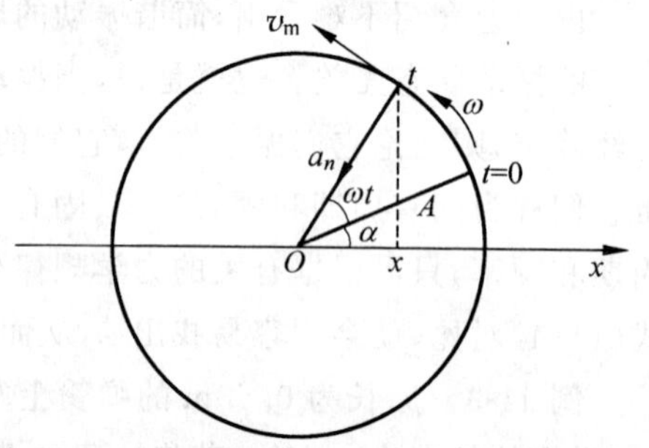

图 11-6 匀速圆周运动与简谐振动

不但可以借助于匀速圆周运动来表示简谐振动的位置变化,也可以从它求出简谐振动的速度和加速度。由于作匀速圆周运动的质点的速率是 $v_m=\omega A$,在时刻 t 它在 x 轴上的投影是 $v=-v_m\sin(\omega t+\alpha)=-\omega A\sin(\omega t+\alpha)$。这正是式(11-6)给出的简谐振动的速度公式。作匀速圆周运动的质点的向心加速度是 $a_n=\omega^2A$。在时刻 t 它在 x 轴上的投影是 $a=-a_n\cos(\omega t+\alpha)=-\omega^2A\cos(\omega t+\alpha)$,这正是式(11-7)给出的简谐振动的加速度公式。

正是由于匀速圆周运动与简谐振动的上述关系,所以常常借助于匀速圆周运动来研究简谐振动,那个对应的圆周叫做参考圆。

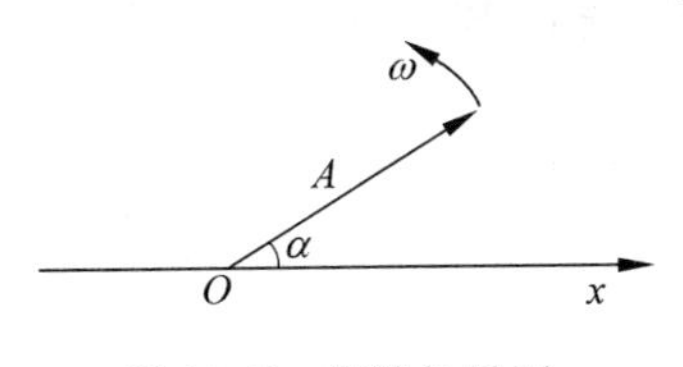

图 11-7　旋转矢量图

如果画一个图表示出作匀速圆周运动的质点的初始矢径的位置，并标以 ω(图 11-7)，则相应的简谐振动的三个特征量都表示出来了，因此可以用这样一个图表示一个确定的简谐振动。简谐振动的这种表示法叫做旋转矢量法。

例 11-4　物体沿 x 轴作简谐振动，其振幅 $A=10.0\text{cm}$，周期 $T=2.0\text{s}$，$t=0$ 时物体的位移为 $x_0=-5\text{cm}$，且向 x 轴负方向运动。

(1) 试求 $t=0.5\text{s}$ 时物体的位移；

(2) 何时物体第一次运动到 $x=5\text{cm}$ 处？

(3) 再经过多少时间物体第二次运动到 $x=5\text{cm}$ 处？

解：由已知条件，谐振动在 $t=0$ 时刻的旋转矢量位置如图 11-8 所示。由图及初始条件可知

$$\alpha=\pi-\frac{\pi}{3}=\frac{2}{3}\pi$$

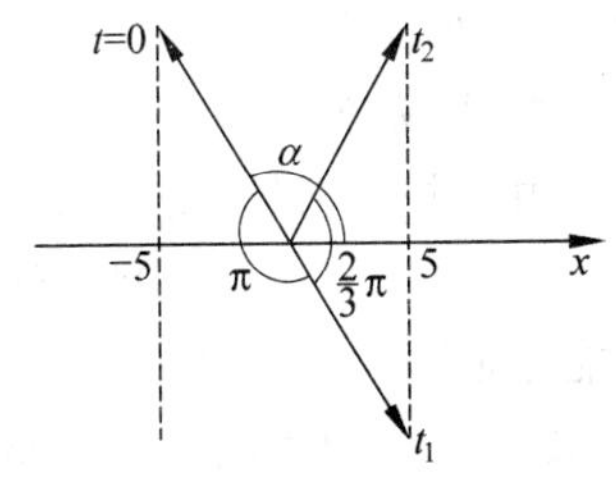

图　11-8

由于

$$T=2s,\quad \omega=\frac{2\pi}{T}=\pi$$

所以，该物体的振动方程为

$$x=0.1\cos\left(\pi t+\frac{2}{3}\pi\right)(\text{m})$$

(1) 将 $t=0.5\text{s}$ 代入振动方程，得质点的位移为

$$x=0.1\cos\left(0.5\pi+\frac{2}{3}\pi\right)=-0.087(\text{m})$$

(2) 当物体第一次运动到 $x=5\text{cm}$ 处时，旋转矢量转过的角度为 π，如图 11-8 所示，所以有

$$\omega t_1=\pi$$

即

$$t_1=\frac{t}{\omega}=\frac{T}{2}=1(\text{s})$$

(3) 当物体第二次运动到 $x=5\text{cm}$ 处时，旋转矢量又转过 $\frac{2}{3}\pi$，如图 11-8 所示，所以有

$$\omega\Delta t=\omega(t_2-t_1)=\frac{2}{3}\pi$$

即

$$\Delta t=\frac{2\pi}{3\omega}=\frac{1}{3}T=\frac{2}{3}(\text{s})$$

11.3　简谐振动的能量

在简谐振动过程中，振动物体的速度是不断改变的，因而动能也在不断变化。由于物体所受的弹力(或准弹性力)是保守力，因而随着物体位置的变动势能也在不断变化。下面仍

以水平弹簧振子(图 11-1)为例,分析一下系统的能量关系和变化情况。

因为弹簧振子在任一时刻的位置和速度分别为

$$x = A\cos(\omega t + \alpha)$$

$$v = -A\omega\sin(\omega t + \alpha)$$

于是相应的动能为

$$E_k = \frac{1}{2}mv^2 = \frac{1}{2}m[A\omega\sin(\omega t + \alpha)]^2$$

势能为

$$E_p = \frac{1}{2}kx^2 = \frac{1}{2}k[A\cos(\omega t + \alpha)]^2$$

由于 $\omega^2 = k/m$,故系统的总能量为

$$E = E_p + E_k = \frac{1}{2}m(A\omega)^2 = \frac{1}{2}kA^2 \tag{11-16}$$

图 11-9 所示为 $\alpha=0$(即初相为零)时弹簧振子的能量随时间变化情况。

可见,系统的动能和势能都是随时间周期性变化的,而且最大值、最小值乃至对时间的平均值都相同,只是变化的步调(相)不同。当动能达到最大(小)值时,势能最小(大)。另外,由于简谐振动系统只有保守内力做功,因而系统的总能量不随时间变化,即系统的总机械能守恒。由以上公式中可见,系统的总能量与振幅的平方成正比,这是一个很重要的结论,说明系统的总能量由初始状态决定。

以上对弹簧振子系统能量的分析具有普遍意义,简谐振动系统能量的变化情况可参见图 11-10。

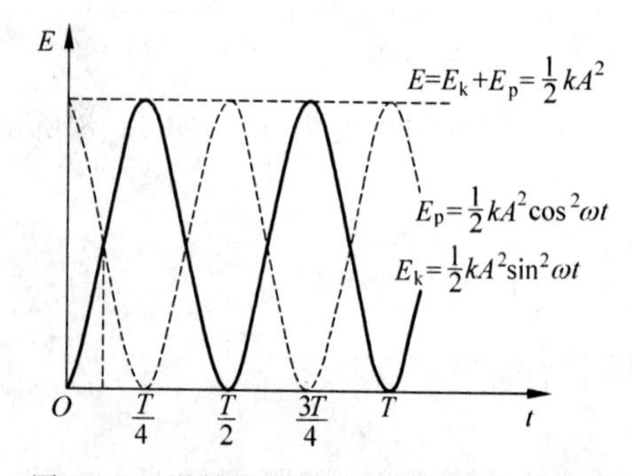

图 11-9 弹簧振子的能量和时间关系曲线

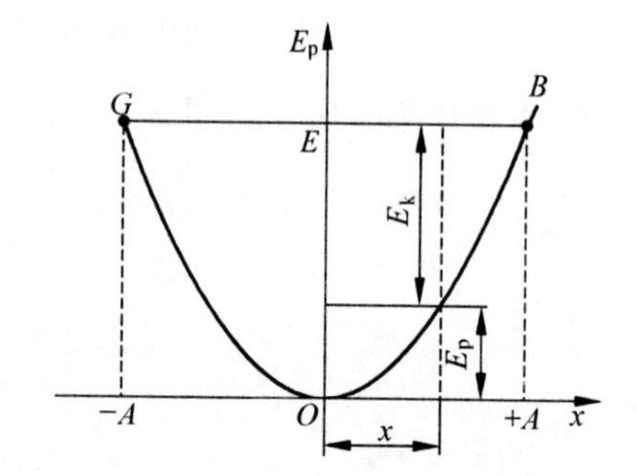

图 11-10 弹簧振子的势能曲线

11.4 阻尼振动 受迫振动和共振

11.4.1 阻尼振动

任何实际的振动总要受到阻力的影响。由于克服阻力做功,振动系统的能量不断减少,因而振幅也逐渐减小。这种振幅随时间而减小的振动称为阻尼振动。

实验指出,当物体以不太大的速度在流体中运动时,流体对物体的阻力与物体运动的速度成正比,即

$$F_r = -cv$$

式中比例系数 c 称为阻力系数，负号表示阻力的方向与速度方向相反。对弹簧振子来说，如果考虑它受到这种阻力(实际上总是要受到空气阻力)的作用，则根据牛顿第二定律有

$$-kx - cv = ma$$

或

$$m\frac{\mathrm{d}^2x}{\mathrm{d}t^2} + c\frac{\mathrm{d}x}{\mathrm{d}t} + kx = 0$$

令 $\frac{k}{m}=\omega_0^2$，$\frac{c}{m}=2\beta$，则上式可以写成

$$\frac{\mathrm{d}^2x}{\mathrm{d}t^2} + 2\beta\frac{\mathrm{d}x}{\mathrm{d}t} + \omega_0^2 = 0$$

式中 ω_0 就是振动系统的固有角频率，它由系统本身性质决定；β 叫阻尼因数，对于一个给定的振动系统来说，它由阻力系数决定。当阻尼较小，即 $\beta<\omega_0$ 时，方程的解为

$$x = A\mathrm{e}^{-\beta t}\cos(\omega t + \alpha) \tag{11-17}$$

式(11-17)中角频率 $\omega=\sqrt{\omega_0^2-\beta^2}$，$A$、$\alpha$ 是由初始条件决定的常量。图 11-11 所示为阻尼振动的位移-时间曲线。阻尼振动的振幅 $A\mathrm{e}^{-\beta t}$ 是随时间衰减的，阻尼越大，振幅衰减得越快。阻尼振动不是简谐振动，但是在阻尼不大时，可以近似看成简谐振动，它的周期

$$T = 2\pi/\omega = \frac{2\pi}{\sqrt{\omega_0^2-\beta^2}}$$

可见，对一定的振动系统，有阻尼时的振动周期要比无阻尼时大。当阻尼大到使 $\beta=\omega_0$，这时振动的特征消失了，物体从最大位移处逐渐向平衡位置靠近，称为临界阻尼振动。若阻尼很大，即 $\beta>\omega_0$，此时物体以非周期运动的方式慢慢回到平衡位置，而且速度很慢，称为过阻尼振动。图 11-12 所示为三种阻尼情况的比较。

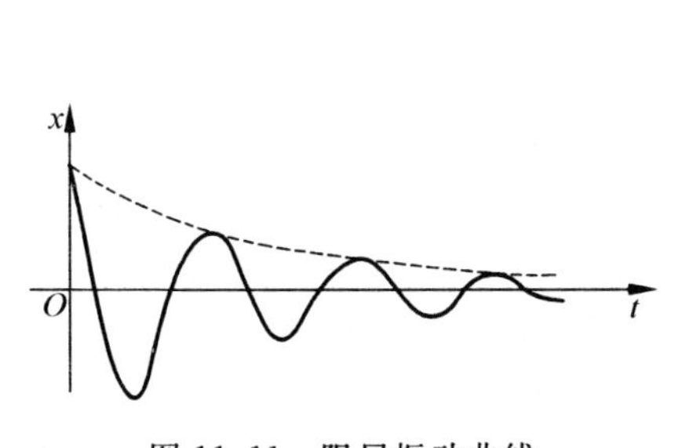

图 11-11　阻尼振动曲线

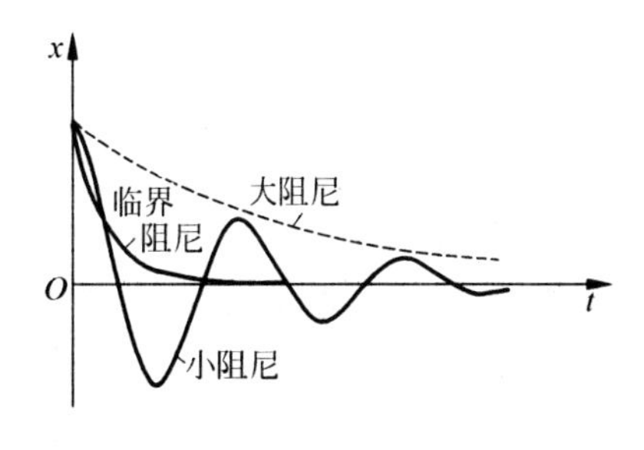

图　11-12

银行、宾馆等大型建筑物的弹簧门上常装有一个消振油缸，其作用就是避免门来回振动，使其工作于大阻尼状态。

为使精密天平、指针式测量仪表等快速地逼近正确读数或快速地返回平衡位置，在这类仪器、仪表中广泛地采用临界阻尼系统。

11.4.2　受迫振动

系统在周期性外力作用下发生的振动叫做受迫振动。例如，扬声器中纸盆的振动、机器

运转时所引起的基础的振动都是受迫振动。

设一系统在弹力 $F=-kx$，阻力 $F_r=-cv$ 以及周期性的外力 $H\cos pt$ 的作用下作受迫振动。这个周期性外力称为强迫力，H 为其最大值，称为力幅，p 为其角频率。

根据牛顿第二定律有

$$\frac{d^2x}{dt^2}+2\beta\frac{dx}{2dt}+\omega_0^2x=h\cos pt$$

令 $k/m=\omega_0^2$，$c/m=2\beta$，$H/m=h$，得方程的解为

$$x=A_0e^{-\beta t}\cos(\sqrt{\omega_0^2-\beta^2}t+\alpha_0)+A\cos(pt+\alpha) \tag{11-18}$$

受迫振动是由阻尼振动 $A_0e^{-\beta t}\cos(\sqrt{\omega_0^2-\beta^2}t+\alpha_0)$ 和简谐振动 $A\cos(pt+\alpha)$ 合成的。

实际上，从受迫振动开始经过不太长的时间之后，阻尼振动就衰减到可以忽略不计，受迫振动达到稳定状态。这时受迫振动为一个简谐振动，其振动方程为

$$x=A\cos(pt+\alpha)$$

其中振动的角频率 p 就是强迫力的角频率，而振幅 A 和初相 α 不仅与振动系统的性质有关，而且还与强迫力的频率和力幅有关。

受迫振动在稳定状态时的振幅和初相分别为

$$A=\frac{h}{\sqrt{(\omega_0^2-p^2)^2+4\beta^2p^2}}$$

$$\alpha=\arctan\frac{-2\beta p}{\omega_0^2-p^2}$$

受迫振动的振幅与强迫力的频率有关。当强迫力的频率为某一值时，振幅达到极大值。使振幅达到极大值时强迫力的角频率，用求极值的方法可得

$$p=\omega_r=\sqrt{\omega_0^2-2\beta^2} \tag{11-19}$$

相应的最大振幅为

$$A_r=\frac{h}{2\beta\sqrt{\omega_0^2-2\beta^2}}$$

把强迫力的角频率满足式(11-19)而使受迫振动产生最大振幅的现象称为振幅共振，一般简称为共振，把 ω_r 称为共振角频率，它是由系统本身的性质及阻力决定的。由上面可知，阻尼因数 β 值越小，则共振角频率 ω_r 越接近系统的固有角频率 ω_0，同时共振的振幅 A 越大。若阻尼因数趋近于零，则 ω_r 趋近于 ω_0，此时共振振幅趋于无穷大，如图 11-13 所示。

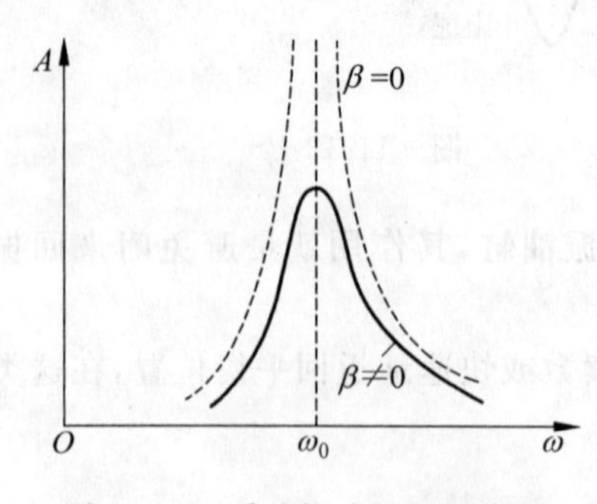

图 11-13　受迫振动的振幅曲线

另外一种共振是速度共振，当发生速度共振时受迫振动的物体的速度振幅取极大值。速度共振的条件是外力的频率等于系统的固有频率。

共振是日常生活中常见的物理现象，我国早在公元前 3 世纪就有了乐器相互共鸣的文字记载。利用声波共振可提高乐器的音响效果，利用核磁共振可研究物质结构以及进行医疗诊断，收音机中的调谐回路是利用电磁共振来选台，等等。然而，共振除了可资利用的一面外，还会给我们带来不利的一面。机器在工作过程中由于共振会使某些零部件损坏。1940 年 7 月 1 日，美国的塔克玛(Tacome Narrows)斜拉大桥在启用后仅 4 个多月，就在大

风下因共振而坍塌。

11.5　简谐振动的合成

在实际问题中,一个质点往往同时参与两个以上的振动过程。例如两列声波同时传播到某点时,该点的空气质点就会同时参与这两列声波在该点引起的振动。这就是所谓振动的合成问题。一般讨论这个问题往往比较复杂,以下我们将讨论几种基本的简谐振动合成问题。

11.5.1　同方向、同频率简谐振动的合成

设某质点在同一直线上同时参与两个同频率的简谐振动,它们的运动方程分别为

$$x_1 = A_1\cos(\omega t + \alpha_1)$$

$$x_2 = A_2\cos(\omega t + \alpha_2)$$

因而质点在任意时刻的合振动应为

$$x = x_1 + x_2 = A_1\cos(\omega t + \alpha_1) + A_2\cos(\omega t + \alpha_2)$$

利用三角函数公式将上式展开、合并后可得

$$x = A\cos(\omega t + \alpha)$$

其中

$$A = \sqrt{A_1^2 + A_2^2 + 2A_1A_2\cos(\alpha_2 - \alpha_1)} \tag{11-20}$$

$$\alpha = \arctan\left(\frac{A_1\sin\alpha_1 + A_2\sin\alpha_2}{A_1\cos\alpha_1 + A_2\cos\alpha_2}\right) \tag{11-21}$$

由此可见,两个同方向、同频率的简谐振动合成后仍为同方向、同频率的简谐振动。这个结论可以推广到多个同方向、同频率简谐振动合成的情形。

根据式(11-20)可以看出,合振动的振幅不仅与分振动的振幅有关,而且更重要的是与分振动的相差 $\alpha_2-\alpha_1$ 有关,对此以下作简单的讨论。

(1) 当 $\alpha_2-\alpha_1=\pm 2k\pi$,$k$ 为零或任意整数时,两个分振动步调相同,按式(11-20),振幅 $A=A_1+A_2$。这是 A 所能达到的最大值。此时振动得到最大的加强。

(2) 当 $\alpha_2-\alpha_1=\pm(2k+1)\pi$,$k$ 为零或任意整数时,两个分振动步调正好相反,按式(11-20),振幅 $A=|A_1-A_2|$。这是 A 所能达到的最小值。此时振动受到最大的削弱。

(3) 以上是两种极端的情形。在一般情况下,$\alpha_2-\alpha_1$ 可取任意值,A 也就将介于以上两种情况之间,即有

$$|A_1 - A_2| < A < (A_1 + A_2)$$

以上这些讨论结果是很重要的,它们将在波的干涉问题中有重要的应用。

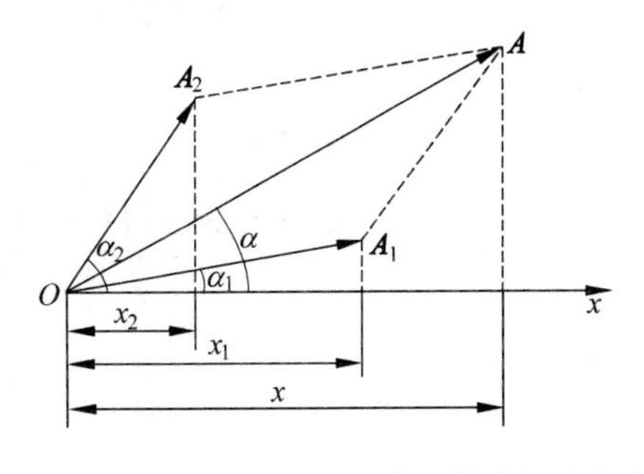

图 11-14　x 轴上两个同频率的简谐振动合成

对以上的振动合成问题也可以采用旋转矢量法求解,如图 11-14 所示。用角速度都为 ω 的旋转矢量 $\boldsymbol{A}_1$、$\boldsymbol{A}_2$ 分别代表简谐振动 x_1、x_2,因而按照矢

量合成的平行四边形法则可得到合矢量 $\boldsymbol{A}$，而且 $\boldsymbol{A}$ 也将以相同的角速度旋转，所以 $\boldsymbol{A}$ 所代表的必然仍是简谐振动。参照图 11-14，利用余弦定理以及直角三角形边角关系，可求得 A 和 α，其结果与式(11-20)、式(11-21)完全相同，但计算方法要简单得多。

11.5.2 同方向、不同频率简谐振动的合成　拍

在讨论了同方向、同频率简谐振动合成问题的基础上，为突出不同频率这一主要矛盾，为简单起见，可设质点所参与的两个同方向、不同频率的简谐振动振幅相等，初相相同，分别为

$$x_1 = A\cos(\omega_1 t + \alpha)$$
$$x_2 = A\cos(\omega_2 t + \alpha)$$

按照旋转矢量法可知，代表以上两个简谐振动的旋转矢量 $\boldsymbol{A}_1$、$\boldsymbol{A}_2$ 的角速度是不相同的，因而由此所得到的合矢量 $\boldsymbol{A}$ 的角速度 ω 也必定不同于 ω_1、ω_2。又由于 $\boldsymbol{A}_1$、$\boldsymbol{A}_2$ 的相对方位会随时间不断变化，因而 ω 也会不断改变。因此合矢量 $\boldsymbol{A}$ 所代表的不再是简谐振动。

根据三角函数公式可求出合振动为

$$\begin{aligned} x &= x_1 + x_2 = A\cos(\omega_1 t + \alpha) + A\cos(\omega_2 t + \alpha) \\ &= 2A\cos\left[\frac{1}{2}(\omega_2 - \omega_1)t\right]\cos\left[\frac{1}{2}(\omega_2 + \omega_1)t + \alpha\right] \end{aligned}$$

很明显，在一般情况下，合振动的位移变化已看不出有严格的周期性。但当两个分振动的圆频率 ω_1、ω_2 都很大，而相差很小时，会有 $|\omega_2 - \omega_1| \ll (\omega_2 + \omega_1)$，在此条件下，我们可以近似地将合振动看作是振幅为 $|2A\cos[(\omega_2 - \omega_1)t/2]|$、圆频率为 $(\omega_2 + \omega_1)/2$ 的简谐振动。由于振幅随时间作缓慢变化，并有周期性，因而会出现振幅时大时小、振动时强时弱的现象，如图 11-15 所示。这种频率都很大但相差很小的两个同方向振动合成时，所产生的合振动时强时弱的现象称为拍。

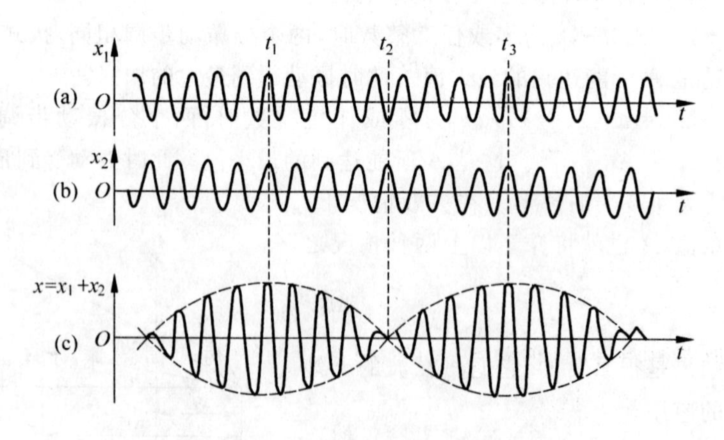

图 11-15　拍的形成

拍现象发生时，由于取绝对值的关系，振幅$|2A\cos[(\omega_2-\omega_1)t/2]|$的变化圆频率应为函数$\cos[(\omega_2-\omega_1)t/2]$的圆频率的2倍，即振幅的变化频率应为

$$\nu=\left|\frac{\omega_2-\omega_1}{2\pi}\right|=|\nu_2-\nu_1| \tag{11-22}$$

这个频率称为拍频，它表示单位时间内振幅取极大或极小值的次数。

拍是一种很重要的现象，在声振动、电振动以及波动中会经常遇到。双簧管中由于发同一音的两个簧片的振动频率有微小的差别，因而可以发出悦耳的拍音。在校准钢琴、测定超声波频率时也要利用拍的规律。

11.5.3 相互垂直的同频率简谐振动的合成

这是一个二维问题。设质点所参与的两个振动分别沿x、y轴方向，有

$$x=A_1\cos(\omega t+\alpha_1)$$

$$y=A_2\cos(\omega t+\alpha_2)$$

消去二式中的t，可得到质点运动的轨迹方程为

$$\left(\frac{x}{A_1}\right)^2+\left(\frac{y}{A_2}\right)^2-\frac{2xy}{A_1A_2}\cos(\alpha_2-\alpha_1)=\sin^2(\alpha_2-\alpha_1) \tag{11-23}$$

一般来说，这是一个椭圆方程式。考虑下述几种特殊情况：

(1) $\alpha_2-\alpha_1=0$，即两振动同相，上式变为$\frac{x}{A_1}-\frac{y}{A_2}=0$，表明物体轨迹为一过坐标原点、斜率为$\frac{A_2}{A_1}$的直线。在$t$时刻物体离开原点的位移是$s=\sqrt{A_1^2+A_2^2}\cos(\omega t+\alpha)$。可见合振动也是简谐振动，频率与分振动相同，振幅等于$\sqrt{A_1^2+A_2^2}$。

(2) $\alpha_2-\alpha_1=\pi$，即两振动反相。这时有$\frac{x}{A_1}+\frac{y}{A_2}=0$，物体轨迹仍为一条直线，但斜率为$-\frac{A_2}{A_1}$，合振动仍为简谐振动，频率为$\omega$，振幅也等于$\sqrt{A_1^2+A_2^2}$。

(3) $\alpha_2-\alpha_1=\frac{\pi}{2}$，此时$\frac{x^2}{A_1^2}+\frac{y^2}{A_2^2}=1$，这表示物体运动轨迹是以坐标轴为主轴的椭圆。

(4) $\alpha_2-\alpha_1$ 等于其他值时，合振动轨迹一般为椭圆，其具体形式由两个分振动振幅及相位差决定。

一般来说，两个相互垂直、具有不同频率的振动，它们的合振动比较复杂，运动轨迹往往不稳定。当两振动的频率为简单整数比时，合振动的轨迹是稳定而封闭的。这样的轨道图形称为李萨如图形。

李萨如图形是频率为简单整数比的、相互垂直的两个简谐振动的合成的结果。图11-16给出了沿x方向、振动周期为T_x的振动与沿y方向振动周期为T_y的振动的合振动轨迹。

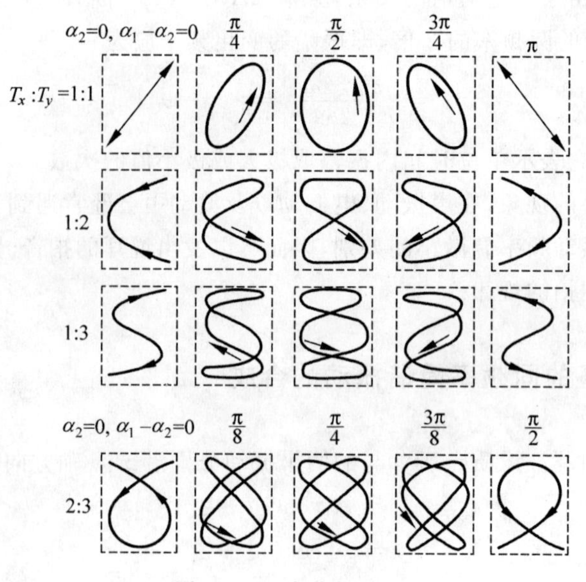

图 11-16　李萨如图形

阅读材料 8　非线性振动简介

前面介绍的振动的叠加都属于线性系统的叠加，它们都有如下特点：动力学行为可由线性微分方程表示，其解满足叠加原理，有确定的初始条件或边界条件，其解为精确解。

但是，线性系统只是理想情况或者说是拟似的（例如，小角度近似），它是真实系统在特定状态附近的线性化结果。而绝大多数情况是非线性的，比如大角度摆。这种情况下叠加原理不再成立，且初始条件不同，会导致不相同的运动形式，轨迹可能出现完全随机的混沌行为。

图 11-17 表示了大角度摆在三种不同的起始能量导致的摆的三种不同运动。图 11-17(a)是起始能量较小的情况，摆在偏离一定角度后，摆锤将沿原路摆回作往复性运动；图 11-17(b)所示的起始能量较大，摆锤将不会沿原路返回，运动将不再具有往复性；图 11-17(c)表示起始能量更大时，摆锤将在竖直平面内作圆周运动，而这已不是通常意义上的摆动了。

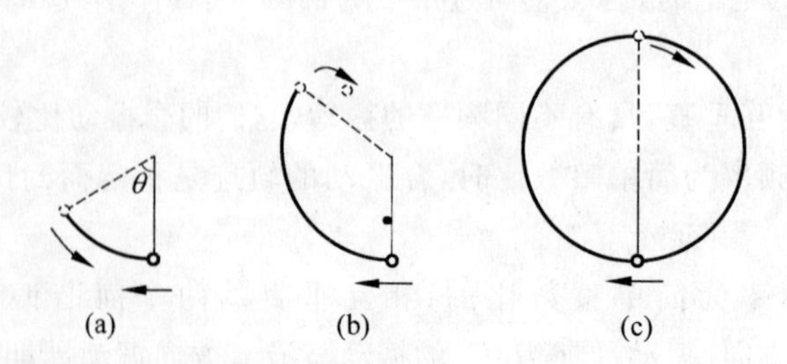

图 11-17　起始能量不同导致大角度摆的三种不同运动

为了对非线性运动的特征作出定性描述，法国数学家、物理学家庞加莱（Jules Henri Poincaré，1854—1912）在 19 世纪提出“相图法”，即运用一种几何的方法来讨论非线性问题，如图 11-18 所示。通过对相图的研究，可以了解系统的稳定性、运动趋势等特性。相图的描述方法已成为非线性力学中最基本的方法。例如，可用相图 11-19 中的(a)、(c)来表示图 11-17 中的(a)、(c)两种运动(振动和转动)，而轨迹(b)是振动(a)和转动(c)两种运动形式的分界线。

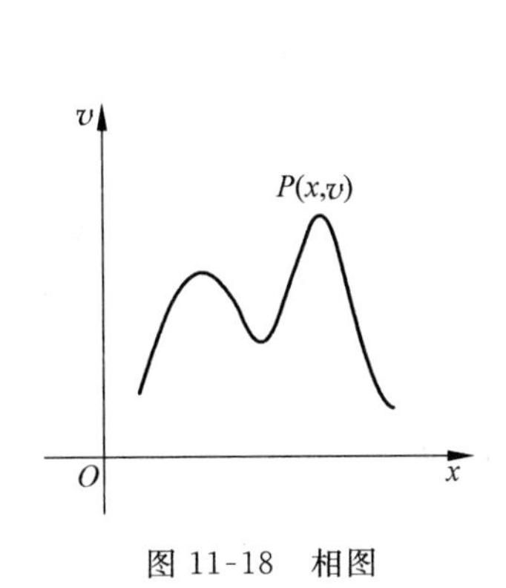

图 11-18　相图

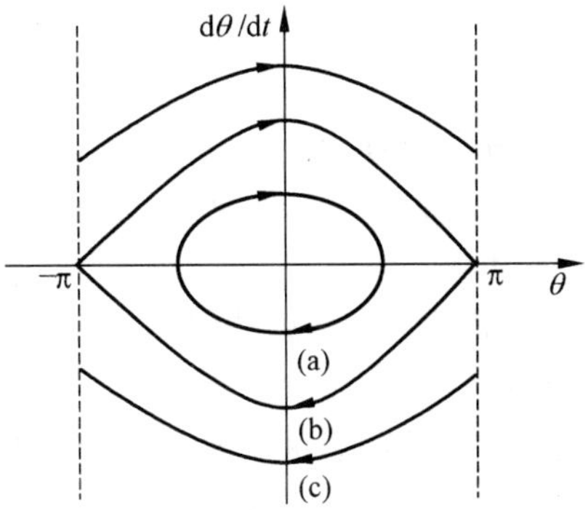

图 11-19　不同初始条件的相轨迹

对于非线性系统可能还会出现更复杂的“混沌”运动状态。这是在确定性动力学系统中存在的一种随机运动，其特征是：由于初始条件的微小差异就会导致极不相同的后果，使系统的未来运动状态无法预料而呈现为随机的行为。

对于多数显示出混沌的非线性系统来说，要给它精确选定初始条件并确定其结果，在实际上是办不到的，因为这种系统的运动具有显著的随机性。例如地球表面附近的大气层就是个相当复杂的非线性系统，而大气环流、海洋潮汐、太阳活动等因素的某些偶然变化，都会使仅仅靠求解气象方程来精确预报天气成为不可能和不现实的事。

本章要点

1）动力学方程的基本形式

$$\frac{\mathrm{d}^2 x}{\mathrm{d}t^2}+\omega^2 x=0$$

2）运动方程

$$x=A\cos(\omega t+\alpha)$$

3）描述简谐振动的特征量

(1) 振幅 A　振动物体偏离平衡位置最大位移的绝对值。

振幅由系统的初始条件决定，其公式为

$$A=\sqrt{x_0^2+\left(\frac{v_0}{\omega}\right)^2}$$

(2) 相位 $\varphi=\omega t+\alpha$ 与初相 α　相位是决定振动系统在 t 时刻状态的物理量；初相则由系统的初始条件决定，有公式

$$\alpha=\arctan(-v_0/\omega x_0)$$

(3) 周期 T 和频率 ν　T 表示系统作一次完全振动所需要的时间；ν 表示单位时间内系

统所作的完全振动的次数。因而 $T=1/\nu$。

T 和 ν 是由系统本身的性质决定的。可由列出的动力学方程中的圆频率 ω 求出,有

$$T=\frac{2\pi}{\omega} \quad 和 \quad \nu=\frac{\omega}{2\pi}$$

单摆的周期为

$$T=2\pi\sqrt{\frac{l}{g}}$$

弹簧振子的周期为

$$T=2\pi\sqrt{\frac{m}{k}}$$

4) 几何描述法——旋转矢量

5) 能量

简谐振动系统的总机械能守恒。对水平弹簧振子,动能为

$$E_{\mathrm{k}}=\frac{1}{2}m\omega^2A^2\sin^2(\omega t+\alpha)$$

势能为

$$E_{\mathrm{p}}=\frac{1}{2}m\omega^2A^2\cos^2(\omega t+\alpha)$$

总机械能为

$$E=\frac{1}{2}m\omega^2A^2=\frac{1}{2}kA^2$$

6) 阻尼振动、受迫振动

(1) 阻尼振动　小阻尼情况($\beta<\omega_0$)下,弹簧振子作衰减振动,衰减振动的周期 T' 比自由振动周期要长;大阻尼($\beta>\omega_0$)和临界阻尼($\beta=\omega_0$)情况下,弹簧振子的运动都是非周期性的,即振子开始运动后,振子随着时间逐渐返回平衡位置。临界阻尼与大阻尼情况相比,振子将更快地返回平衡位置。

(2) 受迫振动　在周期性变化力作用下的振动。稳态时振动的角频率与驱动力的角频率相同;当驱动力角频率 $\omega_{\mathrm{r}}=\sqrt{\omega_0^2-2\beta^2}$ 时,振子的振幅具有最大值,发生位移共振;当驱动力角频率 $\omega_{\mathrm{r}}=\omega_0$ 时,速度振幅具有极大值,系统发生速度共振,亦称能量共振。

7) 简谐振动的合成

(1) 振动方向相同、频率相同　合成仍为同向同频的简谐振动。以两振动合成为例,合成后有

$$x=A\cos(\omega t+\alpha)$$

其中

$$A=\sqrt{A_1^2+A_2^2+2A_1A_2\cos(\alpha_1-\alpha_2)},\quad \alpha=\arctan\left(\frac{A_1\sin\alpha_1+A_2\sin\alpha_2}{A_1\cos\alpha_1+A_2\cos\alpha_2}\right)$$

且当 $\alpha_1-\alpha_2=2k\pi(k=0,\pm1,\pm2,\cdots)$ 时,$A=A_1+A_2$,即振动得到最大的加强;而当 $\alpha_1-\alpha_2=(2k+1)\pi(k=0,\pm1,\pm2,\cdots)$ 时,$A=|A_1-A_2|$,即振动受到最大削弱。

(2) 振动方向相同、频率不同　合成后不再为简谐振动,只是在 ω_1、ω_2 都很大,且其差值很小时会出现振幅时大时小的拍现象,拍频率为 $\nu=|\nu_1-\nu_2|$,表示单位时间内振幅变化

的次数。

(3) 振动方向垂直、频率相同　合成后振动的物体的轨迹一般为椭圆，特殊情况下为圆或直线。

习题 11

一、选择题

1. 一物体作简谐振动，振动方程为 $x=A\cos\left(\omega t+\frac{\pi}{4}\right)$。在 $t=T/4$（T 为周期）时刻，物体的加速度为(　　)。

A. $-\frac{1}{2}\sqrt{2}A\omega^2$　　B. $\frac{1}{2}\sqrt{2}A\omega^2$　　C. $-\frac{1}{2}\sqrt{3}A\omega^2$　　D. $\frac{1}{2}\sqrt{3}A\omega^2$

2. 一质点作简谐振动，振动方程为 $x=A\cos(\omega t+\alpha)$，当时间 $t=T/2$（T 为周期）时，质点的速度为(　　)。

A. $A\omega\sin\alpha$　　B. $-A\omega\sin\alpha$　　C. $A\omega\cos\alpha$　　D. $-A\omega\cos\alpha$

3. 用余弦函数描述一简谐振子的振动。若其速度-时间(v-t)关系曲线如图 11-20 所示，则振动的初相为(　　)。

A. $\pi/6$　　B. $\pi/3$

C. $\pi/2$　　D. $2\pi/3$

E. $5\pi/6$

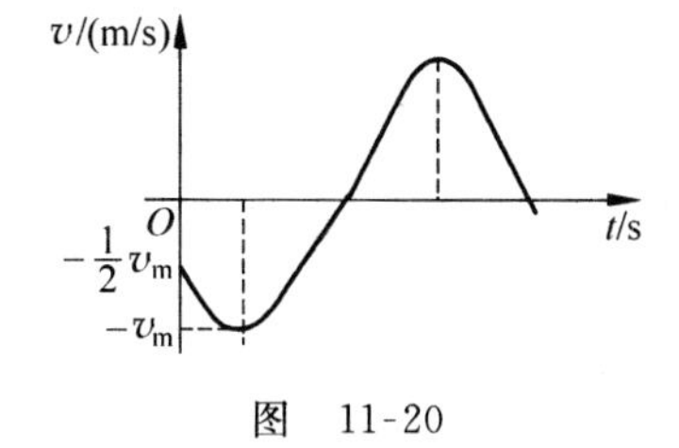

图　11-20

二、计算题

1. 一物体作简谐振动，其振动方程为

$$x=0.04\cos\left(\frac{5}{3}\pi t-\frac{1}{2}\pi\right)\quad(\mathrm{SI})$$

求：(1) 此简谐振动的周期；

(2) 当 $t=0.6$s 时，物体的速度。

2. 已知某简谐振动的振动曲线如图 11-21 所示，位移的单位为厘米，时间单位为秒。求此简谐振动的振动方程。

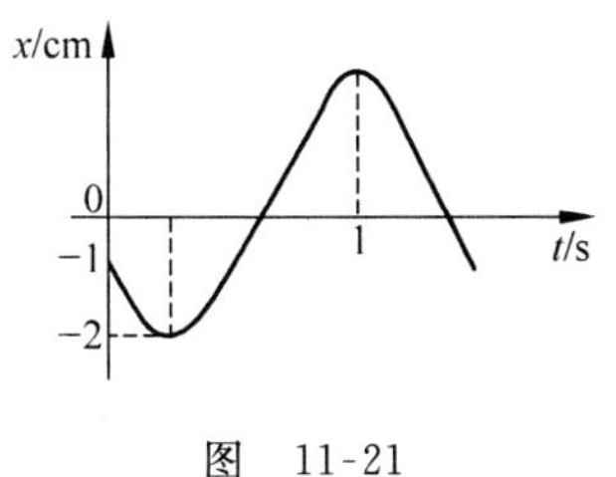

图　11-21

3. 一质点作简谐振动，速度最大值 $v_m=5$cm/s，振幅 $A=2$cm。若令速度具有正最大值的那一时刻为 $t=0$，求振动表达式。

4. 一质点在 x 轴上作简谐振动，振幅 $A=4$cm，周期 $T=2$s，其平衡位置取作坐标原点。若 $t=0$ 时刻质点第一次通过 $x=-2$cm 处，且向 x 轴负方向运动，则质点第二次通过 $x=-2$cm 处的时刻为多少？

5. 一弹簧振子作简谐振动，振幅为 A，周期为 T，其运动方程用余弦函数表示。若 $t=0$ 时：

(1) 振子在负的最大位移处，则初相为多少？

（2）振子在平衡位置向正方向运动，则初相为多少？

（3）振子在位移为 $A/2$ 处，且向负方向运动，则初相为多少？

6. 用余弦函数描述一简谐振子的振动。若其振动曲线如图 11-22 所示，求振动的初相和周期。

7. 一弹簧振子作简谐振动，当位移为振幅的一半时，其动能占总能量的比例是多少？

8. 一弹簧振子作简谐振动，当其偏离平衡位置的位移的大小为振幅的 1/4 时，其动能为振动总能量的多少？

9. 两个同方向的简谐振动曲线如图 11-23 所示。求合振动的振幅和合振动的振动方程。

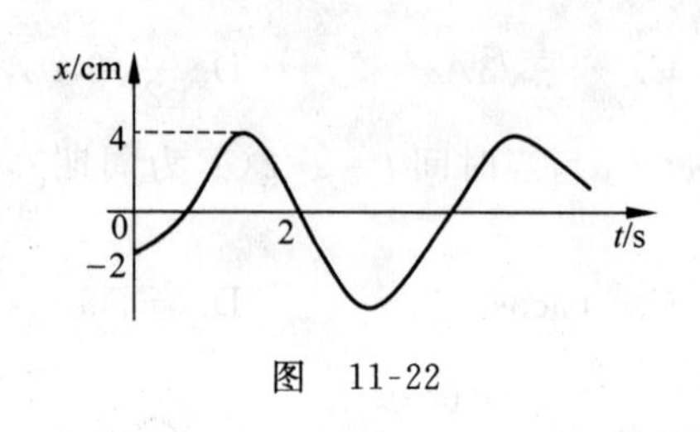

图 11-22

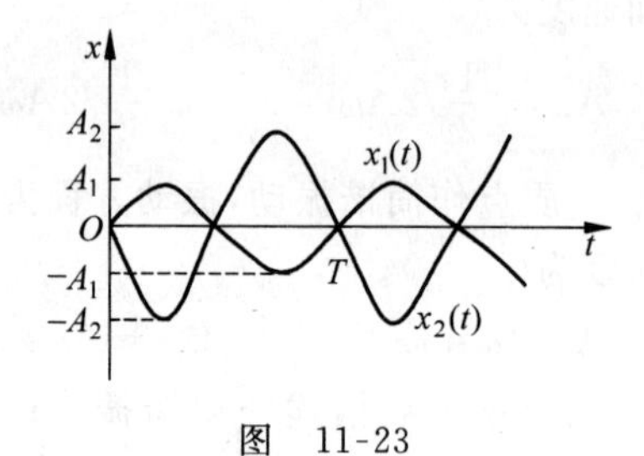

图 11-23

10. 一个质点同时参与两个在同一直线上的简谐振动，其表达式分别为

$$x_1 = 4\times 10^{-2}\cos\left(2t+\frac{\pi}{6}\right),\quad x_2 = 3\times 10^{-2}\cos\left(2t-\frac{5}{6}\pi\right)\quad (\text{SI})$$

则其合成振动的振幅为多少？初相为多少？

第12章

机　械　波

振动在空间的传播过程称为波，机械振动的传播过程就形成了机械波。研究机械波的规律意义很大，不仅具有直接的应用价值（如对声波、地震波等机械波的研究、利用和改造等），而且对于自然界中存在的所有波动过程（如电磁波、物质波等）都有重要的借鉴作用。尽管各种波动的物理意义、产生的条件不同，但很多规律是完全相同的。本章将主要介绍机械波。

12.1　机械波的产生及其特征量

12.1.1　机械波形成的条件

前已提到，物体在振动时要与周围的物质发生相互作用，因而能量会向四周传递。换句话说，周围的物体也将随之振动起来。这样就形成了一个机械振动的传播，这个传播过程称为机械波。例如，投石子于水面，该点处的小水团就振动起来，于是周围的一圈圈水团也将在重力和水的表面张力的作用下，被带动着振动起来，圈圈涟漪，荡漾成为水面波；再比如，扬声器的纸盆在空气中振动时，将会使周围的空气质点发生振动，进而使这些质点附近的空气层产生压缩和疏张。由于空气质点间存在着弹力作用，这种过程将不断持续下去，这样就自然造成了空间各处空气层的压缩和疏张，此起彼伏，伸展延续，即形成了声波。

由以上两例可知，机械波的形成需要有两个基本的条件。一是要有波源，即引起波动的初始振动物体。波源可根据研究问题的需要而看作质点（如上例中水面波的中心水团）、直线（如琴弦）、平面（如鼓膜）等，于是波源也可分为点波源、线波源、面波源等。二是要有传播振动的物质，即如以上各例所提到的，由无穷多的、相互间以弹力连接在一起的质点所构成的连续分布的物质。这种物质通常称为弹性介质。弹性介质的形态可以是多种多样的，可以是固体，也可以是液体或气体。由于不同弹性介质内发生的形变以及由此产生的相应弹力的类型不同，因而传播的机械波类型也不同。

机械波基本的类型有两种：一种叫做横波，另一种叫做纵波。当波介质中各个质点的振动方向与波的传播方向相互垂直时，这种波就是横波。例如使一条拉紧的绳子的一端作垂直于绳的振动，则将发现这振动会沿绳传到另一端，形成绳子上的横波。这种波看上去是波峰、波谷(即绳子的最凸、最凹处)相连，如图 12-1 所示。当传波介质中各个质点的振动方向与波的传播方向平行时，这种波就是纵波。例如空气中传播的声波就是纵波。我们还可以用水平悬挂的弹簧传递纵波(图 12-2)。当反复沿水平方向推拉弹簧的一端时，弹簧的各处就出现了疏、密相间的情形，并且这些疏、密部位也将沿水平方向向另一端运动。

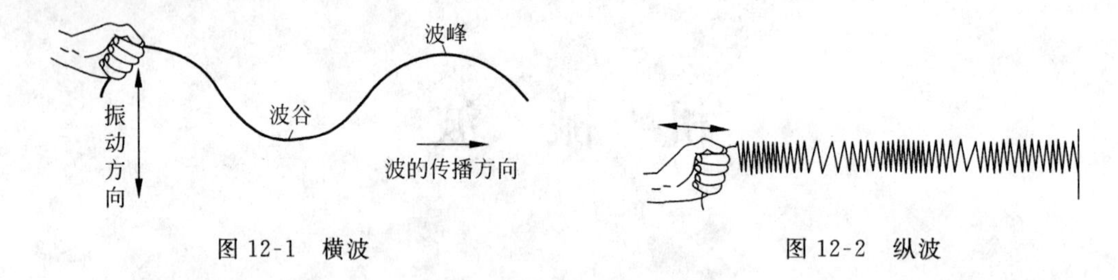

图 12-1　横波　　　图 12-2　纵波

横波和纵波是波动的两种最简单的基本类型。但在实际问题中，传波介质中质点的振动情况是很复杂的，由此产生的波动过程也很复杂。波动可能既不是横波也不是纵波，或者说既有横波成分又有纵波成分。例如地震波的横波与纵波成分可以通过传播速度的显著差别而区分出来。

这里尤其值得强调指出的是，机械波是振动状态(或相)的传播过程，至于波动传播过程中介质中的各个质点则并未随机械波的传播而迁移。可以作这样的观察，当水面上的圈圈涟漪四散扩展时，漂浮在水面上的小木块只作上下浮动，而不会随波前进。这说明机械波的传播方向、传播速度与传波介质中各个质点的振动方向、振动速度是完全不同的概念，务必不要混淆。

12.1.2　描述波动的特征量

为了描述波动的整体性质，引入波速 u、波长 λ、周期 T、频率 ν 四个物理量。

波的传播是介质中质元振动状态的传播。单位时间内一定振动状态所传播的距离就是波速(u)。同一波射线上两个相邻的振动状态相同(相位差为 2π)的质元之间的距离称为波长(λ)。波前进一个波长的距离所需要的时间叫做波的周期(T)。因为振源完成一次全振动，相位就向前传播一个波长，所以波的周期在数值上等于质元的振动周期。单位时间内，波前进距离中完整波的数目叫做波的频率(ν)。波长、波速和频率的关系如图 12-3 所示。

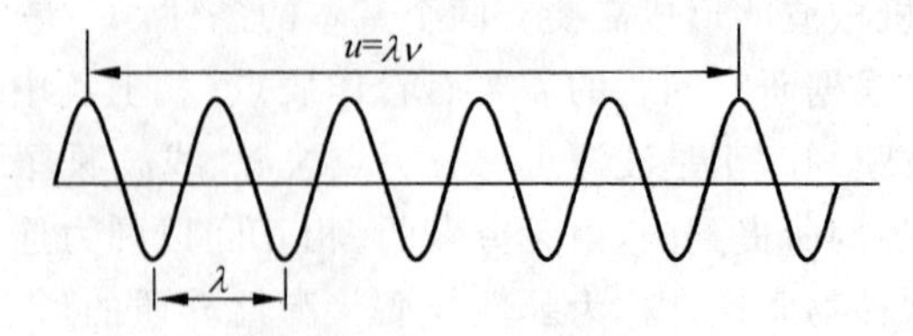

图 12-3　波长、波速和频率的关系

由上述定义得出

$$u=\frac{\lambda}{T} \tag{12-1}$$

因为$\nu=\frac{1}{T}$，所以

$$u = \nu\lambda \tag{12-2}$$

波速由介质决定，在弹性固体中，横波与纵波的速度分别是

$$u=\sqrt{\frac{G}{\rho}}\quad（横波）$$

$$u=\sqrt{\frac{Y}{\rho}}\quad（纵波）$$

式中，G、Y分别为介质的切变弹性模量和杨氏弹性模量；ρ为介质密度。

在气体和液体中，不能传播横波，因为它们的切变弹性模量为零。而纵波在气体和液体中的传播速度为

$$u=\sqrt{\frac{B}{\rho}}\quad（纵波）$$

式中，B为介质容变弹性模量。

12.1.3 波动的几何描述

为了形象地利用几何图形描述波动过程，我们用波振面和波射线来描述波。在波的传播过程中，任一时刻介质中各振动相位相同的点连接成的面叫波振面(也称波面或同相面)。波传播到达的最前面的波振面称为波前。

波振面为球面的波叫球面波，波振面为平面的波叫平面波。点波源在各向同性均匀介质中向各个方向发出的波就是球面波，其波面是以点波源为球心的球面，在离点波源很远的小区域内，球面波可近似看成平面波。

沿波的传播方向作一些带箭头的线，称为波射线。射线的指向表示波的传播方向。在各向同性均匀介质中，波射线恒与波振面垂直。平面波的波射线是垂直于波振面的平行直线，球面波的波射线是沿半径方向的直线。平面波和球面波的波振面和波射线如图 12-4 所示。

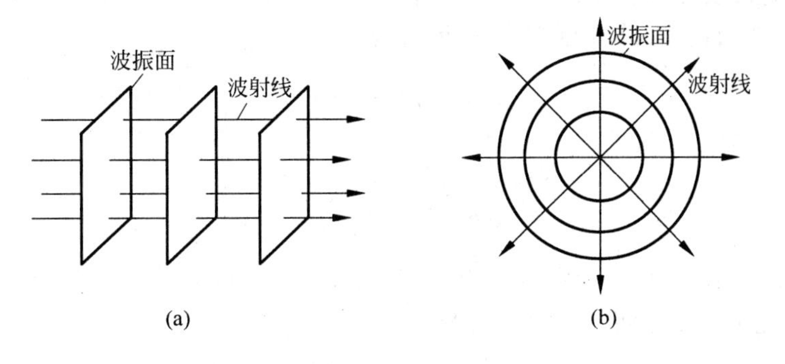

图 12-4　平面波和球面波的波振面和波射线

(a) 平面波；(b) 球面波

12.2 平面简谐波

在波动过程中，当波源简谐振动时，传播波介质中的各质点也在简谐振动，且振动的频率与波源相同。这种波称为简谐波。它是一种最简单、最基本的波，任何复杂的波都可以看作是若干简谐波叠加的结果。本节将以平面简谐波为主，讨论有关波动过程的基本规律。

在波动过程中，确定任一传播质点在任意时刻偏离平衡位置的位移是分析波动规律的首要任务，也是波动方程所要解决的问题。我们采用运动学的方法推出平面简谐波的波动方程。

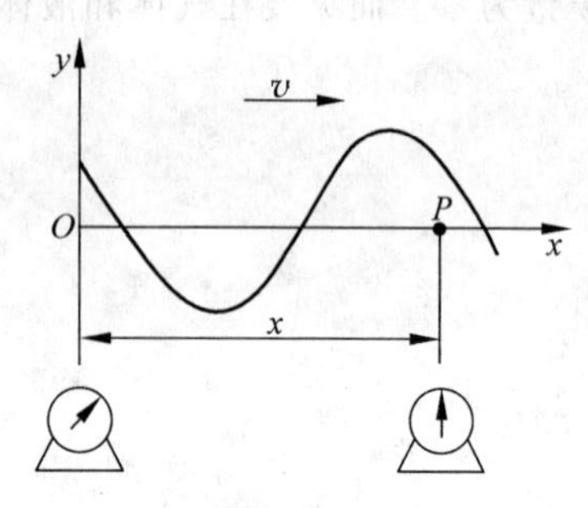

图 12-5　波的传播

设一列沿 x 轴正向传播的平面简谐波波速为 v，并设想在坐标原点 O 以及坐标为 x 的任意一点。在 O、P 处各放置一个经严格校准的、完全相同的钟（如图 12-5 所示）。当波传到哪点时，哪个钟开始计时。于是我们将点 O、P 的钟所计时间分别称为标准时 t 和地方时 t_P。

设点 O 处的传播质点在某时刻 t_0 的振动状态为

$$y = A\cos(\omega t_0 + \alpha)$$

则在介质不吸收能量（即各点振幅相同）的情况下，此状态沿 x 轴正向传至点 P 时，点 P 的状态也应如上式所示，并且点 P 的钟所计时间也应为 $t_P = t_0$。但是由于点 O 的钟比点 P 的钟先走，故此时点 O 的钟所示时间已变为 t，根据波速可以算出两钟的时差为

$$t - t_0 = \frac{x}{u} \tag{12-3}$$

或 $t_0 = t - \dfrac{x}{u}$。于是当我们统一用标准时表示坐标为 x 的任一质点 P 在任一时刻偏离平衡位置的位移 y 时，就有

$$y = A\cos\left[\omega\left(t - \frac{x}{u}\right) + \alpha\right] \tag{12-4}$$

此式即为平面简谐波的运动方程。显然，这表示一种包含时、空变量并具有周期性的函数关系。考虑到式(12-2)、式(11-12)，上式还可写为

$$y = A\cos\left[2\pi\left(\frac{t}{T} - \frac{x}{\lambda}\right) + \alpha\right]$$

或

$$y = A\cos\left[2\pi\left(vt - \frac{x}{\lambda}\right) + \alpha\right]$$

当平面简谐波沿 x 轴负向传播时，点 P 的振动状态（相）将超前于点 O，或者说点 P 的钟比点 O 的钟先走。于是两钟的时差变为

$$t - t_0 = -\frac{x}{u}$$

从而波动方程变为

$$y = A\cos\left[\omega\left(t + \frac{x}{u}\right) + \alpha\right] \tag{12-5}$$

对于波动方程(12-4)的物理意义，我们可作如下讨论：

(1) 当固定式(12-4)中的 $x=x_0$ 时，则 y 仅为时间 t 的函数。也就是说此时波动方程给出的是坐标为 x_0 的指定质点的振动方程，有

$$y=A\cos\left[\omega\left(t-\frac{x_0}{u}\right)+\alpha\right]$$

这个方程说明了每个质点振动的同期性，即波动的时间周期性。据此我们可以作出该质点的 y-t 振动曲线，如图 12-6 所示。

另外还可以看出，坐标为 x 的质点的振动初相为 $\left(-\frac{\omega x}{u}\right)+\alpha$。因此在同一时刻 t，同一波线上坐标为 x_1、x_2 的任意两点间的相差 $\varphi_1-\varphi_2$ 即为其初位相差，有

$$\varphi_1-\varphi_2=\frac{\omega(x_2-x_1)}{u}=\frac{2\pi(x_2-x_1)}{\lambda} \tag{12-6}$$

其中 x_2-x_1 称为波程差。

(2) 当固定式(12-4)中的 $t=t_0$ 时，则 y 仅为坐标 x 的函数，也就是说此时波动方程给出了 t_0 时刻各传播质点偏离平衡位置位移 y 的空间分布，即 t_0 时刻的波形，有

$$y=A\cos\left[\omega\left(t_0-\frac{x}{u}\right)+\alpha\right]$$

可见，此刻质点在空间的位置分布具有周期性，即波动的空间周期性。据此我们可以作出 t_0 时刻的波形曲线，如图 12-7 所示。

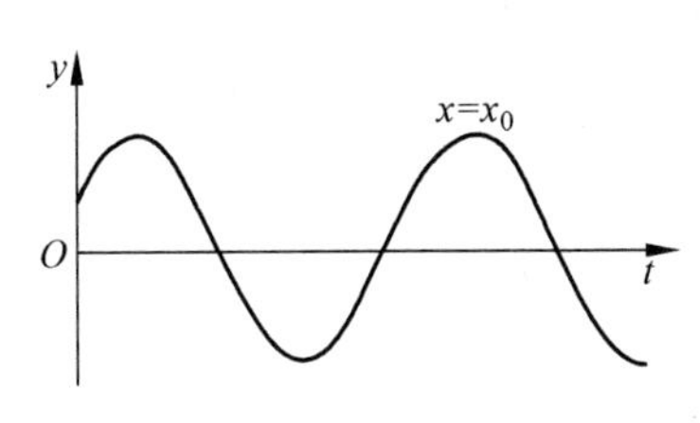

图 12-6 质点的振动曲线

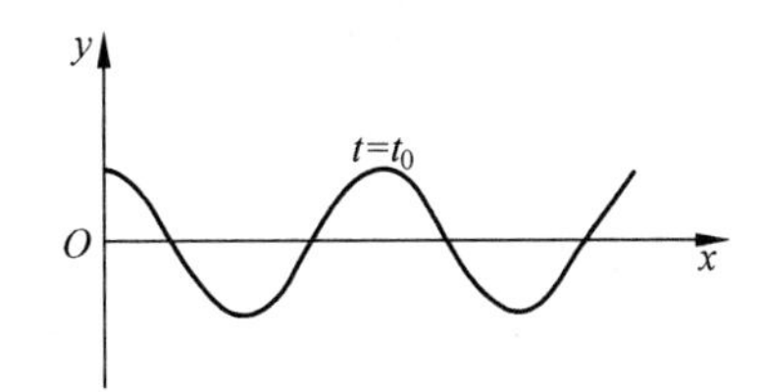

图 12-7 波动曲线

例 12-1 已知一列平面简谐波沿 x 轴正向传播，波速 $u=3\text{m/s}$，圆频率 $\omega=\frac{\pi}{2}\text{rad/s}$，振幅 $A=5\text{m}$，依次通过 A、B 两点，并有 $x_B-x_A=3\text{m}$。当 $t=0$ 时，A 处的质点位于平衡位置并向振动正方向运动。(1)分别以 A、B 为坐标原点写出波动方程；(2)点 B 在 t 时刻的状态相当于点 A 何时的状态？

解：(1)以 A 为坐标原点时，可先求出点 A 的振动初相为 $\alpha_A=-\frac{\pi}{2}$，于是根据式(12-4)可写出波动方程

$$y=5\cos\left[\frac{\pi}{2}\left(t-\frac{x}{3}\right)-\frac{\pi}{2}\right](\text{m})$$

以 B 为坐标原点时，根据式(12-6)可算出 B 与 A 的初相差：

$$\alpha_B-\alpha_A=-\frac{\omega(x_B-x_A)}{u}=-\frac{\pi}{2}$$

故

$$\alpha_B = -\frac{\pi}{2} + \alpha_A = -\pi$$

由此可写出波动方程

$$y = 5\cos\left[\frac{\pi}{2}\left(t - \frac{x}{3}\right) - \pi\right](\mathrm{m})$$

(2) 由于点 B 在 t 时刻应与点 A 在 t' 时刻的状态(相)相同，故根据式(12-4)，应有

$$\omega\left(t - \frac{x_B}{u}\right) + \alpha = \omega\left(t' - \frac{x_A}{u}\right) + \alpha$$

代入数据后可解出

$$t' = t - 1(\mathrm{s})$$

即点 B 在 t 时刻的状态相当于点 A 在 $t-1$ 时的状态。这实际上是点 A 的振动超前于点 B 的结果。

例 12-2 已知一列平面简谐波沿 x 轴正向传播，$t=0$ 时刻的波形如图 12-8 中的实线所示。求：(1)$t=T/4$ 时的波形曲线；(2)坐标 $x=\frac{\lambda}{4}$ 的质点的振动曲线(T、λ 分别为波的周期和波长)。

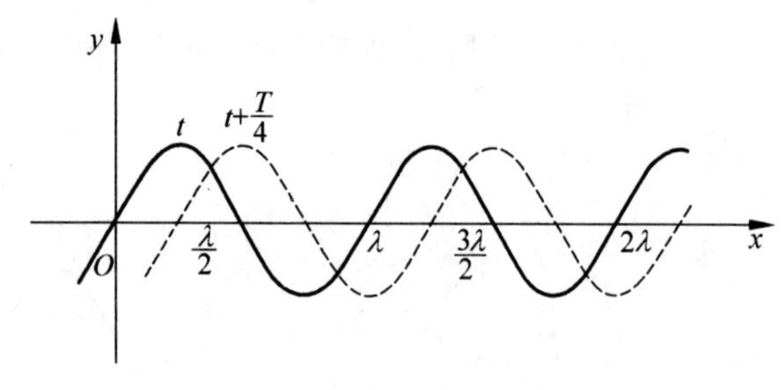

图 12-8

解：本题显然可以根据波动方程，经过计算作出所求曲线，但利用对波动过程时空周期性的理解可以更为简捷地得到结果。

(1) 前面曾经讨论过，按照波动过程的空间周期性，沿着波的传播方向每个质点在 $t+\Delta t$ 时刻都在重现它前面的质点在 t 时刻的状态，因而整个波形应沿传播方向平移 $v\Delta t$ 的距离。故当 $\Delta t=\frac{T}{4}$时，整个波形应沿传播方向平移$\frac{\lambda}{4}$的距离。于是可容易地作出 $t=\frac{T}{4}$时的波形曲线，如图 12-8 中的虚线所示。

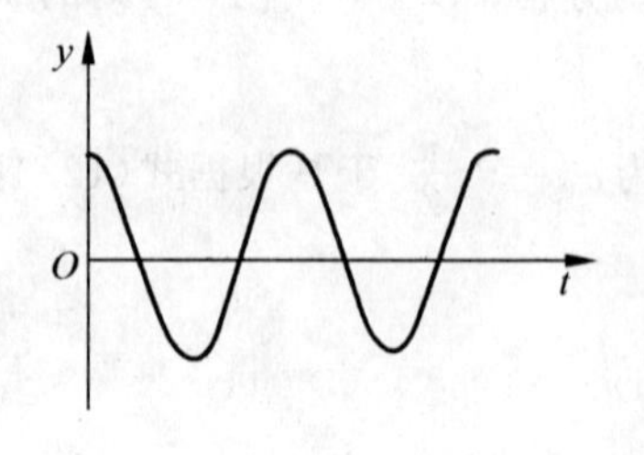

图 12-9

(2) 由图 12-8 中的两条曲线可得到坐标 $x=\frac{\lambda}{4}$的质点在 $t=0,\frac{T}{4}$时的 y 值，按照这样的思路，只要平移波形曲线，就可以得到在同时刻质点更多的 y 值。于是就可以作出这个质点的振动曲线，如图 12-9 所示。

例 12-3　一平面简谐波沿 x 轴正向传播(见图 12-10),已知 $x=L(L<\lambda)$处质点的振动方程为 $y=A\cos\omega t$,波速为 u,则波动方程为(　　)。

A. $y=A\cos\omega[t-(x-L)/u]$

B. $y=A\cos\omega[t-(x+L)/u]$

C. $y=A\cos[\omega t+(x+L)/u]$

D. $y=A\cos[\omega t+(x-L)/u]$

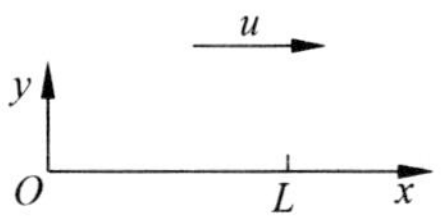

图　12-10

解法一:设 $x=0$ 处质点的振动方程为

$$y = A\cos(\omega t + \alpha)$$

t 时刻,$x=0$ 处质点的振动相位比 $x=L$ 处超前$\frac{\omega L}{u}$,即

$$(\omega t + \alpha) - \omega t = \frac{\omega L}{u}$$

故

$$\omega t + \alpha = \omega\left(t + \frac{L}{u}\right)$$

$x=0$ 处质点的振动方程为

$$y = A\cos\left(\omega t + \frac{\omega L}{u}\right)$$

由此写出波动方程

$$y = A\cos\left[\omega\left(t - \frac{x}{u}\right) + \frac{\omega L}{u}\right]$$

故正确答案是 A。

解法二:以 $x=L$ 处为原点,写出波动方程

$$y = A\cos\omega\left(t - \frac{x}{u}\right)$$

再令 $x=-L$,代入波动方程,即得 $x=0$ 处质点的振动方程

$$y = A\cos\omega\left(t + \frac{L}{u}\right)$$

由此写出波动方程

$$y = A\cos\omega\left(t - \frac{x - L}{u}\right)$$

12.3　波的能量和能流

12.3.1　波的能量

波动在弹性介质内传播时,波所达到的质元要发生振动,因而有动能,质元还要发生形变因而有弹性势能。动能与弹性势能的总和即为该质元含有的波的能量。

设平面简谐波为

$$y = A\cos\left[\omega\left(t - \frac{x}{u}\right)\right]$$

质元体积为 ΔV，介质体密度为 ρ，则质元的振动动能为

$$\Delta W_{\mathrm{k}} = \frac{1}{2}\rho\Delta V\omega^2 A^2 \sin^2\left[\omega\left(t-\frac{x}{u}\right)\right]$$

可以证明，ΔV 体元的弹性势能也为

$$\Delta W_{\mathrm{p}} = \frac{1}{2}\rho\Delta V\omega^2 A^2 \sin^2\left[\omega\left(t-\frac{x}{u}\right)\right]$$

ΔV 体元的机械能为

$$\Delta W = \Delta W_{\mathrm{k}} + \Delta W_{\mathrm{p}} = \rho\Delta V\omega^2 A^2 \sin^2\left[\omega\left(t-\frac{x}{u}\right)\right] \tag{12-7}$$

由于 $\sin^2\left[\omega\left(t-\frac{x}{u}\right)\right]=\sin^2\left[\frac{2\pi}{T}\left(t-\frac{x}{u}\right)\right]$随时间 t 在 0～1 之间变化，当 ΔV 中机械能增加时，说明上一个邻近体积元传给它能量；当 ΔV 中机械能减少时，说明它的能量传给下一个邻近体积元，这正符合能量传播图景。

质元的动能、弹性势能、机械能都是时间 t 的周期性函数，并且三者变化情况相同，它们同时达到最大值，同时达到最小值(即为零)。当质元到达振动平衡位置时，其位移为零，振动速度最大，因而动能最大，此时质元形变最大，因而弹性势能也最大，机械能取最大值；当质元位移最大时，振动速度为零，动能为零，此时形变最小，因而弹性势能为零，机械能等于零。

总之，波动的能量与简谐振动的能量有显著的不同。在简谐振动系统中，动能和势能互相转化，系统的总机械能守恒；但在波动中，动能和势能是同相位的，同时达到最大值，又同时达到最小值，对任意体积元来说，机械能不守恒，沿着波传播方向，该体积元不断地从后面的介质获得能量，又不断地把能量传给前面的介质，能量随着波动行进，从介质的这一部分传向另一部分。所以，波动是能量传递的一种形式。

单位体积的介质中波所具有的能量称为能量密度，表示为

$$w = \frac{\Delta W}{\Delta V} = \rho\omega^2 A^2 \sin^2\left[\omega\left(t-\frac{x}{u}\right)\right] \tag{12-8}$$

能量密度在一个周期内的平均值称为平均能量密度，用 $\bar{w}$ 表示。对于无吸收介质中的平面简谐波，它也是任一时刻沿波线方向在一个波长 λ 范围内的空间能量的平均值。

例 12-4 一平面简谐波在 $t=0$ 时的波形图如图 12-11 中实线所示，若此时 A 点处介质质元的动能在减小，则(　　)。

A. A 点处质元的弹性势能在增大

B. B 点处质元的弹性势能在增大

C. C 点处质元的弹性势能在增大

D. 波沿 x 轴负向传播

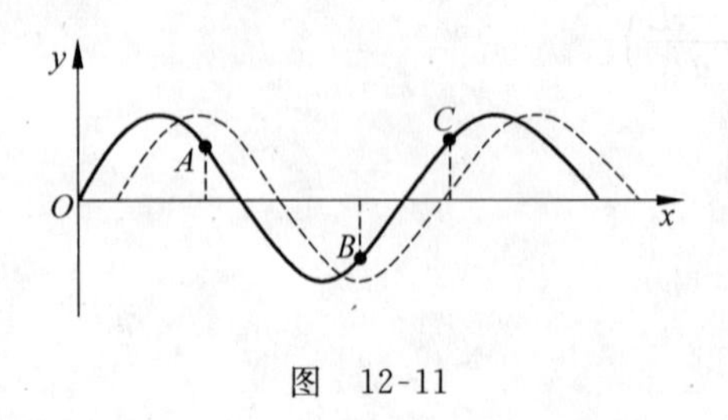

图 12-11

解：根据“A 点处介质质元的动能在减小”判断：t 时刻 A 处质元正向上移动。因而在 $t+\Delta t$ 时刻波形曲线向右移动(虚线所示)。又在波动中，质元的弹性势能与动能时时相等，即 $\mathrm{d}E_{\mathrm{k}}=\mathrm{d}E_{\mathrm{p}}$，故“$C$ 点处质元的弹性势能在增大”(即动能增大)是正确的。因此本题选 C。

12.3.2　波的能流

波动传播中，单位时间内通过某一面积的波的能量称为能流，以 P 表示，有

$$P = wS_{\perp} u$$

通常讨论单位时间通过与波速方向垂直的单位面积的波的能量，即波的能流密度

$$\frac{P}{S_{\perp}} = wu \tag{12-9}$$

对能流密度取时间的平均值，称为平均能流密度，又称为波的强度，常用 I 表示：

$$I = \frac{\bar{P}}{S_{\perp}} = \frac{1}{2}\rho A^2 \omega^2 u \tag{12-10}$$

12.3.3　波的振幅

在波动过程中，如果各处传播质点的振动状况不随时间改变，并且振动能量也不为介质吸收，那么单位时间内通过不同波面的总能量就相等，这是能量守恒定律要求的。

对平面波，可任取两个面积为 S_1、S_2 的波面，相应的强度分别为 $\bar{I}_1$、$\bar{I}_2$。由于 $S_1 = S_2$（见图 12-12），且根据能量守恒，在单位时间内有

$$\bar{I}_1 S_1 = \bar{I}_2 S_2 \tag{12-11}$$

所以

$$\bar{I}_1 = \bar{I}_2$$

从而

$$A_1 = A_2$$

前面在讨论平面简谐波的波动方程时，以上结论实际上已经用到了。

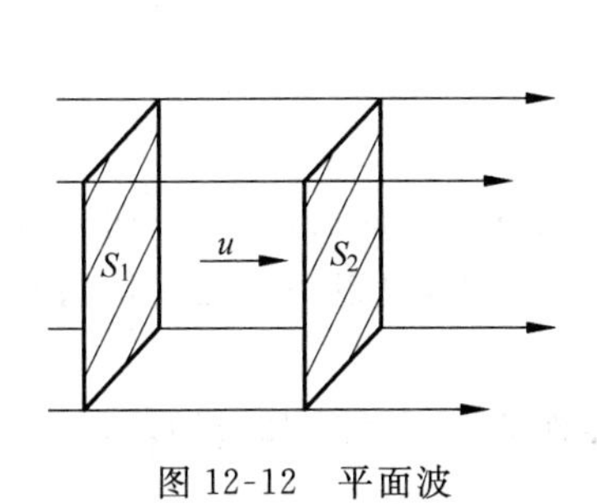

图 12-12　平面波

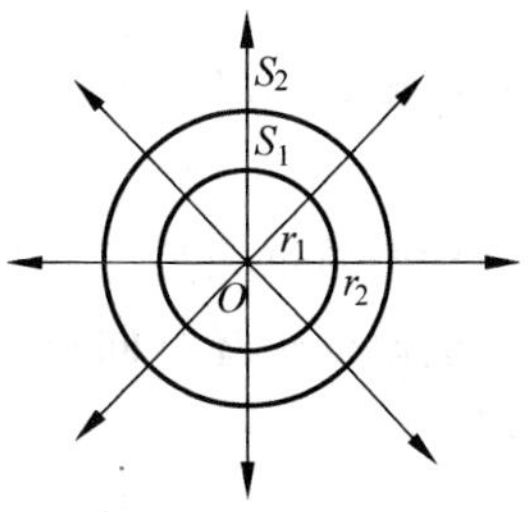

图 12-13　球面波

对球面波，式(12-11)仍然成立，但由于球面半径不同，$S_1 \neq S_2$（见图 12-13)，因而有 $\frac{S_2}{S_1} = \frac{r_2^2}{r_1^2}$。因此

$$\frac{A_1}{A_2} = \frac{r_2}{r_1}$$

即振幅与半径成反比。令 $A_2 = A, r_2 = r, r_1 = 1$（单位），则有

$$A = \frac{A_1}{r}$$

由此可写出球面简谐波的波动方程

$$y=\frac{A_1}{r}\cos\left[\omega\left(t\pm\frac{r}{u}\right)+\alpha\right]$$

其中"±"号表示了波的传播方向。

12.4 波的传播

本节旨在讨论有关机械波传播过程中的现象和规律，这些规律对于各种波动过程（如光波）都有重要意义。

12.4.1 惠更斯原理

为了解释光遇到障碍物或两种介质的界面时传播情况所发生的变化，荷兰物理学家惠更斯（C. Huygens）于1690年提出：在波的传播过程中，波前上的每一点都可看成是发射子波的波源，在 t 时刻这些子波源发出的子波，经 Δt 时间后形成半径为 $u\Delta t$（u 为波速）的球形波面，在波的前进方向上这些子波波面的包迹就是 $t+\Delta t$ 时刻的新波面。这就是惠更斯原理。

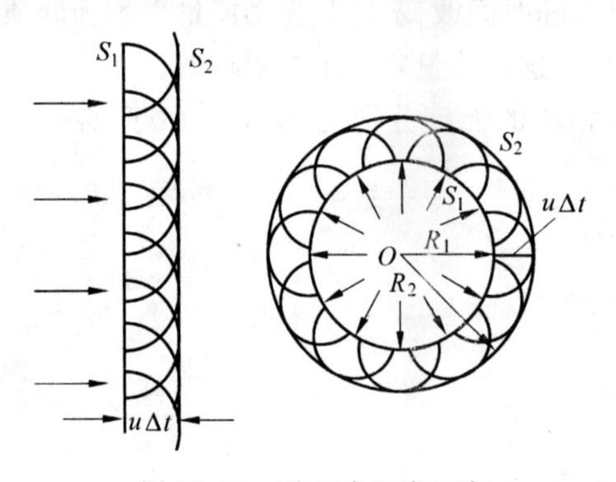

图 12-14 平面波和球面波

惠更斯原理也适用于机械波。对任何波动过程。只要知道某一时刻的波前就可以用几何作图确定下一时刻的波前，从而决定波的传播方向。按照惠更斯原理容易理解平面波和球面波的传播（图 12-14），也容易解释波在衍射、反射和折射现象中传播方向的变化。

12.4.2 波的反射与折射

当波从一种介质进入另一种介质时，一部分要从界面返回，形成反射波；而进入另一种介质的部分则会改变传播方向形成折射波。根据惠更斯原理，可以说明波在反射与折射时所遵从的规律。

设平面波以波速 u 入射到两种介质 1 和 2 的分界面 MN 上（图 12-15）。在不同时刻，

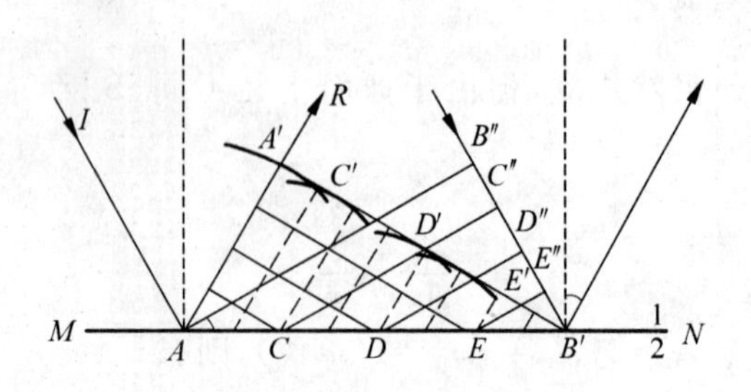

图 12-15 波的反射

波前的位置分别为 AB''，CC''，DD''，EE''，……当振动由点 B'' 传至点 B'，由 C'' 传至 B'，……时，在点 A，C，D，E，……发出的次波分别通过了由半径 AA'，CC'，DD'，EE'，……所决定的距离。由于是在同种介质中传播，波速不变，因而 $AA'=B''B'$，$CC'=C''B'$，$DD'=D''B'$，$EE'=E''B'$，……中心在 A，C，D，E，……的一组圆柱面的包迹 $A'B'$ 就是反射波的波前。由图可见，反射线 AR 与入射线 IA 和界面法线位于同一平面内，并且入射线与法线的夹角（入射角）等于反射线与法线的夹角（反射角）。这就是波的反射定律。

对波的折射也可作类似的讨论。由图 12-16 可见，当波在第一种介质中通过距离 BB' 时，波在同一时间内将在另一种介质中通过距离 AA'。二者之比应等于波在两种介质中的波速 u_1、u_2 之比，即有

$$\frac{BB'}{AA'}=\frac{u_1}{u_2}$$

因为

$$BB'=AB'\sin i,\quad AA'=AB'\sin r$$

所以有

$$\frac{\sin i}{\sin r}=\frac{BB'}{AA'}=\frac{u_1}{u_2} \tag{12-12}$$

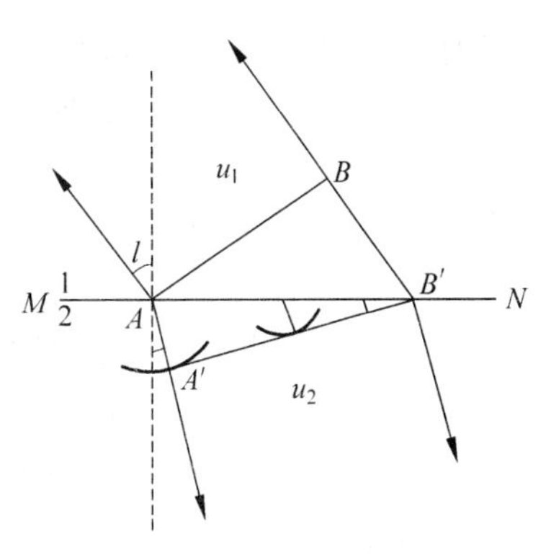

图 12-16　波的折射

其中 i、r 分别为入射角、折射角。上式说明入射角的正弦与折射角的正弦之比等于波在两种介质中的速度之比，这就是波的折射定律。其中比值 $n_{21}=\frac{u_1}{u_2}$，称为第二种介质相对于第一种介质的相对折射率。

12.4.3　波的衍射

波的衍射是指波在传播过程中遇到障碍物时，传播方向发生改变，能绕过障碍物的现象。如图 12-17 所示，当平面波通过一宽度为 d（$d>$波长 λ）的狭缝时，缝上各点将成为新的次波源，发出半球面形的次波。根据惠更斯原理，可知狭缝处的波前已不再是平面，在靠近边缘处，波前进入了被障碍物挡住的阴影区域，波线发生了弯曲，已不再是直线，即波能绕过障碍物的边缘传播了。缝宽 d 越窄，这种衍射效应越明显，波线弯曲越厉害。图 12-18 是水波通过狭缝后的衍射现象。不仅如此，更进一步的研究表明，波的衍射现象发生时，波场中的强度分布也将发生变化。

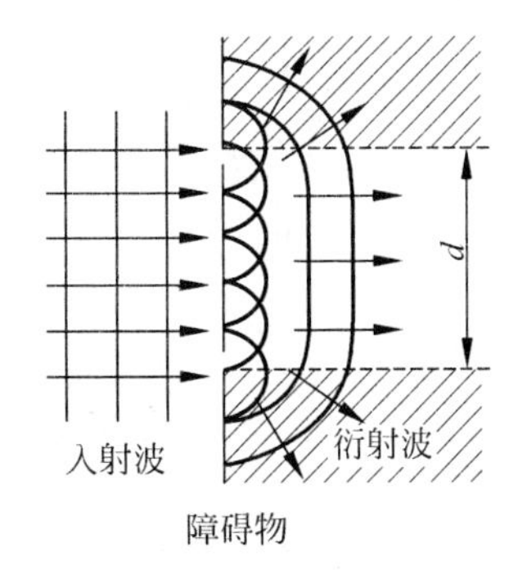

图 12-17　波的衍射

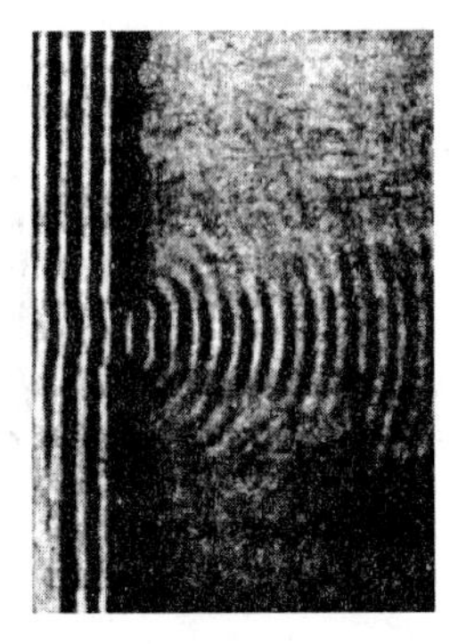
图 12-18　水波通过狭缝后的衍射现象

惠更斯原理虽然可以定性地说明波的衍射现象,但还不能做出定量的分析。另外它也不能解释为什么次波只能向前传而不能向后传。后来法国的物理学家菲涅耳补充和发展了惠更斯原理,对探索波的衍射规律做出了重大的贡献。关于这些,我们将在光学中加以介绍。

12.5 波的叠加 驻波

前面我们只讨论了一列波单独传播的情形。当几列波同时传播时情形又如何呢?为此,我们介绍一些有关波的叠加的知识。

12.5.1 波的叠加原理

实验表明,几列波同时通过同一介质时,它们各自保持自己的频率、波长、振幅和振动方向等特征不变,彼此互不影响,这称为波传播的独立性。管弦乐队合奏时,我们能辨别出各种乐器的声音;天线上有各种无线电信号和电视信号,但我们仍能接收到任一频率的信号。这些都是波传播的独立性的例子。

在几列波相遇的区域内,任一质元的位移等于各列波单独传播时所引起的该质元的位移的矢量和,这称为波的叠加原理。波的叠加原理是波的干涉和衍射现象的基本依据。一般来说,叠加原理只有在波的强度比较小的情况下才成立。

12.5.2 波的干涉

波的叠加问题很复杂,我们只讨论一种最简单也是最重要的波的叠加情况,即两列频率相同、振动方向相同、相位相同或相位差恒定的波的叠加。满足这三个条件的波称为相干波,能产生相干波的波源称为相干波源。

当两波传播时,若相遇处的各点引起了频率相同、振动方向相同、相位差恒定的振动合成,其结果必然是在两波相遇的空间各点有的振动始终加强,有的振动始终减弱,即在整个传波空间造成一种各质点振动强弱稳定分布的图像,如图 12-19 所示。这种现象就称为波的干涉。

以下我们以简谐波为例说明波的干涉现象。

设两个相干点波源 S_1、S_2 所发出的平面简谐波经传播距离 r_1、r_2 后相遇于点 P(图 12-20),

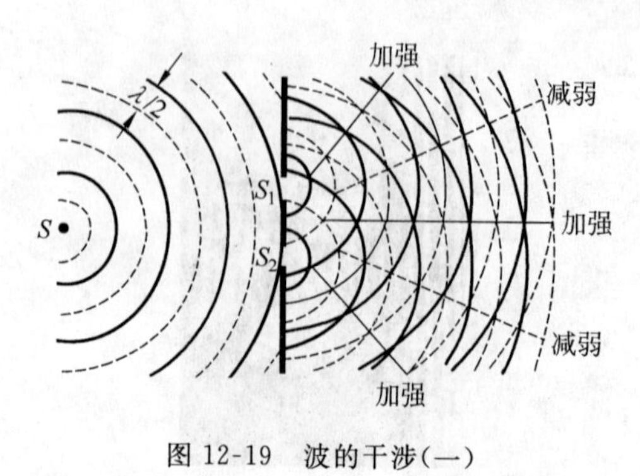

图 12-19 波的干涉(一)

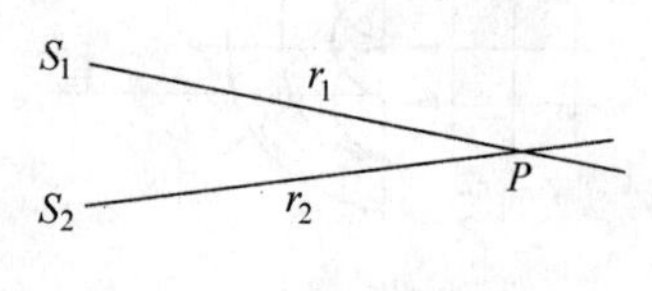

图 12-20 波的干涉(二)

则这两列波在点 P 所引起的振动为

$$y_1 = A_1\cos\left(\omega t + \alpha_1 - \frac{2\pi r_1}{\lambda}\right)$$

$$y_2 = A_2\cos\left(\omega t + \alpha_2 - \frac{2\pi r_2}{\lambda}\right)$$

显然点 P 所参与的是两个同频率、同振动方向的简谐振动的合振动。根据式(10-20)、式(10-21)可以得到合振动的结果，即点 P 的振动方程为

$$y = y_1 + y_2 = A\cos(\omega t + \alpha)$$

其中

$$A = \sqrt{A_1^2 + A_2^2 + 2A_1A_2\cos\Delta\varphi} \tag{12-13}$$

这两个分振动的相位差为

$$\Delta\varphi = \alpha_1 - \alpha_2 + \frac{2\pi(r_2 - r_1)}{\lambda} \tag{12-14}$$

由于 $\alpha_1 - \alpha_2$ 的值是由波源决定的，且对空间各点此值都相同，故令其为零，从而有

$$\Delta\varphi = \frac{2\pi(r_2 - r_1)}{\lambda} \tag{12-15}$$

将此式代入式(12-13)时，可知当

$$\Delta\varphi = \frac{2\pi(r_2 - r_1)}{\lambda} = \pm 2k\pi$$

或 $r_2 - r_1 = \pm k\lambda(k=0,1,2,\cdots)$时振幅最大，$A=A_1+A_2$，即此点的振动始终得到最大的加强。当

$$\Delta\varphi = \frac{2\pi(r_2 - r_1)}{\lambda} = \pm(2k+1)\pi$$

或

$$r_2 - r_1 = \frac{\pm(2k+1)\lambda}{2},\quad k = 0,1,2,\cdots$$

时振幅最小，$A=|A_1-A_2|$，即此点的振动始终受到最大的减弱。至于其他各点，$\Delta\varphi$ 位于上述两种情况之间，因而振幅即在 A_1+A_2 与 $|A_1-A_2|$ 之间变化。由以上的分析可知，空间各点的振动是加强还是减弱，主要取决于该点至两相干波源的波程差 r_2-r_1。图 12-21 给出了两列水面波发生干涉的情形。

图 12-21　水波的干涉

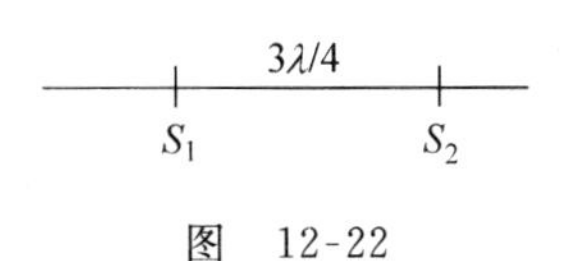

图　12-22

例 10-5　两振幅均为 A 的相干波源 S_1 和 S_2 相距$\frac{3\lambda}{4}$(λ 为波长)，如图 12-22 所示，若在

S_1、S_2 的连线上,S_2 外侧的各点合振幅均为 $2A$,则两波的初相位差是(　　)。

A. 0　　B. $\frac{1}{2}\pi$　　C. π　　D. $\frac{3}{2}\pi$

解:$\Delta\varphi=\alpha_2-\alpha_1-\frac{2\pi(r_2-r_1)}{\lambda}=0(k=0)$

$$r_2-r_1=-\frac{3}{4}\lambda$$

$$\alpha_2-\alpha_1=\frac{2\pi\times\left(-\frac{3}{4}\lambda\right)}{\lambda}=\frac{3}{2}\pi$$

故应选 B。

12.5.3 驻波

驻波是一种特殊的波的干涉现象。顾名思义,它在每时刻都有一定的波形,而这波形是驻定不传播的,只是各点的位移时大时小而已。

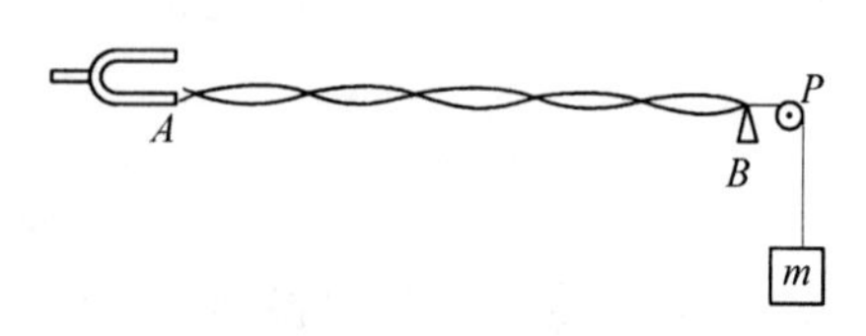

图 12-23　驻波实验

驻波是由频率、振动方向和振幅都相同,而传播方向相反的两列简谐波叠加形成的。图 12-23是演示驻波的实验,电动音叉与水平拉紧的细橡皮绳 AB 相连,移动 B 处的尖劈可调节 AB 间的距离。橡皮绳末端悬一重物 m,以拉紧绳并产生张力。音叉振动时在绳上形成向右传播的波,通过尖劈的反射又形成向左传播的反射波,这两个波的频率、振动方向和振幅相同。适当调节 AB 间距离,这两列波就会叠加形成驻波。

实验发现,驻波波形不移动,绳中各点都以相同的频率振动,但各点的振幅随位置的不同而不同。有些点的振幅最大,这些点称为波腹;有些点始终静止不动,这些点称为波节。如果按相邻两个波节之间的距离分段的话,那么驻波是一种分段振动。在同一分段上的各点,或者同时向上运动,或者同时向下运动,它们具有相同的振动位相。下面,通过波的叠加来说明驻波的这些特性。

设一列波沿 x 轴的正方向传播,另一列波沿 x 轴的负方向传播。选取共同的坐标原点和时间零点,它们的波函数分别为

$$y_1 = A\cos(\omega t - kx)$$
$$y_2 = A\cos(\omega t + kx)$$

在两波相遇处,各质元的合位移应为

$$y = y_1 + y_2 = A\cos(\omega t - kx) + A\cos(\omega t + kx)$$

利用三角函数的和差化积公式,得

$$y = 2A\cos kx\cos\omega t = 2A\cos\frac{2\pi x}{\lambda}\cos\omega t \tag{12-16}$$

上式就是驻波的波函数。可以看出,驻波波函数不是 $t-\frac{x}{u}$ 的函数,所以驻波不是行波,它的位相和能量都不传播。

驻波波函数(12-16)由两个因子组成,其中 $\cos\omega t$ 只与时间有关,代表简谐振动;而 $\left|2A\cos\left(\frac{2\pi x}{\lambda}\right)\right|$ 只与位置有关,它代表处于 x 点的质元振动的振幅。图 12-24 给出了 $t=0$, $T/8, T/4, T/2$ 各时刻的驻波波形曲线。由 $\left|\cos\left(\frac{2\pi x}{\lambda}\right)\right|=1$ 可知,波腹的位置为

$$x=\frac{\lambda}{2}k,\quad k=0,\pm1,\pm2,\cdots \tag{12-17}$$

而由 $\left|\cos\left(\frac{2\pi x}{\lambda}\right)\right|=0$ 可得波节的位置为

$$x=\frac{\lambda}{2}\left(k+\frac{1}{2}\right),\quad k=0,\pm1,\pm2,\cdots \tag{12-18}$$

可见,相邻两波腹之间,或相邻两波节之间的距离都是 $\frac{\lambda}{2}$,而相邻波节和波腹之间的距离为 $\frac{\lambda}{4}$。

由图 12-24 还可以看出驻波分段振动的特点。设在某一时刻 $\cos\omega t$ 为正,由于在相邻波节 $x=-\frac{\lambda}{4}$ 和 $x=\frac{\lambda}{4}$ 之间 $\frac{\cos2\pi x}{\lambda}$ 取正值,所以这一分段中的各点都处于平衡位置的上方;而在相邻波节 $x=\frac{\lambda}{4}$ 和 $x=\frac{3\lambda}{4}$ 之间 $\frac{\cos2\pi x}{\lambda}$ 取负值,各点都处于平衡位置的下方。这说明驻波是以波节划分的分段振动,在相邻波节之间,各点的振动相位相同;在波节两边,各点振动反相。驻波是分段振动,因此相位不传播。

在整体上,驻波的能量是不传播的,但这并不意味驻波中各质元的能量不发生变化。由图 12-24 可以看出,全部质元的位移达到最大值时,各质元的速度为零,能量全部为势能,并主要集中在波节附近;当全部质元都通过平衡位置时,各质元恢复到自然状态,且速度最大,能量全部变成动能,并主要集中在波腹附近。虽然各点的能量发生变化,但由于波节静止而波腹附近不形变,所以在波节或波腹的两边始终不发生能量交换。驻波相邻的波节和波腹之间的 $\frac{\lambda}{4}$ 区域实际上构成一个独立的振动体系,它与外界不交换能量,能量只在相邻波节和波腹之间流动。

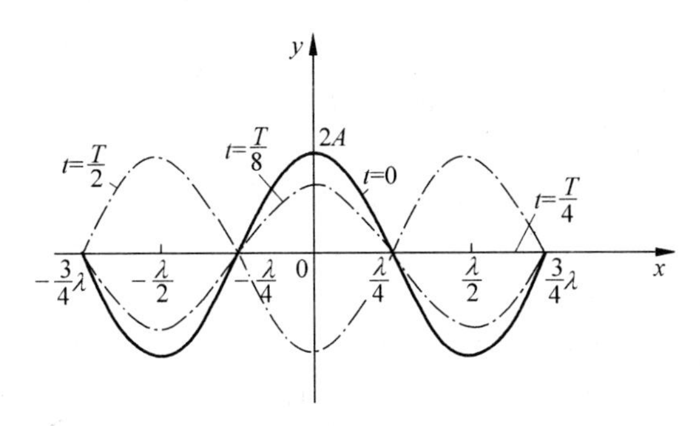

图 12-24　驻波的波形曲线

12.5.4 半波损失

在图 12-23 表示的驻波实验中，反射点 B 处橡皮绳的质元固定不动，因此形成驻波的波节。这说明，反射波所引起的 B 点振动的相位与入射波的相反，或者说反射使 B 点振动的相位突变 π，这相当于入射波多走了半个波后再反射，因此称为半波损失。如果反射点是自由的，则反射波与入射波在反射点同相，形成驻波的波腹，这时反射波没有半波损失。

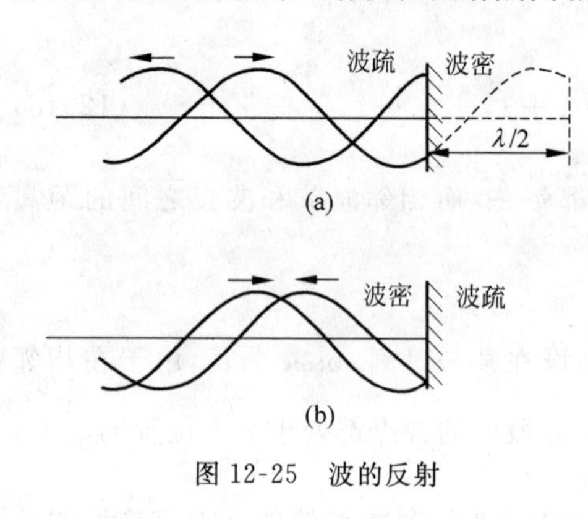

图 12-25　波的反射

反射波在界面处能否发生半波损失，决定于这两种介质的密度和波速的乘积 ρu，相比之下 ρu 较大的介质称为波密介质，ρu 较小的介质称为波疏介质。实验和理论都表明，在与界面垂直入射情况下，如果波从波疏介质入射到波密介质，则在界面处的反射波有半波损失，反射点是驻波的波节(图 12-25(a))；如果波从波密介质入射到波疏介质，则没有半波损失，反射点是波腹(图 12-25(b))。反射点固定和反射点自由，则是两种极端情况。

驻波的规律在声学(包括音乐)、无线电学、光学(包括激光)等学科中都有着重要的应用。往往可以利用驻波测量波长或系统的振动频率。

12.6 多普勒效应

在生活中，我们常有这样的经验，当一列火车在我们面前飞驰而过时，我们听到的火车汽笛声调有一个由高到低的变化。火车迎面驶来，汽笛声调较火车静止时为高；火车驶离而去，汽笛声调较火车静止时为低。这种在波源与观察者有相对运动时，观察者接收到的声波频率 ν' 与波源频率 ν 存在差异的现象就称为声波的多普勒效应。

为简单起见，我们首先讨论波源与观察者在同一直线上运动的情形。设波源、观察者相对于传播介质的速度分别为 u、$v_人$，且二者接近时 $u, v_人>0$，反之 $u, v_人<0$。另外设介质中的波速为 $v_波$，对机械波而言，$v_波$ 与 u、$v_人$ 无关。

(1) 波源与观察者相对于传播介质静止(即 $u=v_人=0$)，观察者在单位时间内接收到的振动数 ν' 应等于单位时间内通过观察者所在处的波数。由于单位时间内波的传播距离为波速 $v_波$，波长为 λ，故单位时间内通过的波数为

$$\nu'=\frac{v_波}{\lambda}=\frac{v_波}{v_波 T}=\frac{1}{T}=\nu$$

即观察者接收到的频率 ν' 与波源频率 ν 相同。

(2) 波源静止，观察者相对于传播介质运动(即 $u=0$，且可假定 $v_人>0$)，此时因为观察者以速度 $v_人$ 迎向波源运动，这相当于波以速度 $v_波+v_人$ 通过观察者，因此单位时间内通过观察者的波数为

$$\nu'=\frac{v_波+v_人}{\lambda}=\frac{v_波+v_人}{v_波 T}=\left(\frac{v_波+v_人}{v_波}\right)\nu=\left(1+\frac{v_人}{v_波}\right)\nu \tag{12-19}$$

即观察者接收到的频率 ν' 为波源频率 ν 的 $1+\frac{v_{人}}{v_{波}}$ 倍。当观察者迎向波源运动时，$v_{人}>0$，观察者接收到的频率 ν' 大于波源频率 ν；而当观察者背离波源运动时，$v_{人}<0$，观察者接收到的频率 ν' 就小于波源频率 ν 了。特别是当 $v_{人}=-v_{波}$ 时，观察者与波相对静止，$\nu'=0$，即观察者接收不到波动了。

(3) 观察者静止，波源相对于传播介质运动(即 $v_{人}=0$，且可假定 $u>0$)，此时位于点 B 的波源所发出的波在一个振动周期内所传播的距离总等于波长 λ(见图 12-26)。但在此周期内，由于波源在波的传播方向上移动了一段距离 uT 而到达点 B'，使整个波形被挤在 $B'A$ 之间，因此波长缩短为 $\lambda'=\lambda-uT$，从而观察者在单位时间内接收到的振动数 ν' 由于波长缩短而增大为

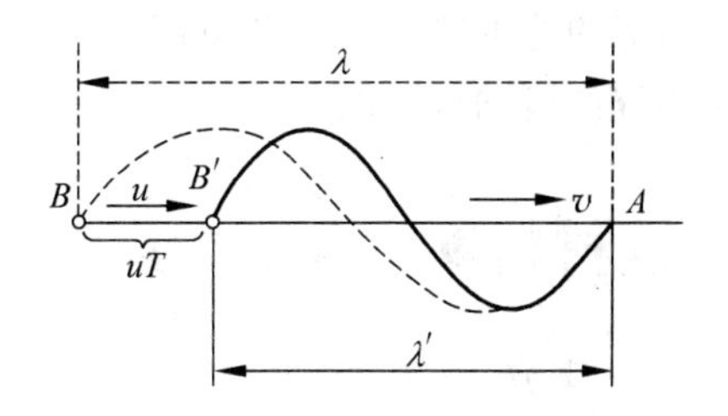

图 12-26　波源运动时的多普勒效

$$\nu'=\frac{v_{波}}{\lambda-uT}=\frac{v_{波}}{(v_{波}-u)T}=\frac{v_{波}}{(v_{波}-u)}\nu \tag{12-20}$$

即 $\nu'>\nu$。若波源背离观察者运动，$u<0$，则观察者接收到的频率 ν' 就会因波长变长而使 $\nu'<\nu$ 了。

(4) 观察者和波源同时相对于传播介质运动(可假定 $u>0$，$v_{人}>0$)，根据以上讨论，观察者以速度 $v_{人}$ 迎向波源运动，相当于波速变为 $v_{波}+v_{人}$；而波源以速度 u 迎向观察者运动，相当于波长缩短为 $\lambda'=\lambda-uT$。因此，观察者所接收到的频率 ν' 应为

$$\nu'=\frac{v_{波}+v_{人}}{\lambda-uT}=\left(\frac{v_{波}+v_{人}}{v_{波}-u}\right)\nu \tag{12-21}$$

即 ν' 同时与 $v_{人}$、u 有关。

显然，此式是波源与观察者在同一直线上运动时多普勒效应的普遍规律。据此还可讨论波源与观察者不在同一直线上运动的情形。

由于机械波是通过介质传播的，因此观察者和波源相对于介质运动的速度 $v_{人}$ 和 u 在式(12-21)中的地位是不对称的。也就是说，在以介质为参考系时，观察者的运动与波源的运动在物理意义上是不同的，不能作等价变换。

事实上，多普勒效应并不限于机械波，光波(电磁波)同样存在多普勒效应。在真空中，由于光速 c 与参考系的选取无关，故在光波的多普勒效应公式中只出现观察者与波源的相对速率 $v_{人}$。根据相对论原理可以证明，当光源与观察者在同一直线上运动时，

$$\begin{cases}\nu'(\text{接近})=\nu\sqrt{\dfrac{1+\dfrac{v_{人}}{c}}{1-\dfrac{v_{人}}{c}}}\\[2ex]\nu'(\text{远离})=\nu\sqrt{\dfrac{1-\dfrac{v_{人}}{c}}{1+\dfrac{v_{人}}{c}}}\end{cases} \tag{12-22}$$

由此可见，当光源远离观察者而去时，观察者接收到的光波频率变小，波长变长，这种现象被称为“红移”。

天文学家们在发现了来自宇宙星体的光波存在着红移现象以后，提出了“大爆炸”宇宙学的理论。除此以外，多普勒效应已在科学研究、工程技术、交通管理、医疗卫生等各行业有着极为广泛的应用。例如分子、原子等粒子由于热运动的多普勒效应会使其发射、吸收谱线频率增宽。利用这种增宽，可在天体物理、受控热核反应等实验中监视、分析恒星大气、等离子体的物理状态。利用多普勒效应制成的雷达系统已广泛地应用于对车辆、导弹、卫星等运动目标的速度监测。医院里用的“B超”就是利用超声波的多普勒效应来检查人体内脏、血液系统的运动状况的。

阅读材料 9　声波　声强级

1. 声波

声波是机械纵波。频率在 20～20 000Hz 之间的声波能引起人的听觉，称为可闻声波，也简称声波。频率低于 20Hz 的叫做次声波，高于 20 000Hz 的叫做超声波。

介质中有声波传播时的压力与无声波时的静压力之间有一差额，这一差额称为声压。声波是疏密波，在稀疏区域，实际压力小于原来静压力，声压为负值；在稠密区域，实际压力大于原来静压力，声压为正值。它的表示式可如下求得：

把表示体积弹性形变的公式

$$\Delta p = -K\frac{\Delta V}{V}$$

应用于介质的一个小质元，则 Δp 就表示声压。对平面简谐声波来讲，体应变$\frac{\Delta V}{V}$也等于$\frac{\partial y}{\partial x}$。以 p 表示声压，则有

$$p = -\frac{\partial y}{\partial x} = -K\frac{\omega}{u}A\sin\omega\left(t-\frac{x}{u}\right)$$

由于纵波波速即声速 $u=\sqrt{\frac{K}{\rho}}$，所以上式又可改写为

$$p = -\rho u\omega A\sin\omega\left(t-\frac{x}{u}\right)$$

而声压的振幅为

$$p_m = \rho u A\omega$$

2. 声强级

声强就是声波的平均能流密度，根据式(12-10)，声强为

$$I = \frac{1}{2}\rho u A^2\omega^2 = \frac{1}{2}\cdot\frac{p_m^2}{\rho u}$$

由此式可知，声强与频率的平方、振幅的平方成正比。

引起人的听觉的声波，不仅有一定的频率范围，还有一定的声强范围。能够引起人的听觉的声强范围为 10^{-12}～$1\mathrm{W/m^2}$。声强太小，不能引起听觉；声强太大，将引起痛觉。

由于可闻声强的数量级相差悬殊，通常用声强级来描述声波的强弱。规定 $I_0 = 10^{-12}\,\mathrm{W/m^2}$作为测定声强的标准，某一声强 I 的声强级用 L 表示：

$$L = \lg \frac{I}{I_0} \tag{12-23}$$

声强级 L 的单位名称为贝尔，符号为 B。通常用分贝(dB)为单位，1B=10dB。这样，式(12-23)可表示为

$$L = 10\lg \frac{I}{I_0}(\mathrm{dB}) \tag{12-24}$$

声音响度是人对声音强度的主观感觉，它与声强级有一定的关系，声强级越大，人感觉越响。

声波是由振动的弦线(如提琴弦线、人的声带等)、振动的空气柱(如风琴管、单簧管等)、振动的板与振动的膜(如鼓、扬声器等)等产生的机械波。近似周期性或者由少数几个近似周期性的波合成的声波，如果强度不太大时会引起愉快悦耳的乐音。波形不是周期性的或者是由数目很多的一些周期波合成的声波，听起来是噪声。

3. 超声波和次声波

超声波一般由具有磁致伸缩或压电效应的晶体的振动产生。它的显著特点是频率高，波长短，衍射不严重，因而具有良好的定向传播特性，而且易于聚焦。也由于其频率高，因而超声波的声强比一般声波大得多，用聚焦的方法，可以获得声强高达 $10^9\,\mathrm{W/m^2}$ 的超声波。超声波穿透本领很大，特别是在液体、固体中传播时，衰减很小。在不透明的固体中，能穿透几十米的厚度。超声波的这些特性，在技术上得到广泛的应用。

利用超声波的定向发射性质，可以探测水中物体，如探测鱼群、潜艇等，也可用来测量海深。由于海水的导电性良好，电磁波在海水中传播时，吸收非常严重，因而电磁雷达无法使用。利用声波雷达——声呐，可以探测出潜艇的方位和距离。

因为超声波碰到杂质或介质分界面时有显著的反射，所以可以用来探测工件内部的缺陷。超声探伤的优点是不损伤工件，而且由于穿透力强，因而可以探测大型工件，如用于探测万吨水压机的主轴和横梁等。此外，在医学上可用它来探测人体内部的病变，如“B超”仪就是利用超声波来显示人体内部结构的图像。

目前超声探伤正向着显像方向发展，如用声电管把声信号变换成电信号，再用显像管显示出目的物的像来。随着激光全息技术的发展，声全息也日益发展起来。把声全息记录的信息再用光显示出来，可直接看到被测物体的图像。声全息在地质、医学等领域有着重要的意义。

由于超声波能量大而且集中，所以也可以用来切削、焊接、钻孔、清洗机件，还可以用来处理种子和促进化学反应等。

超声波在介质中的传播特性，如波速、衰减、吸收等与介质的某些特性(如弹性模量、浓度、密度、化学成分、黏度等)或状态参量(如温度、压力、流速等)密切有关，利用这些特性可以间接测量其他有关物理量。这种非声量的声测法具有测量精度高、速度快等优点。

由于超声波的频率与一般无线电波的频率相近，因此利用超声元件代替某些电子元件，可以起到电子元件难以起到的作用。超声延迟线就是其中一例。因为超声波在介质中的传播速度比起电磁波小得多，用超声波延迟时间就方便得多。

次声波又称亚声波，一般指频率在 $10^{-4}\sim20\,\mathrm{Hz}$ 之间的机械波，人耳听不到。它与地球、海洋和大气等的大规模运动有密切关系。例如火山爆发、地震、陨石落地、大气湍流、雷

暴、磁暴等自然活动中，都有次声波产生，因此它已成为研究地球、海洋、大气等大规模运动的有力工具。

次声波频率低，衰减极小，具有远距离传播的突出优点。在大气中传播几千千米后，吸收还不到万分之几分贝。因此对它的研究和应用受到越来越多的重视，已形成现代声学的一个新的分支——次声学。

本章要点

1. 机械波的基本概念

(1) 产生的条件　波源、弹性介质

(2) 基本类型　横波、纵波

(3) 特征量　波速、周期和频率、波长

(4) 几何描述　波面与波前、波线

2. 平面简谐波

1) 波函数

$$y=A\cos\left[\omega\left(t-\frac{x}{u}\right)+\alpha\right]$$

2) 能量

(1) 能量密度

$$w=\rho A^2\omega^2\sin^2\left[\omega\left(t-\frac{x}{u}\right)+\alpha\right]$$

平均能量密度

$$\bar{w}=\frac{1}{2}\rho A^2\omega^2$$

(2) 平均能流密度(强度)

$$I=\bar{w}u=\frac{1}{2}\rho uA^2\omega^2$$

3. 机械波的干涉

(1) 惠更斯原理

(2) 波的叠加原理

(3) 波的相干条件　频率相同，振动方向相同，相位差固定。

(4) 二列波相干叠加的结果　当 $\Delta\varphi=\pm 2k\pi(k=0,1,2,\cdots)$ 时，振幅最大；当 $\Delta\varphi=\pm(2k+1)\pi(k=0,1,2,\cdots)$ 时，振幅最小。

(5) 驻波　由两列振幅相同、传播方向相反的波相干叠加形成，其波动方程

$$y=2A\cos\left(\frac{2\pi x}{\lambda}\right)\cos\omega t$$

由此可解定波腹、波节的位置。相邻的波腹(或波节)间的距离为半个波长。

4. 多普勒效应

多普勒效应是指由于声源与观察者的相对运动，造成接收频率发生变化的现象。

$$\nu' = \frac{v_{波} \pm v_{人}}{v_{波} \mp u}\nu$$

习题 12

一、选择题

1. 波传播所经过的介质中，各质点的振动具有（　　）。

A. 相同的相位　B. 相同的振幅　C. 相同的频率　D. 相同的机械能

2. 在下面几种说法中，正确的说法是（　　）。

A. 波源不动时，波源的振动周期与波动的周期在数值上是不同的

B. 波源振动的速度与波速相同

C. 在波传播方向上的任一质点的振动相位总是比波源的相位滞后

D. 在波传播方向上的任一质点的振动相位总是比波源的相位超前

3. 一横波沿绳子传播时的波动方程为 $y=0.05\cos(4\pi x-10\pi t)$(SI)，则（　　）。

A. 波长为 0.5m　B. 波长为 0.05m　C. 波速为 25m/s　D. 波速为 5m/s

4. 沿波的传播方向（x 轴）上，有 A、B 两点相距 $\frac{1}{3}\text{m}\left(\lambda>\frac{1}{3}\text{m}\right)$，$B$ 点的振动比 A 点滞后 $\frac{1}{24}\text{s}$，相位比 A 点落后 $\pi/6$，此波的频率 ν 为（　　）。

A. 2Hz　B. 4Hz　C. 6Hz　D. 8Hz

5. 一平面简谐波沿 x 轴正向传播，已知 $x=L(L<\lambda)$ 处质点的振动方程为 $y=A\cos\omega t$，波速为 u，那么 $x=0$ 处质点的振动方程为（　　）。

A. $y=A\cos\omega\left(t+\frac{L}{u}\right)$　B. $y=A\cos\omega\left(t-\frac{L}{u}\right)$

C. $y=A\cos\left(\omega t+\frac{L}{u}\right)$　D. $y=A\cos\left(\omega t-\frac{L}{u}\right)$

6. 一平面简谐波沿 x 轴正向传播，已知 $x=-5\text{m}$ 处质点的振动方程为 $y=A\cos\pi t$，波速为 $u=4\text{m/s}$，则波动方程为（　　）。

A. $y=A\cos\pi\left(t-\frac{x-5}{4}\right)$　B. $y=A\cos\pi\left(t-\frac{x+5}{4}\right)$

C. $y=A\cos\pi\left(t+\frac{x+5}{4}\right)$　D. $y=A\cos\pi\left(t+\frac{x-5}{4}\right)$

7. 横波以波速 u 沿 x 轴正向传播，t 时刻波形曲线如图 12-27 所示，则该时刻（　　）。

A. A 点速度小于零　B. B 点静止不动

C. C 点向上运动　D. D 点速度大于零

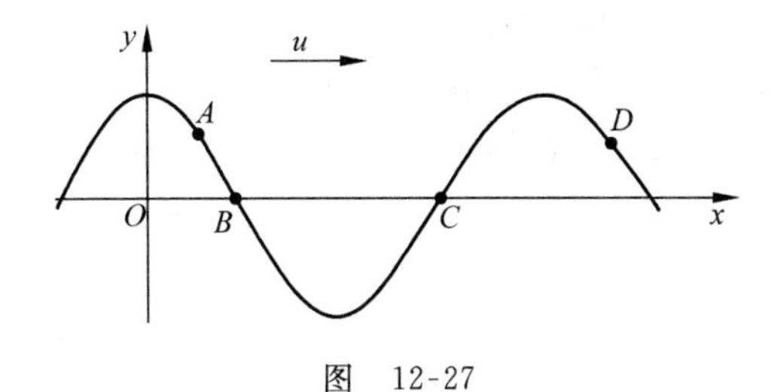

图　12-27

8. 在简谐波传播过程中，沿传播方向相距$\frac{\lambda}{2}$（λ为波长）的两点的振动速度必定（　　）。

A. 大小相同，而方向相反　　B. 大小和方向均相同

C. 大小不同，方向相同　　D. 大小不同，而方向相反

9. 一平面简谐波在弹性介质中传播，在某一瞬时，介质中某质元正处于平衡位置，此时它的能量是（　　）。

A. 动能为零，势能最大　　B. 动能为零，势能为零

C. 动能最大，势能最大　　D. 动能最大，势能为零

10. 一平面简谐波在弹性介质中传播，在介质质元从最大位移处回到平衡位置的过程中：（　　）。

A. 它的势能转换为动能

B. 它的动能转换为势能

C. 它从相邻一段介质元获得能量，其能量逐渐增加

D. 它把自己的能量传给相邻的一段介质元，其能量逐渐减少

11. 在驻波中，两个相邻波节间各质点的振动（　　）。

A. 振幅相同，相位相同　　B. 振幅不同，相位相同

C. 振幅相同，相位不同　　D. 振幅不同，相位不同

12. 一平面简谐波在$t=0$时的波形图如图12-28所示，若此时A点处介质质元的动能在增大，则（　　）。

A. A点处质元的弹性势能在减小　　B. B点处质元的弹性势能在减小

C. C点处质元的弹性势能在减小　　D. 波沿x轴负向传播

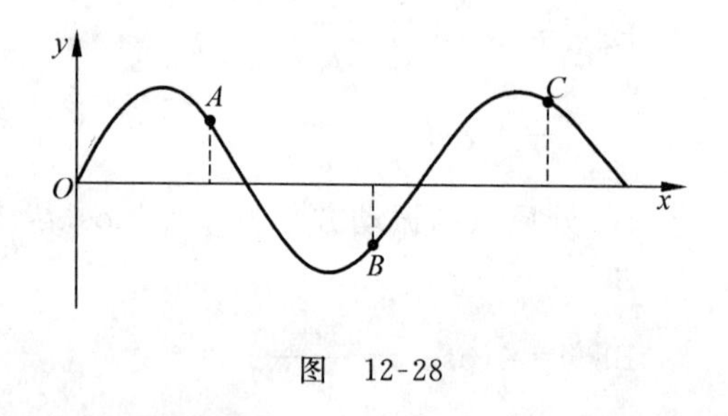

图　12-28

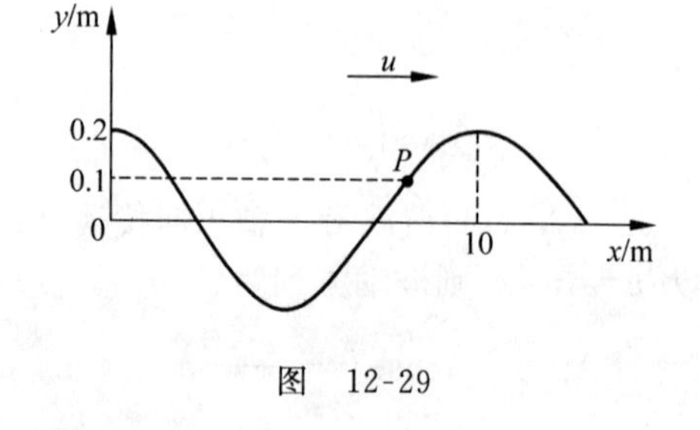

图　12-29

二、计算题

1. 一平面简谐波沿x轴正向传播，$t=0$时的波形图如图12-29所示，已知波速$u=20\text{m/s}$，求波动方程和P处介质质点的振动方程。

2. 两列相干平面简谐波的振幅都是4cm，两波源相距30cm，相位差为π，在波源连线的中垂线上任意一点P，两列波叠加后的合振幅为多少？

3. 在波长为λ的驻波中两个相邻波节之间的距离为多少？

4. 一警车以$v_s=25\text{m/s}$的速度在静止的空气中追赶一辆速度$v_R=15\text{m/s}$的客车，若警车警笛声的频率为800Hz，空气中声速$u=330\text{m/s}$，则客车上人听到的警笛声波的频率是多少？

第5篇

波动光学

第13章

波动光学

光学是物理学的一个重要组成部分，人类对光的研究至少已有两千多年的历史。世界上最早的关于光学知识的文学记载，见于我国的《墨经》(公元前四百多年)。研究最早的内容是几何光学，它以光的直线传播性质和折射、反射定律为基础，研究光在透明介质中的传播规律。在几何光学中，我们以光线为基础，揭示了光的传播和成像原理。但在那里引入的光线、光束、物点、像点和光学系统等概念还仅是一些关于光的表观抽象，采用的研究方法也仅是几何方法，并没有涉及光的内在属性。19世纪初，人们发现光有干涉、衍射、偏振等现象，由此产生了以光是波动为基础的光学理论，这就是波动光学。19世纪60年代，麦克斯韦建立了光的电磁理论，光的干涉、衍射和偏振现象得到了全面说明。光的干涉、衍射和偏振现象，在现代科学技术中的应用十分广泛，例如，长度的精密测量、光谱学的测量与分析、光测弹性研究、晶体结构分析等。随着激光技术的发展，全息照相技术、集成光学、光通信等新技术也先后建立起来，开拓了光学研究和应用的新领域。其中，在基础理论方面也包括了对波动光学的再认识和新内容，如傅里叶光学、相干光学和信息处理以及在强激光下的非线性光学效应等。本章将从认识光是电磁波开始，通过光的干涉、衍射、偏振现象讨论光的波动性及其应用。

13.1 光的干涉

13.1.1 光波、光的相干性

理论和实践均已证明，光是一种电磁波。能够引起视觉作用的电磁波叫可见光，它的波长范围在400～760nm之间。波长在760nm以上到400μm左右的电磁波称为“红外线”，波长在400nm以下到5nm左右的电磁波称为“紫外线”。红外线和紫外线统称为不可见光，本章所讨论的光学现象都是在可见光范围内的。

在光波中，产生感光作用和生理作用的是电场强度$\boldsymbol{E}$，通常把$\boldsymbol{E}$称为光矢量，$\boldsymbol{E}$的振动称为光振动。

具有单一频率或波长的光称为单色光。实际上频率范围较窄的光，就可以近似地认为是单色光。光的频率范围越窄，其单色性越好。通常单个原子发的光可以认为是频率为一定值的单色光。普通发光体包含着大量分子或原子。以白炽灯为例，大量的分子和原子在热能的激励下，辐射出电磁波，各个分子或原子的辐射是彼此独立的，各自的情况不尽相同，所以白炽灯发出的光具有各种频率。把具有各种频率的光称为复色光。

发光的物体称为光源。实验室里常用的钠光灯是一种单色性较好的光源，其波长分别为 589nm 和 589.6nm。

在学习机械波时已经知道，只有由相干波源发出的波，即频率相同、振动方向相同、相位相等或相位差保持恒定的两列波相遇时，才能产生干涉现象。由于机械波的波源可以连续地振动，辐射出不中断的波，只要两个波源的频率相同，相干波源的其他两个条件，即振动方向相同和相位差恒定的条件就较容易满足。因此，观察机械波的干涉现象比较容易。但是对于光波，即使形状、大小、频率均相同的两个普通独立光源，它们发出的光波在相遇区域也不会产生干涉现象，其原因与光源的发光机理有关。

对于普通发光体，光是由光源中原子或分子的运动状态发生变化时辐射出来的电磁波。一方面大量分子或原子各自独立地发出一个个波列，它们的发射是无规律的，彼此间没有联系，因此在同一时刻，各原子或分子所发出的光，即使频率相同，但相位和振动方向却是各不相同的；另一方面，原子或分子的发光是断续的，当它们发出一个波列之后，大约经过 10^{-8}s 的间歇，再发出第二个波列。所以同一原子所发出的前后两个波列的频率即使相同，但其振动方向和相位却不一定相同。由此可知，对于两个独立光源所发出的光波，不可能满足产生相干的三个条件。不但如此，即使是同一个光源上不同部分发出的光，由于它们是由不同的原子或分子所发出的，也不会产生干涉现象。

普通光源获得相干光的方法，其原理是将光源上同一原子同一次发的光分成两部分，再使它们叠加。图 13-1 将点光源的波阵面分割为两部分，使之分别通过两个光具组，经反射、折射或衍射后交叠起来，在一定区域形成干涉。由于波阵面上任一部分都可看作新光源，而且同一波阵面的各个部分有相同的位相，所以这些被分离出来的部分波阵面可作为初相位相同的光源，不论点光源的位相改变得如何快，这些光源的初相位差却是恒定的，满足相干条件。这种方法称为分波阵面法。杨氏双缝、菲涅耳双面镜和洛埃镜等都是这类分波阵面干涉装置。如图 13-2 所示，当一束光投射到两种透明媒质的分界面上，光能一部分反射，另一部分折射。这种方法称为分振幅法。最简单的分振幅干涉装置是薄膜，它是利用透明薄膜的上下表面对入射光的依次反射，由这些反射光波在空间相遇而形成的干涉现象。由于薄膜的上下表面的反射光来自同一入射光的两部分，只是经历不同的路径而有恒定的相位差，因此它们是相干光。另一种重要的分振幅干涉装置是迈克耳孙干涉仪。

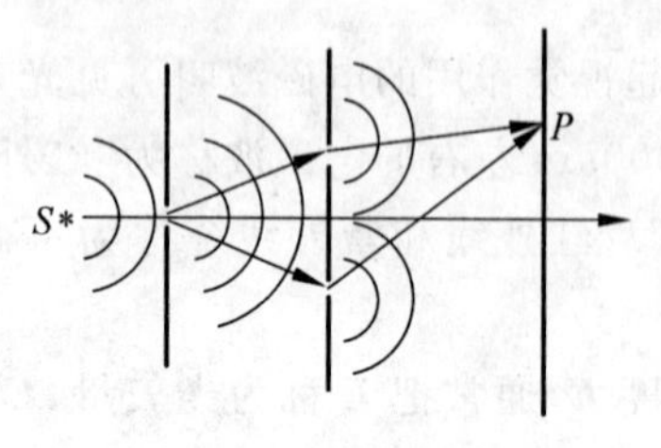

图 13-1　分波面法

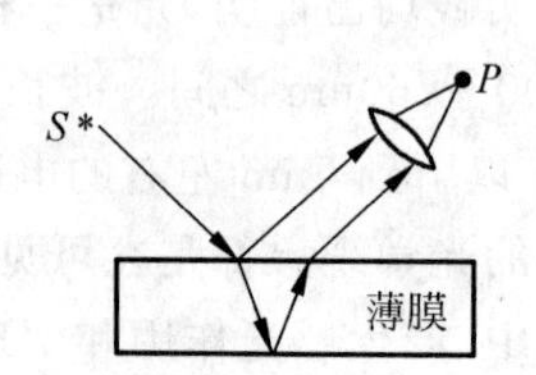

图 13-2　分振幅法

13.1.2　双缝干涉

1802年，英国科学家托马斯·杨(T. Young)用实验方法使一束太阳光通过相邻两小孔分成两束，发现了光的干涉图样。这是历史上证实光具有波动性的最早实验。

双缝实验装置如图13-3所示，由光源 L 发出的波长为 λ 的单色平行光照射在狭缝 S 上，S 相当于一个新的光源。在 S 的前方又放有两条平行狭缝 S_1 和 S_2，均与 S 平行且等距，这样 S_1 和 S_2 恰好处在由光源 S 发出的光的同一波阵面上。这时 S_1 和 S_2 构成一对相干光源，从 S_1 和 S_2 散发出的光，在空间叠加，将产生干涉现象。S_1 和 S_2 发出的两束相干光是从同一波阵面上分出来的，这种获得相干光的方法称为波阵面分割法。若在双缝前面放一屏幕 E，则屏幕上将出现稳定的明暗相间的干涉条纹。这些条纹都与狭缝平行，条纹之间的距离都相等。

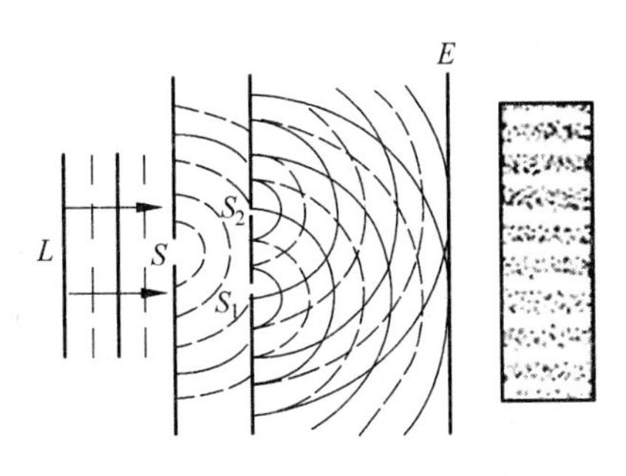

图11-3　杨氏双逢干涉实验

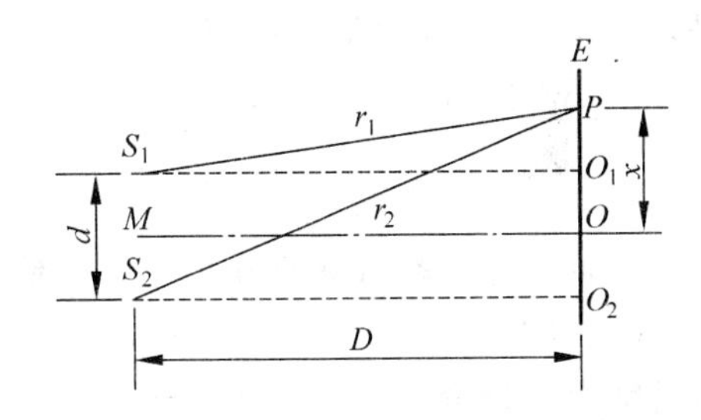

图13-4　双逢干涉条纹的计算

下面分析屏幕上出现明、暗条纹应满足的条件。如图13-4所示，没相干光源 S_1 和 S_2 的中心相距为 d，其中点为 M，双缝到屏幕的距离为 D。在屏幕上任取一点 P，它到 S_1 和 S_2 的距离分别为 r_1 和 r_2，则由 S_1 和 S_2 发出的光到达 P 点的波程差为 $\Delta r=r_2-r_1$。在波动理论中我们已明确，波程差为一个波长 λ 时，相应的相位差为 2π，所以到达 P 点的两列相干波振动的相位差 $\Delta\varphi$ 与波程差 Δr 之间的关系为

$$\Delta\varphi = 2\pi\frac{\Delta r}{\lambda} \tag{13-1}$$

根据相干波的干涉条件，若 $\Delta\varphi=\pm 2k\pi$，即

$$\Delta r = \pm k\lambda,\quad k=0,1,2,\cdots \tag{13-2}$$

则 P 点干涉加强，出现亮条纹；若 $\Delta\varphi=\pm(2k+1)\pi$，即

$$\Delta r = \pm(2k+1)\frac{\lambda}{2},\quad k=0,1,2,\cdots \tag{13-3}$$

则 P 点干涉减弱，出现暗条纹。下面计算波程差 Δr。

设 M、S_1 和 S_2 在屏幕上的投影分别为 O、O_1 和 O_2，$OP=x$(见图13-4)，由直角三角形 S_1O_1P 和 S_2O_2P 得

$$r_1^2 = D^2 + \left(x-\frac{d}{2}\right)^2$$

$$r_2^2 = D^2 + \left(x+\frac{d}{2}\right)^2$$

将两式相减，得

$$r_2^2 - r_1^2 = (r_2 + r_1)(r_2 - r_1) = (r_2 + r_1) \cdot \Delta r = 2xd$$

实际的干涉装置，$D \approx 1\text{m}$，$d \approx 1 \times 10^{-3}\text{m}$，即满足 $D \gg d$，同时 $D \gg x$，所以 $r_2 + r_1 \approx 2D$，则由上式得

$$\Delta r = \frac{xd}{D} \tag{13-4}$$

将式(13-4)代入式(13-2)中，得屏幕上出现明条纹中心的位置为

$$x_k = \pm k \frac{D\lambda}{d}, \quad k = 0, 1, 2, \cdots \tag{13-5}$$

式中 x_k 取正负号表示干涉条纹对称地分布在 O 点的两侧，k 称为干涉级数。对于 O 点，$x=0$，$\Delta r=0$，$k=0$，称为中央明条纹；其余与 $k=1,2,\cdots$ 对应的明条纹分别称为第一级、第二级、……明条纹。相邻两明条纹中心间的距离称为条纹间距，用 Δx 表示，由式(13-5)可得

$$\Delta x = x_{k+1} - x_k = \frac{D}{d}\lambda \tag{13-6}$$

此结果与 k 无关，表明条纹是均匀分布的。

将式(13-4)代入式(13-3)中，得屏幕上出现暗条纹中心的位置为

$$x_k = \pm (2k+1) \frac{D\lambda}{2d}, \quad k = 0, 1, 2, \cdots \tag{13-7}$$

此式说明暗条纹也是对称地分布在中央明纹的两侧，相邻两暗条纹中心间的距离可得出与式(13-6)相同的结果。

总结上述讨论，对杨氏双缝干涉可得下列结论：

(1) 由式(13-6)可知，干涉明暗条纹是等距离分布的，要使 Δx 能够用人眼分辨，必须使 D 足够大，d 足够小，否则干涉条纹密集，以致无法分辨。

(2) 当单色光入射时，若已知 d 和 D 值，可通过实验测出条纹间距 Δx，再根据式(13-6)得 $\lambda = \frac{\Delta x \cdot d}{D}$，可计算出单色光的波长 λ。

(3) d、D 值给定，则 Δx 正比于 λ，波长越长，条纹间距越大，因此红光的条纹间距比紫光的大。因此，当白光入射时，则只有中央明条纹是白色的，其他各级明条纹因各色光相错开而形成由紫到红的彩色条纹。

例 13-1 在双缝干涉实验中，入射光的波长 $\lambda=546\text{nm}$，两狭缝的间距 $d=1\text{mm}$，屏与狭缝的距离 $D=40\text{cm}$。求：(1)第 10 级明条纹的位置 x_{10}；(2)相邻两明条纹的距离 Δx；(3)中央明纹上方第 10 级明条纹与下方第 3 级暗条纹的距离。

解：将已知条件的单位统一得

$$\lambda = 5.460 \times 10^{-4}\text{mm}, \quad d = 1\text{mm}, \quad D = 400\text{mm}$$

(1) 第 10 级明条纹在屏上位置

由式(13-5)得

$$x_k = \pm k \frac{D}{d}\lambda$$

$$x_{10} = \pm 10 \times \frac{400}{1} \times 5.460 \times 10^{-4} = \pm 2.184(\text{mm})$$

式中的正、负号表示第 10 级明条纹分别在中央明纹的两侧。

(2) 相邻两明条纹的距离

由式(13-6)得

$$\Delta x=\frac{D}{d}\lambda=\frac{400\times 5.460\times 10^{-4}}{1}=0.218(\text{mm})$$

(3) 中央明条纹上方第 10 级明条纹与下方第 3 级暗条纹的距离

由式(13-5)、式(13-7)可得

$$x_{明(+10)}-x_{暗(-2)}=k_{10}\frac{D}{d}\lambda-\left[-(2k_2+1)\frac{D}{2d}\lambda\right]=\frac{D}{d}\lambda\left(10+\frac{5}{2}\right)$$
$$=0.2184\times 12.5=2.730(\text{mm})$$

13.1.3　光程和光程差

在上面所讨论的双缝实验中，两束相干光都在同一介质(空气)中传播，光的波长不发生变化。所以只要计算两相干光到达某一点的几何路程差 Δr，再根据相位差与波程差之间的关系式(13-1)，就可确定两相干光在该点是相互加强还是相互减弱。但是当光通过不同介质时，光的波长会随介质的不同而变化，这时就不能只根据几何路程差来计算相位差了。为此，需要引入光程这一概念。

设一频率为 ν 的单色光在真空中的波长为 λ，传播速度为 c。当它在折射率为 n 的介质中传播时频率不变，而传播速度变为 $u=\frac{c}{n}$，所以其波长为 $\lambda_n=\frac{u}{\nu}=\frac{c}{n\nu}=\frac{\lambda}{n}$。这说明，一定频率的光在折射率为 n 的介质中传播时，其波长为真空中波长的 $\frac{1}{n}$。

由于波传播一个波长的距离，相位变化 2π，若光在介质中传播的几何路程为 r，则相应的相位变化为

$$\Delta\varphi=2\pi\frac{r}{\lambda_n}=2\pi\frac{nr}{\lambda}$$

上式说明，光在介质中传播时，其相位的变化不但与几何路程及光在真空中的波长有关，而且还与介质的折射率有关。如果对光在任意介质中，都采用真空中的波长 λ 来计算相位的变化，那么就必须把几何路程 r 乘以折射率 n。我们把 nr 定义为光程。

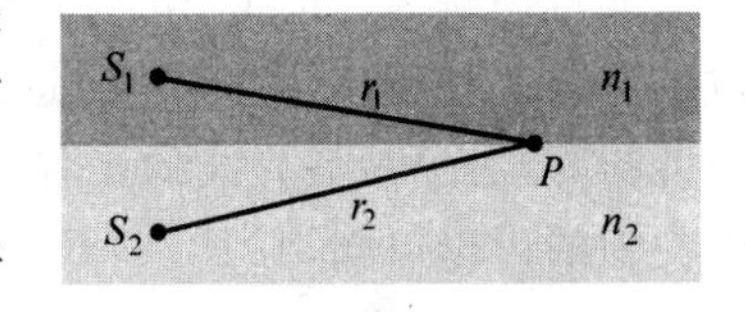

图 13-5　光程和光程差

光程的意义就在于把单色光在不同介质中的传播都折算为该单色光在真空中的传播。

设从初相相同的相干光源 S_1 和 S_2 发出频率为 ν 的光波，分别经过光程 n_1r_1 和 n_2r_2 到达 P 点(图 13-5)，则相位差为

$$\Delta\varphi=\left(2\pi\nu t-2\pi\frac{n_2r_2}{\lambda}\right)-\left(2\pi\nu t-2\pi\frac{n_1r_1}{\lambda}\right)=2\pi\frac{n_1r_1-n_2r_2}{\lambda}$$

用 δ 表示光程差 $n_1r_1-n_2r_2$，故由上式得相位差与光程差的普遍关系为

$$\Delta\varphi=2\pi\frac{\delta}{\lambda}\tag{13-8}$$

两束相干光干涉加强、减弱的条件为

$$\Delta\varphi = 2\pi\frac{\delta}{\lambda} = \begin{cases} \pm 2k\pi, & k=0,1,2,\cdots \text{ 明纹} \\ \pm(2k+1)\pi, & k=0,1,2,\cdots \text{ 暗纹} \end{cases}$$

若直接用光程差表示,则为

$$\delta = \pm k\lambda, \quad k=0,1,2,\cdots \text{ 明纹} \tag{13-9}$$

$$\delta = \pm(2k+1)\frac{\lambda}{2}, \quad k=0,1,2,\cdots \text{ 暗纹} \tag{13-10}$$

光程差决定明、暗条纹的位置和形状,因此在一个具体的干涉装置中,分析计算两束相干光在相遇点的光程差,是我们讨论光波干涉问题的基本出发点。

例 13-2 在双缝装置实验中,入射光的波长为 λ,用玻璃纸遮住双缝中的一条缝。若玻璃纸中光程比相同厚度的空气的光程大 2.5λ,则屏上原来的明纹处将有何种变化?( )。

A. 仍为明纹　　B. 变为暗条纹

C. 既非明纹也非暗纹　　D. 无法确定是明纹还是暗纹

解:如图 13-6 所示,考察 O 点处的明纹怎样变化。

(1) 玻璃纸未遮住时,光程差

$$\delta = r_1 - r_2 = 0$$

O 点处为零级明纹。

(2) 玻璃纸遮住后,光程差

$$\delta' = \frac{5}{2}\lambda$$

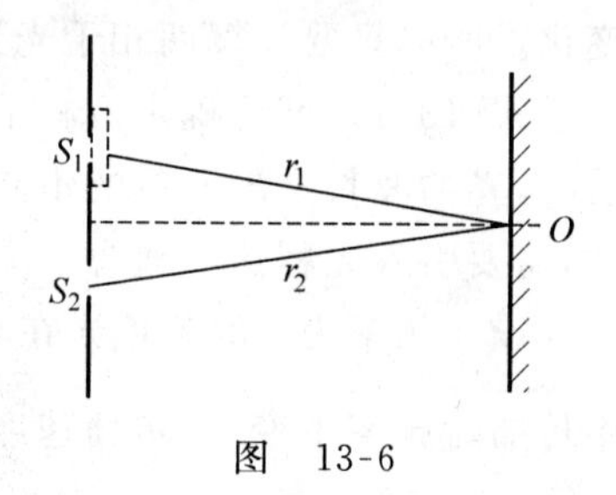

图 13-6

根据干涉条件知

$$\delta' = \frac{5}{2}\lambda = (2\times 2+1)\frac{\lambda}{2}$$

O 点处变为暗纹,故正确答案是 B。

我们在观察干涉、衍射等现象时,常借助于透镜。平行光通过透镜后,将会聚在焦点 F 上,形成亮点(图 13-7(a))。平行光同一波面上各点 A、B、C 的相相同,到达 F 点后相互加强成亮点,说明各光线到达 F 点后的相仍相同。可见从 A、B、C 各点到 F 点的光程相等,这一事实可理解为:光线 AaF、CcF 在空气中经过的几何路程长,但是光线 BbF 在透镜中经过的路程比光线 AaF、CcF 在透镜中经过的路程长,由于透镜的折射率大于空气的折射率,因此折算成光程,各光线的光程相等。对于斜入射的平行光(图 13-7(b)),将会聚于 F' 点。由类似的讨论可知 AaF'、CcF'、BbF' 的光程均相等。可见使用透镜可改变光线的传播方向,但不会引起附加的光程差。

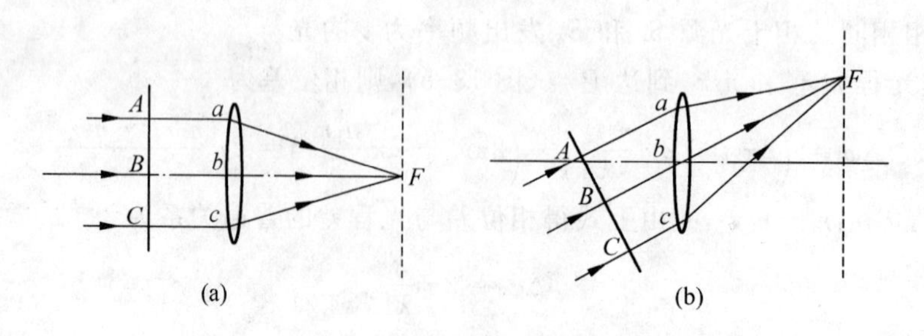

图 13-7 平行光入射通过透镜

13.1.4　薄膜干涉

当白光照射到油膜或肥皂膜上时，如图 13-8 所示，薄膜表面常出现美丽的彩色条纹，这是由于光的干涉引起的，这类干涉称为薄膜干涉。

实验表明，当光波从折射率小的光疏介质入射到折射率大的光密介质时，在两种介质的分界上，被反射的光的相位要发生 π 弧度的跃变。由式(13-8)可知，反射光的相位跃变 π，就相当于在光程上多走(或少走)了半个波长，这种现象称为半波损失。

1. 等倾干涉

对于厚度均匀的薄膜干涉(等倾干涉)，它具有一定宽度的光源，称为扩展光源。扩展光源照射到肥皂膜、油膜上，薄膜表面呈现美丽的彩色。这就是扩展光源(如阳光)所产生的干涉现象。

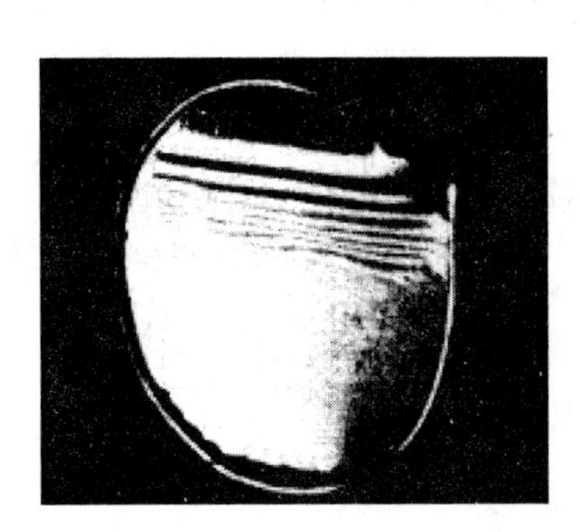

图 13-8　竖直肥皂膜上的干涉条纹

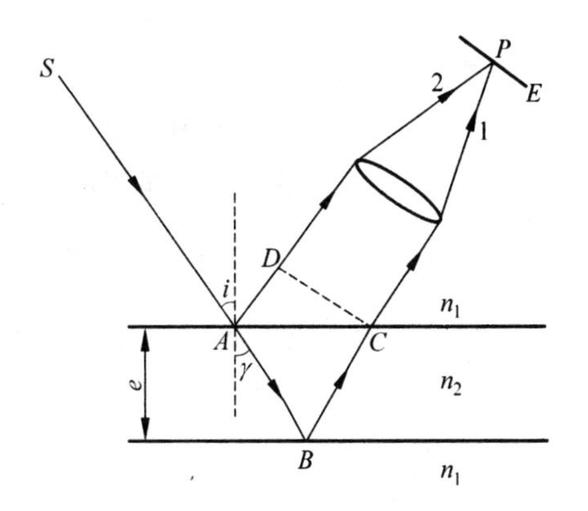

图 13-9　薄膜干涉示意图

图 13-9 所示为厚度均匀、折射率为 n_2 的薄膜，置于折射率为 n_1 的介质中，一单色光经薄膜上、下表面反射后得到 1 和 2 两条光线，两束相干光 1、2 是从同一振幅上分割出来的，这种获得相干光的方法称为振幅分割法。此时可得到两光束的光程差为

$$\delta = n_2(AB + BC) - n_1 AD + \frac{\lambda}{2}$$

由图可得

$$AB = BC = \frac{e}{\cos\gamma}$$

$$AD = AC\sin i = 2e\tan\gamma\sin i$$

根据折射定律 $n_1\sin i = n_2\sin\gamma$，光程差可写成

$$\delta = 2n_2 e\cos\gamma + \frac{\lambda}{2}$$

$$\delta = 2e\sqrt{n_2^2 - n_1^2\sin^2 i} + \frac{\lambda}{2} \tag{13-11}$$

当光垂直入射时，$i=0$，$\gamma=0$，有

$$\delta = 2n_2 e + \frac{\lambda}{2} = \begin{cases} 2k\dfrac{\lambda}{2}, & k = 1,2,\cdots,\text{干涉相长(明纹)} \\ (2k+1)\dfrac{\lambda}{2}, & k = 0,1,2,\cdots,\text{干涉相消(暗纹)} \end{cases} \tag{13-12}$$

式中的$\frac{\lambda}{2}$为半波损失，因为不论$n_1<n_2$，还是$n_1>n_2$，1与2两条光线之一总有半波损失出现，这样在计算光程差时必须计及这个半波损失。

透射光也有干涉现象。当反射光的干涉相互加强时，透射光的干涉相互减弱，这是能量守恒的结果。

2. **增透膜和增反膜**

在现代光学仪器中，如照相机、显微镜等都由多个透镜组成。入射光经每个透镜的两个表面反射后，透过仪器的光能很少。为了解决这一问题，可在透镜表面镀一层厚度均匀的低折射率的透明薄膜。当膜的厚度适当时，可使所使用的入射单色光在膜的两个表面上反射的两束光因干涉而互相抵消，这样就可以减少光的反射，让尽量多的光透射过去。这种使透射光增强的薄膜就叫增透膜。常用的镀膜材料是氟化镁(MgF_2)，它的折射率为1.38(图13-10)。

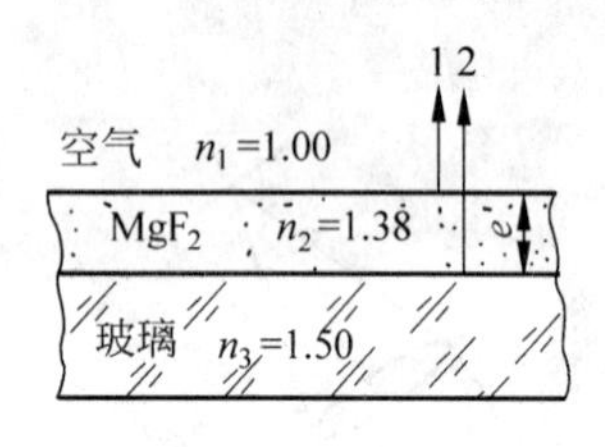

图 13-10

当单色光正入射时，从镀膜层的上、下表面反射的光1和2都有半波损失，所以光线1、2之间的光程差为$\delta=2n_2e$，式中e为氟化镁薄膜的厚度。要使两反射光干涉减弱，应有

$$2n_2e = (2k+1)\frac{\lambda}{2}, \quad k = 0,1,2,\cdots$$

取$k=0$，可得薄膜的最小厚度

$$e = \frac{\lambda}{4n_2}$$

例如要使对人眼最敏感的黄绿光(λ=550nm)反射减弱，则镀膜层的最小厚度为

$$e = \frac{550}{4\times 1.38} \approx 100(\text{nm}) = 0.1(\mu\text{m})$$

与增透膜相反，若镀膜层的厚度恰好使所使用的单色光在膜的上、下表面上的反射光因干涉而加强，则这种使反射光加强的膜称为增反膜。利用增反膜可制成反射率高达99%以上的反射式滤色片。

3. **等厚干涉**

具有厚度不均匀的薄膜干涉称为等厚干涉。获得等厚干涉的典型装置是劈形膜和牛顿环。

1）劈形膜的干涉

观察劈形膜干涉的实验装置如图13-11所示。两块平面玻璃片，一端互相叠合，另一端夹入薄纸(图中纸片厚度已大大放大)，这时，在两玻璃片之间形成空气薄膜，称为空气劈形膜。两玻璃片的交线称为棱边，在平行于棱边的直线上的各点，所对应的劈的厚度是相等的。单色光源S位于薄透镜L的焦点，

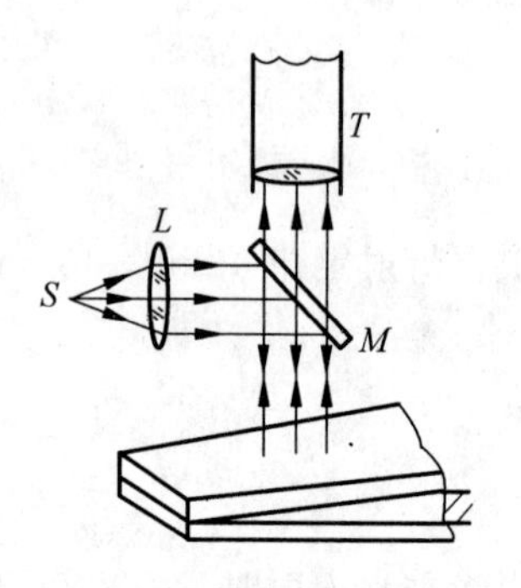

图13-11 劈形膜实验

M 为半反射半透射的玻璃片，T 为移测显微镜，在其中观察经空气膜的上、下表面反射的光形成的等厚干涉条纹。

实验时将平行单色光正入射到劈面上。为说明干涉的形成，我们分析入射到劈形膜的上表面 A 点的光线(图 13-12)。此光线一部分在 A 点反射，形成反射光线 1，另一部分则折射进入空气，在空气膜的下表面被反射回来形成光线 2。由于光线 1、2 是从同一条入射光线分割出来的，所以它们是相干光，当它们在空气膜上表面附近相遇时就产生干涉，在劈形膜表面形成干涉条纹。

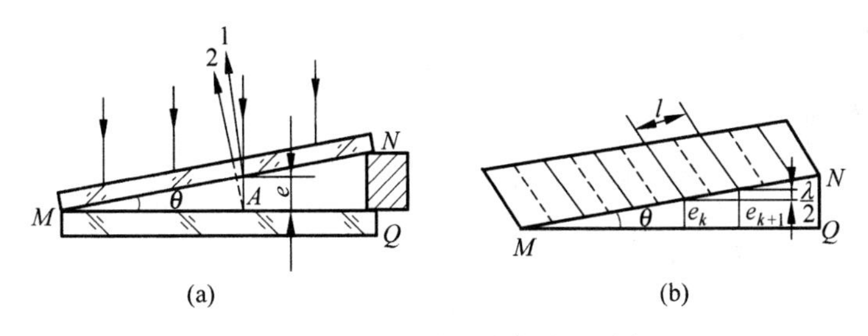

图 13-12　劈形膜干涉条纹的形成

我们假设在入射点 A 处空气薄膜的厚度为 e，则两束相干光 1 和 2 在相遇点的光程差为

$$\delta = 2ne + \frac{\lambda}{2}$$

式中 n 为空气的折射率①，右边第一项是由于光线 2 比光线 1 相遇时多走了 $2e$ 的几何路程引起的；第二项 $\frac{\lambda}{2}$ 是由于光波在空气劈形膜的上表面反射时没有半波损失，而在下表面(空气-玻璃分界面)反射时有半波损失引起的。

由于劈形薄膜各处的厚度 e 不同，所以光程差也就不同，因而将产生干涉加强或减弱的现象。由式(13-12)，干涉加强产生明纹的条件是

$$2ne + \frac{\lambda}{2} = k\lambda, \quad k = 1,2,3,\cdots$$

干涉减弱产生暗纹的条件是

$$\delta = 2ne + \frac{\lambda}{2} = (2k+1)\frac{\lambda}{2}, \quad k = 0,1,2,\cdots$$

以上两式表明，各级明纹或暗纹都与一定的膜厚 e 相对应。因此在薄膜上表面的一条等厚线上，就形成同一级的一条干涉条纹。这些干涉条纹称为等厚干涉条纹，它们是一些与棱边平行的明暗相间的直条纹(图 13-2(b))。在棱边处，$e=0$，两反射相干光的光程差为 $\frac{\lambda}{2}$，因而形成暗条纹。

设 Δe 为相邻两条明纹或暗纹对应的劈形膜厚度的差，由式(13-12)有

---

① 空气的折射率近似等于 1，但为了导出的公式对任意介质劈形膜都适用，故将空气的折射率仍然用 n 表示。

$$2ne_{k+1}+\frac{\lambda}{2}=(k+1)\lambda$$

$$2ne_k+\frac{\lambda}{2}=k\lambda$$

两式相减得

$$\Delta e=e_{k+1}-e_k=\frac{\lambda}{2n} \tag{13-13}$$

设 l 为相邻两条明纹或暗纹之间的距离，由图 13-12(b)可得

$$l=\frac{\Delta e}{\sin\theta}$$

将式(13-13)代入，得

$$l=\frac{\lambda}{2n\sin\theta} \tag{13-14}$$

由于 θ 很小，$\sin\theta\approx\theta$，上式可改写为

$$l=\frac{\lambda}{2n\theta} \tag{13-15}$$

此式表明，劈形膜干涉条纹是等间距的，条纹间距 l 与劈形膜顶角 θ 有关，θ 越大，l 越小，即条纹越密，当 θ 角大到一定程度时，条纹将密不可分。所以劈形膜干涉条纹只在 θ 角很小时才能观察到。

劈形膜的干涉在生产实践中有很多的应用，下面举两个例子。

干涉膨胀仪：图 13-13 是干涉膨胀仪的结构示意图。$C'C$ 为一个由热膨胀系数很小的材料如石英制成的套框，AB 与 $A'B'$ 为平板玻璃，套框内放置待测样品 W，其上表面磨成倾斜状，致使 AB 板下表面与样品 W 的上表面之间形成一空气劈形膜，当以单色光正入射 AB 板时，将产生等厚干涉条纹。由于套框的热膨胀系数很小，可以认为空气劈形膜的上表面不会因温度变化而改变。当样品受热膨胀时，劈形膜下表面将升高，空气层厚度发生变化，使干涉条纹随之移动。由式(13-13)可知，空气层的厚度改变 $\frac{\lambda}{2n}$，将有一条纹的移动。因此，测出条纹移动的数目，就可测出劈形膜下表面的升高量(即样品尺寸的改变量)，由此可算出样品的热膨胀系数。

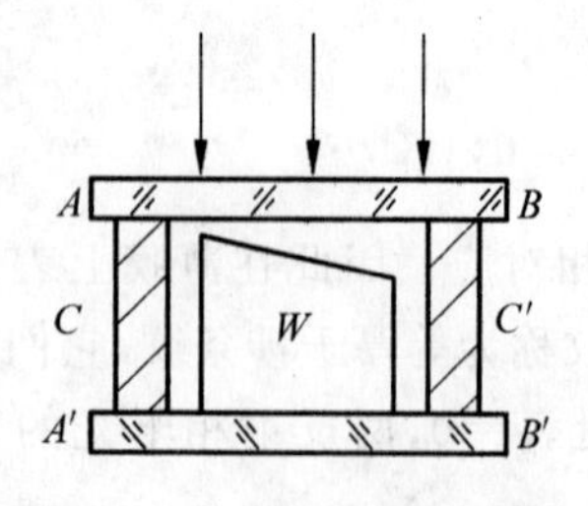

图 13-13 干涉膨胀仪示意图

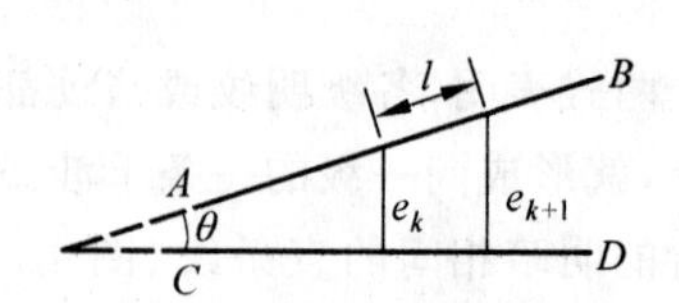

图 13-14 测量微小角度原理图

测量微小角度：设一个由折射率为 n 的透明物质所构成的劈状材料，劈底的两个边界面 AB 和 CD 形成一微小角度 θ(图 13-14)。当单色平行光正入射到劈的上表面时，形成等厚干涉直条纹。若测得相邻两条明纹间的距离为 l，则由式(13-15)可得

$$\theta = \frac{\lambda}{2nl}$$

利用此式可测得微小的角度。

例 13-3　把金属细丝夹在两块平玻璃之间，形成空气劈尖，如图 13-15 所示。金属丝和棱边间距离为 $D=28.880\text{mm}$。用波长 $\lambda=589.3\text{nm}$ 的钠黄光垂直照射，测得 30 条明条纹之间的总距离为 4.295mm，求金属丝的直径 d。

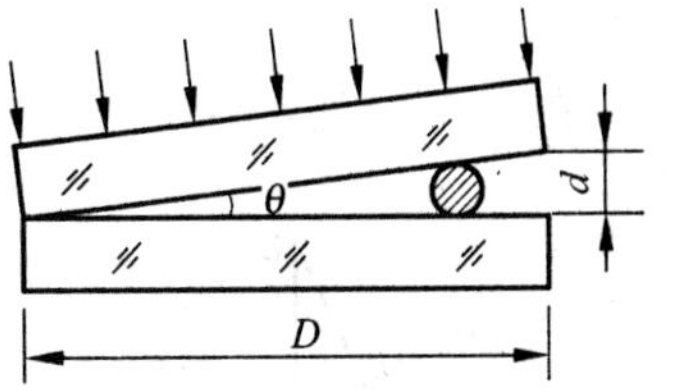

图 13-15　金属丝直径测定

解：由图示的几何关系可得

$$d = D\tan\theta$$

式中 θ 为劈尖角。相邻两明条纹间距和劈尖角的关系为 $l=\frac{\lambda}{2\sin\theta}$，因为 θ 很小，$\tan\theta\approx\sin\theta=\frac{\lambda}{2l}$，于是有

$$d = D\frac{\lambda}{2l} = 28.880 \times \frac{589.3\times10^{-6}}{2\times\frac{4.295}{29}} = 5.746\times10^{-2}(\text{mm}) = 5.746\times10^{-5}(\text{m})$$

2）牛顿环

观察牛顿环的实验装置如图 13-16(a)所示。在一块平玻璃 B 上放一曲率半径 R 很大的平凸透镜 A，在 A、B 之间便形成环状的空气劈形膜。当单色平行光正入射时，在空气劈形膜的上、下表面发生反射形成两束相干光，它们在平凸透镜下表面处相遇而发生干涉。在显微镜下观察，可以看到一组干涉条纹，这些条纹是以接触点 O 为中心的同心圆环，称为牛顿环(图 13-16(b))。

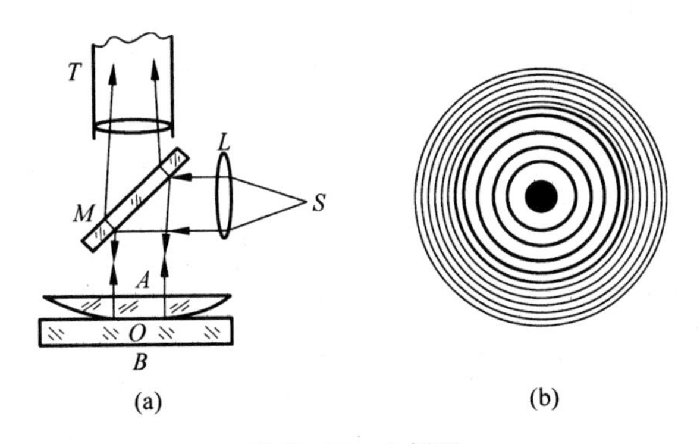

图 13-16　牛顿环

在空气层上、下表面反射的两束相干光，它们之间的光程差为

$$\delta = 2e + \frac{\lambda}{2}$$

式中，e 为空气薄层的厚度；$\frac{\lambda}{2}$ 是光在空气层的下表面(空气-平玻璃分界面)反射时产生的半波损失。这一光程差由空气薄层的厚度决定，而空气薄层的等厚线是以 O 为中心的同心圆，所以牛顿环的干涉条纹为明暗相同的环。同时由于空气劈形膜的上表面是弯曲的，越往外劈形膜厚度的变化越快，光程差的变化也越快，故越往外条纹越密。

牛顿环形成明环的条件为

$$2e + \frac{\lambda}{2} = k\lambda, \quad k = 1,2,3,\cdots$$

形成暗环的条件为

$$2e + \frac{\lambda}{2} = (2k+1)\frac{\lambda}{2}, \quad k = 0,1,2,\cdots$$

在中心 O 处，$e=0$，两反射光的光程差为$\frac{\lambda}{2}$，所以形成暗斑。

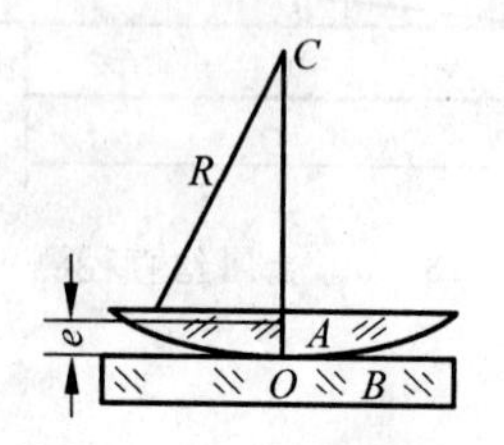

图 13-17　牛顿环干涉规律计算

由图 13-17 可以看出

$$r^2 = R^2 - (R-e)^2 = 2Re - e^2$$

由于 $R \gg e$，e^2 可略去，所以

$$r^2 \approx 2Re$$

由形成明环及暗环的条件公式解出 e，分别代入上式，可得明环半径为

$$r = \sqrt{\frac{(2k-1)R\lambda}{2}}, \quad k = 1,2,3,\cdots \tag{13-16}$$

暗环半径为

$$r = \sqrt{rR\lambda}, \quad k = 0,1,2,\cdots \tag{13-17}$$

在实验室里，常用牛顿环测定光波的波长或平凸透镜的曲率半径，在工业生产中则常利用牛顿环来检验透镜的质量。

例 13-4　用钠光灯的黄光（$\lambda = 589.3\text{nm}$）做牛顿环实验，测得第 k 级暗环的半径 $r_k = 3.65\text{mm}$，第 $k+5$ 级暗环的半径 $r_{k+5} = 5.95\text{mm}$，求所用平凸透镜的曲率半径 R 和暗环的级数 k。

解：由暗环半径公式 $r = \sqrt{kR\lambda}$ 有

$$r_k = \sqrt{kR\lambda}$$

$$r_{k+5} = \sqrt{(k+5)R\lambda}$$

将上面两式平方后相减可得

$$R = \frac{r_{k+5}^2 - r_k^2}{5\lambda} = \frac{(5.95^2 - 3.65)^2 \times (10^{-3})^2}{5 \times 5893 \times 10^{-10}} = 7.5 \times 10^3(\text{mm}) = 7.50(\text{m})$$

$$k = \frac{r_k^2}{R\lambda} = \frac{(3.65 \times 10^{-3})^2}{7.5 \times 5893 \times 10^{-10}} = 3$$

13.1.5　迈克耳孙干涉仪

前面指出，劈形膜干涉条纹的位置取决于光程差，只要光程差有一微小的变化就会引起干涉条纹的明显移动。迈克耳孙（Michelson，1852—1931）干涉仪就是利用这种原理制成的，其结构如图 13-18(a)所示。M_1 和 M_2 是两块精密磨光的平面反射镜，其中 M_1 是固定的，它的平面位置可以微调；M_2 用螺旋控制，可作微小移动。G_1 和 G_2 是两块材料相同、厚薄均匀而且相等的平行玻璃片。在 G_1 的一个表面上镀有半透明的薄银膜，使照射到 G_1 上的光线分成振幅近于相等的透射光和反射光，因此称其为分光板，G_1、G_2 这两块平行玻璃片

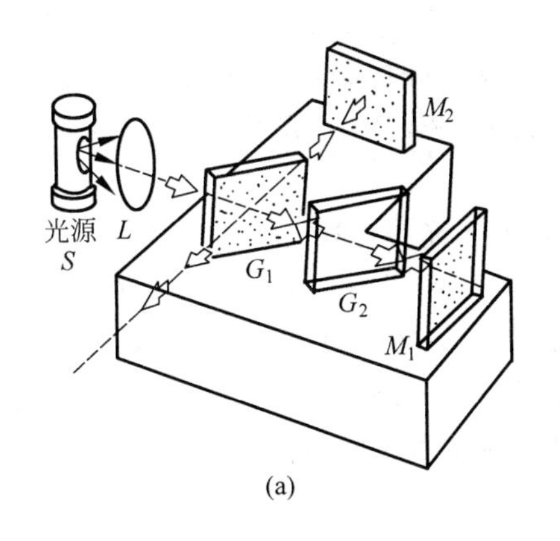

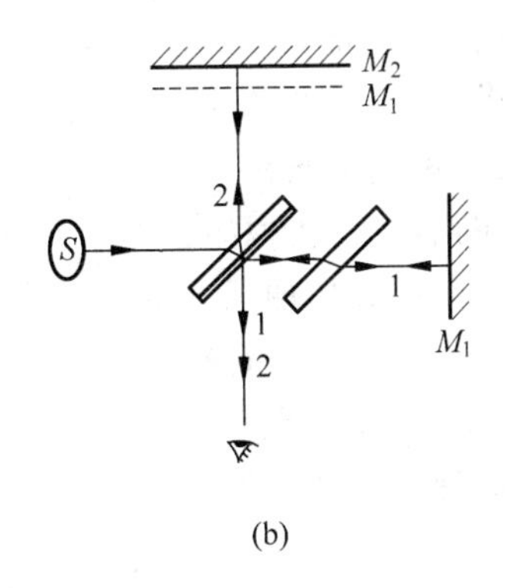

(a)　　　　(b)

图　13-18

(a) 迈克耳孙干涉仪结构简图；(b) 迈克耳孙干涉仪原理图

与 M_1 和 M_2 的倾角为 45°。

由光源 S 发出的光线，射到 G_1 上后分成两束光线。光线 1 透过 G_1 及 G_2 到达 M_1，经 M_1 反射后，再穿过 G_2 经银膜反射到视场中。光线 2 从 G_1 的镀膜面反射到 M_2，经 M_2 反射后，再穿过 G_1 到达视场中。显然，光线 1 和 2 是两条相干光线，它们在视场中相遇时产生干涉。

由于分光板 G_1 的存在，使 M_1 相对于镀膜面形成一虚像 M_1' 位于 M_2 附近，光线 1 可以看作是从 M_1' 处反射的。M_1' 和 M_2 之间形成一空气膜，光线 2 通过 G_1 三次，加上 G_2 后光线 1 也通过三次与 G_1 厚度相同的玻璃片(G_2 起光程补偿作用)，这样 M_1' 和 M_2 之间空气膜厚度就是光线 1 和 2 的光程差。如果 M_1 与 M_2 并不严格垂直，那么，M_1' 与 M_2 也不严格平行，则在 M_1' 和 M_2 之间形成空气劈形膜，光线 1 和 2 形成等厚干涉，这时观察到的干涉条纹是明暗相间的条纹。若入射单色光波长为 λ，则每当 M_2 向前或向后移动 $\frac{\lambda}{2}$ 的距离时，就可看到干涉条纹平移过一条。所以计算视场中移过的条纹数目 m，就可以算出 M_2 移动的距离 x

$$x = m\frac{\lambda}{2} \tag{13-18}$$

因此，用已知波长的光波可以测定长度(即 M_2 移动的距离)，测量精度可达十分之一波长的数量级；反之，也可以由已知长度来测定光波的波长。迈克耳孙曾用自己的干涉仪测定了红镉线的波长。

13.2　光的衍射

上一节我们讲述了光的干涉，这是光的波动性的一个重要特征。光作为电磁波，它的另一个重要特征就是在一定条件下能产生衍射现象。本节将讲述光的衍射现象、惠更斯-菲涅耳原理、夫琅禾费单缝衍射、圆孔衍射、光学仪器的分辨本领以及衍射光栅等。

13.2.1　光的衍射现象　惠更斯-菲涅耳原理

如图 13-19(a)所示，一束单色平行光通过一个宽度比波长大得多的狭缝 K 时，在屏幕

E 上呈现的光带是狭缝的几何投影，这时光是沿直线传播的。若缩小缝宽使其可与光波波长相比拟（10^{-4} m 数量级以下），在屏幕 E 上出现的亮区将比狭缝宽许多，说明这时光绕过了狭缝的边缘传播。同时在亮区内将出现亮度逐渐减弱的明暗相间的直条纹，如图 13-19(b) 所示，这就是光的衍射现象。

利用惠更斯原理，可以定性地解释衍射现象中光绕过狭缝边缘传播的方向问题，但它不能说明光的衍射图样中的强度变化。为此，菲涅耳用子波可以叠加干涉的思想对惠更斯原理作了补充：从同一波面上各点发出的子波，在传播到空间某一点时，各个子波之间也可以相互叠加而产生干涉现象。这就是惠更斯-菲涅耳原理。光的衍射图样的形成，正是光波传到狭缝处时波面上各点发出的无数个子波在屏上叠加相干的结果。

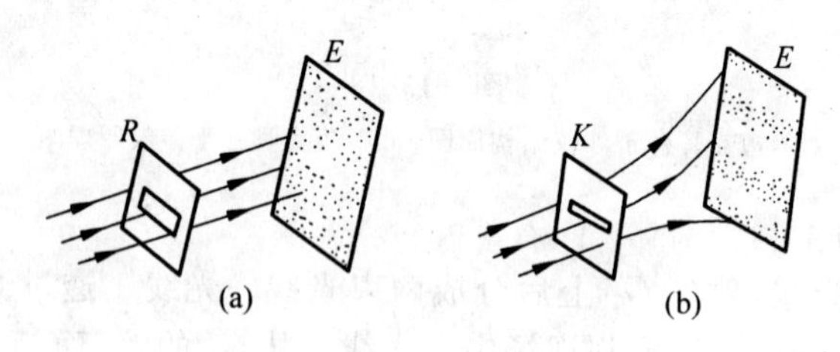

图 13-19　光通过狭缝

13.2.2　夫琅禾费单缝衍射

通常把衍射现象分为两类：一类是光源和屏幕（或两者之一）与衍射缝（或小孔）的距离是有限的，这类衍射叫菲涅耳衍射；另一类是光源和屏幕离衍射缝（或小孔）都无限远，这类衍射叫夫琅禾费衍射。在此，我们只讨论夫琅禾费单缝衍射，即入射在衍射缝上的是平行光，观察的衍射光也是平行光。图 13-20 就是夫琅禾费单缝衍射的实验简图，两个透镜 L_1 和 L_2 的应用，就相当于把光源和屏幕都推到无穷远处。

在惠更斯-菲涅耳原理的基础上，菲涅耳利用半波带法说明了单缝衍射图样的形成。如图 13-20 所示，由单色光源 S 发出的光，通过透镜 L_1 形成单色平行光正入射在单缝上，AB 为单缝的截面，其宽度为 a。按照惠更斯-菲涅耳原理，AB 上各点都可以看成是新的波源，它们将发出子波，向前传播。在这些子波到达空间某处时，会叠加产生干涉。

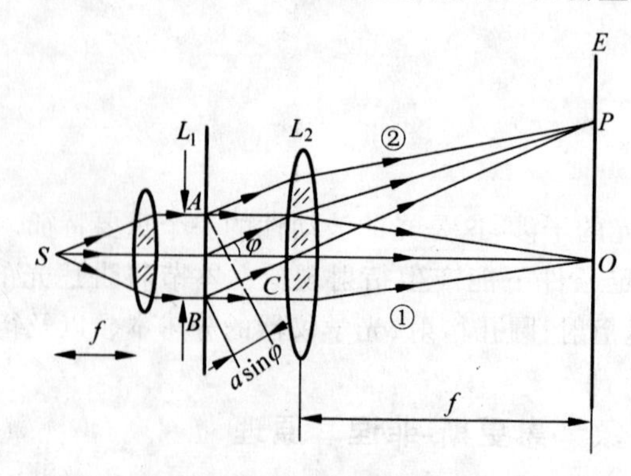

图 13-20　夫琅禾费衍射实验

对沿入射方向传播的各子波射线，经透镜 L_2 会聚于焦点 O(图中光束①)。由于在单缝处的波阵面 AB 是同相面，所以这些子波的相是相同的，它们经透镜后不会引起附加的光程差，在 O 点会聚时仍保持相等，因而互相干涉加强。这样，屏上正对狭缝中心的 O 处应出现平行于单缝的亮线，然而由于衍射，实际上在 O 处出现了有一定宽度的明条纹，叫做中央明条纹。中央明条纹的光强最大。

在其他方向上，如与入射方向成 φ 角传播的子波射线(图中光束②)，经透镜 L_2 会聚于屏幕上的 P 点。φ 叫衍射角。这些光束中各子波射线到达 P 点的光程并不相等，所以它们在 P 点的相各不相同。如果过点 A 作平面 AC，使 AC 垂直 BC，则由平面 AC 上各点到 P 点的光程都相等。因此，从 AB 面发出的各射线到达 P 点的光程差就产生在 AB 面转向 AC 面的路程之间。由图可知，从单缝的 A 和 B 两端点发出的子波到达 P 点的光程差

$$BC = a\sin\varphi$$

显然是沿 φ 角方向的各子波光线最大光程差。

为了根据最大光程差决定屏上明暗条纹的分布情况，我们以单色光的波长的一半 $\frac{\lambda}{2}$ 来划分最大光程差 BC，并假设 BC 恰好等于单色光半波长的整数倍，即 $BC = a\sin\varphi = k\frac{\lambda}{2}$，$k=1,2,3,\cdots$。现在假定 $k=3$，见图 13-21(a)，则 $BC = a\sin\varphi = 3\times\frac{\lambda}{2}$，这样可以将 BC 三等分。过这些等分点我们可以作彼此相距为 $\frac{\lambda}{2}$ 的平行于 AC 的平面，这些平面把单缝处的波面 AB 截成 AA_1、A_1A_2 和 A_2B 三个面积相等的波带，这样的波带叫半波带。两个相邻的波带上，任何两个对应点(如 AA_1 的中点和 A_1A_2 的中点)所发出的子波光线，到达 P 点的光程差都是 $\frac{\lambda}{2}$，它们将彼此互相干涉而抵消。因此，从整个波带来说，AA_1 和 A_1A_2 这两对相邻的波带所发出的光，在 P 点将完全干涉而抵消。因此，从整个波带来说，AA_1 和 A_1A_2 这两对相邻的波带所发出的光，在 P 点将完全干涉抵消。而只剩下半波带 A_2B 上发出的子波没有被抵消，因此 P 点将出现明条纹。同理，当 $k=5$ 时，波面 AB 可分为 5 个半波带，对应的 P 点也将出现明条纹。但 $k=5$ 时，未被抵消的半波带的面积要小于 $k=3$ 时未被抵消的半波带的面积，所以明条纹的亮度不如 $k=3$ 时的亮。因此，衍射角 φ 越大，波带数就越多，未被抵消的半波带的面积越小，明条纹的亮度也就越小。

若 $k=4$，即 $BC = a\sin\varphi = 4\times\frac{\lambda}{2}$，则波面 AB 可分成 AA_1、A_1A_2、A_2A_3、A_3B 四个半波带，见图 13-21(b)。此时 AA_1 和 A_1A_2 以及 A_2A_3 和 A_3B 这两对相邻的波带所发出的光，在 P 点将完全干涉抵消，因此 P 点处出现暗条纹。

对于任意其他 φ 角，AB 不能分成整数个半波带，则屏幕上的对应点将介于明暗之间。

综上所述，若对应衍射角 φ，BC 恰好等于半波长的偶数倍，即 AB 波面恰好能分成偶数个半波带，则在屏上对应处出现暗条纹。用数学式表示为

$$a\sin\varphi = \pm 2k\frac{\lambda}{2}, \quad k = 1,2,3,\cdots \tag{13-19}$$

对应 $k=1,2,3,\cdots$ 分别叫第一级暗条纹、第二级暗条纹……式中正、负号表示各级暗条纹对称分布在中央明条纹的两侧。

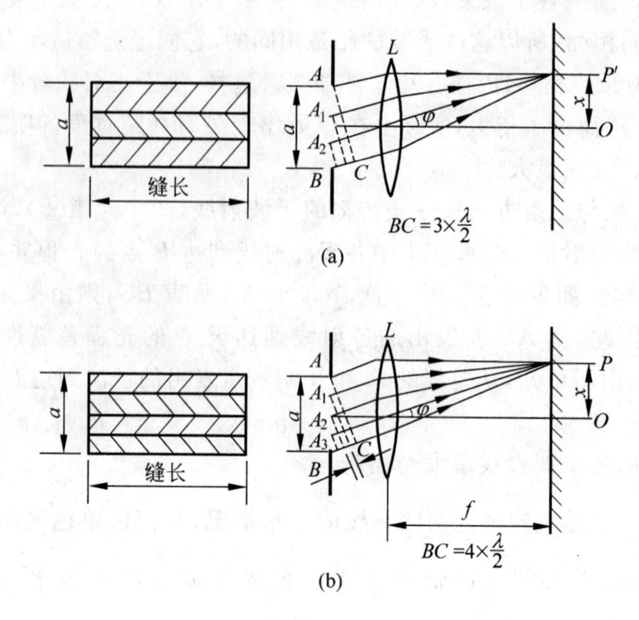

图 13-21 单缝菲涅耳半波带

(a) $k=3$ 波带；(b) $k=4$ 波带

若对应衍射角 φ，BC 恰好等于半波长的奇数倍，即 AB 波面恰好能分成奇数个半波带，则在屏上对应处出现明条纹。用数学式表示为

$$a\sin\varphi = \pm(2k+1)\frac{\lambda}{2}, \quad k = 1,2,3,\cdots \tag{13-20}$$

对应 $k=1,2,3,\cdots$ 分别为第一级明条纹、第二级明条纹、……各级明条纹也对称地分布在中央明条纹的两侧。

单缝衍射的光强分布如图 13-22 所示。可以看出，中央明条纹的光强最大，这是因为整个 AB 波面发出的子波在中央处都加强的缘故。对其他各级明纹，其光强迅速减弱。

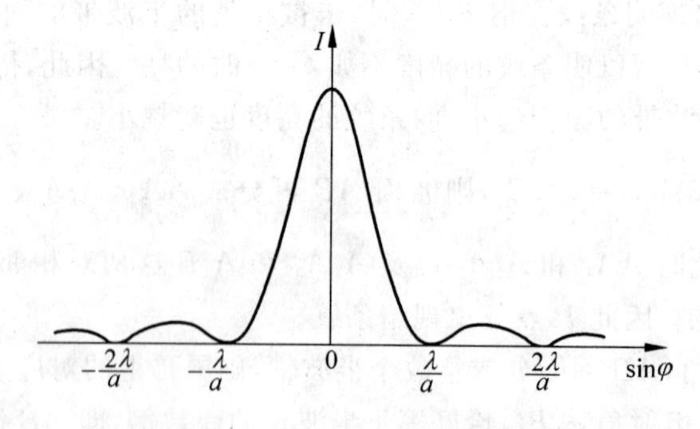

图 13-22 单缝衍射条纹的强度分布

由图 13-21 可知，在衍射角 φ 很小时，φ 和透镜焦距 f 以及条纹在屏上距中心 O 的距离 x 之间的关系为

$$x = f\tan\varphi \approx f\sin\varphi \approx f\varphi$$

中央明纹的宽度为两个第一级暗纹之间的距离，由式(13-19)可求出第一级暗纹距中

心的距离为

$$x_1 = \varphi_1 f = \frac{\lambda}{a} f$$

所以中央明纹的宽度为

$$l_0 = 2x_1 = \frac{2\lambda}{a} f \tag{13-21}$$

其他各级明纹的宽度为

$$l = \varphi_{k+1} f - \varphi_k f = \left[\frac{(k+1)\lambda}{a} - \frac{k\lambda}{a}\right] f = \frac{\lambda}{a} f \tag{13-22}$$

可见中央明纹的宽度为其他明纹宽的 2 倍。上两式表明，明纹宽度反比于缝宽 a。缝越窄，条纹分布越宽，衍射越显著；缝越宽，衍射越不明显。当缝宽 $a \gg \lambda$ 时，各级衍射条纹都密集于中央明纹附近而无法分辨，只显出单一的亮纹，实际上它就是单缝的像。这时，可以认为光是沿直线传播的。

当缝宽 a 一定时，入射光波长 λ 越大，衍射角也越大。因此若用白光照射，因各色光对 $\varphi=0°$ 时都加强，中央明纹仍是白色的，而其两侧将出现一系列由紫到红的彩色条纹。

例 13-5 已知单缝的宽度为 0.6mm，会聚透镜的焦距等于 40cm，让光线垂直入射单缝平面，在屏幕上 $x=1.4$mm 处看到明条纹极大，如图 13-23 所示。试求：(1)入射光的波长及衍射级数；(2)单缝面所能分成的半波带数。

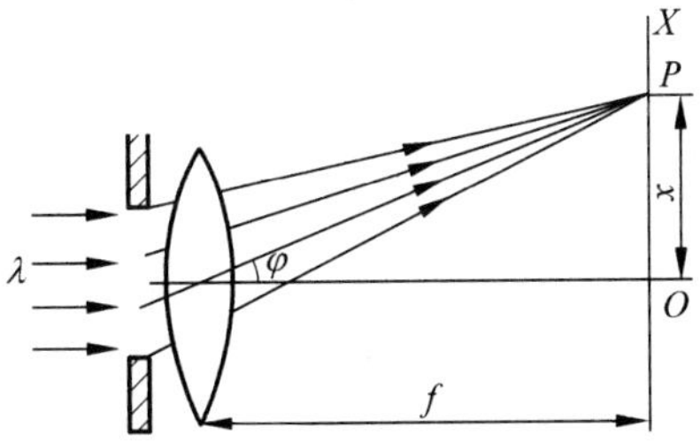

图 13-23

解：(1) 根据单缝衍射明纹公式，有

$$a\sin\varphi = (2k+1)\frac{\lambda}{2}, \quad k = 1,2,3,\cdots$$

依题意，由图 13-23，可得

$$\tan\varphi = \frac{x}{f} = \frac{0.14}{40} = 0.0350$$

即

$$\varphi \approx 5°$$

所以入射光线的波长为

$$\lambda = \frac{2a\sin\varphi}{2k+1} = \frac{2a\tan\varphi}{2k+1} = \frac{2ax}{(2k+1)f} = \frac{2\times 0.6\times 1.4}{(2k+1)\times 400} = \frac{4.2\times 10^{-3}}{2k+1}(\text{mm})$$

在可见光范围内 400nm$<\lambda<$760nm，把一系列 k 的许可值代入上式中，求出符合题意的解。

令 $k=1$，求得 $\lambda=1400$nm，为红外光，不符合题意；

令 $k=2$，求得 $\lambda=840$nm，仍为红外光；

令 $k=3$，求得 $\lambda=600$nm，符合题意；

令 $k=4$，求得 $\lambda=466.7$nm，符合题意；

令 $k=5$，求得 $\lambda=380$nm，为紫外光，不符合题意。

所以本题有两个解：波长为 $\lambda=600$nm 的第三级衍射和波长为 $\lambda=466.7$nm 的第四级衍射。

(2) 单缝波面在波长为 600nm 时，可以分割成 $2k+1=7$ 个半波带；在波长为 466.7nm 时，单缝波面可以分割成 $2k+1=9$ 个半波带。

13.2.3 光学仪器的分辨本领

1. 圆孔衍射

在图 13-24(a)中，如果我们用圆孔代替狭缝，就构成了圆孔的夫琅禾费衍射装置，在透镜 L_2 的焦平面上可得到圆孔的衍射图样(图 13-24(b))。衍射图样的中央为一明亮的圆斑，称为艾里斑，它集中了光强的绝大部分(约 84%)。圆孔衍射的光强分布如图 13-25 所示。

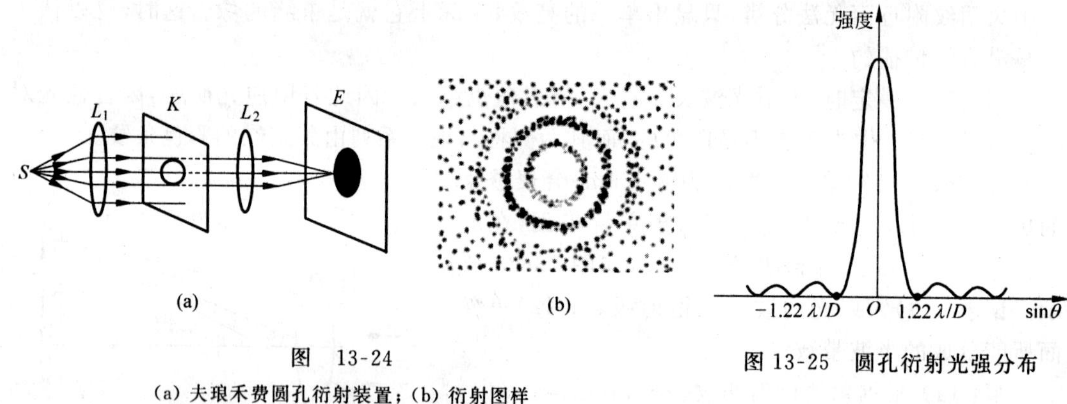

图 13-24
(a) 夫琅禾费圆孔衍射装置；(b) 衍射图样

图 13-25 圆孔衍射光强分布

由理论计算，艾里斑对透镜 L_2 的光心所张角度的一半(称之为半张角)为

$$\theta = 1.22\frac{\lambda}{D} \tag{13-23}$$

式中，λ 为入射单色光的波长；D 为圆孔的直径。

若艾里斑的直径为 d，透镜 L_2 的焦距为 f，在 θ 角很小的情况下，则可以得到

$$\tan\theta = \sin\theta \approx \theta = \frac{d}{2f}$$

此式与式(13-23)比较，可见圆斑的直径与圆孔直径成反比，圆孔越小，衍射现象越显著。

2. 光学仪器的分辨本领

大多数光学仪器所使用的透镜的边缘都是圆形的，它就相当于一个透光的小圆孔。按几何光学，物体上一个发光点经透镜聚焦后将得到一个对应的像点。但是实际上，由于光的衍射，我们得到的是一个有一定大小的艾里斑。因此对相距很近的两个物点，经同一个透镜成像后，其相应的两个艾里斑就会互相重叠。如果两个物点相距太近，以致相应的两个艾里斑互相重叠得很厉害，我们将完全无法分辨出这两个物点的像来。可见，由于光的衍射，使光学仪器的分辨能力受到了限制。

那么两个物点之间的最小距离为多少，才能被光学仪器所分辨呢？英国物理学家瑞利提出了一个判据：如果一个物点的艾里斑中心刚好和另一个物点的艾里斑边缘(即第一个暗环)相重合，见图 13-26，则这两个物点恰好能被这一光学仪器所分辨。这个判据就称做

瑞利判据。“恰能分辨”时两个物点 S_1、S_2 对透镜中心所张的角 $\delta\varphi$ 叫最小分辨角，见图 13-26(b)。由图 13-26(a)可以看出，最小分辨角 $\delta\varphi$ 刚好等于艾里斑对透镜中心所张角度的一半即半张角 θ。因此由式(13-23)得到

$$\delta\varphi = 1.22\frac{\lambda}{D} \tag{13-24}$$

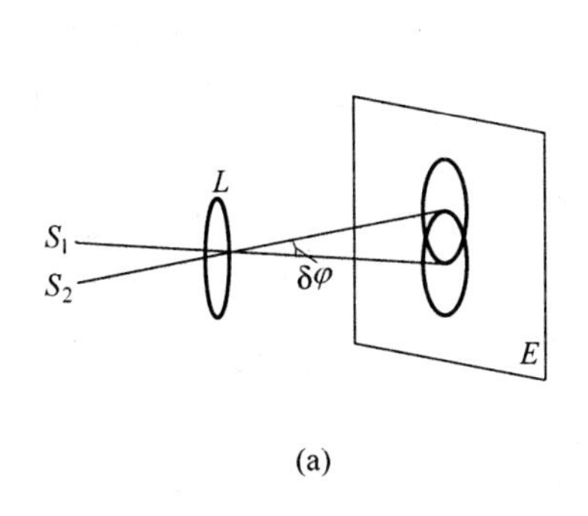

(a)

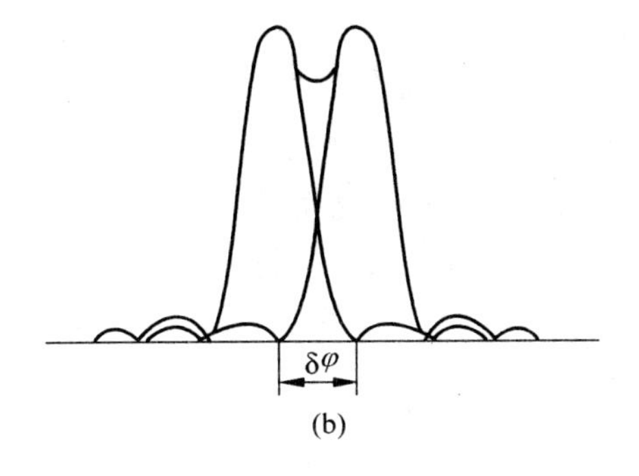

(b)

图　13-26

(a) 最小分辨角；(b) 恰能分辨

在光学仪器中，通常把它的倒数

$$\frac{1}{\delta\varphi} = \frac{D}{1.22\lambda} \tag{13-25}$$

称为光学仪器的分辨本领。由式(13-25)可知，为提高光学仪器的分辨本领，可采用增大透镜的直径或者减小入射光的波长的方法。大型天文望远镜的物镜做得很大，显微镜使用波长较短的光照明，都是为了提高其分辨本领。电子显微镜用波长极短的电子束来代替普通光束，从而获得极高的分辨本领，它甚至可以观察到原子表层扩展后生成薄膜的样子。

例 13-6　在正常照度下，设人眼瞳孔的直径约为 3mm，而在可见光中，人眼最灵敏的波长为 550nm，问：(1) 人眼的最小分辨角有多大？(2) 若物体放在明视距离 25cm 处，则两物点相距为多远时才能被分辨？

解：(1) 已知人眼瞳孔的直径 D=3mm，光波的波长 λ=550nm=5.5×10^{-5}cm，则人眼的最小分辨角

$$\delta\varphi = 1.22\frac{\lambda}{D} = 1.22\times5.5\times10^{-5}\times\frac{1}{0.3} = 2.3\times10^{-4}(\text{rad}) = 0.8'$$

(2) 设两物点的距离为 h，它们与人眼的距离 l=25cm 时，恰好能够被分辨；这时，人眼最小分辨角 $\delta\varphi=\dfrac{h}{l}$，即

$$h = l\cdot\delta\varphi = 25\times2.3\times10^{-4} = 0.0058(\text{cm}) = 0.058(\text{mm})$$

所以两物点的距离小于上述数值时，就不能被人眼所分辨。

13.2.4　衍射光栅

在单缝衍射实验中，原则上可以通过对明纹宽度的测量来测定入射光的波长。但实际

上，由于单缝衍射的光强大部分都集中在中央明纹上，其他明纹光强很弱，条纹不够清晰明亮，以致无法进行精确的测量。为了得到亮度很大、分得很开的谱线，我们往往利用光栅这一光学元件。

1．光栅

在一块玻璃片上用金刚石刀尖刻划出一系列等宽度、等距离的平行刻痕，刻痕处因漫反射而不透光，两刻痕间相当于透光的狭缝，这样就做成了平面衍射光栅。若刻痕的宽度为 b，两刻痕间的宽度为 a，则 $a+b=d$ 叫做光栅常量。实际的光栅，每毫米内通常有几十乃至上千条刻痕。光栅常量的数量级约为 $10^{-6}\sim10^{-5}$ m。

光栅有许多缝，当单色光正入射到光栅上时，从各个缝发出的光都是相干光，它们之间叠加后将发生干涉，而从各个缝上无数个子波波源发出的光本身又会产生衍射。正是这各缝之间的干涉和每缝自身的衍射的总效果，形成了光栅的衍射条纹。

2．光栅公式

下面简单讨论光栅衍射中出现明条纹应满足的条件。在图 13-27 中，波长为 λ 的单平行光正入射到光栅上，从相邻两缝发出的沿衍射角 φ 方向的平行光，经透镜会聚于 P 时，它们之间的光程差都等于 $d\sin\varphi$。我们选取任意相邻两缝发出的光，若它们之间的光程差 $d\sin\varphi$ 恰好等于入射光波长 λ 的整数倍，这两束光将在 P 点干涉加强。显然，其他任意相邻两缝沿 φ 方向发出的光的光程差也等于 λ 的整数倍，它们会聚于 P 点后也是相互加强，因此 P 点应形成明条纹。可见，光栅衍射在屏幕上形成明条纹的条件为

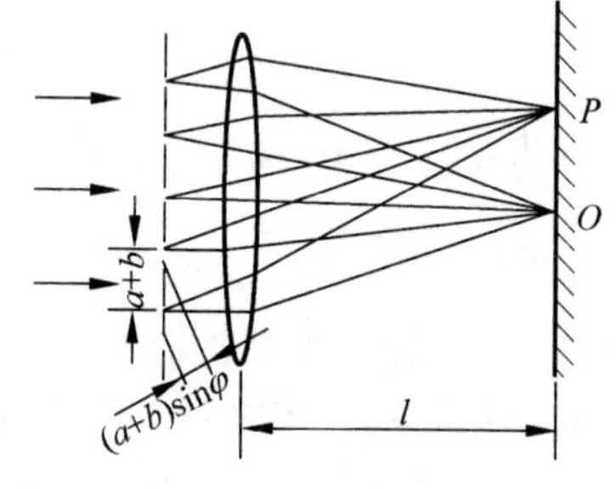

图 13-27　平面衍射光栅

$$d\sin\varphi=\pm k\lambda,\quad k=0,1,2,\cdots \tag{13-26}$$

这个公式称为光栅公式，其中 k 称为衍射级数。$k=0$ 时，$\varphi=0$ 为中央极大；对应于 $k=1,2,\cdots$ 的明条纹分别叫第一级明纹、第二级明纹、……。正、负号表示各级明纹对称分布在中央极大的两侧。

由式(13-26)可得

$$\sin\varphi=\pm\frac{k\lambda}{d}$$

可以看出，当以单色光正入射光栅时，光栅常量 d 越小，φ 就越大，明条纹之间的间隔也越大。详尽的讨论还可以证明，光栅的狭缝数目越多，明纹就越亮，条纹的宽度将越窄。因此，利用衍射光栅可以获得亮度大、分得很开、宽度很窄的条纹，这为精确地测量波长提供了有利的条件。

3．衍射光谱

由光栅公式(13-26)可知，如果用白光照射光栅，由于各成分单色光的波长 λ 不同，除中央零级条纹是由各色光混合而成仍为白光外，各单色光的其他同级明条纹将在不同的衍射角出现，形成按远离中央明纹方向由紫到红排列的彩色光带，这些光带的整体就叫做衍射光谱(图 13-28)。对于较高级数的光谱，会出现不同颜色的不同级数光谱的重叠。

各种光源发出的光，经过光栅衍射后所形成的光谱是不相同的。由于各种元素或化合

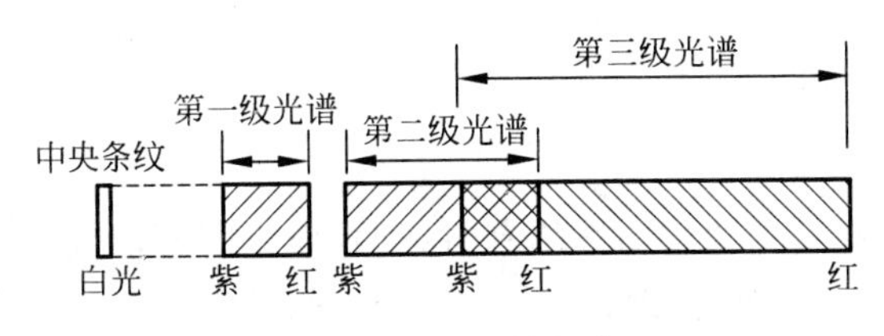

图 13-28　衍射光谱

物有它们自己特定的光谱，因此由物质光谱的结构可以定性地分析出该物质所含的元素或化合物。在科学研究和工程技术上，衍射光谱已被广泛地应用。

例 13-7　波长为 500nm 及 520nm 的光照射到光栅常数为 0.002cm 的衍射光栅上，在光栅后面用焦距为 2m 的透镜把光线会聚在屏幕上。求这两条光线的第一级光谱线间的距离。

解：根据光栅公式$(a+b)\sin\varphi=k\lambda$，得

$$\sin\varphi_1=\frac{\lambda}{a+b}$$

设 x 为谱线与中央极大间的距离，D 为光栅与屏幕间的距离即透镜的焦距，则 $x=D\tan\varphi$，因此对第一级有

$$x_1=D\tan\varphi_1$$

由于 φ 角很小，所以 $\sin\varphi\approx\tan\varphi$。因此，波长为 520nm 与 500nm 的两种光线的第一级谱线间的距离为

$$\begin{aligned}x_1-x'_1&=D\tan\varphi_1-D\tan\varphi'_1=D\left(\frac{\lambda}{a+b}-\frac{\lambda'}{a+b}\right)\\&=200\times\left(\frac{5200\times10^{-8}}{0.002}-\frac{5000\times10^{-8}}{0.002}\right)\\&=0.2(\text{cm})\end{aligned}$$

13.2.5　X 射线衍射

X 射线又叫伦琴射线，它是波长极短的电磁波，也具有干涉、衍射现象。

若一束平行单色 X 射线以掠射角 φ 射向晶体，晶体中各原子都成为向各方向散射子波的波源，各层间的散射线相互叠加产生干涉现象。

如图 13-29 所示，设各原子层之间的距离为 d（称为晶格常数），则被相邻上、下两原子层散射的 X 射线的光程差满足

$$2d\sin\varphi=k\lambda,\quad k=0,1,2,\cdots \tag{13-27}$$

时，各原子层的反射线都相互加强，光强极大。式(13-27)即为布喇格公式。

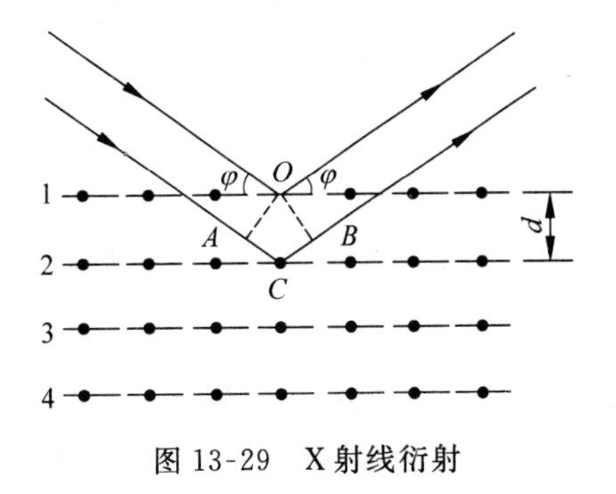

图 13-29　X 射线衍射

13.3 光的偏振

光的干涉和衍射现象是光的波动性的有力证明,但是却不能证明光波究竟是横波还是纵波。光有偏振现象,则证实光是横波。本节讲述光的偏振现象和几种获得偏振光的简单方法。

13.3.1 自然光 偏振光

我们在13.1及13.2节已经提过,光是电磁波,而电磁波是横波。电磁波中起感光作用的主要是$\boldsymbol{E}$矢量,所以$\boldsymbol{E}$矢量又叫光矢量,$\boldsymbol{E}$的振动叫光振动。对普通光源,由于分子或原子发光的间歇性和光矢量振动方向的无规律性,使光矢量的振动方向分布在一切可能的方位。而且在垂直于光传播的方向的平面内的任一个方向上光振动的振幅都相等,没有哪个方向的振动比其他方向占优势。因此普通光源发出的是在所有振动方向上振幅都相等的光。这种光矢量是具有各个方向的振动,且各个方向振动概率相等的光,称为自然光(天然光),如图13-30(a)所示。在任一时刻,我们可以把每个光矢量分解成两个互相垂直的光矢量,而用图13-30(b)所示的方法来表示自然光。但应注意,由于自然光中光振动的无规律性,所以这两个相互垂直的光矢量之间并没有恒定的相差。通常我们用和传播方向垂直的短线表示光矢量在纸面内的振动,用点子表示垂直于纸面的振动。对自然光:点子和短线等距分布,数量相同,表示没有哪一个方向的光振动占优势,如图13-30(c)所示。

自然光经过某些物质反射、折射或吸收后,可能只保留某一方向的光振动,这种光矢量只沿一个固定方向振动的光称为线偏振光,如图13-31(a)、(b)所示。光矢量的振动方向和光的传播方向组成的平面叫做振动面。图13-31(a)中的振动面平行于纸面,图13-31(b)中的振动面垂直于纸面。若光波中某一方向的光振动比与之相垂直的另一方向的光振动占优势,这种光叫做部分偏振光,如图13-31(c)、(d)所示。

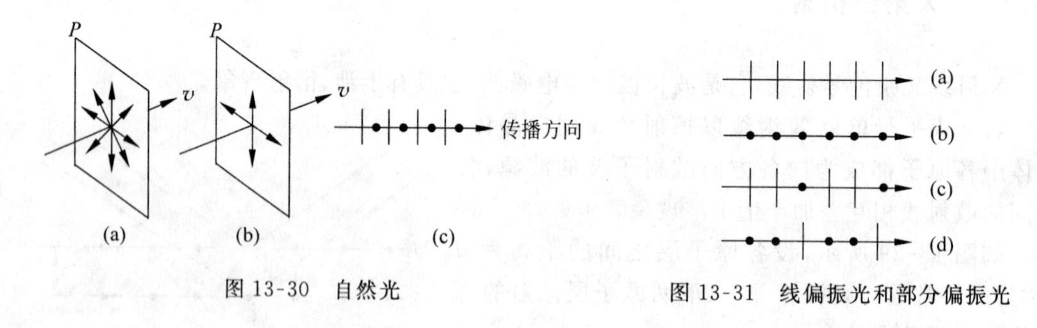

图13-30 自然光

图13-31 线偏振光和部分偏振光

13.3.2 偏振片 起偏和检偏

从自然光中获得偏振光的过程叫起偏,所用的相应的器件叫起偏器。偏振片就是最常用、最简单的起偏器。某些物质,例如硫酸金鸡钠碱晶体,能吸收某一方向的光振动,而只让与这个方向垂直的光振动通过。把这种晶体涂在透明薄片上,就成为偏振片。被允许通过

的光振动方向叫做偏振化方向，在表示偏振片的图上，用符号“|”表明它的偏振化方向（图 13-32）。

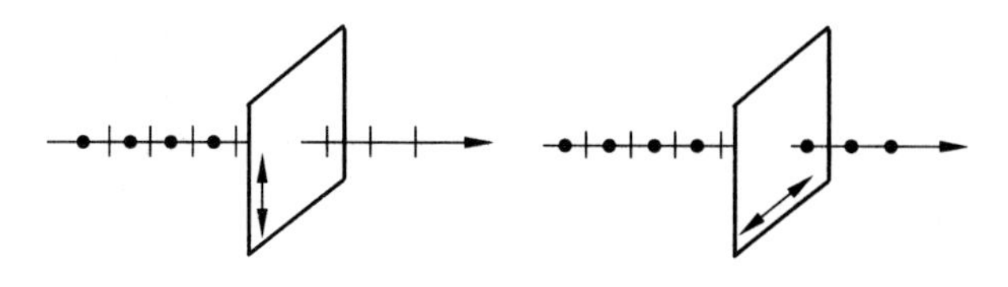

图 13-32　起偏器

偏振片也可以作为检偏器用来检验某一束光是否是偏振光。如图 13-33 所示，让一束偏振光直射到偏振片上，当偏振片的偏振化方向与偏振光的光振动方向相同时，该偏振光可完全透过偏振片射出（图 13-33(a)）。若把偏振片转过 90°角，即当偏振片的偏振化方向与偏振光的光振动方向垂直时，则该偏振光将不能透过偏振片（图 13-33(c)）。当我们以偏振光的传播方向为轴，不停地旋转偏振片时，透射光将经历由最明到黑暗，再由黑暗变回最明的变化过程（图 13-33）。如果直射到偏振片的光是自然光，上述现象就不会出现。因此这块偏振片就是一个检偏器。

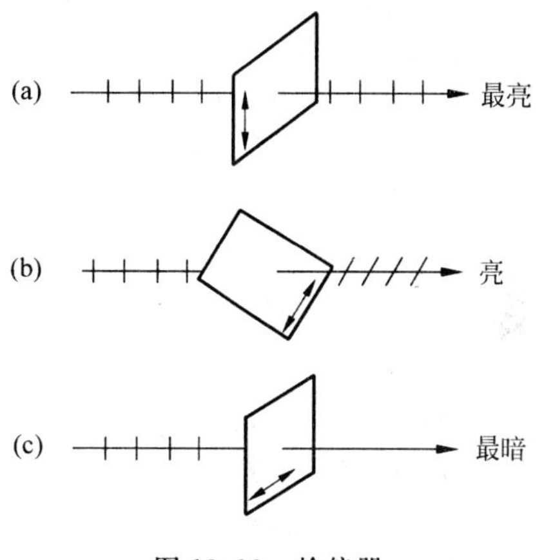

图 13-33　检偏器

上述光的偏振实验说明了光的横波特性。为说明这个问题，我们将偏振片对光波的作用与狭缝对机械波的直观作用作一类比。在图 13-34(a)中，机械横波完全可以通过与波的振动方向平行的狭缝 AB。但是，当狭缝 AB 与横波的振动方向垂直时，波将被受阻而不能穿过狭缝向前传播（图 13-34(c)）。很显然，对于纵波就不存在这样的问题（图 13-34(b)、(d)）。因此，从机械波能否通过不同取向的狭缝 AB，可以判断它是横波还是纵波。将这一实验与光的偏振实验作一比较，图 13-33 中的检偏器就起了一个类似狭缝的作用。作为横波的光波在通过检偏器时，就显示出了机械横波穿过狭缝时产生的类似效果。

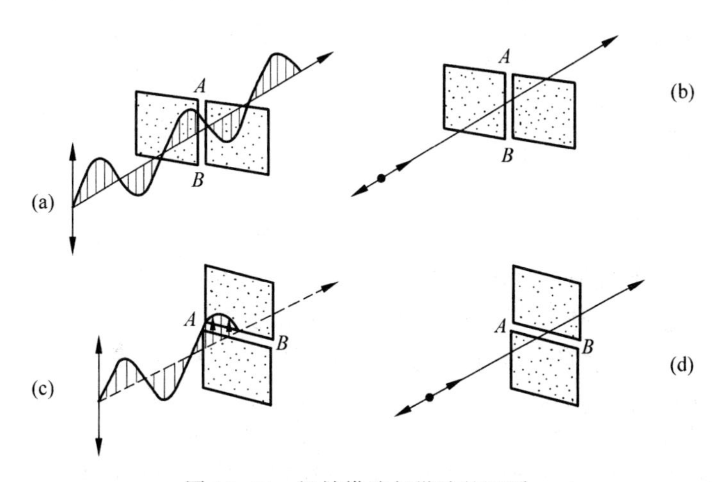

图 13-34　机械横波与纵波的区别

13.3.3 马吕斯定律

1809 年马吕斯由实验发现，强度为 I_0 的偏振光，通过检偏器后，透射光的强度为

$$I = I_0\cos^2\alpha \tag{13-28}$$

式中 α 是偏振光的光振动方向和检偏器偏振化方向之间的夹角。上式称为马吕斯定律。证明如下：在图 13-35 中，设 OM 为入射偏振光的光振动，ON 为检偏器的偏振化方向，它们之间的夹角为 α。以 A_0 表示入射偏振光的光矢量的振幅，通过检偏器的光矢量振幅 A 只是 A_0 在偏振化方向的分量，即 $A=A_0\cos\alpha$。因为光强与振幅的平方成正比，所以透射光的光强 I 与入射偏振光的光强 I_0 之比为

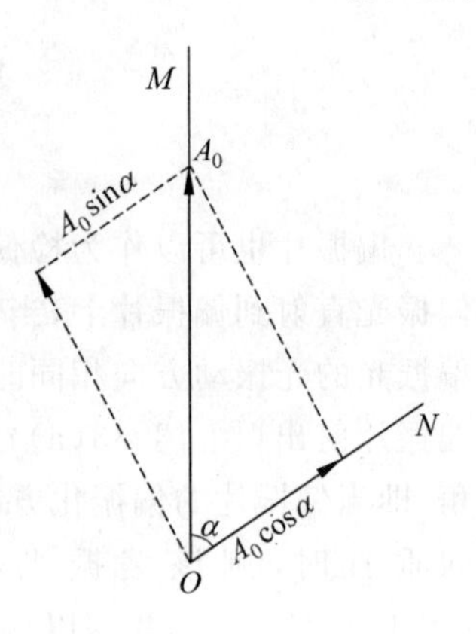

图 13-35　马吕斯定律

$$\frac{I}{I_0} = \frac{A^2}{A_0^2} = \frac{A_0^2\cos^2\alpha}{A_0^2} = \cos^2\alpha$$

即

$$I = I_0\cos^2\alpha$$

由上可知，当 $\alpha=0°$ 或 $\alpha=180°$ 时，$I=I_0$，光强最大；当 $\alpha=90°$ 或 $\alpha=270°$ 时，$I=0$，没有光从检偏器射出；当 α 为其他值时，光强介于零与 I_0 之间。

例 13-8　(1)让光强为 I_0 的自然光通过两个偏振化方向成 60°角的偏振片，求透射光强 I_1；(2)在此两个偏振片之间再插入另一个偏振片，它的偏振化方向与前两个偏振片的偏振方向均成 30°角，求透射光的光强 I_2。

解：(1)自然光通过第一个偏振片后光强变为 $\frac{I_0}{2}$，根据马吕斯定律，透射光强为

$$I_1 = \frac{I_0}{2}\cos^2 60° = \frac{I_0}{2}\left(\frac{1}{2}\right)^2 = \frac{1}{8}I_0$$

(2) 入射的自然光透过前两个偏振片后的光强为 $\frac{I_0}{2}\cos^2 30°$，以此作为入射光强射在最后一个偏振片上，根据马吕斯定律，透射光强为

$$I_2 = \frac{I_0}{2}\cos^2 30°\cos^2 30° = \frac{I_0}{2}\left(\frac{\sqrt{3}}{2}\right)^4 = \frac{9}{32}I_0$$

13.3.4 反射和折射时光的偏振

实验证明，自然光在折射率为 n_1 和 n_2 的不同介质的分界面反射和折射时，在一般情况下，反射光和折射光不再是自然光，而是部分偏振光(见图 13-36)。反射光中垂直于入射面的光振动占优势，而在折射光中平行于入射面的光振动占优势。

实验还表明，反射光的偏振化程度与入射角有关。当入射角 i_0 满足下式时：

$$\tan i_0 = \frac{n_2}{n_1} \tag{13-29}$$

反射光成为光振动垂直于入射面的完全偏振光，而折射光仍为平行振动占优势的部分偏振

光，见图 13-37。式(13-29)称为布儒斯特定律。入射角 i_0 称为布儒斯特角或起偏振角。

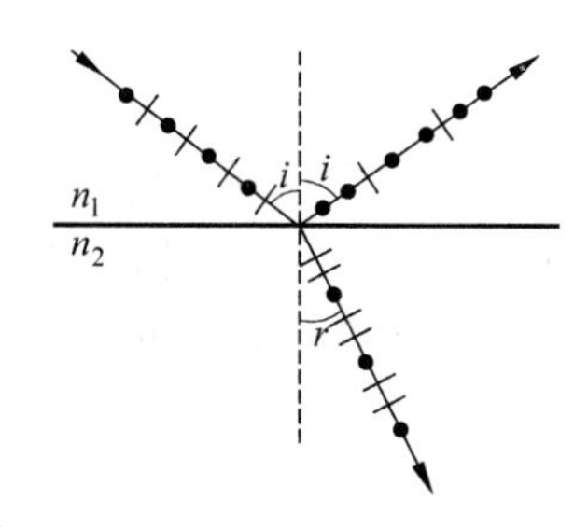

图 13-36 自然光经反射和折射后变成部分偏振光

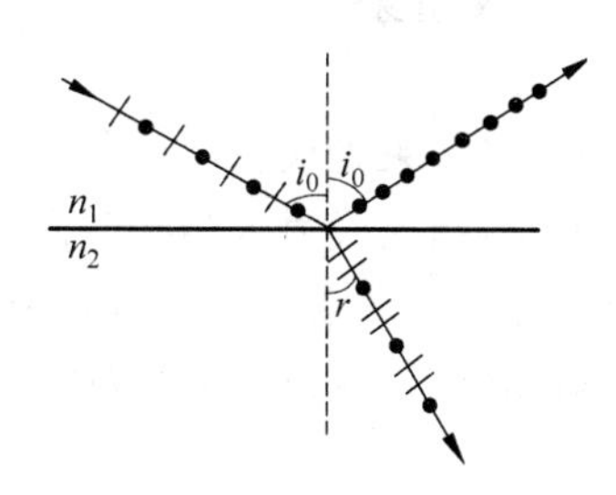

图 13-37 入射角为 i_0 时反射光为偏振光

可以推论，当入射角为布儒斯特角时，反射光与折射光互相垂直。根据折射定律，有

$$\frac{\sin i_0}{\sin r}=\frac{n_2}{n_1}$$

又

$$\tan i_0=\frac{\sin i_0}{\cos i_0}=\frac{n_2}{n_1}$$

所以

$$\sin r=\cos i_0$$

即

$$i_0+r=90^\circ$$

当自然光以布儒斯特角 i_0 入射时，入射光中平行于入射面的光振动完全被折射，垂直于入射面的光振动也大部分被折射，被反射的只占一小部分。因此，反射光虽为偏振光，但光强很弱。例如，自然光从空气($n_1=1$)射向玻璃($n_2=1.50$)时，布儒斯特角 $i_0\approx56^\circ$，反射光的强度大约只占入射光强度的 8%。为了增强反射的强度和提高折射光的偏振化程度，可以把许多玻璃片重叠在一起构成玻璃片堆，见图 13-38。自然光以布儒斯特角入射时，光经各层玻璃面的多次反射和折射，可使反射光的强度加强。同时折射光中的垂直分量也随之减小，使透射光接近于完全偏振光。

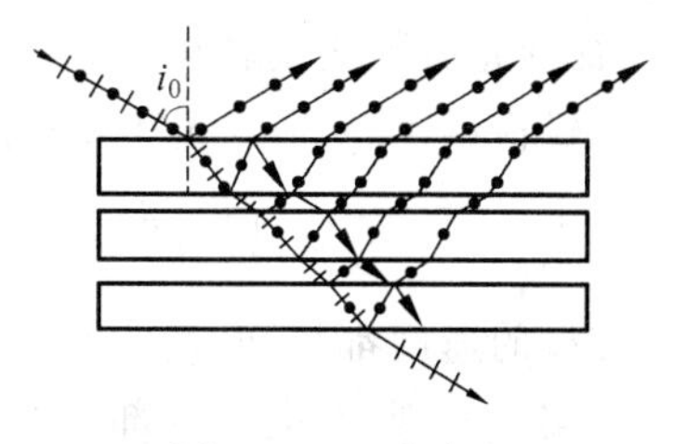

图 13-38 玻璃堆

例 13-9 一束自然光以 60°的入射角照射到不知其折射率的某一透明介质时，反射光为线偏振光，则知(　　)。

A. 折射光为线偏振光，折射角为 30°　　B. 折射光为部分偏振光，折射角为 30°

C. 折射光为线偏振光，折射角不能确定　　D. 折射光为部分偏振光，折射角不能确定

解：根据"反射光为线偏振光"知，60°为布儒斯特角，又因

$$i_0+\gamma_0=\frac{\pi}{2}$$

故折射角为 30°，正确答案为 B。

13.3.5 双折射

通常，当一束光线在两种各向同性介质的分界面上发生折射时，在入射面内只有一束折射光。但是，当光线射入某些各向异性的介质晶体（如方解石、石英等）时，一束光将分解为两束折射光。这种现象称为双折射现象，如图 13-39 所示。能够产生双折射现象的晶体叫做双折射晶体。当我们通过双折射晶体观察物体时，物体的像将是双重的。

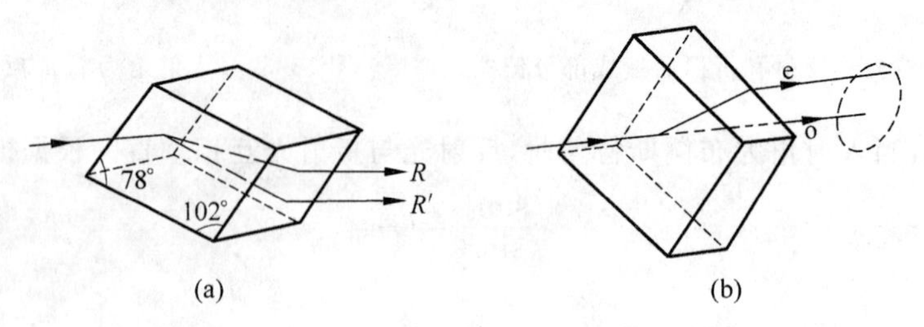

图 13-39 双折射现象

1. 双折射的寻常光和非常光

当我们改变入射光线的入射角 i 时，两束折射光线中的一束始终遵守折射定律，这束光称为寻常光线，用 o 表示，简称 o 光；另一束光则不遵守折射定律，当入射角 i 改变时，其折射率也随之改变，即 $\frac{\sin i}{\sin r}$ 不是一个常数，这束光一般也不在入射面内，称为非常光线，用 e 表示，简称 e 光。当光线正入射，即当入射角 $i=0°$ 时，o 光仍沿原方向传播，而 e 光一般要发生折射而偏离原方向传播（图 13-39(b)）。这时，如果将晶体绕光的入射方向旋转，o 光将不动，而 e 光将随之绕轴旋转。

经检偏器检测，o 光和 e 光都是线偏振光。

由 $n=\frac{c}{v}$ 可知，折射率决定光在介质中的传播速度 v，所以寻常光线在晶体中沿各个方向传播的速度都相同，而非常光线的传播速度却随传播方向的不同而改变。

实验发现，在晶体内部存在一个特殊的方向，沿这个方向，寻常光线和非常光线的传播速度相同，即光沿这个方向传播时不发生双折射，此方向称为晶体的光轴。必须注意，晶体的光轴仅表示晶体内的一个方向，晶体内任何一条与光轴方向平行的直线都是光轴。只有一个光轴的晶体称为单轴晶体，例如方解石、石英等。有两个光轴的晶体称为双轴晶体，例如云母、硫磺等。

通过光轴并与任一个晶体的天然晶面相正交的面，即由光轴与该晶面的法线所组成的平面，叫做晶体的主截面。方解石的主截面为平行四边形（图 13-40(a)）。晶体内任一已知光线和光轴所组成的平面叫做该光线的主平面。寻常光线的光振动方向垂直于其主平面，而非常光线的光振动方向在其主平面内（图 13-40(b)）。一般情况下，o 光和 e 光的主平面并不重合，只有当入射光线在主截面内，即入射面是晶体的主截面时，o 光、e 光的主平面和主截面重合在一起。这时，o 光和 e 光的振动方向相互垂直。

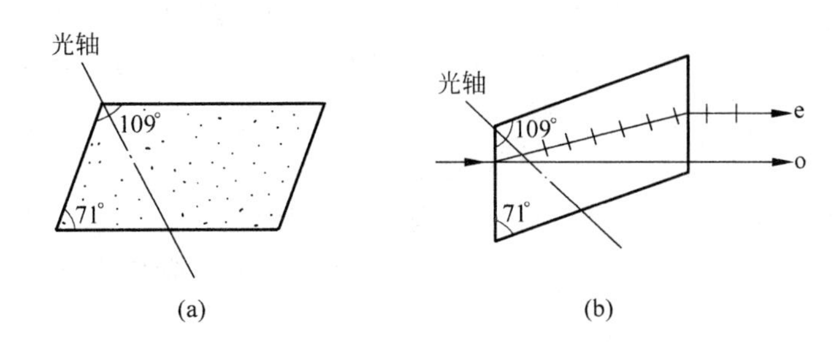

图 13-40
(a) 方解石的主截面；(b) o光、e光在方解石内的偏振情况(主平面与主截面重面)

2. 波片

波片，又称为相位延迟片，它使通过波片的两个互相正交的偏振分量产生相位偏移，可用来调整光束的偏振光状态。常见的波片由石英晶体制作而成，主要为半波片(或称1/2波片)和1/4波片，主要用途介绍如下：

(1) 半波片。线偏振光通过1/2波片后，仍为线偏振光，但是，其合振动的振动面与入射线偏振光的振动面转过2θ。若$\theta=45°$，则出射光的振动面与原入射光的振动面垂直，也就是说，当$\theta=45°$时，1/2波片可以使偏振态旋转90°。

(2) 1/4波片。偏振光的入射振动面与波片光轴的夹角θ为45°时，通过1/4波片的光为圆偏振光；反之，当圆偏振光经过1/4波片后，则变为线偏振光。当光两次通过1/4波片时，其作用相当于一个1/2波片。

3. 偏振光的干涉

将各向异性的透明晶体置于两块偏振片中间则可看到偏振光干涉现象。如图13-41所示，在两偏振片间插入一块厚度为d的晶片。此时自然光入射到偏振片1后变成线偏振光，线偏振光垂直通过一个晶片后，一般将成为椭圆偏振光，那么椭圆偏振光再穿过一个偏振片后，由于偏振片只有一个偏振化方向，所以通过偏振片2后，这两束互相垂直的同频率、位相差恒定的光，具有了同一个振动方向，因此这两束光成了相干的偏振光。

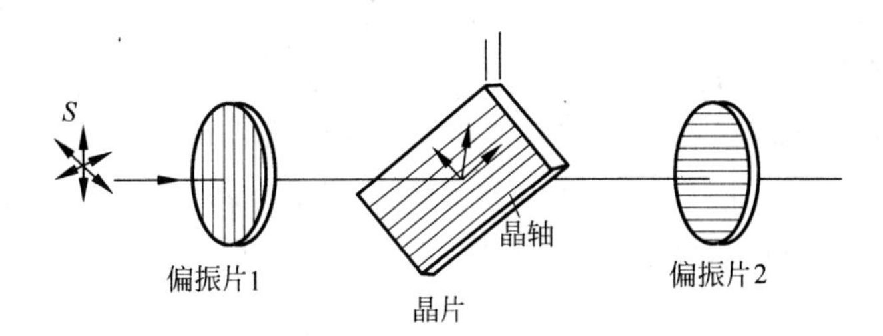

图 13-41 偏振光的干涉装置

这时o光和e光经过晶体之后的相位差为

$$\delta=\frac{2\pi}{\lambda}(n_o-n_e)d$$

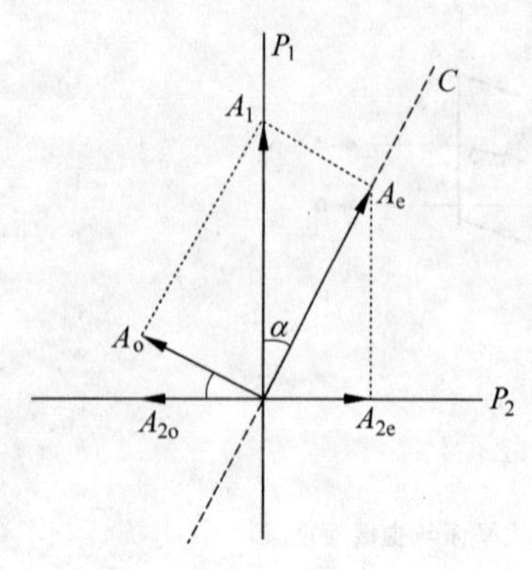

图 13-42　偏振光的干涉 1

(1) 当两块偏振片的偏振化方向相互垂直放置时(如图 13-42 所示),A_1 表示入射偏振光的光矢量,A_e 和 A_o 分别为 A_1 在平行和垂直于晶体主截面方向上的分量。A_{2e} 和 A_{2o} 表示 o 光和 e 光通过偏振片 2 时,在平行其偏振化方向的分振动,它们就是透过偏振片 2 的相干光。

显然,透过偏振片 2 的两分振动的振幅都为

$$A_{2o} = A_{2e} = A\sin\alpha\cos\alpha \tag{13-30}$$

二者之间除了与晶片厚度有关的相位差外,还有因振幅矢量方向相反而产生的附加相位差,所以

$$\delta = \frac{2\pi}{\lambda}(n_o - n_e)d + \pi$$

得到干涉公式

$$(n_o - n_e)d = \frac{2(k+1)\lambda}{2} \quad (极大)$$

$$(n_o - n_e)d = k\lambda \quad (极小)$$

由上式可得到,由于晶片厚度不同,位相差不同,呈现不同的颜色。

当晶片光轴与偏振片 1 的偏振化方向的夹角为 $\alpha=45°$ 或 $\alpha=135°$,由式(13-30)得 $A_{2o}=A_{2e}=A_{max}$,o 光和 e 光的光强相等,干涉效果最明显,干涉加强点最亮。

(2) 当两块偏振片的偏振化方向平行垂直放置时(如图 13-43所示),则

$$A_{2o} = A\sin^2\alpha,\quad A_{2e} = A\cos^2\alpha \tag{13-31}$$

o 光和 e 光经过晶体之后的相位差为

$$\delta = \frac{2\pi}{\lambda}(n_o - n_e)d$$

两束光的强度不一定相等,且没有附加的位相差 π。因此,所得干涉图像的清晰度可能降低,且干涉图像与两块偏振片的偏振化方向相互垂直放置时互补。

当两偏振片偏振化方向相平行时,晶片光轴与偏振片 1 的偏振化方向的夹角为 $\alpha=45°$ 或 $\alpha=135°$,由式(13-31)得 $A_{2o}=A_{2e}$,o 光和 e 光的光强相等,干涉效果最好,干涉加强点最亮。

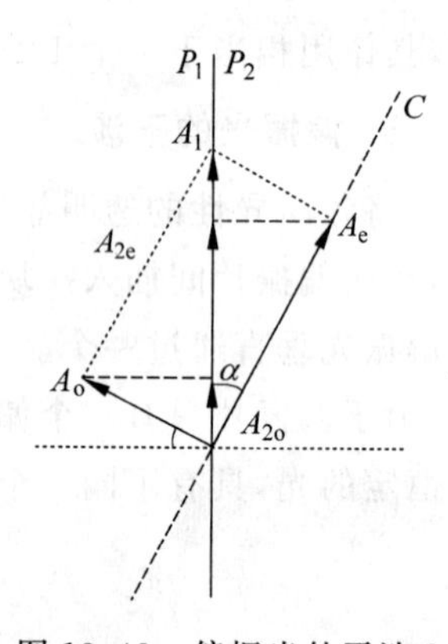

图 13-43　偏振光的干涉 2

当将白光(包含各种波长的光)投射于该系统,随着两偏振片夹角的变化和晶片厚度的不同,将会看到各晶体呈现明暗不同颜色,不同的各种变化,符合某波长相干加强条件者显色,符合某波长相干削弱条件者变暗。

13.3.6　偏振理论在各方面的应用

我们知道,戴上偏振太阳镜能使从玻璃、水面或其他物体表面反射回来的耀眼的光显著减弱。偏振太阳镜是由两块夹着偏振片的玻璃片制成的,能吸收更多的光,经常把它做成黑色。当太阳光被空气分子、水蒸气或尘埃粒子散射之后,一部分散射光将变成偏振光。特别

当太阳光以 90°散射时(见图 13-44),在向下散射的光线里,偏振光可达 70%。这些偏振光的光矢量是沿水平方向偏振的,因此,如果我们设计成偏振化方向为竖直的偏振太阳镜,便可挡住大量的强烈反光。偏振眼镜对汽车驾驶员、划船运动员、渔民以及在雪地上行走的人,都是非常有用的。

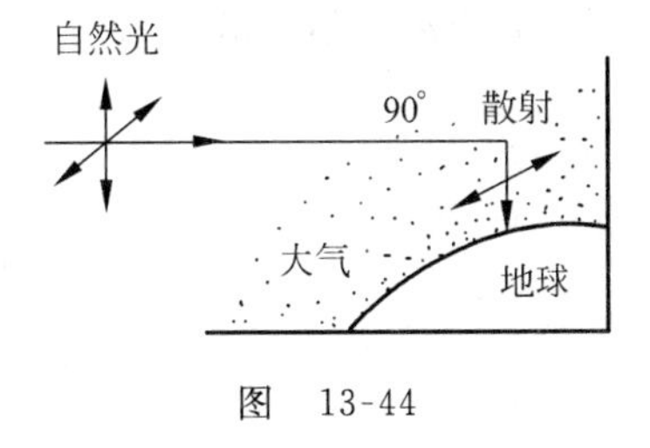

图 13-44

各种透明的各向同性材料,如玻璃、塑料、环氧树脂等,无双折射现象,但在外界(包括力的、电场的、磁场的等)作用下,它们能变成各向异性的双折射材料。这类在外界作用下产生的双折射现象称为人工双折射,如光弹性效应、电光效应等。

在工业上,可以制造各种零件的透明模型,然后在外力的作用下,观测和分析双折射光线的干涉色彩和条纹形状,从而判断模型内部的受力情况。

阅读材料 10 3D 电影

日常生活中人们是用两只眼睛来观察周围具有空间立体感的外界景物的。3D 电影就是利用双眼立体视觉原理,使观众能从银幕上获得三维空间感视觉影像的电影。它不同于一般普通电影在放映时只有影像的平面感觉。

3D 电影的制作有多种形式,其中较为广泛采用的是偏光眼镜法。它以人眼观察景物的方法,利用两台并列安置的电影摄影机,分别代表人的左、右眼,同步拍摄出两条略带水平视差的电影画面。放映时,将两条电影影片分别装入左、右电影放映机,并在放映镜头前分别装置两个偏振轴互成 90°的偏振镜。两台放映机需同步运转,同时将画面投放在金属银幕上,形成左像右像双影。当观众戴上特制的偏光眼镜时,由于左、右两片偏光镜的偏振轴互相垂直,并与放映镜头前的偏振轴相一致,致使观众的左眼只能看到左像、右眼只能看到右像,通过双眼会聚功能将左、右像叠合在视网膜上,由大脑神经产生三维立体的视觉效果,展现出一幅幅连贯的立体画面,使观众感到景物扑面而来、或进入银幕深凹处,能产生强烈的"身临其境"感。

本章要点

1. 光的干涉

(1) 光程 几何路程与介质折射率的乘积(nr)。

光程差

$$\delta = n_2 r_2 - n_1 r_1$$

(2) 位相差与光程差的关系

$$\Delta\varphi = \frac{2\pi\delta}{\lambda}$$

(3) 相干光 能够产生干涉现象的光。相干光源的条件是频率相同,振动方向相同,位相差恒定。

(4) 干涉加强和减弱的条件

$$\Delta\varphi = \begin{cases} \pm 2k\pi, & k = 0,1,2,\cdots,\text{加强} \\ \pm (2k+1)\pi, & k = 0,1,2,\cdots,\text{减弱} \end{cases}$$

$$\delta = \begin{cases} \pm k\lambda, & k = 0,1,2,\cdots,\text{加强} \\ \pm (2k+1)\dfrac{\lambda}{2}, & k = 0,1,2,\cdots,\text{减弱} \end{cases}$$

(5) 半波损失　由光疏到光密介质的反射光，在反射点有位相 π 的突变，相当于有 $\frac{\lambda}{2}$ 的光程差。

(6) 获得相干光的方法：分波振面法；分振幅法。

(7) 杨氏双缝干涉（分波振面法）

明暗纹公式：

$$\delta = \frac{d}{D}x = \begin{cases} \pm k\lambda, & k = 0,1,2,\cdots,\text{明纹} \\ \pm (2k+1)\dfrac{\lambda}{2}, & k = 0,1,2,\cdots,\text{暗纹} \end{cases}$$

$$x_{\text{明}} = \pm k\frac{D}{d}\lambda, \quad k = 0,1,2,\cdots$$

$$x_{\text{暗}} = \pm (2k+1)\frac{D}{d}\cdot\frac{\lambda}{2}, \quad k = 0,1,2,\cdots$$

条纹间距 $\Delta x = \frac{D}{d}\lambda$。

如果整个装置在介质中，上面公式中的 λ 用 λ/n 置换即可。

(8) 薄膜干涉

① 平行薄膜

a. 单色光以各种角度入射到薄膜上，产生等倾干涉，干涉花样是明暗相间的同心圆形条纹。

b. 单色光垂直入射时，反射光的光程差

$$\delta = 2n_2 e + \frac{\lambda}{2}$$

② 等厚干涉（非平行薄膜）

a. 劈尖（劈形膜）

反射光程差

$$\delta = 2ne\left(+\frac{\lambda}{2}\right) = \begin{cases} k\lambda, & k = 0,1,2,\cdots,\text{明纹} \\ (2k+1)\dfrac{\lambda}{2}, & k = 0,1,2,\cdots,\text{暗纹} \end{cases}$$

相邻明（暗）条纹对应膜厚度差

$$\Delta e = e\sin\theta = e_{k+1} - e_k = \frac{\lambda}{2n}$$

相邻明（暗）条纹间距

$$l = \frac{\Delta e}{\theta} = \frac{\lambda}{2n\theta}$$

b. 牛顿环

反射光程差

$$\delta = 2ne\left(+\frac{\lambda}{2}\right) = \begin{cases} k\lambda, & k=0,1,2,\cdots,\text{明纹} \\ (2k+1)\dfrac{\lambda}{2}, & k=0,1,2,\cdots,\text{暗纹} \end{cases}$$

环纹半径

$$r_{\text{明}} = \sqrt{\frac{(2k-1)R\lambda}{2n}}, \quad k=1,2,3,\cdots$$

$$r_{\text{暗}} = \sqrt{\frac{kR\lambda}{n}}, \quad k=0,1,2,\cdots$$

c. 迈克耳孙干涉仪平面镜移动距离与移过条纹数目的关系

$$x = m\frac{\lambda}{2}$$

2. 光的衍射

1）单缝衍射

(1) 光程差

$$x = a\sin\varphi = \begin{cases} \pm k\lambda, & k=1,2,3,\cdots,\text{暗纹中心} \\ \pm(2k+1)\dfrac{\lambda}{2}, & k=1,2,3,\cdots,\text{明纹中心} \\ 0, & \text{中央明纹中心} \end{cases}$$

(2) 中央明纹角宽度

$$\Delta\varphi_0 = \varphi_{+1} - \varphi_{-1} = 2\frac{\lambda}{a}$$

(3) 中央明纹线宽度

$$l = 2f\tan\left(\frac{\Delta\varphi_0}{2}\right) \approx 2f\frac{\lambda}{a}$$

(4) 其他各级明纹宽度

$$l = f\frac{\lambda}{a}$$

2）圆孔衍射

(1) 光学仪器最小分辨角

$$\delta\varphi = 1.22\frac{\lambda}{D} = 0.610\frac{\lambda}{R}$$

(2) 光学仪器分辨本领

$$\frac{1}{\delta\varphi} = \frac{D}{1.22\lambda}$$

3）衍射光栅

(1) 光栅公式(平行光正入射)

$$(a+b)\sin\varphi = \pm k\lambda, \quad k=0,1,2,\cdots$$

(2) 谱线位置

$$x_k = f\tan\varphi_k \approx f\sin\varphi_k$$

3. **光的偏振**

1）马吕斯定律

$$I = I_0 \cos^2 \alpha$$

2）布儒斯特定律

$$\tan i_0 = \frac{n_2}{n_1}$$

习题 13

一、选择题

1. 在真空中波长为 λ 的单色光，在折射率为 n 的透明介质中从 A 点沿某路径传播到 B 点，如图 13-45 所示，若 A、B 两点相位差为 3π，则此路径 AB 的光程为(　　)。

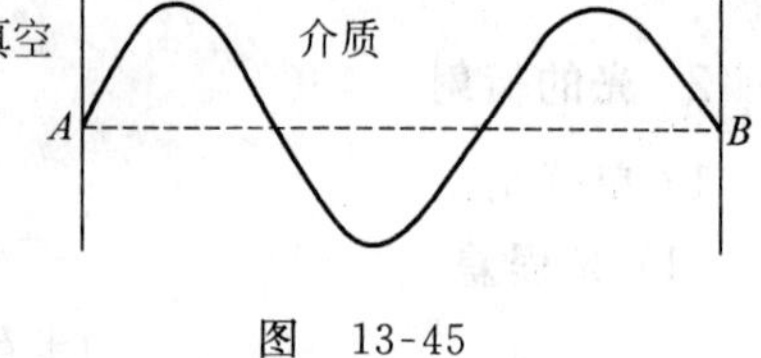

图　13-45

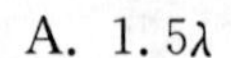

A. 1.5λ　　　B. $1.5n\lambda$

C. 3λ　　　D. $1.5\lambda/n$

2. 在真空中波长为 λ 的单色光在折射率为 n 的均匀透明介质中从 A 点沿某一路径传播到 B 点，设路径的长度 l。A、B 两点光振动相位差记为 $\Delta\varphi$，则(　　)。

A. $l=\frac{3\lambda}{2},\Delta\varphi=3\pi$　　　B. $l=\frac{3\lambda}{2n},\Delta\varphi=3n\pi$

C. $l=\frac{3\lambda}{2n},\Delta\varphi=3\pi$　　　D. $l=\frac{3n\lambda}{2},\Delta\varphi=3n\pi$

3. 用白光光源进行双缝实验，若用一个纯红色的滤光片遮盖一条缝，用一个纯蓝色的滤光片遮盖另一条缝，则(　　)。

A. 干涉条纹的宽度将发生改变

B. 产生红光和蓝光的两套彩色干涉条纹

C. 干涉条纹的亮度将发生改变

D. 不产生干涉条纹

4. 在双缝干涉实验中，用透明的云母片遮住上面的一条缝，则(　　)。

A. 干涉图样不变　　　B. 干涉图样下移

C. 干涉图样上移　　　D. 不产生干涉条纹

5. 一束波长为 λ 的单色光由空气垂直入射到折射率为 n 的透明薄膜上，透明薄膜放在空气中，要使反射光得到干涉加强，则薄膜最小的厚度为(　　)。

A. $\frac{\lambda}{4}$　　　B. $\frac{\lambda}{4n}$　　　C. $\frac{\lambda}{2}$　　　D. $\frac{\lambda}{2n}$

6. 两块平玻璃构成空气劈尖，左边为棱边，用单色平行光垂直入射，若上面的平玻璃慢慢地向上平移，则干涉条纹(　　)。

A. 向棱边方向平移，条纹间隔变小

B. 向棱边方向平移，条纹间隔变大

C. 向棱边方向平移，条纹间隔不变

D. 向远离棱边的方向平移，条纹间隔变小

7. 如图 13-46 所示，用波长为 λ 的单色光垂直照射到空气劈尖上，从反射光中观察干涉条纹，距顶点为 L 处是暗条纹，使劈尖角 θ 连续变大，直到该点处再次出现暗条纹为止，劈尖角的改变量 $\Delta\theta$ 是(　　)。

A. $\frac{\lambda}{2L}$　　B. λ　　C. $\frac{2\lambda}{L}$　　D. $\frac{\lambda}{4L}$

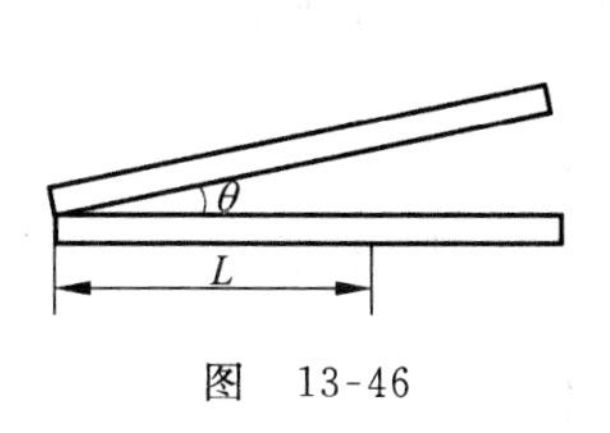

图　13-46

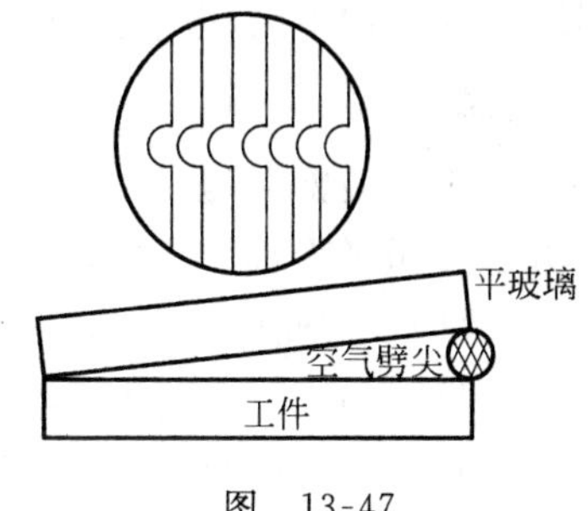

图　13-47

8. 用劈尖干涉法可检测工件表面缺陷，当波长为 λ 的单色平行光垂直入射时，若观察到的干涉条纹如图 13-47 所示，每一条纹弯曲部分的顶点恰好与其左边条纹的直线部分的连线相切，则工件表面与条纹弯曲处对应的部分应(　　)。

A. 凸起，且高度为$\frac{\lambda}{4}$　　B. 凸起，且高度为$\frac{\lambda}{2}$

C. 凹陷，且深度为$\frac{\lambda}{2}$　　D. 凹陷，且深度为$\frac{\lambda}{4}$

9. 在迈克耳孙干涉仪的一条光路中放入一折射率为 n、厚度为 d 的透明薄片，放入后，这条光路的光程改变了(　　)。

A. $2(n-1)d$　　B. $2nd$

C. $2(n-1)d+\frac{1}{2}\lambda$　　D. nd

10. 自然光以布儒斯特角由空气入射到一玻璃表面上，反射光是(　　)。

A. 在入射面内振动的完全偏振光

B. 平行于入射面的振动占优势的部分偏振光

C. 垂直于入射面振动的完全偏振光

D. 垂直于入射面的振动占优势的部分偏振光

11. 一束自然光自空气射向一块平板玻璃(图 13-48)，设入射角等于布儒斯特角 i_0，则在界面 2 的反射光为(　　)。

A. 自然光

B. 线偏振光且光矢量的振动方向垂直于入射面

C. 线偏振光且光矢量的振动方向平行于入射面

D. 部分偏振光

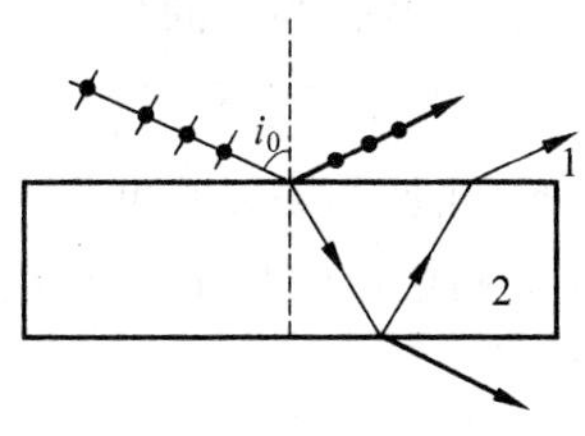

图　13-48

12. $ABCD$ 为一块方解石的一个截面，AB 为垂直于纸面的晶体平面与纸面的交线，光轴方向在纸面内且与 AB 成

一锐角 θ，如图 13-49 所示。一束平行的单色自然光垂直于 AB 端面入射，在方解石内折射光分解为 o 光和 e 光，o 光和 e 光的（　）。

A. 传播方向相同，电场强度的振动方向互相垂直

B. 传播方向相同，电场强度的振动方向不互相垂直

C. 传播方向不同，电场强度的振动方向互相垂直

D. 传播方向不同，电场强度的振动方向不互相垂直

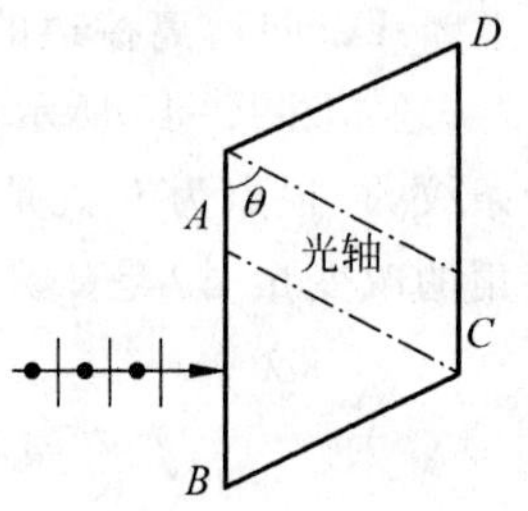

图　13-49

二、计算题

1. 在双缝干涉实验中，波长 $\lambda=550\text{nm}$ 的单色平行光垂直入射到缝间距 $a=2\times10^{-4}\text{m}$ 的双缝上，屏到双缝的距离 $D=2\text{m}$。

(1) 求中央明纹两侧的两条第 10 级明纹中心的间距；

(2) 用一厚度为 $e=6.6\times10^{-6}\text{m}$、折射率为 $n=1.58$ 的玻璃片覆盖上缝后，零级明纹将移到原来的第几级明纹处($1\text{nm}=10^{-9}\text{m}$)？

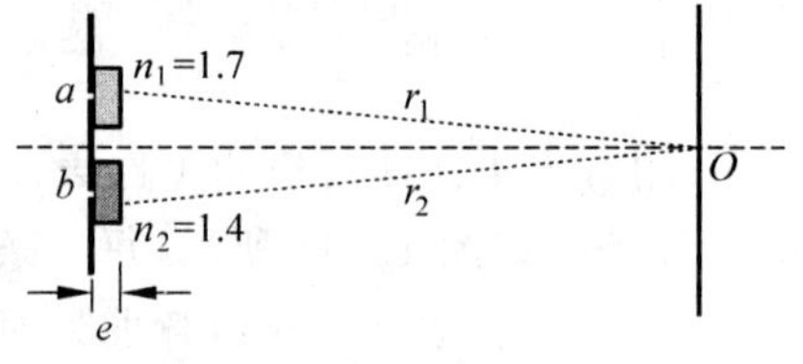

图　13-50

2. 在双缝干涉实验中(图 13-50)，原来的零级明纹在 O 处，若用薄玻璃片(折射率 $n_1=1.7$) 覆盖缝 a，用同样厚度的玻璃片(折射率 $n_2=1.4$) 覆盖缝 b，零级明纹将向何处移动？若覆盖玻璃片后，屏上原来未放玻璃时的中央明纹 O 处变为第三级明纹，设入射光的波长 $\lambda=480\text{nm}$，求玻璃片的厚度。

3. 用白光垂直照射位于空气中的厚度为$0.4\mu\text{m}$的透明薄膜，薄膜的折射率为 1.50，在可见光范围内(400～760nm)哪些波长的反射光有最大限度的增强？

4. 利用玻璃表面上的 MgF_2($n_2=1.38$)透明薄膜层可以减少玻璃($n_3=1.6$)表面的反射(图 13-51)，当波长为 $\lambda=500\text{nm}$ 的光垂直入射时，为了使反射光干涉相消，此透明薄膜层需要的最小厚度为多少？

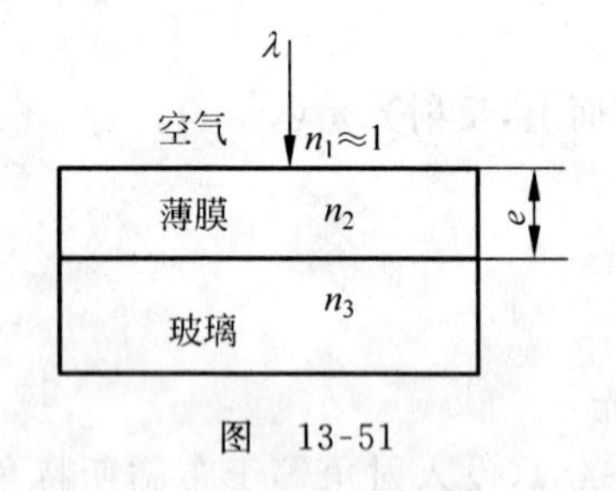

图　13-51

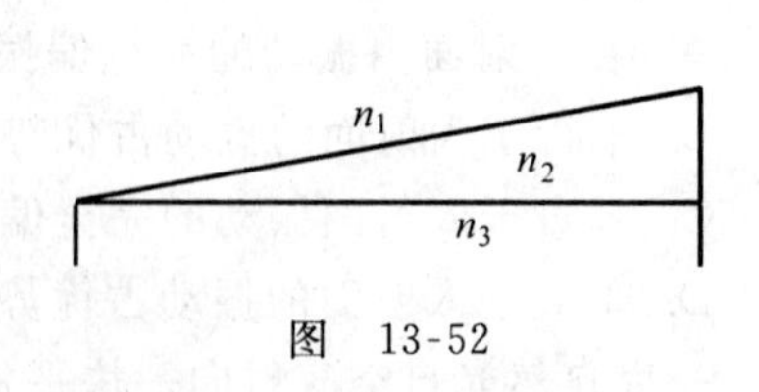

图　13-52

5. 用波长为 λ 的单色光垂直照射如图 13-52 所示的、折射率为 n_2 的劈形膜($n_1>n_2$，$n_3>n_2$)，观察反射光干涉。从劈形膜顶开始，第 2 条明条纹对应的膜厚为多少？

6. 用波长为 λ 的单色光垂直照射如图 13-52 所示的劈形膜($n_1>n_2>n_3$)，观察反射光干涉。则棱边处是什么条纹？从劈形膜尖顶开始算起，第 2 条明条纹中心所对应的膜厚度是多少？

7. 在单缝夫琅禾费衍射实验中，波长为 λ 的单色光垂直入射到单缝上，对应于衍射角 $\varphi=30°$方向上，若单缝处波阵面可划分为 4 个半波带，则单缝的宽度为多少？

8. 在单缝的夫琅禾费衍射实验中，若将缝宽缩小一半，原来第三级暗纹处将是第几级明纹或暗纹？

9. 在正常照度下，人眼的最小分辨角（对黄绿色光）$\theta_0 = 2.3 \times 10^{-4}$ rad。两物点放在明视距离 25cm 处，要想能分辨两物点，则两物点应相距多少？

10. 三个偏振片 P_1、P_2 与 P_3 堆叠在一起，P_1 与 P_3 的偏振化方向相互垂直，P_2 与 P_1 的偏振化方向间的夹角为 30°。强度为 I_0 的自然光垂直入射于偏振片 P_1，并依次透过偏振片 P_1、P_2 与 P_3，则通过三个偏振片后的光强为多少？

11. 一束光是自然光和线偏振光的混合光，让它垂直通过一偏振片，若以此入射光束为轴旋转偏振片，测得透射光强度最大值是最小值的 5 倍，那么入射光束中自然光与线偏振光的光强比值为多少？

12. 一束自然光从空气投射到玻璃表面上（空气的折射率为 1），当折射角为 30°时，反射光为完全偏振光，则此玻璃板的折射率等于多少？

第 6 篇

量子物理基础

第14章

早期的量子论

在解释光电效应和氢原子的光谱等实验事实时,爱因斯坦、玻尔等物理学家意识到在微观世界中存在一种新的效应,这就是量子效应。从此,一种不同于宏观理论的量子论逐步建立起来。尽管这种早期的量子理论不尽完善,在很大程度上是经典概念和量子假设的混合物,但这是物理学发展史中的一个里程碑。1924年德布罗意提出物质波概念后,人们认识到微观粒子具有波粒二象性,在此基础上逐步建立了描述微观世界的量子力学理论。

14.1 热辐射 普朗克能量子假说

14.1.1 热辐射

实验发现,任何物体(固体和液体)在任何温度下都在不断地向外发射电磁波。例如加热铁块时,起初看不出它发光(红外光),但随着温度的升高,它会陆续发出暗红、赤红、橙色,最后发出黄白色的光。生活中还可以发现电炉的炉丝随着温度升高也会呈现不同的颜色。事实上,实验证明,在任何温度下,物体都向外发射各种波长的电磁波,只是在不同的温度下各种电磁波的能量按波长有不同的分布,因此才会呈现出不同的颜色。这种辐射能按波长的分布(能谱分布)随温度而不同的电磁辐射叫做热辐射。室温下,物体辐射的能量大多分布在肉眼看不到的红外或波长更长的区域,人们能看到物体是靠它们反射光,而不是它自身的辐射。只有在高温下物体才发射可见光,例如实验室里经常使用的光源就是高温下的热辐射体。另外,红外追踪、遥感、夜视、热像等也是热辐射的应用技术。

物体发射电磁波的同时,也吸收电磁波。入射到物体的电磁波,一部分被物体吸收,另一部分被物体反射,对透明体来说还会发生部分透射。实验表明,物体向外辐射电磁波的能力与它吸收外来电磁波的能力之间有这样一种规律:对某一波长范围内的电磁波吸收能力强的物体,对该波长范围内的电磁波的辐射能力必定也强。如果在同一时间内物体辐射的电磁波的能量和它吸收的电磁波的能量相等,物体便可以保持恒定的温度,处于热平衡状态,称为平衡热辐射。

14.1.2 基尔霍夫定律

为了定量描述物体的热辐射能量按波长的分布规律，需要引入以下几个物理量。

(1) 单色辐出度　温度为 T(热力学温度)时，在单位时间内物体单位表面积发射的、波长在 $\lambda\rightarrow\lambda+\mathrm{d}\lambda$ 范围内的辐射能 $\mathrm{d}E_\lambda$ 与波长间隔 $\mathrm{d}\lambda$ 之比称为单色辐出度，用 $M_\lambda(T)$ 表示，即

$$M_\lambda(T)=\frac{\mathrm{d}E_\lambda}{\mathrm{d}\lambda} \tag{14-1}$$

单色辐出度的单位是 $\mathrm{W/m^3}$。实验指出，它与物体的材料、表面状况、温度、波长都有关系。对于给定物体，在一定温度时，单色辐出度 $M_\lambda(T)$ 随辐射波长 λ 而变化，它描述物体热辐射的能谱分布。

(2) 辐出度　温度为 T(热力学温度)时，在单位时间内物体单位表面积发射的各种波长的辐射能的总和，称为该物体在温度 T 时的辐出度，用 $M(T)$ 表示，即

$$M(T)=\int_0^\infty M_\lambda(T)\mathrm{d}\lambda \tag{14-2}$$

辐出度的单位是 $\mathrm{W/m^2}$。

(3) 单色吸收比　温度为 T(热力学温度)时，被物体吸收的波长在 $\lambda\rightarrow\lambda+\mathrm{d}\lambda$ 范围内的电磁波的能量与从外界入射到物体表面上的电磁波的总能量之比称为单色吸收比，用 $\alpha(\lambda,T)$ 表示。

1860 年，基尔霍夫(Kirchhoff，Gustav Robert，1824—1887)发现，对于不同材料和不同表面结构的物体，$M_\lambda(T)$ 和 $\alpha(\lambda,T)$ 都是不同的，但它们的比值却是仅取决于温度和波长的一个恒量，即

$$\frac{M_\lambda(T)}{\alpha(\lambda,T)}=M_{0\lambda}(T) \tag{14-3}$$

这称为基尔霍夫定律。对任何材料和任何表面情况的物体来说，$M_{0\lambda}(T)$ 都只是波长和温度的函数。

14.1.3 黑体　黑体辐射实验规律

如果在任何温度下，对任一波长都有 $\alpha(\lambda,T)=1$ 成立，则称此种物体为绝对黑体(简称黑体)。也就是说，黑体可以将投射到其表面的各种波长的电磁波全部吸收而完全不发生反射和透射。在式(14-3)中 $\alpha(\lambda,T)=1$ 时，则 $M_\lambda(T)=M_{0\lambda}(T)$，即 $M_{0\lambda}(T)$ 就是黑体的单色辐出度 $M_\lambda(T)$，也就是说，黑体的单色辐出度仅与温度和波长有关，而与其材料、表面状况无关。

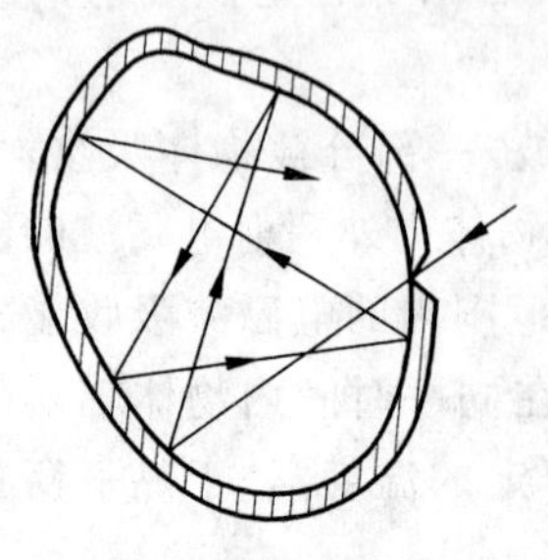

图 14-1　近似黑体模型

19 世纪末，由于冶金高温技术及天文等方面的需要推动了热辐射的研究，黑体热辐射的研究成为当时物理学家最关注的问题，然而自然界中黑体并不存在，只是一个理想模型。最黑的煤炭对入射到其上的辐射能的吸收率也只有 95%，尚达不到 100%。郎默尔首先提出了一个黑体模型，用不透明的材料制成一个空腔，空腔壁上开一个小孔，小孔的表面就可认为是近似黑体。如图 14-1 所

示，从小孔入射的电磁波在腔内历经多次反射，很难再从小孔中逃逸出来。假如从小孔射入的电磁辐射为1，电磁辐射在空腔内经历了100次反射才从小孔射出来，若每次反射时腔壁吸收10%，则最后从小孔射出的电磁辐射的数量级仅为10^{-5}。

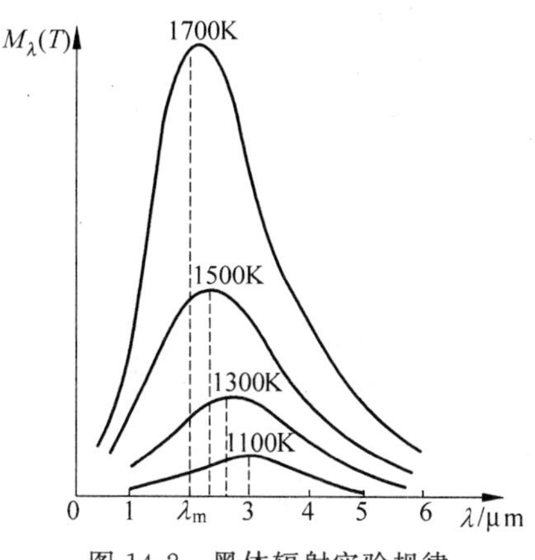

图 14-2　黑体辐射实验规律

在一定温度下，腔壁的原子向腔内发射电磁波，也吸收其他原子射来的电磁波，最终达到发射和吸收的平衡，腔内电磁场达到稳定分布。此时，从小孔逸出的电磁波就是此黑体在该温度下的电磁辐射。由实验可以测得不同温度下黑体辐射的能量随波长分布的曲线，如图14-2所示。曲线的纵坐标为单色辐出度$M_\lambda(T)$，横坐标为波长λ。很明显，在一定温度下，$M_\lambda(T)$随波长λ有一定的分布，在$\lambda=\lambda_m$时有一极大值；对给定黑体而言，不同温度下的辐射曲线的λ_m随温度升高向短波方向移动，黑体辐出度即曲线下总面积随温度的升高而急剧增大。

定量地描述黑体辐射实验曲线的特点需介绍两个实验定律。

1）斯特藩-玻耳兹曼定律

$$M_0(T)=\int_0^\infty M_{0\lambda}(T)\mathrm{d}\lambda=\sigma T^4 \tag{14-4}$$

即黑体的辐出度与温度的四次方成正比，称为斯特藩-玻耳兹曼定律。其中$\sigma=5.670\times10^{-8}\mathrm{W/(m^2\cdot K^4)}$，称为斯特藩常量；$T$为黑体的热力学温度。

2）维恩位移定律

不同温度下能谱曲线的峰所对应的波长λ_m与温度T的乘积为一常量b，即

$$\lambda_m T=b \tag{14-5}$$

称为维恩位移定律。其中$b=2.897\times10^{-3}\mathrm{m\cdot K}$，称为维恩常量。

以上两个实验定律至今仍有广泛应用。例如，如果将太阳看作近似黑体，从太阳光谱中测得$\lambda_m\approx0.49\mu m$，可由维恩位移定律算出太阳表面温度约为6000K。日常观测到炉火中的焦炭温度不高时发出红光，高温时发出黄光，也可由维恩位移定律来解释。另外，大爆炸理论曾经预言，如今宇宙中应残留温度为2.7K的热辐射，称为宇宙微波背景辐射。1964年，彭齐亚斯(Penzias，Arno，1933—　)和威耳孙(Wilson，Robert Woodrow，1936—　)首先发现这种宇宙微波背景辐射。此后，从20世纪70年代到90年代间对背景辐射进行的精密观测都证实了大爆炸理论的预言。

14.1.4　经典物理的困境　普朗克能量子假说

19世纪末，很多物理学家都企图在经典电磁理论和经典统计物理的基础上推导出黑体辐出度的数学表达式。如图14-3所示，1893年维恩根据热力学和麦克斯韦分布律导出了维恩公式，然而这一公式只在短波区域与实验值相符。1900年瑞利(Rayleigh，3rd Baron，1842—1919)和金斯根据能量均分定理、经典电磁理论和统计理论导出了瑞利-金斯公式，

但此公式只在长波区域与实验值相符，并且当波长趋于零时，$M_\lambda(T)$将趋于无穷大，这一发散的结果宣告了在黑体辐射的研究中经典物理的失效。物理学界称之为"紫外灾难"，经典物理学陷入了困境。

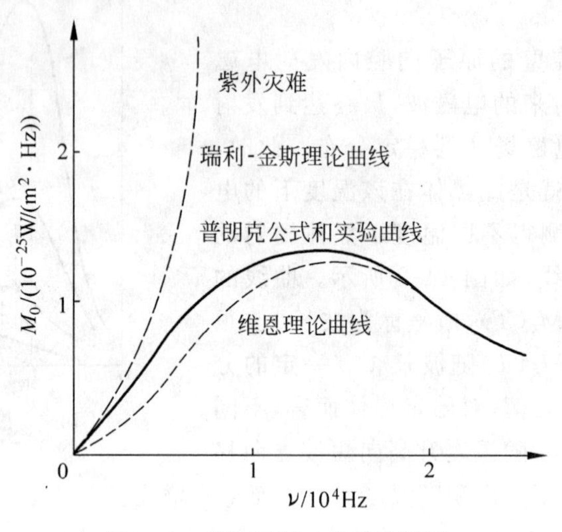

图 14-3　黑体辐射三种理论结果

1900 年 12 月 14 日普朗克(Planck，Max(Karl Ernst Ludwig)，1858—1947)发表了普朗克公式，即

$$M_\nu=\frac{2\pi h\nu^3}{c^2(\mathrm{e}^{\frac{h\nu}{kT}}-1)} \tag{14-6}$$

这一公式在全部频率范围内都和实验值相符，如图 14-3 所示。如换成以波长为变量，则可写成

$$M_\lambda=\frac{2\pi hc^2}{\lambda^5}0\frac{1}{\mathrm{e}^{\frac{hc}{k\lambda T}}-1} \tag{14-7}$$

其中，c 为光速；k 为玻耳兹曼常量；h 为一普适常量，称为普朗克常量，$h=6.626\times10^{-34}\mathrm{J\cdot s}$。

为了找出此公式的理论依据，普朗克尝试了所有可能的经典理论和方法，结果却发现不可能单纯由经典概念推出。因此，他大胆地提出了一系列假设，即普朗克能量子假说：

(1) 黑体的腔壁由无数带电谐振子组成，它们不断发射和吸收电磁波，与周围电磁场交换能量。

(2) 频率为 ν 的谐振子的能量只能取某些特定的值，即谐振子的能量是量子化的：

$$\varepsilon=nh\nu,\quad n=1,2,3,\cdots \tag{14-8}$$

其中 h 为普朗克常量。

(3) 谐振子与周围电磁场交换能量时，能量的改变量也只能是最小能量 $\varepsilon=h\nu$ 的整数倍，ε 称为能量子。

普朗克由于提出能量子这一革命性的概念而获得 1918 年诺贝尔物理学奖。之后的很多年，他总是企图将能量量子化纳入经典物理的框架之内，这些努力耗去了他很多精力。直到 1911 年，他才真正认识到量子化的真正意义。

例 14-1　在加热黑体的过程中，其单色辐出度最大值所对应的波长由 0.69μm 变化到

0.50μm，求辐射功率的变化比。

解：由式(14-5)可得两黑体的温度之比为

$$\frac{T_2}{T_1}=\frac{\lambda_{m1}}{\lambda_{m2}}$$

再由式(14-4)可得

$$\frac{M_0(T_2)}{M_0(T_1)}=\frac{T_2^4}{T_1^4}=\left(\frac{\lambda_{m1}}{\lambda_{m2}}\right)^4=\left(\frac{0.69}{0.50}\right)^4=3.63$$

14.2　光电效应　光的波粒二象性

能量子的概念打开了量子物理世界的大门。1905年爱因斯坦(Einstein Albert，1879—1955)利用量子论成功地解释了著名的光电效应实验，从而使量子论得到进一步的发展。

14.2.1　光电效应的实验规律

金属在光照射下发射出电子，这个现象称为光电效应。从金属表面逸出的电子称为光电子，光电子运动形成光电流。研究光电效应的装置如图14-4所示，在一个真空管内装有阴极K和阳极A，阴极K为金属板，当单色光通过石英窗口射到金属板K上时，金属板便释放光电子。如果在A、K两端加上电压U，则光电子飞向阳极，回路中形成光电流，光电流的大小由电流表读出。实验结果如下。

1) 光电流

对于一定强度的入射光，光电流i随加在两电极上电压U的增加先是增大，然后趋于一个饱和值i_s，如图14-5所示。当入射光频率和电压U固定时，饱和光电流i_s与入射光强度I成正比，这意味着单位时间内从阴极表面发射出的光电子数与入射光强成正比。

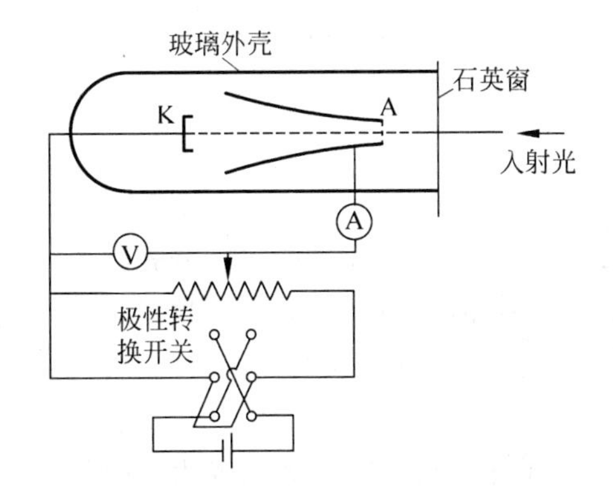

图14-4　光电效应实验装置

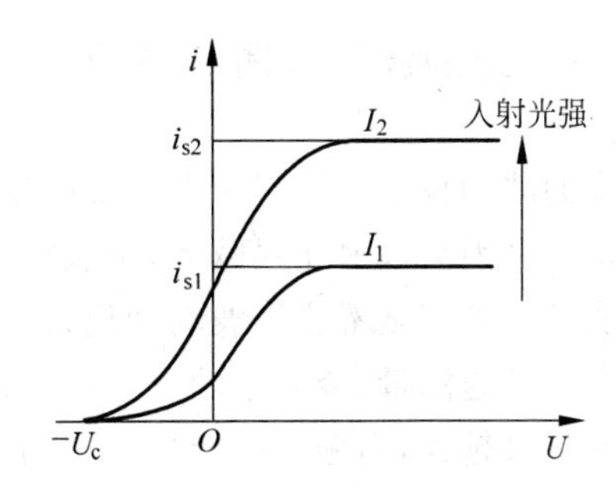

图14-5　光电效应的实验规律

2) 光电子初动能

从阴极发射出来的光电子具有一定的初动能，它们可以克服反向电场力做功到达阳极。只有当反向电压为某个数值U_c时，光电流才减少为零。这个反向电压U_c称为光电效应的截止电压。实验表明，光电子的最大初动能与入射光强无关。eU_c 是光电子克服截止电场力所做的功，设从阴极发射的光电子最大初速度为 v_m，电子的质量为 m_e，则有

$$\frac{1}{2}m_e v_m^2 = eU_c \tag{14-9}$$

3）截止频率

改变入射光的频率，光电效应的截止电压 U_c 则随之变化。实验发现：截止电压 U_c 与入射光频率之间具有如图 14-6 所示的线性关系：

$$U_c = K\nu - U_0 \tag{14-10}$$

式中，K、U_0 都是正值，K 是普适恒量，对所有的金属都是相同的；U_0 则对不同金属有不同的值，对同一金属为恒量。利用式(14-9)得到

$$\frac{1}{2}m_e v_m^2 = eK\nu - eU_0 \tag{14-11}$$

这表明，光电子的最大初动能随入射光频率线性变化，而与入射光强无关。上式还给出了对入射光频率的约束条件

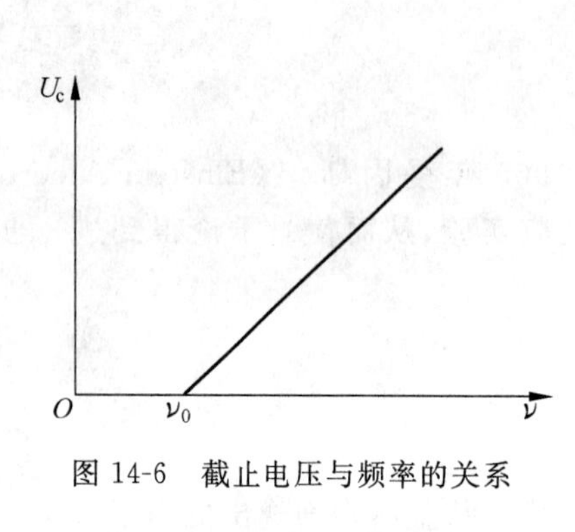

图 14-6 截止电压与频率的关系

$$\nu \geqslant \frac{U_0}{K} \tag{14-12}$$

即 ν 必须满足上述条件，才能产生光电效应。定义一个与金属有关的恒量

$$\nu_0 = \frac{U_0}{K} \tag{14-13}$$

因此我们看到：对于用某种材料制成的金属，存在一个极限频率 ν_0，当入射光频率 $\nu<\nu_0$ 时，无论入射光强多大、照射时间多长，都不会产生光电效应。这个极限频率 ν_0 叫做光电效应的截止频率，又叫做红限频率。例如，钠的截止频率为 4.39×10^{14} Hz(绿光)，有些金属的截止频率不在可见光波段。

4）瞬时效应

光电效应的发生是瞬时的，实际上几乎观察不到时间延迟(时间间隔小于 10^{-9} s)。

14.2.2 光的波动说遇到的困难

光的波动理论仅能解释上述实验结果(14.2.1 节中的 1))，即光电流随着光强的增大而增加。这是因为入射光强越大，金属接受到的能量越多，故发射出的电子就越多。而其他实验事实结果则完全不能用波动理论来解释。按照光的波动理论，入射光照射到金属上，连续地向金属输送能量，金属中的电子从入射光中吸收能量，作受迫振动，电子连续地吸收能量使振幅越来越大，当振动的能量积累到一定值时，电子才能逸出金属表面成为光电子。光波的能量取决于光波的强度，而后者与波的振幅平方成正比。不管入射光的频率是多大，总可以通过增大波振幅的方法使入射光达到足够的强度，以使金属中的电子获得足以逸出金属表面的能量。所以不应有截止频率来限制入射光的频率，任意频率的光波入射都能产生光电效应。逸出电子的初动能也将随入射光强的增大而增大，与入射光频率无关。

再研究一下光电效应的时间响应问题。设电子吸收能量的面积为原子半径平方的量

级，以钾原子为例，原子半径取 $r=0.5\times10^{-10}$ m。已知一个电子脱离钾原子需要 1.8eV 的能量，按照经典电磁理论计算，一个距离功率为 1W 的光源 3m 处的原子积累到 1.8eV 能量大约要一个多小时。而实验事实是，只要光的频率超过红限，不论光怎样弱，光电子几乎是瞬时发射出来的。

14.2.3　爱因斯坦方程

1905 年爱因斯坦将普朗克的量子假设加以发展，认为不仅发射光的振子具有量子性，发出的光也有量子性，即光在被发射、被吸收和传播时能量都是量子化的，可将光看作是一束以光速 c 运动的粒子流，这种粒子称为光量子或光子。每个光子的能量由光的频率决定，大小为

$$\varepsilon = h\nu \tag{14-14}$$

式中，h 为普朗克常量，它是一个很小的量，$h=6.626\times10^{-34}$ J·s。普朗克常量是一个普适常量。

因此，光的能流密度 S 取决于单位时间内垂直通过单位面积上的光子数 N，即 $S=Nh\nu$。同普朗克的量子假设一样，爱因斯坦的光子假设在当时也是十分大胆的。

按照爱因斯坦的光子理论，光照射到金属阴极，光子一个一个地打在金属的表面，发生光子与金属中电子的碰撞，电子要么与光子发生碰撞吸收一个光子，要么因为没有发生碰撞而完全不吸收。如果电子吸收了一个光子，电子吸收的能量一部分用来提供解脱表面束缚所需的能量，另一部分变成从金属中射出后的电子动能。由于金属中的电子被表面束缚的程度各不相同，因此将电子从金属内移到表面外所需要的能量也是各不相同的，电子被束缚得越紧，这个能量就越大。移走束缚最小的电子所需要的能量称为金属的逸出功或功函数，用 A 表示。逸出功取决于金属材料的特性，常见金属逸出功的数量级为 10^{0} eV，例如钠的逸出功是 2.28eV，铜的逸出功是 4.70eV。

从以上分析可以看出，光照射后从金属表面射出的光电子带有不同的动能，其范围从零到某个最大值。根据能量守恒定律，光子携带的能量与逸出功（最小束缚能）之差等于发射出的电子最大初动能，即

$$h\nu = \frac{1}{2}m_e v_m^2 + A \tag{14-15}$$

式(14-15)称为光电效应的爱因斯坦方程。

爱因斯坦方程可以解释光电效应的所有实验结果。入射光强大，表明单位时间内垂直通过单位面积上的光子数 N 大，于是在金属中单位时间内吸收光子的电子数就多，从而饱和光电流 i_s 就大。但不论入射光强大小如何，一个电子一次只吸收一个光子，故由式(14-15)可以直接解释光电子的初动能与频率的线性关系，与入射光强无关。如果入射光的频率低，则光子的能量小，当光子的能量 $h\nu$ 小于金属的逸出功 A 时，电子吸收了这样的一份能量不足以克服金属表面的束缚，此时无论光强多大，也不会有光电子逸出。所以光电效应存在截止频率，令式(14-15)中的初动能为零，可求得用 A 和 h 表示的截止频率：

$$\nu_0 = \frac{A}{h} \tag{14-16}$$

另外,光照射到金属阴极,实际上是单个能量为 $h\nu$ 的光子束入射到阴极,光子与阴极内的电子发生碰撞。当电子一次性地吸收了一个光子后,便获得了 $h\nu$ 的能量而立刻从金属表面逸出,没有时间延迟,即光电效应是瞬时的。

比较式(14-11)和式(14-15),还可以得到常量 K 和 U_0 的数值:

$$K=\frac{h}{e},\quad U_0=\frac{A}{e} \tag{14-17}$$

利用光电效应中光电流与入射光强成正比的特性,可以制造光电转换器,实现光信号与电信号之间的相互转换。这些光电转换器如光电管等,广泛应用于光功率测量、光信号记录、电影、电视和自动控制等诸多方面。

14.2.4 光的波粒二象性

爱因斯坦提出,光子不仅具有能量,而且还有质量、动量等粒子共有的一般特性。根据相对论的质量能量关系,光子的质量为

$$m=\frac{\varepsilon}{c^2}=\frac{h\nu}{c^2} \tag{14-18}$$

光子以光速运动,因此光子的动量

$$p=mc=\frac{h\nu}{c}=\frac{h}{\lambda} \tag{14-19}$$

能量 ε 和动量 p 描述了光子的粒子性,而频率 ν 和波长 λ 描述了光子的波动性,这种双重性质称为光的波粒二象性,它们之间通过式(14-18)和式(14-19)由普朗克常量 h 联系起来。在光的干涉、衍射和偏振等现象中,光表现出明显的波动性,而在这里光却表现出粒子性,在经典理论中这种观点是无法接受的,如何理解光的这种波粒二象性呢?首先应该看到,这里所说的波或者粒子都是经典观念中对物质运动图像的一种抽象和近似,这种抽象和近似不能用来恰当地描述微观世界,微观世界的事物有着与宏观世界的事物不同的性质和规律,从这个意义上说,光既不是经典观念中的波,也不是经典观念中的粒子。另外,在对光的本性的理解上,不应在波动性和粒子性之间进行简单的非此即彼的取舍,而应将其视为光的本性在不同侧面的反映,一般来说,在光与物质的相互作用过程中,光的粒子性表现得较为显著;在光的传播过程中,光的波动性表现得较为明显。

光具有粒子性,那么受到光照射的物体就会感受到光压,就像雨点撞击伞面对雨伞施加压力一样。由于光子的能量和动量十分微小,因此光子对反射面的光压也是很微弱的。列别捷夫在1900年就精确测定了微小的光压,现在使用激光可以产生相当高的光压。存在光压这一事实本身意义重大,证明了光不仅具有能量,还具有质量和动量。在天体物理学中,光压能产生可观的效应,例如当彗星接近太阳时,它的尾巴总是朝着背向太阳的方向,就是因为尾部的微粒受到光压的推斥作用引起的。

爱因斯坦发展了普朗克的量子思想,提出了光量子学说,成功地说明了光电效应的实验规律,揭示了光既具有波动属性又具有粒子属性——波粒二象性,为此,他荣获1921年的诺贝尔物理学奖。

例 14-2 在一个光电效应实验中,以波长为530nm的光照射到一种金属的表面上,产生的光电子的动能遍及0到 4.8×10^{-19} J,欲阻止住最快的光电子到达阳极,需施加的最小

电压为多大？

解：本题中所求的最小电压就是对于此种入射光的截止电压 U_c，因为最快的光电子具有最大的初动能，根据式(14-9)，有

$$U_c = \frac{m_e v_m^2}{2e} = \frac{4.8 \times 10^{-19}}{1.6 \times 10^{-19}} = 3.0(\mathrm{V})$$

例 14-3　一个光电管的发射极的截止波长为 500nm，如果某种入射光的截止电压是 2.5V，求此种入射光的波长。

解：利用式(14-16)可以算出发射极的逸出功

$$A = h\nu_0 = \frac{hc}{\lambda_0} = \frac{6.626 \times 10^{-34} \times 3.0 \times 10^8}{500 \times 10^{-9}} = 3.98 \times 10^{-19}(\mathrm{J})$$

根据光电效应的爱因斯坦方程式(14-15)，并利用式(14-9)，得到

$$\frac{hc}{\lambda} = eU_0 + A$$

$$\lambda = \frac{hc}{eU_0 + A} = \frac{6.626 \times 10^{-34} \times 3.0 \times 10^8}{1.6 \times 10^{-19} \times 2.5 + 3.98 \times 10^{-19}}$$
$$= 2.491 \times 10^{-7}(\mathrm{m}) = 249.1(\mathrm{nm})$$

例 14-4　一种学生用激光器的波长为 633nm，激光器的输出功率为 3.0mW，光束截面积为 2.0mm²。试问：(1)每秒钟有多少光子通过光束的横截面？(2)若该光束垂直入射到一个面积为 2.0mm² 的光滑表面并全部反射，则此表面受到的光压是多少？

解：(1) 每秒钟通过光束横截面的能量为 0.003J，而每个光子的能量为 $h\nu=\frac{hc}{\lambda}$，因此，每秒钟通过光束横截面的光子数为

$$N = \frac{\text{功率}}{\text{一个光子能量}} = \frac{0.003 \times 633 \times 10^{-9}}{6.626 \times 10^{-34} \times 3.0 \times 10^8} = 9.55 \times 10^{15}(\text{个}/\mathrm{s})$$

(2) 每个光子的动量为

$$p = \frac{h}{\lambda} = \frac{6.626 \times 10^{-34}}{633 \times 10^{-9}} = 1.047 \times 10^{-27}(\mathrm{kg \cdot m/s})$$

光子在表面反射时，其动量由 p 改变为 $-p$，故一个光子对表面的冲量大小为 $2p$。而每秒钟撞击表面的光子数为 N，因此，光束每秒钟作用在表面上的冲量，即作用在表面上的冲力的大小 F 为

$$F = 2pN = 2 \times 1.047 \times 10^{-27} \times 9.55 \times 10^{15}$$
$$= 2.00 \times 10^{-11}(\mathrm{kg \cdot m/s^2})$$

表面受到的光压

$$P = \frac{F}{S} = \frac{2.00 \times 10^{-11}}{2.0 \times 10^{-6}} = 1.0 \times 10^{-5}(\mathrm{N/m^2})$$

14.3　玻尔氢原子理论

14.3.1　氢原子光谱的规律性

原子发光是原子的重要特性，而光谱学的数据对研究物质结构具有重要的意义。在 19 世纪末，已有很多分析气体放电时产生的分立光谱的实验工作。最轻、最简单的原子就

是氢原子，它由一个质子和一个电子组成，氢原子具有最简单的光谱。利用非常精密的分光镜测量，人们找到了氢原子在可见光和不可见光范围内的谱线序列。1885 年，巴尔末(Balmer，Johann Jakob，1825—1898)应用归纳法，将氢原子的光谱波长用下列经验公式来表示：

$$\lambda = B\frac{n^2}{n^2-4} \tag{14-20}$$

式中，$B=365.47\mathrm{nm}$，n 为正整数，当 $n=3,4,5,\cdots$时，上式给出 H_α、H_β、H_γ、……谱线的波长。

光谱学中也常用波数 $\sigma=\frac{1}{\lambda}$ 这个物理量，σ 的意义是单位长度内所含有的波的数目。用波数来表示式(14-20)得

$$\sigma = \frac{1}{\lambda} = \frac{4}{B}\left(\frac{1}{2^2}-\frac{1}{n^2}\right) \tag{14-21}$$

此式称为巴尔末公式，在可见光范围内的谱线称为氢原子光谱的巴尔末系。

1889 年，里德伯提出了更一般的氢原子光谱序列的里德伯公式

$$\sigma = R_\infty\left(\frac{1}{k^2}-\frac{1}{n^2}\right)$$

$$k = 1,2,3,\cdots; \quad n = k+1,k+2,k+3,\cdots \tag{14-22}$$

其中，$R_\infty=\frac{4}{B}=1.0967758\times10^7\mathrm{m}^{-1}$，称为里德伯常量。这个公式与实验观测结果符合得很好，相当精确地反映了氢原子光谱的实验规律。公式中不同的 k 为不同的线系，对应于同一个 k 值、不同的 n 值构成线系中的不同谱线。氢原子光谱有以下线系：

$k=1$，莱曼系(紫外)；　　$k=2$，巴尔末系(可见)

$k=3$，帕邢系(红外)；　　$k=4$，布喇开系(远红外)

$k=5$，普芳德系(远红外)；　$k=6$，哈弗莱系(远红外)

图 14-7 是用摄谱仪摄得的氢、氦和汞的光谱图(可见光部分)，它们是一系列线光谱。

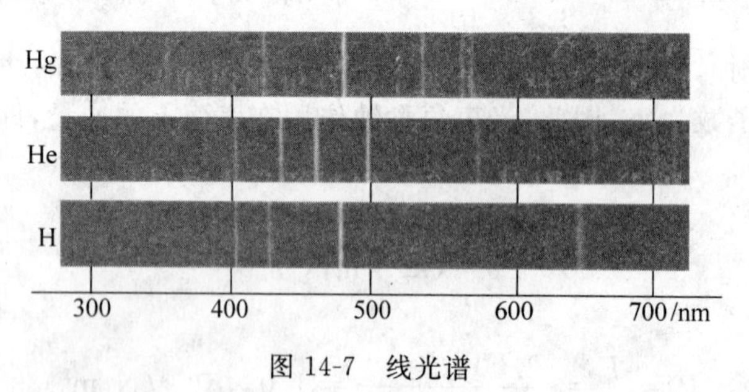

图 14-7　线光谱

14.3.2　玻尔的氢原子理论简介

对原子光谱线系经验公式进行解释，需要知道原子的内部结构。然而直到 20 世纪初，人们对原子的内部结构还不清楚，这个问题困扰着许多物理学家，他们提出了种种不同的原子模型。卢瑟福(Rutherford，Ernest，1871—1937)根据 α 粒子散射实验提出了原子结构的核式模型，但是根据经典物理理论和原子结构的核式模型却无法解释原子光谱。

按照卢瑟福的原子模型，在最简单的氢原子中，一个电子绕着带正电的原子核作圆周运动。由于匀速圆周运动是加速运动，而按照经典电磁场理论，一个作加速运动的带电粒子将会发射电磁波，因此，电子在作圆周运动的过程中将发射电磁波。如果电子作圆周运动的周期是 T，则它发射的电磁波的周期也是 T。随着电子不断地发射电磁波，原子的能量不断地被消耗，使得电子的轨道半径连续不断地变小，因而运动的周期也在不断地变小，进而发射出的电磁波的频率$(1/T)$也是连续变化的。所以在这个过程中，原子发射出的电磁波的频率在不断增大，而且频谱是连续的。更为关键的是，随着这样的辐射过程的进行，电子最终将与原子核相遇，因此，这样的原子在经典理论中是一个不稳定的系统。以氢原子为例，假定在 $t=0$ 时刻，电子处在半径为 10^{-10} m(原子半径的数量级)的轨道上，则到时刻 $t=1.1\times 10^{-10}$ s，电子的轨道半径就变为零，即落在原子核上。然而，物质世界中的原子却是稳定地存在着的。

从表面上看，原子结构的核式模型存在着困难，它既无法说明原子的稳定结构，也不能解释原子光谱的线状分立谱特征。然而，原子结构的核式模型却被大量的实验所证实：至今仍然被认为是完全正确的。因此，以上困难实际上揭示了经典物理理论所描绘的原子内部运动图像是不正确的。

玻尔(Bohr，Niels(Henrik David)，1885—1962)在卢瑟福的原子结构核式模型的基础上，仍然利用经典力学的概念，但把量子化的概念应用到原子系统的状态上，认为原子态是量子化的。他于 1913 年提出了下面的两个基本假设，建立了氢原子的量子论，很好地解释了氢原子光谱的实验规律。

(1) 定态假设：原子系统只能处在一系列不连续的能量状态，在这些状态中，氢原子的核静止不动，电子绕核作匀速圆周运动。虽然电子绕核转动，具有加速度，但并不辐射电磁波，这些状态称为原子的定态，相应的能量为 $E_1,E_2,E_3,\cdots(E_1<E_2<E_3<\cdots)$。通过吸收或发射电磁辐射，或者通过原子间的碰撞，原子从一个定态变成另一个定态，原子的能量相应地从一个值跃变到另一个值，而不能任意连续地变化。

(2) 跃迁假设：当原子从能量为 E_n 的定态跃迁到另一能量为 E_k 的定态时，就要吸收或放出一个光子，光子频率 ν_{kn} 由下式决定：

$$\nu_{kn}=\frac{|E_n-E_k|}{h} \tag{14-23}$$

式中，h 为普朗克常量。上式又称为玻尔频率假设。

从原子的分立光谱事实和普朗克、爱因斯坦的光量子论，玻尔提出的这两条假设是十分自然的，然而却与经典物理学的概念和理论存在着尖锐的矛盾。

氢原子中的电子绕核作匀速圆周运动所需的向心力是原子核对电子的静电吸引力，设电子的质量为 m_e，电子绕核转动的圆周轨道半径和速率分别为 r、v，根据牛顿运动定律有

$$\frac{e^2}{4\pi\varepsilon_0 r^2}=m_e\frac{v^2}{r} \tag{14-24}$$

电子的动能为 $E_k=\frac{1}{2}m_e v^2$，系统的势能为 $E_p=-\frac{e^2}{4\pi\varepsilon_0 r}$，利用上式得到原子的能量为

$$E=E_k+E_p=\frac{1}{2}m_e v^2-\frac{e^2}{4\pi\varepsilon_0 r}=-\frac{e^2}{8\pi\varepsilon_0 r} \tag{14-25}$$

根据玻尔的定态假设，原子系统只能处在一系列不连续的能量状态，从上式看出，电子

绕核运动的轨道半径也只能取一些不连续的值。那么电子圆周轨道的半径究竟只能取哪些分立值呢？为此玻尔当时提出了另外一个确定原子定态的附加量子化条件：电子绕核作定态运动的轨道角动量 L 的大小只能取 $\hbar\left(\hbar=\dfrac{h}{2\pi}\right)$ 的整数倍，即

$$L = n\hbar = n\frac{h}{2\pi}, \quad n = 1,2,3,\cdots \tag{14-26}$$

式中，$\hbar=1.054\times10^{-34}\,\mathrm{J\cdot s}$，称为约化普朗克常量，它是原子角动量的基本单元。上式称为角动量量子化条件。只有满足这个条件的圆周运动轨道才是允许存在的。因此，上式又称为玻尔轨道量子化条件。

按照经典力学，电子圆周运动的角动量大小为 $L=m_e vr$，根据角动量量子化条件式(14-26)，利用式(14-24)，消去 v 得

$$r_n = n^2\frac{\varepsilon_0 h^2}{\pi m_e e^2}, \quad n = 1,2,3,\cdots \tag{14-27}$$

利用式(14-25)，求出原子定态的能量为

$$E_n = -\frac{1}{n^2}\frac{m_e e^4}{8\varepsilon_0^2 h^2}, \quad n = 1,2,3,\cdots \tag{14-28}$$

从以上两式可以看出，r_n 正比于 n^2，而 E_n 反比于 n^2，原子定态的轨道半径和能量都是一系列不连续的分立值，即原子内部的运动状态及其相应的能量是量子化的，正整数 $n=1,2,3,\cdots$，称为量子数。定态能量 E_n 对于所有量子数 n 的取值集合就构成了原子的分立能谱，而其中的每一个分立能量就是一个能级，如图 14-8 所示。以量子数 n 所表征的能级 E_n 和半径为 r_n 的轨道运动，就代表了原子内部运动的第 n 个量子化定态。

根据式(14-28)，$n=1$ 时原子定态的能量最低，这个定态称为原子的基态，其余的与 $n=2,3,4,\cdots$ 相应的那些定态，能量依次升高，分别称为第一、第二、第三激发态。当 $n\to\infty$ 时

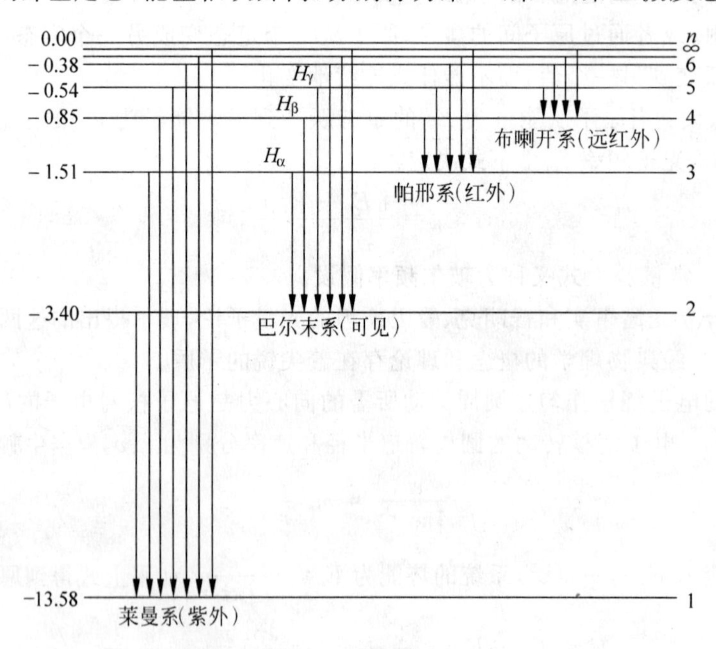

图 14-8　氢原子的能级及其光谱系

$E_n \to 0$，能级趋于连续，$n=\infty$时达到最高能量零。$E_n<0$ 说明原子的定态都是束缚态。若原子的能量 $E>0$，表明原子已发生电离，此时能量可连续变化。根据式(14-27)，从基态到各个激发态的相应轨道半径是逐渐增大的。我们算出氢原子基态($n=1$)的能量和轨道半径为

$$E_1 = -\frac{m_e e^4}{8\varepsilon_0^2 h^2} = -2.17\times 10^{-18}(\mathrm{J}) = -13.6(\mathrm{eV})$$

$$a_0 = \frac{\varepsilon_0 h^2}{\pi m_e e^2} = 0.529\times 10^{-10}(\mathrm{m})$$

a_0 称为氢原子第一玻尔轨道半径，简称玻尔半径。

按照玻尔的跃迁假设，当原子从高能级 E_n 向低能级 E_k 跃迁时，发射一个光子，其频率和波数为

$$\nu_{nk} = \frac{E_n - E_k}{h}$$

$$\sigma_{nk} = \frac{1}{\lambda} = \frac{\nu_{nk}}{c} = \frac{E_n - E_k}{hc} = \frac{m_e e^4}{8\varepsilon_0^2 h^3 c}\left(\frac{1}{k^2} - \frac{1}{n^2}\right)$$

$$k = 1,2,3,\cdots;\quad n = k+1, k+2, k+3,\cdots$$

上式与氢原子光谱的实验规律式(14-22)一致，并由此得到氢原子里德伯常量的理论值为

$$R_{\mathrm{H}} = \frac{m_e e^4}{8\varepsilon_0^2 h^3 c} = 1.097\,373\,1\times 10^7(\mathrm{m}^{-1})$$

R_{H} 与实验值 R_∞ 符合得相当好。然而 R_{H} 与 R_∞ 之间还是有一些差别，这主要是由于我们在前面假设了原子核静止不动，相当于将原子核的质量看成无限大(与电子的质量相比而言)。对此进行修正，得到的理论值 R_{H} 与实验值 R_∞ 符合得更好。

利用 R_{H} 就可将波数写成

$$\sigma = R_{\mathrm{H}}\left(\frac{1}{k^2} - \frac{1}{n^2}\right)$$

$$k = 1,2,3,\cdots;\quad n = k+1, k+2, k+3,\cdots \tag{14-29}$$

这就是氢原子光谱的实验规律式(14-22)。

这样，玻尔理论就成功地解释了氢原子光谱的规律性，并且从理论上导出了氢原子里德伯常量的正确表示式。但是，玻尔理论本身具有结构性的缺陷，没有逻辑上的统一性。它是经典理论与量子假设的混合物，既沿用了质点坐标、速度和轨道等经典力学概念来描述原子内部的运动，又人为地引入了两条量子假设和角动量量子化条件，而这些假设和条件缺乏令人信服的理论依据；然而玻尔理论中的原子定态、跃迁、轨道角动量量子化等概念现在仍然有效，它对量子力学的发展有很大贡献。

例 14-5　在气体放电管中，用能量为 12.5eV 的电子通过碰撞使氢原子激发，问受激发的氢原子向低能级跃迁时，能发射哪些波长的光谱线？

解：设氢原子全部吸收电子的能量后最高激发到第 n 个能级，此能级的能量为$-\frac{13.6}{n^2}\mathrm{eV}$，所以有

$$E_n - E_1 = 13.6 - \frac{13.6}{n^2}$$

把 $E_n - E_1 = 12.5\mathrm{eV}$ 代入上式得

$$n^2 = \frac{13.6}{13.6 - 12.5} = 12.36$$

可得 $n=3.5$。因为 n 只能取整数，所以氢原子最高能激发到 $n=3$ 的能级，于是能产生 3 条谱线。

从 $n=3 \rightarrow n=1$ 有

$$\sigma_1 = R_\infty\left(\frac{1}{1^2} - \frac{1}{3^2}\right) = \frac{8}{9}R_\infty$$

$$\lambda_1 = \frac{9}{8R_\infty} = \frac{9}{8 \times 1.096\,776 \times 10^7} = 1.026 \times 10^{-7}(\text{m}) = 102.6(\text{nm})$$

从 $n=3 \rightarrow n=2$ 有

$$\sigma_2 = R_\infty\left(\frac{1}{2^2} - \frac{1}{3^2}\right) = \frac{5}{36}R_\infty$$

$$\lambda_2 = \frac{36}{5R_\infty} = \frac{36}{5 \times 1.096\,776 \times 10^7} = 6.565 \times 10^{-7}(\text{m}) = 656.5(\text{nm})$$

从 $n=2 \rightarrow n=1$ 有

$$\sigma_3 = R_\infty\left(\frac{1}{1^2} - \frac{1}{2^2}\right) = \frac{3}{4}R_\infty$$

$$\lambda_3 = \frac{4}{3R_\infty} = \frac{4}{3 \times 1.096\,776 \times 10^7} = 1.216 \times 10^{-7}(\text{m}) = 121.6(\text{nm})$$

14.4　夫兰克-赫兹实验

1914 年夫兰克（Franck James，1882—1964）和赫兹（Hertz Gustav Ludwig，1887—1975）利用电场加速由热阴极发出的电子，使电子获得能量并与汞蒸气原子发生碰撞。实验发现，当电子能量未达到某一临界值时，电子不损失能量，电子与汞原子发生的是弹性碰撞；当电子能量达到某一临界值时，电子与汞原子发生的是非弹性碰撞，电子的定量能量传递给汞原子，汞原子被激发，实验还观察到了汞原子跃迁的发射谱线。夫兰克-赫兹实验的结果表明电子失去的能量是一系列分立值，因此说明汞原子的能级是分立的。这对原子的量子理论的建立有重要意义，对玻尔理论给予了极大支持。由于这一研究成果，夫兰克和赫兹同获 1925 年的诺贝尔物理学奖。

图 14-9 为夫兰克-赫兹实验的装置示意图，玻璃容器内的空气被抽出后注入一定温度、一定气压的汞蒸气。在 K 与栅极 G 之间的电场的作用下，从阴极 K 发出的电子被加速，获得一定的速度后与 K、G 间的汞原子碰撞。在栅极 G 和阳极 A 之间加 0.5V 的反向电压。电压表显示加在阴极 K 与栅极 G 之间的电压(加速电压)的大小，电流表则可测出最后能够到达阳极的电子形成的电流(阳极电流)的大小。

图 14-10 为夫兰克-赫兹实验阳极电流和加速电压的实验曲线。阳极电流并不是总随加速电压的增大而增大，而是呈一定的周期性。当加速电压由零开始增大的过程中，阳极电流随加速电压的增大而增大，当阳极电流达到峰值后，随加速电压的增大，阳极电流急剧下降，然后阳极电流又随加速电压的增大而增大；此后阳极电流又出现第二个峰值，依次类推。

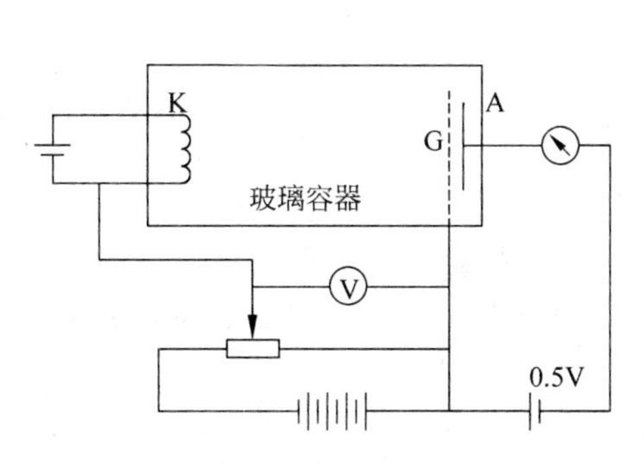

图 14-9　夫兰克-赫兹实验装置示意图

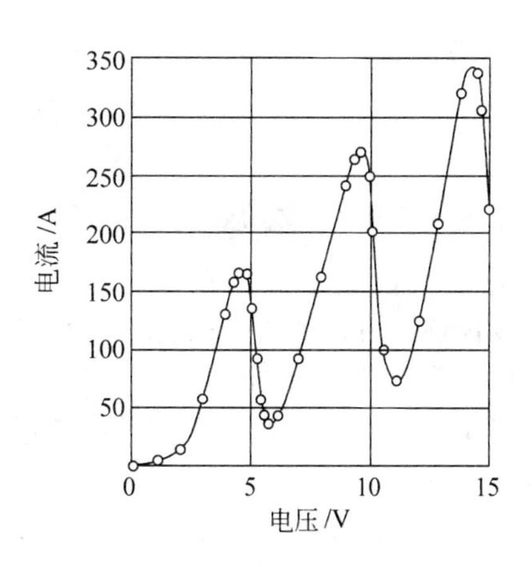

图 14-10　夫兰克-赫兹实验结果

应用玻尔理论中对原子定态和跃迁的假设就可以解释上述实验结果。设汞原子的基态能量为 E_1，第一激发态能量为 E_2。如果与汞原子相碰撞的电子的动能 E_k 小于汞原子第一激发态能量 E_2 与基态能量 E_1 之差，即 $E_k<E_2-E_1$ 时，电子不能激发汞原子，电子不会损失自身能量，此时电子与汞原子发生的是弹性碰撞。因此阳极电流随加速电压的增大而增大。当电子的动能等于或大于汞原子第一激发态能量与基态能量之差，即 $E_k\geqslant E_2-E_1$ 时，汞原子会从电子那里得到 E_2-E_1 的能量，从而从基态跃迁到激发态，这时电子与汞原子发生的是非弹性碰撞，电子把自身全部或部分的能量传递给了汞原子，电子的能量急剧减少，因此阳极电流也急剧减小。这就是图 14-10 中阳极电流第一个波谷出现的原因。当加速电压继续增大时，电子剩余的能量随之增大，因此阳极电流亦随之增大。当电子的动能等于或大于汞原子第一激发态能量与基态能量之差的 2 倍，即 $E_k\geqslant 2(E_2-E_1)$时，电子会连续与两个汞原子发生非弹性碰撞，使两个汞原子由基态跃迁到第一激发态，此时电子能量急剧减少，因此阳极电流急剧减小，这就是图 14-10 中阳极电流第二个波谷出现的原因。其他波谷的原因可类似推导出来。

实验还得到阳极电流的第一次峰值对应的加速电压为 4.9V，第二次峰值对应的加速电压为 9.8V，第三次峰值对应的加速电压为 14.7V，即阳极电流两相邻峰值所对应的加速电压均为 4.9V。因此，4.9eV 是把汞原子从基态激发到第一激发态所需要的能量。4.9V 又称为汞原子的第一激发电势。图 14-10 只测到汞原子从基态到第一激发态跃迁的原因是汞的蒸气压较大，电子动能一旦达到 4.9eV 就会频繁地同汞原子发生非弹性碰撞而损失掉能量，因此自身能量无法累积到较高数值。对实验装置进行适当改进就可以测到汞原子从基态向更高激发态的跃迁。

处于激发态的原子是不稳定的，当它跃迁回基态时，会发射出光子。实验测得汞所发射光的波长为 $\lambda=253.7\text{nm}$，相应光子的能量为 $h\nu=h\dfrac{c}{\lambda}=4.89\text{eV}$，正好与实验曲线上第一个峰值所对应的电子能量相吻合。

例 14-6　在夫兰克-赫兹实验中，汞原子在放出它从电子那里吸收的 4.9eV 能量时，发射波长为 $\lambda=253.7\text{nm}$ 的共振谱线，试由此计算普朗克常量 h 的值。

解：由玻尔频率条件 $h\nu=4.9\text{eV}$ 可得

$$h=\frac{4.9}{\nu}=\frac{4.9}{\frac{c}{\lambda}}=\frac{4.9\times1.602\times10^{-19}}{\frac{3.0\times10^{8}}{253.7\times10^{-9}}}=6.638\times10^{-34}(\text{J}\cdot\text{s})$$

14.5 康普顿散射

康普顿散射是证明光的粒子性和光子能量假设的另一个有代表性的实验，是由美国物理学家康普顿(Compton，Arthur Holly，1892—1962)和我国物理学家吴有训(1897—1977)共同完成的。这个实验还证实了在微观粒子相互作用过程中动量守恒定律和能量守恒定律仍然严格成立。

图 14-11 为康普顿散射实验装置图。X 射线源发射一束波长为 λ_0 的 X 射线，通过光阑后成为一束极其狭窄的 X 射线后投射到散射体石墨上，从石墨再出射的 X 射线是沿着各种方向的，故称为散射。θ 称为散射角。

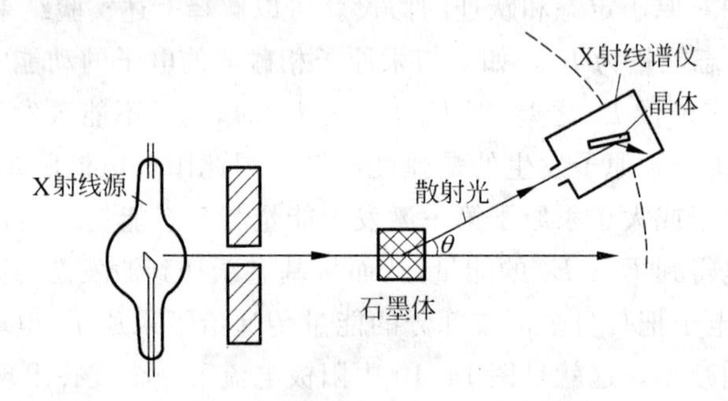

图 14-11 康普顿散射实验装置

用 X 射线谱仪可以探测到不同散射角 θ 的散射 X 射线的波长及相对强度 I。图 14-12 和图 14-13 为康普顿散射的实验结果，可概括为以下两点：

(1) 当固定在某散射角 θ 方向观察时，发现在散射 X 射线中，除有与入射 X 射线波长 λ_0 相同的散射线外，还有波长 $\lambda>\lambda_0$ 的散射线出现，这种波长变大的散射现象称为康普顿散射或康普顿效应。如果改变 θ，则波长的增量 $\lambda-\lambda_0$ 的大小以及波长为 λ 的散射光的光强都随 θ 的增大而增大，原波长 λ_0 的散射光的光强则随 θ 的增大而减小。

(2) 波长的增量 $\lambda-\lambda_0$ 与散射体无关，但原波长 λ_0 的散射光的光强随散射体的原子序数的增大而增大，波长为 λ 的散射光的光强则随之减小。

康普顿散射的实验结果与经典电磁理论是互为矛盾的。按照经典电磁波理论，当电磁波进入物质时，物质中的电子在入射电磁波的作用下作受迫振动，振动频率和波长与入射波相同，作受迫振动的电子发射的散射波的频率和波长也应与入射波相同。这就无法解释康普顿散射中还有波长 $\lambda>\lambda_0$ 的散射线出现的现象。

1922 年康普顿应用爱因斯坦的光子模型，在理论上推导出了与实验结果完全吻合的结论。康普顿认为入射 X 射线与散射物质的相互作用是 X 射线光子与散射体物质中束缚较弱的原子外层电子的碰撞。X 射线光子的能量为 $10^4\sim10^5$ eV，远大于轻元素原子中外层电子的结合能($10\sim10^2$ eV)，也远大于电子自身热运动的能量(约为 10^{-2} eV)，因此相对于 X 射线光子，电子可看作是静止的自由电子。这样，康普顿散射可看作是入射光子与静止的自由电子的弹性碰撞。在碰撞过程中，光子、电子系统遵守动量与能量守恒。

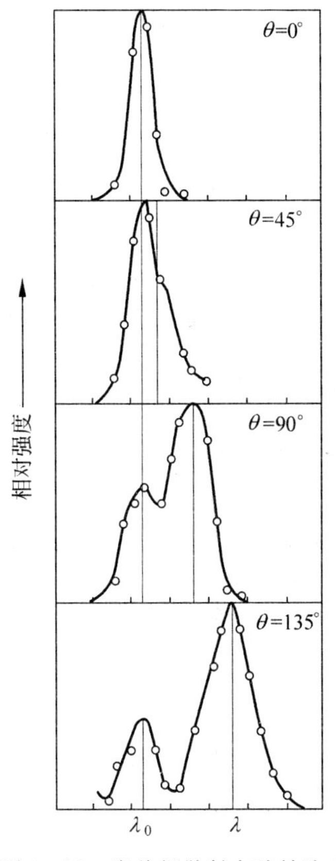

图 14-12　康普顿散射实验结论 1

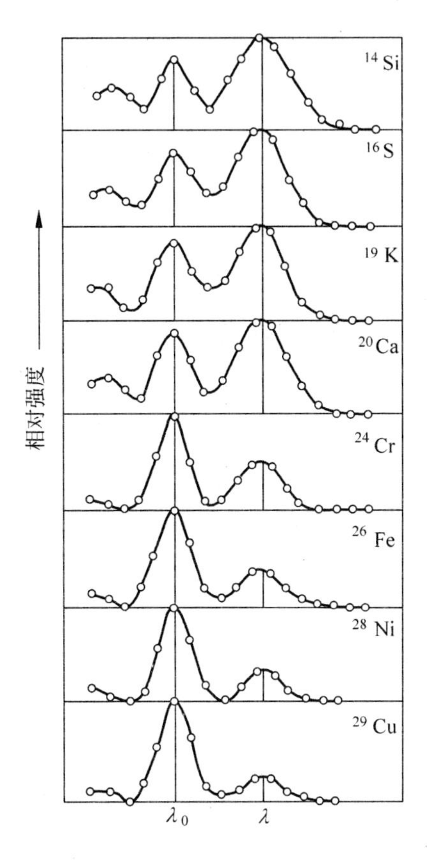

图 14-13　康普顿散射实验结论 2

如图 14-14 所示，假设碰撞前入射光子的频率为 ν_0，其能量为 $h\nu_0$，动量为$\frac{h\nu_0}{c}e_0$，静止自由电子的能量为 m_0c^2，动量为零。碰撞后，假设散射光子频率为 ν，其能量为 $h\nu$，动量为$\frac{h\nu}{c}e$，方向与入射线夹角为 θ；电子的速度为 v，能量为 mc^2，动量为 mv，方向与入射线的夹角为 φ，其中

$$m=\frac{m_0}{\sqrt{1-\left(\frac{v}{c}\right)^2}}$$

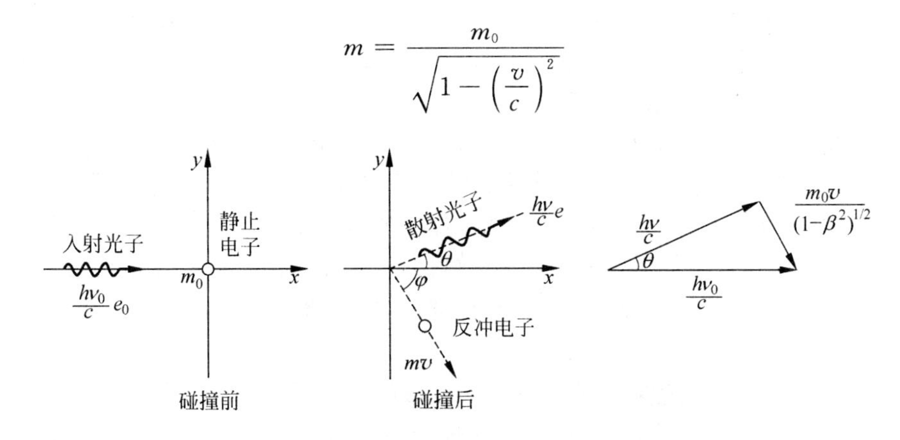

图 14-14　入射光子与静止的自由电子的弹性碰撞过程中动量与能量守恒

根据动量守恒定律可得

$$\frac{h\nu_0}{c} = \frac{h\nu}{c}\cos\theta + mv\cos\varphi \tag{14-30}$$

$$\frac{h\nu}{c}\sin\theta = mv\sin\varphi \tag{14-31}$$

由三角形关系得

$$m^2v^2 = \left(\frac{h\nu_0}{c}\right)^2 + \left(\frac{h\nu}{c}\right)^2 - 2\,\frac{h\nu_0}{c}\cdot\frac{h\nu}{c}\cos\theta \tag{14-32}$$

根据能量守恒定律可得

$$h\nu_0 + m_0c^2 = h\nu + mc^2 \tag{14-33}$$

改写成

$$mc^2 = h(\nu_0 - \nu) + m_0c^2 \tag{14-34}$$

将 $mc^2=h(\nu_0-\nu)+m_0c^2$ 平方后与 $m^2v^2=\left(\frac{h\nu_0}{c}\right)^2+\left(\frac{h\nu}{c}\right)^2-2\,\frac{h\nu_0}{c}\cdot\frac{h\nu}{c}\cos\theta$ 相减，并应用狭义相对论的质量与速度的关系式，即碰撞后电子质量 $m=\frac{m_0}{\sqrt{1-\left(\frac{v}{c}\right)^2}}$，整理后得到

$$m_0c^2(\nu_0 - \nu) = h\nu_0\nu(1 - \cos\theta) \tag{14-35}$$

等式两边同除以 $m_0c\nu_0\nu$，可得

$$\lambda - \lambda_0 = \frac{h}{m_0c}(1 - \cos\theta) \tag{14-36}$$

上式也经常写成

$$\lambda - \lambda_0 = \frac{2h}{m_0c}\sin^2\left(\frac{\theta}{2}\right) = 2\lambda_C\sin^2\left(\frac{\theta}{2}\right) \tag{14-37}$$

式中，λ_0 为入射光的波长，λ 为散射光的波长。此结论表明波长的改变量 $\lambda-\lambda_0$ 只与散射角 θ 有关，当 $\theta=0°$时，波长不变，当 θ 增大时，$\lambda-\lambda_0$ 也随之增大。这与实验结果是一致的。其中 λ_C 称为电子的康普顿波长，其值等于在 $\varphi=90°$的方向上测得的波长改变量，即

$$\lambda_C = \frac{h}{m_0c} = 2.43\times10^{-12}\,(\mathrm{m})$$

散射光波长的改变量 $\lambda-\lambda_0$ 的数量级为 10^{-12} m。对于波长较长的可见光或波长更长些的无线电波来说，波长的改变量 $\lambda-\lambda_0\ll$入射光的波长 λ_0，康普顿效应可以忽略。只有波长较短的电磁波，波长的改变量才与入射光的波长相当，康普顿效应才明显。

以上讨论了散射光中波长 $\lambda>\lambda_0$ 的散射光产生的原因，接下来分析一下波长与入射光相同的散射光产生的原因。当光子与散射体原子中受原子核束缚很紧的内层电子发生碰撞时，可以看作是光子与整个原子的碰撞。由于原子的质量≫光子的质量，因此碰撞后光子只改变运动方向而不会改变能量的大小，因而散射光中存在波长为原波长 λ_0 的散射光。当散射体原子序数增大时，电子被原子核束缚得越来越紧，因此波长为原波长 λ_0 的散射光的光强也随之增大。

由于康普顿在 X 射线散射的实验和理论方面的贡献，他获得了 1927 年的诺贝尔物理学奖，中国物理学家吴有训在康普顿实验室中做了大量实验，排除了一些人对康普顿效应的怀疑。

例 14-7　波长为0.400Å的X射线对电子进行了90°的康普顿散射，求出它的波长的改变量。

解：根据式(14-37)得

$$\lambda-\lambda_0=2\lambda_C\sin^2\left(\frac{\theta}{2}\right)=2\times2.43\times10^{-12}\times\left(\frac{\sqrt{2}}{2}\right)^2$$
$$=2.43\times10^{-12}(\text{m})=0.0243(\text{Å})$$

14.6　德布罗意波　实物粒子的波粒二象性

14.6.1　德布罗意假设

玻尔理论成功地解释了氢原子光谱规律，揭示了原子内部状态的量子化，但面对稍微复杂一些的原子问题就不适用了，因此早期的量子论在处理微观粒子问题上充满了局限。1924年德布罗意(de Broglie，Louis Victor，1892—1987)受到光的波粒二象性以及自然界对称性的启发，在其博士论文中提出了这样的问题："整个世纪以来，在辐射理论上，比起波动的研究方法来，是过于忽略了粒子的研究方法；在实物理论上，是否发生了相反的错误呢？是不是我们关于'粒子'的图像想得太多，而过分地忽略了波的图像呢？"他大胆地提出假设：不仅光具有波粒二象性，一切实物粒子如电子、原子、分子等也都具有波粒二象性。1927年戴维逊-革末由实验证实了这一假设。

德布罗意认为一个质量为m、速度为v的实物粒子(其能量$E=mc^2$，动量$p=mv$)与一个频率为ν、波长为λ的波相联系，这种波称为物质波或德布罗意波。它们之间的关系为

$$E=mc^2=h\nu \tag{14-38a}$$

$$p=mv=\frac{h}{\lambda} \tag{14-38b}$$

上式也可写成

$$\nu=\frac{E}{h}=\frac{mc^2}{h}=\frac{m_0c^2}{h\sqrt{1-\frac{v^2}{c^2}}} \tag{14-39a}$$

$$\lambda=\frac{h}{p}=\frac{h}{mv}=\frac{h}{m_0v}\sqrt{1-\frac{v^2}{c^2}} \tag{14-39b}$$

称为德布罗意公式或德布罗意假设。

根据德布罗意假设可估算动能约为100eV的电子的德布罗意波长。由于电子的动能远小于电子静能$E_0=m_0c^2\approx0.5\text{MeV}$，可按非相对论动量计算：

$$\lambda=\frac{h}{p}=\frac{h}{\sqrt{2m_0E_k}}=\frac{6.63\times10^{-34}}{\sqrt{2\times9.11\times10^{-31}\times100\times1.6\times10^{-19}}}$$
$$=1.23\times10^{-10}(\text{m})=1.23(\text{Å})$$

如果电子在加速电势差U的作用下(假设获得的速度远小于光速)，获得的动能为$E_k=\frac{1}{2}m_0v^2=eU$，则$\lambda=\frac{h}{\sqrt{2em_0}}\cdot\frac{1}{\sqrt{U}}$，将$h$、$e$、$m_0$代入上式得

$$\lambda=\frac{12.2}{\sqrt{U}}\times10^{-10}(\mathrm{m}) \tag{14-40}$$

如果$U=150\mathrm{V}$，则$\lambda=1\text{Å}$，这一波长值与X射线波长的数量级相同，所以实物粒子的德布罗意波长是很短的，其波动性在通常实验条件下表现不出来。但到了微观尺度范围，实物粒子的波动性就会显现出来。表14-1列出了一些粒子的德布罗意波长。

表14-1　一些粒子的德布罗意波长

粒子	已知量	德布罗意波长/m	粒子	已知量	德布罗意波长/m
电子	1eV	12.3×10^{-10}	He原子	100K	0.75×10^{-10}
电子	100eV	1.2×10^{-10}	微尘	$m=10^{-13}\mathrm{kg}, v\approx0.01\mathrm{m/s}$	约6.6×10^{-17}
中子	1eV	0.29×10^{-10}	枪弹	$m=20\times10^{-3}\mathrm{kg}, v=500\mathrm{m/s}$	6.6×10^{-35}
中子	1000eV	0.9×10^{-12}			

德布罗意根据其物质波假设，曾设想氢原子中电子的物质波为一绕原子核的圆轨道传播的环形波，如图14-15所示。物质波沿半径为r的圆周环行时，如果不满足$2\pi r=n\lambda$（n为正整数），则随着环行波在圆周上一圈一圈地传播，在各点激起的振动会相继削弱，从而使波动逐渐消失。仅当满足条件

$$2\pi r=n\lambda,\quad n=1,2,3,\cdots \tag{14-41}$$

时，物质波才能在圆周上持续地传播，并形成环行驻波，如图14-16所示。

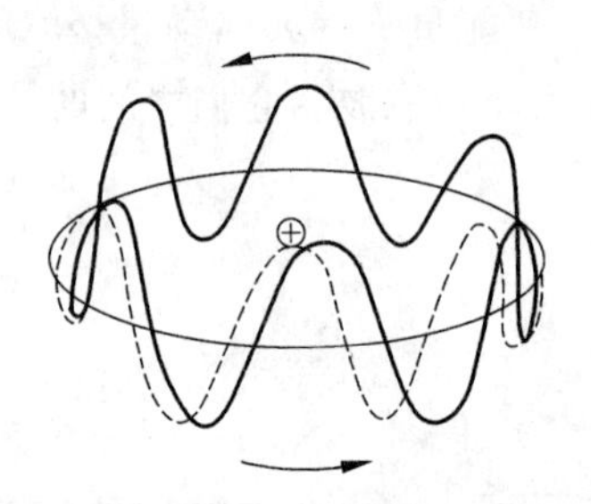

图14-15　德布罗意电子环形驻波（一）

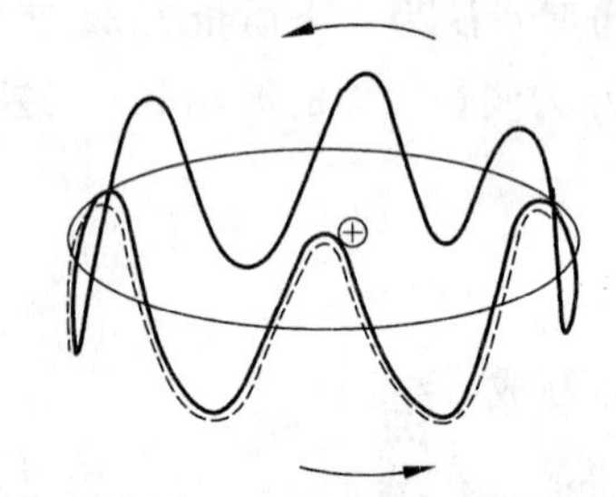

图14-16　德布罗意电子环形驻波（二）

将物质波波长的关系式$\lambda=\dfrac{h}{m_0 v}$代入式(14-41)，得

$$m_0 vr=n\frac{h}{2\pi}=n\hbar,\quad n=1,2,3,\cdots \tag{14-42}$$

这正是玻尔假设中有关电子轨道角动量量子化的条件，因此德布罗意从物质波假设成功地导出了玻尔假设。

14.6.2　电子衍射实验

德布罗意假设是一个革命性的假设，超出了当时科学家们的思维方式和认识水平，只有爱因斯坦慧眼有识，他相信德布罗意假设的意义远远超出了单纯的对比。果然德布罗意假设不久之后就得到了实验上的证实。电子的德布罗意波长接近于X射线的波长，如果电子

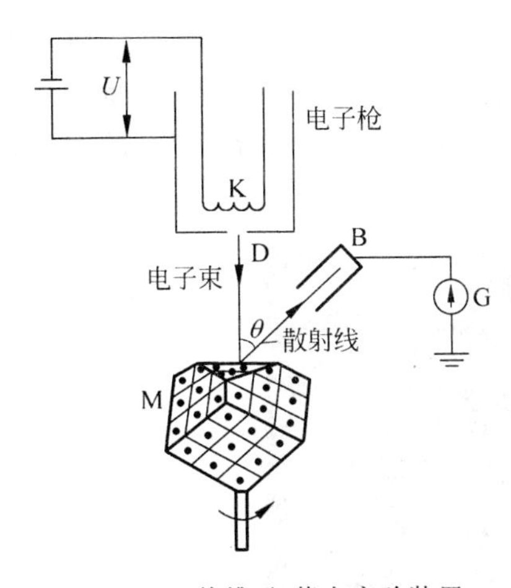

图 14-17 戴维逊-革末实验装置

确有波动性，则将电子束投射到晶体上时也会发生衍射现象。1927 年戴维逊（Davisson Clinton Joseph，1881—1958）和革末（L. H. Germer，1896—1971）用一定的电势差 U 把从灯丝 K 发出的电子加速后经狭缝 D 形成细束平行电子射线，以一定的角度投射到镍单晶体 M 上，经晶面散射后用集电器 B 收集。进入集电器的电子流强度 I 可用与 B 相连的电流计 G 来测量，如图 14-17 所示。实验时，使图中所示的两 θ 角相等，并保持不变；改变加速电势差 U，测量相应的电子流强度 I。实验发现，只有在 $U=54\text{V}$，且 $\theta=50°$ 时 I 才有极大值，如图 14-18 所示。

按照 X 射线在晶体表面衍射的规律，由图 14-19 可知，散射电子束极大的方向应满足下列条件：

$$d\sin\varphi = \lambda \tag{14-43}$$

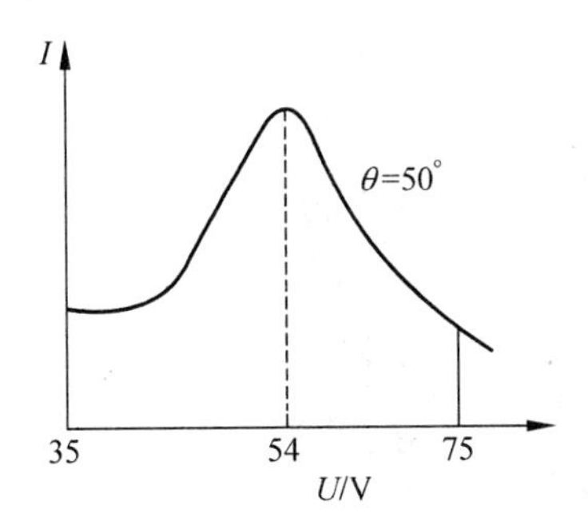

图 14-18 戴维逊-革末实验结果

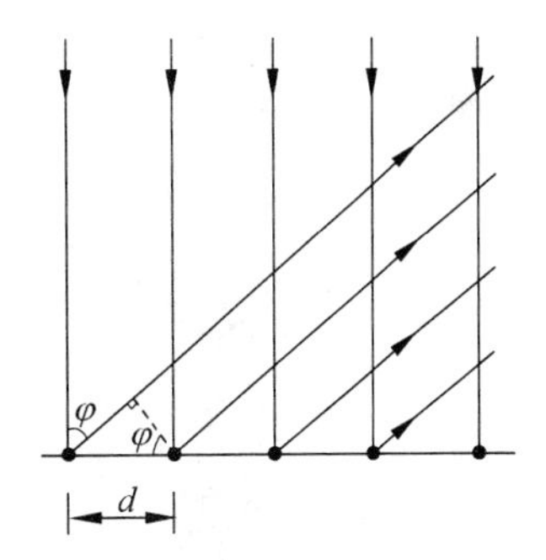

图 14-19 X 射线衍射规律

已知镍晶面上原子间距为 $d=2.15\times10^{-10}\text{m}$，则电子波的波长应为

$$\lambda = d\sin\varphi = 2.15\times10^{-10}\times\sin50° = 1.65\times10^{-10}(\text{m})$$

按照德布罗意假设，该电子波的波长应为

$$\lambda = \frac{h}{m_0 v} = \frac{h}{\sqrt{2m_0E_\text{k}}} = \frac{6.63\times10^{-34}}{2\times0.91\times10^{-31}\times54\times1.6\times10^{-19}}$$

$$=1.67\times10^{-10}(\text{m})$$

因此，λ 的理论值和实验值符合得非常好。

同年，汤姆孙（Thomson Sir George Paget，1892—1975）在高能电子束通过多晶薄膜的透射实验中也发现了电子衍射，实验装置如图 14-20 所示。结果获得了与 X 射线衍射图样十分相似的衍射图样，如图 14-21 所示。其中左图为 X 射线衍射图样，右图为汤姆孙电子衍射图样。1961 年，德国的约恩孙做了电子的双缝、四缝等衍射实验。如图 14-22 所示，左图为双缝衍射结果，右图为四缝衍射结果。后来，

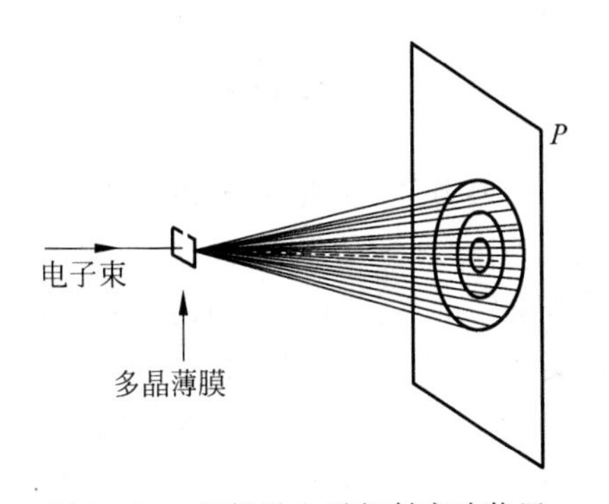

图 14-20 汤姆孙电子衍射实验装置

中子、质子、原子甚至分子的衍射现象也观测到了，德布罗意公式对这些粒子同样适用。所有此类实验的成功都证实了德布罗意的预言：一切微观粒子都具有波粒二象性，而且在实验中测得的物质波的波长与理论计算值一致。戴维孙和汤姆孙因为电子衍射实验的贡献而共同分享了1937年的诺贝尔物理学奖。

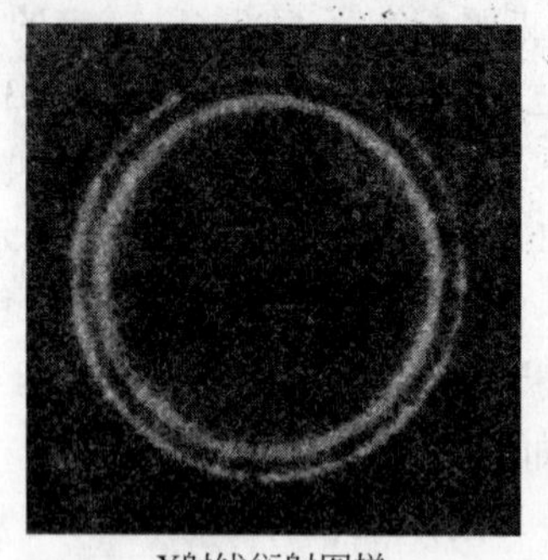
X射线衍射图样

汤姆孙电子衍射图样

图 14-21

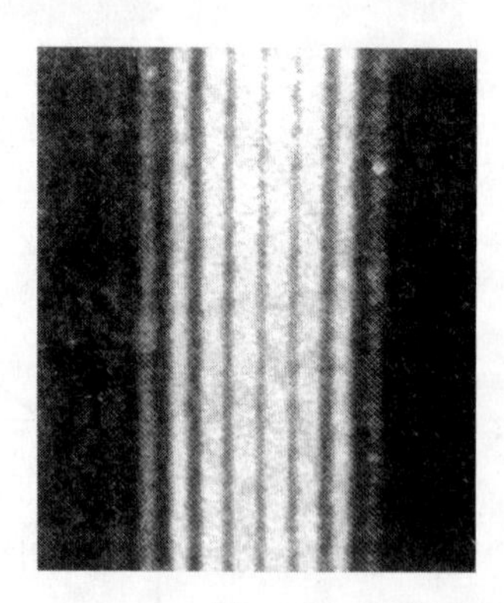
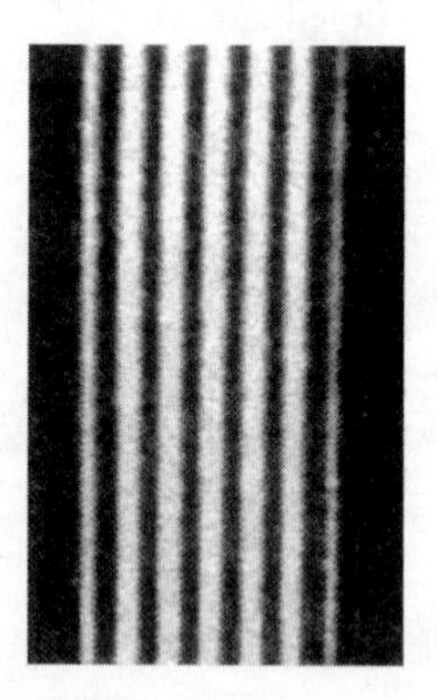

图 14-22 约恩孙电子衍射图样

例 14-8 在电子显微镜中，若要使电子波的波长为0.07nm，求对电子的加速电压。

解：根据式(14-40)，电子波的波长 $\lambda=\frac{12.2}{\sqrt{U}}\times10^{-10}$(m)，因此，电子的加速电压为

$$U=\left(\frac{12.2\times10^{-10}}{0.07\times10^{-9}}\right)^2=303(\text{V})$$

14.7 不确定关系

经典力学中，质点(宏观的物体或粒子)在任何时刻都有完全确定的位置、动量、能量、角动量等。与此不同，微观粒子具有明显的波动性，以至于它的某些成对的物理量不可能同时具有确定的数值，例如位置和动量、角坐标和角动量、能量和时间等。下面通过电子单缝衍射实验来进行说明，如图14-23所示。

设一束德布罗意波长为 λ 的电子束，自左沿 y 轴射出，经缝 S 衍射后到达屏幕。设电子的动量为 p，缝宽 Δx。首先只考虑中央明纹满足的条件，根据单缝衍射方程，可得中央明纹

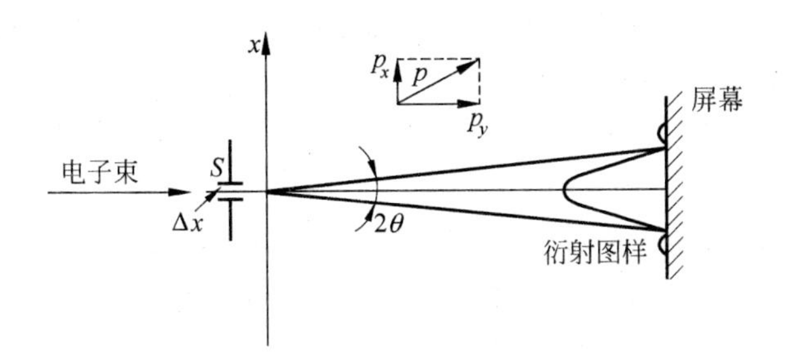

图 14-23　电子单缝衍射实验示意图

两侧的两个(第一级)极小对应的衍射角 θ 与缝宽 Δx 和波长之间的关系为

$$\Delta x \cdot \sin\theta = \lambda$$

由图 14-23 可知,在 $-\theta \sim \theta$ 范围内,也就是中央明纹出现的范围内都可能有电子出现,即动量在 x 方向的分量 p_x 的不确定度为

$$\Delta p_x = p\sin\theta = \frac{p\lambda}{\Delta x}$$

将 $\lambda = \dfrac{h}{p}$ 代入可得

$$\Delta p_x = \frac{h}{\Delta x} \quad 或 \quad \Delta x \Delta p_x = h$$

其中 Δx 为在这个区域出现的电子的 x 方向位置坐标的不确定度,Δp_x 为电子的动量在 x 方向的不确定度。如果将其他次极大明纹都考虑进来的话,可得

$$\Delta x \Delta p_x \geqslant h \tag{14-44}$$

这就是不确定关系,它说明位置坐标不确定量和同方向上的动量分量的不确定量之间有一种互为制约的关系。其中一个量的准确度越高,另一个量的不确定程度就越高。就像衍射实验结果中,缝越窄,即 Δx 越小时,衍射现象越显著,即电子在屏上占据的区域越宽,也就是 Δp_x 越大。

德国物理学家海森伯(Heisenberg Werner Karl,1901—1976)1927 年根据量子力学严格推导出精确的不确定关系如下:

$$\Delta x \Delta p_x \geqslant \frac{\hbar}{2} \tag{14-45}$$

式中

$$\hbar = \frac{h}{2\pi} = 1.054\,588\,7 \times 10^{-34}\,(\mathrm{J \cdot s})$$

当只作数量级的估算时,不确定关系也常简写成

$$\Delta x \Delta p_x \geqslant \hbar \tag{14-46}$$

同样,在其他方向上这种不确定关系也存在:

$$\Delta y \Delta p_y \geqslant \hbar, \quad \Delta z \Delta p_z \geqslant \hbar \tag{14-47}$$

利用位置坐标和动量的不确定关系,并应用 $E = \dfrac{p^2}{2m}$,$\Delta E = \dfrac{p\Delta p}{m} = v\Delta p$,$\Delta t = \dfrac{\Delta x}{v}$,可以推出能量的不确定量 ΔE 和时间的不确定量 Δt 满足的不确定关系为

$$\Delta E \Delta t \geqslant \hbar \tag{14-48}$$

不确定关系是微观粒子具有波粒二象性的反映，是物理学中一个重要的基本规律。海森伯由于在不确定关系方面的重大贡献而获得了1932年诺贝尔物理学奖。

例 14-9 设子弹的质量为0.01kg，枪口的直径为0.5cm，试求子弹射出枪口时横向速率的不确定量。

解：枪口直径可以当作子弹射出枪口时位置的不确定量Δx，由于$\Delta p_x=m\Delta v_x$，由不确定关系式(14-44)，得到子弹射出枪口时横向速率的不确定量

$$\Delta v_x \geqslant \frac{h}{m\Delta x} = \frac{6.626\times10^{-34}}{0.01\times0.5\times10^{-2}} = 1.33\times10^{-29}(\mathrm{m/s})$$

和子弹飞行速率每秒几百米相比，上述速率的不确定量是微不足道的，所以子弹的运动速率是确定的。本题表明，对于宏观物体完全不必考虑其波动性。

例 14-10 设电视显像管中电子的加速电压为10kV，电子枪口直径为0.01cm，电子横向位置不确定量为$\Delta x=0.01\mathrm{cm}$。试求电子速率的不确定值。

解：根据式(14-44)可以算出电子速度的不确定值为

$$\Delta v_x \geqslant \frac{h}{m_e\Delta x} = \frac{6.626\times10^{-34}}{9.11\times10^{-31}\times10^{-4}} = 7.27(\mathrm{m/s})$$

电子经过10kV的电压加速后，其速率约为$6\times10^7\mathrm{m/s}$，故$\Delta v_x\ll v$，所以不确定关系对电子速率的影响很小，电子的速度仍然是相当确定的，波动不起什么实际影响，电子的粒子性特征明显，电子运动仍可按经典力学处理。

例 14-11 设原子的线度为$10^{-10}\mathrm{m}$，求原子中电子速率的不确定值。

解：本题中$\Delta x\approx10^{-10}\mathrm{m}$，根据式(14-44)可以算出原子中电子速率的不确定值为

$$\Delta v_x \geqslant \frac{h}{m_e\Delta x} = \frac{6.626\times10^{-34}}{9.11\times10^{-31}\times10^{-10}} = 7.27\times10^6(\mathrm{m/s})$$

按照玻尔理论可估算出氢原子中电子的轨道运动速率约为$10^6\mathrm{m/s}$，因此，原子中电子速率的不确定量与速度本身的大小可比，甚至还大。因此，对原子范围内的电子，谈论其速度的大小没有什么实际意义，在任一时刻它没有确定的位置和速率，也没有确定的轨道，这时电子的波动性十分显著，必须用波动性理论来处理。

本章要点

1. **黑体辐射规律**

1）斯特藩-玻耳兹曼定律

$$M_0(T)=\sigma T^4$$

其中$\sigma=5.670\times10^{-8}\mathrm{W/(m^2\cdot K^4)}$。

2）维恩位移定律

$$\lambda_m T=b$$

其中$b=2.897\times10^{-3}\mathrm{m\cdot K}$。

3）普朗克能量子假说和普朗克公式

(1) 谐振子的能量是量子化的：

$$\varepsilon=nh\nu,\quad n=1,2,3,\cdots$$

其中 h 为普朗克常量，$h=6.626\times10^{-34}\,\mathrm{J\cdot s}$。

(2) 普朗克公式：

$$M_\lambda = \frac{2\pi hc^2}{\lambda^5}\cdot\frac{1}{e^{\frac{hc}{k\lambda T}}-1}$$

2. 光电效应 光的波粒二象性

(1) 光电效应是光子与金属中束缚电子的相互作用。

(2) 光子的能量：

$$\varepsilon = h\nu$$

(3) 爱因斯坦方程：

$$h\nu = \frac{1}{2}m_e v_m^2 + A$$

式中，A 为逸出功；$\frac{1}{2}m_e v_m^2$ 为电子最大初动能。

(4) 截止频率(红限频率)：

$$\nu_0 = \frac{A}{h}$$

(5) 光子的质量和动量：

$$m = \frac{\varepsilon}{c^2} = \frac{h\nu}{c^2},\quad p = mc = \frac{h\nu}{c} = \frac{h}{\lambda}$$

3. 玻尔氢原子理论

1) 氢原子光谱的里德伯公式：

$$\sigma = R_\infty\left(\frac{1}{k^2}-\frac{1}{n^2}\right),\quad k=1,2,3,\cdots;n=k+1,k+2,k+3,\cdots$$

2) 玻尔氢原子量子论的假设

(1) 定态假设：原子系统只能处在一系列不连续的能量状态，即原子的定态，相应的能量为 $E_1,E_2,E_3,\cdots(E_1<E_2<E_3<\cdots)$。

(2) 跃迁假设：

$$\nu_{kn} = \frac{|E_n - E_k|}{h}$$

3) 角动量量子化条件

$$L = n\hbar = n\frac{h}{2\pi},\quad n=1,2,3,\cdots$$

4) 氢原子定态的轨道半径

$$r_n = n^2\frac{\varepsilon_0 h^2}{\pi m_e e^2} = n^2 a_0,\quad n=1,2,3,\cdots$$

5) 氢原子定态的能量

$$E_n = -\frac{1}{n^2}\frac{m_e e^4}{8\varepsilon_0^2 h^2} = -\frac{E_1}{n^2},\quad n=1,2,3,\cdots$$

4. 夫兰克-赫兹实验

实验结果说明了汞原子的能级是分立的，对原子的量子理论的建立有重要意义，对玻尔理论给予了极大支持。

5. **康普顿散射公式**

$$\lambda-\lambda_0=\frac{2h}{m_0c}\sin^2\left(\frac{\theta}{2}\right)=2\lambda_C\sin^2\left(\frac{\theta}{2}\right)$$

其中，θ 为散射角；m_0 为电子的静止质量；λ_C 称为电子的康普顿波长，即

$$\lambda_C=\frac{h}{m_0c}=2.43\times10^{-12}(\mathrm{m})$$

6. **德布罗意波　实物粒子的波粒二象性**

所有实物粒子都具有波粒二象性。一个质量为 E、动量为 p 的粒子的德布罗意波的频率 ν 和波长 λ 为

$$\nu=\frac{E}{h}$$

$$\lambda=\frac{h}{p}=\frac{h}{mv}$$

7. **不确定关系**

(1) 粒子在某个方向上的动量和位置坐标满足的不确定关系为

$$\Delta x\cdot\Delta p_x\geqslant h$$

(2) 能量的不确定量 ΔE 和时间的不确定量 Δt 满足的不确定关系为

$$\Delta E\Delta t\geqslant\hbar$$

习题 14

一、选择题

1. 关于光电效应有下列说法：

(1) 任何波长的可见光照射到任何金属表面都能产生光电效应；

(2) 若入射光的频率均大于一给定金属的红限，则该金属分别受到不同频率的光照射时，释出的光电子的最大初动能也不同；

(3) 若入射光的频率均大于一给定金属的红限，则该金属分别受到不同频率、强度相等的光照射时，单位时间释出的光电子数一定相等；

(4) 若入射光的频率均大于一给定金属的红限，则当入射光频率不变而强度增大 1 倍时，该金属的饱和光电流也增大 1 倍。

其中正确的是(　　)。

A. (1),(2),(3)　　B. (2),(3),(4)　　C. (2),(3)　　D. (2),(4)

2. 用频率为 ν 的单色光照射某种金属时，逸出光电子的最大动能为 E_k；若改用频率为 2ν 的单色光照射此种金属时，则逸出光电子的最大动能为(　　)。

A. $2E_k$　　B. $2h\nu-E_k$　　C. $h\nu-E_k$　　D. $h\nu+E_k$

3. 按照玻尔理论，电子绕核作圆周运动时，电子的动量矩 L 的可能值为(　　)。

A. 任意值　　B. $nh,n=1,2,3,\cdots$

C. $2\pi nh, n=1,2,3,\cdots$　　D. $\frac{nh}{2\pi}, n=1,2,3,\cdots$

4. 实物粒子(质子、电子、……)也具有波动性,证明此论断的实验是(　　)。

A. 光电效应实验　　B. 康普顿效应实验

C. 迈克耳孙干涉仪实验　　D. 电子衍射实验

5. 如果两种不同质量的粒子其德布罗意波长相同,则这两种粒子的(　　)。

A. 动量相同　　B. 能量相同　　C. 速度相同　　D. 动能相同

6. 低速运动的质子和 α 粒子,若它们的德布罗意波长相同,则它们的动量之比 $P_p : P_\alpha$ 和动能之比 $E_p : E_\alpha$ 分别为(　　)。

A. 1∶1,4∶1　　B. 1∶1,1∶4　　C. 1∶4,4∶1　　D. 1∶4,1∶4

7. 不确定关系式 $\Delta x \cdot \Delta P_x \geqslant \hbar$表示在 x 方向上(　　)。

A. 粒子位置不能准确确定

B. 粒子动量不能准确确定

C. 粒子位置和动量都不能准确确定

D. 粒子位置和动量不能同时准确确定

8. 普朗克常量的量纲为(　　)。

A. $kg \cdot m^2/s$　　B. $kg \cdot m^2/s^2$　　C. $kg \cdot m/s$　　D. $kg \cdot m \cdot s$

9. 能量为 5.0eV 的光子入射某金属表面,测得光电子的最大初动能是 1.5eV,为了使该金属能产生光电效应,则入射光子的最低能量为(　　)。

A. 1.5eV　　B. 2.5eV　　C. 3.5eV　　D. 5.0eV

10. 在氢原子光谱的巴尔末系中,波长在 656.2～377nm 的范围内,共有谱线(　　)。

A. 9 条　　B. 7 条　　C. 6 条　　D. 8 条

11. 半径为 0.2mm、长为 40mm 的金属丝,若将其近似为黑体,当其温度为 1700K 时,辐射功率大约为(　　)。

A. 0.3W　　B. 3.2W　　C. 24W　　D. 210W

12. 通常我们感觉不到电子的波动性,是因为(　　)。

A. 电子的能量太小　　B. 电子的质量太小

C. 电子的体积太小　　D. 电子的波长太短

13. 戴维逊-革末实验证实了(　　)。

A. 光的量子性　　B. 原子的有核模型

C. 电子波动性　　D. 玻尔的能级量子化假设

14. 在气体放电管中,用能量 12.1eV 的电子轰击处于基态的氢原子(氢原子的最低能级 $E_1=-13.6\text{eV}$),使之激发,在自发辐射中,可能发射谱线的数目及所属的线系为(　　)。

A. 4 条,两条属赖曼系,两条属巴尔末系

B. 3 条,一条属赖曼系,两条属巴尔末系

C. 3 条,两条属赖曼系,一条属巴尔末系

D. 2 条,都属巴尔末系

15. 夫兰克-赫兹实验证实了(　　)。

A. X 射线的存在　　B. 光的波粒二象性

C. 实物粒子的波粒二象性　　　　　　D. 玻尔的能级量子化假设

16. 被激发的氢原子跃迁到较低能态时，可发出波长 λ_1、λ_2、λ_3 的辐射，可导出它们之间的关系为(　　)。

A. $\lambda_3=\lambda_1+\lambda_2$　　B. $\lambda_1=\lambda_2+\lambda_3$　　C. $\lambda_2=\lambda_1+\lambda_3$　　D. $\frac{1}{\lambda_3}=\frac{1}{\lambda_1}+\frac{1}{\lambda_2}$

二、填空题

1. 光子波长为 λ，则其能量子=________；动量的大小=________；质量=________。

2. 当波长为 3000Å 的光照射在某金属表面时，光电子的能量范围为 $0\sim4.0\times10^{-19}$J。在做上述光电效应实验时截止电压为 $|U_a|$=________ V；此金属的红限频率 ν_0=________ Hz。(普朗克常量 $h=6.63\times10^{-34}$J·s；基本电荷 $e=1.60\times10^{-19}$C)

3. 在康普顿效应中，波长为 λ_0 的入射光子与静止的自由电子碰撞后反向弹回，而散射光子的波长为 λ，反冲电子获得的动能为________。

4. 处在第 5 激发态的氢原子向低能态跃迁时，可能发出________条谱线，其中巴尔末线系的谱线有________条。

5. 要使处在第三激发态的氢原子电离，需要吸收外来光子能量的最小值为________ eV(即把氢原子中的电子由 $n=4$ 转移到 $n=\infty$ 所需的能量，称为电离能)。

6. 某 X 光的波长为 0.05nm，则光子的能量和动量分别为________。

7. 波长为 0.0708nm 的 X 射线束在石蜡上受到康普顿散射，则与入射光方向成 90°角方向观察散射线，其波长偏移________ Å。

8. 电子显微镜中若电子枪的加速电压为 200kV，则电子的德布罗意波长为________ Å。

9. 电子的运动速度达到光速的 $\frac{1}{5}$ 时，其德布罗意波长为________ Å。

10. 限定在 1nm 范围内的电子和质子，速度的不确定值分别为________。

11. 康普顿散射中，当散射光子与入射光子方向成夹角 θ=________时，散射光子的频率小得最多；当 θ=________时，散射光子的频率与入射光子相同。

12. 在氢原子发射光谱的巴尔末线系中有一频率为 6.15×10^{14} Hz 的谱线，它是氢原子从能级 E_n=________ eV 跃迁到能级 E_k=________ eV 而发出的。

13. 氢原子基态的电离能是________ eV。电离能为 +0.544eV 的激发态氢原子，其电子处在 n=________的轨道上运动。

第 15 章

量子力学基础

15.1 波函数 微观粒子的状态描述

15.1.1 物质波的本质

在量子理论发展的初期，曾有人认为电子就是经典意义上的粒子，也曾有人认为电子就是经典意义上的波，但很快就被理论和实验推翻了。波在入射到媒质分界面的时候会发生反射和折射，而电子遇到媒质分界面时，要么整个地返回，要么整个地透入，从没有发现一个电子分成反射和折射两部分。因此电子不是经典意义上的波。另外在进行电子双缝衍射时，即使将电子一个一个地依次通过双缝(间隔时间远大于电子从电子枪到屏的运动时间)，最后在屏上形成的衍射图样与大量电子短时间内通过双缝后所形成的衍射图样一样。因此电子衍射并非是电子束中电子与电子相互作用或电子同狭缝附近的原子发生作用的结果，而是单个电子的行为。所以电子也不是经典意义上的粒子。

如何理解电子的波动性与粒子性的关系问题？为了便于理解，先分析光波的单缝衍射。光波也具有波粒二象性，按照光的波动观点，衍射明纹处光强大，暗纹处光强小，光强与光波振幅的平方成正比；而按照光的粒子观点，光强强的地方是由于到达该处单位体积的光子数多，即光子密度大，反之光强弱的地方是由于到达该处的光子密度小。用统计学的观点可以理解成光子在明纹处出现的概率高，在暗纹处出现的概率低，即某处的光强正比于该处单位体积内光子出现的概率，亦即光子在某处单位体积内出现的概率与该处光强或光波的振幅的平方成正比。比较来看，对德布罗意物质波也可作上述理解。1926 年玻恩(Born，Max，1882—1970)提出物质波是一种概率波，它描述了粒子在各处出现的概率。与经典的波用波函数描述类似，用一个时间空间的函数 $\Psi(r,t)$ 描述物质波，称为物质波波函数，一般为复数。波函数振幅的平方 $|\Psi(r,t)|^2$ 表示粒子在 r 处单位体积内出现的概率(称为概率密度)。由于这一贡献，玻恩获得了 1954 年的诺贝尔物理学奖。

用概率波的概念可以很好地解释电子的单缝衍射。由于电子的波粒二象性，电子是作为一个个粒子打到屏上的，而它又不同于经典粒子，它没有确定的运动轨迹，因此概率波并不能预言电子何时到达屏上何处，而只能给出电子在屏上某处出现的概率。大量电子在屏上按概率规律分布，电子出现概率大的地方累积的电子多因此呈现亮纹，而在电子出现概率小的地方累积的电子少因此呈现暗纹。

综上所述，波粒二象性是电子等微观粒子的固有属性，它的粒子性在于它不可分割的整体性，但它无法像经典粒子那样受决定性规律（如牛顿定律）的支配，有确定的位置和动量、有确定的运动轨道。波函数只能给出粒子空间位置和动量的概率分布。微观粒子对应的物质波与经典的波也有本质上的不同。经典的波表示某个实在的物理量（如位移、电场强度等）随时空的周期性变化，而物质波波函数 $\Psi(r,t)$ 并无实在的物理意义，只有它的振幅的平方 $|\Psi(r,t)|^2$ 才有意义。

15.1.2 波函数的标准条件和归一化条件

波函数振幅的平方 $|\Psi(r,t)|^2$ 表示粒子在 r 处单位体积内出现的概率（称为概率密度）。电子在 t 时刻，出现在 $x \sim x+\mathrm{d}x$ 区间内的概率为

$$|\Psi(x,t)|^2\mathrm{d}x$$

电子在 t 时刻，出现在 $x\sim x+\mathrm{d}x$、$y\sim y+\mathrm{d}y$、$z\sim z+\mathrm{d}z$ 的体积元内的概率为

$$|\Psi(x,y,z,t)|^2\mathrm{d}x\mathrm{d}y\mathrm{d}z \tag{15-1}$$

由于波函数的物理意义，显然它应具备以下几个特性，即波函数的标准条件：

（1）单值性　t 时刻在点 (x,y,z) 附近单位体积内粒子出现的概率 $|\Psi(x,y,z,t)|^2\mathrm{d}x\mathrm{d}y\mathrm{d}z$ 应该有唯一的值，不会既是这个值，又是那个值。即波函数必须为单值函数。

（2）有限性　t 时刻在点 (x,y,z) 附近单位体积内粒子出现的概率 $|\Psi(x,y,z,t)|^2\mathrm{d}x\mathrm{d}y\mathrm{d}z$ 应该为有限值，不会是无穷大。

（3）连续性　粒子在某点出现的概率不会跳跃或突变，因此波函数应为连续函数。

由于粒子必定会在空间的某处出现，因此在整个空间粒子出现的概率必定为 1。即波函数的归一化条件：

$$\iiint_{-\infty}^{\infty}|\Psi(x,y,z,t)|^2\mathrm{d}x\mathrm{d}y\mathrm{d}z = 1 \tag{15-2}$$

15.1.3 自由粒子的一维波函数

在没有外力场的作用时，粒子作匀速直线运动，其能量和动量保持不变，这种粒子称为自由粒子。根据德布罗意公式，自由粒子德布罗意波的频率和波长也将保持不变，相当于一列单色平面波。

在经典力学中，一列频率为 ν、波长为 λ 沿 x 方向传播的单色平面波波函数为

$$y = A\cos 2\pi\left(\nu t - \frac{x}{\lambda}\right)$$

其中 A 为振幅，或者写成复数形式（只取实数部分）：

$$y = A\mathrm{e}^{-\mathrm{i}2\pi\left(\nu t-\frac{x}{\lambda}\right)}$$

可以通过类比的方式来表示沿 x 方向传播的自由粒子的德布罗意波波函数，并应用德布罗意假设，将频率 ν 和波长 λ 用能量 E 和动量 p 表示，则得到波函数如下：

$$\Psi(x,t)=\Psi_0 e^{-i\frac{2\pi}{h}(Et-px)}=\Psi_0 e^{-\frac{i}{\hbar}(Et-px)} \tag{15-3}$$

自由粒子物质波波函数是最简单的一种波函数，是一种理想情况。实际粒子一般处于外力场中，如原子中的电子，根据海森伯不确定关系理论，其能量和动量具有一定的不确定度，因此实际粒子物质波的频率和波长亦具有一定的不确定度，其物质波波函数不再是单色平面波，而是时间、空间的复杂函数，且为复数，因此实际粒子的德布罗意波波函数是不同波长的单色物质波的线性叠加，即实际粒子的德布罗意波函数是一个波包。

15.1.4　薛定谔方程

1925年底到1926年初薛定谔（Schrödinger，Erwin，1887—1961）建立了低速（$v\ll c$）的实物粒子波函数所满足的动力学方程，即非相对论性波动方程，后来人们称之为薛定谔方程。薛定谔方程在量子力学中的地位与牛顿第二定律在经典力学中的地位相当。作为一个基本方程，它不可能由其他原理推导出来。它的正确性主要看所得的结论应用于实物粒子时是否与实验结果相符。

将自由粒子的一维波函数 $\Psi(x,t)=\Psi_0 e^{-\frac{i}{\hbar}(Et-px)}$ 对时间 t 求偏导，可得

$$i\hbar\frac{\partial\Psi}{\partial t}=E\Psi$$

将自由粒子的一维波函数 $\Psi(x,t)=\Psi_0 e^{-\frac{i}{\hbar}(Et-px)}$ 对坐标 x 求偏导，可得

$$-i\hbar\frac{\partial\Psi}{\partial x}=p\Psi$$

将自由粒子的一维波函数 $\Psi(x,t)=\Psi_0 e^{-\frac{i}{\hbar}(Et-px)}$ 对坐标 x 求二阶偏导，可得

$$-\hbar^2\frac{\partial^2\Psi}{\partial x^2}=p^2\Psi$$

可见，在形式上可以将 E 和算符 $i\hbar\frac{\partial}{\partial t}$ 相对应，将 p 和算符 $-i\hbar\frac{\partial}{\partial x}$ 对应，将 p^2 和算符 $-\hbar^2\frac{\partial^2}{\partial x^2}$ 对应。

将上述推导过程推广到三维情形，将 p 和算符 $-i\hbar\left(\frac{\partial}{\partial x}+\frac{\partial}{\partial y}+\frac{\partial}{\partial z}\right)$ 相对应，p^2 和算符 $-\hbar^2\left(\frac{\partial^2}{\partial x^2}+\frac{\partial^2}{\partial y^2}+\frac{\partial^2}{\partial z^2}\right)$ 相对应，即得

$$\hat{E}=i\hbar\frac{\partial}{\partial t}$$

$$\hat{p}_x=-i\hbar\frac{\partial}{\partial x},\quad \hat{p}_y=-i\hbar\frac{\partial}{\partial y},\quad \hat{p}_z=-i\hbar\frac{\partial}{\partial z},\quad \hat{p}=-i\hbar\left(\frac{\partial}{\partial x}+\frac{\partial}{\partial y}+\frac{\partial}{\partial z}\right)$$

$$\hat{p}_x^2=-\hbar^2\frac{\partial^2}{\partial x^2},\quad \hat{p}_y^2=-\hbar^2\frac{\partial^2}{\partial y^2},\quad \hat{p}_z^2=-\hbar^2\frac{\partial^2}{\partial z^2},\quad \hat{p}^2=-\hbar^2\left(\frac{\partial^2}{\partial x^2}+\frac{\partial^2}{\partial y^2}+\frac{\partial^2}{\partial z^2}\right)$$

$\nabla^2=\frac{\partial^2}{\partial x^2}+\frac{\partial^2}{\partial y^2}+\frac{\partial^2}{\partial z^2}$，称为拉普拉斯算符。

式中 $\hat{E}$ 是粒子的总能量 E 相对应的算符，$\hat{p}_x$、$\hat{p}_y$、$\hat{p}_z$ 分别表示动量 p 在 x、y、z 方向上的分量 p_x、p_y、p_z 相对应的算符，$\hat{p}_x^2$，$\hat{p}_y^2$，$\hat{p}_z^2$ 分别代表 p_x^2，p_y^2，p_z^2 相对应的算符。

由非相对论的能量-动量关系得

$$E = T + V(r,t) = \frac{p^2}{2m} + V(x,y,z,t) = \frac{1}{2m}(p_x^2 + p_y^2 + p_z^2) + V(x,y,z,t)$$

式中 T 和 $V(r,t)$ 分别为粒子的动能和势能。将上式中的 E、T 用对应的算符代替，可得

$$\mathrm{i}\,\hbar\frac{\partial\Psi}{\partial t} = \left[-\frac{\hbar^2}{2m}\left(\frac{\partial^2}{\partial x^2} + \frac{\partial^2}{\partial y^2} + \frac{\partial^2}{\partial z^2}\right) + V(x,y,z,t)\right]\Psi$$

$$= \left[-\frac{\hbar^2}{2m}\nabla^2 + V(x,y,z,t)\right]\Psi$$

$\hat{H} = -\frac{\hbar^2}{2m}\nabla^2 + V(x,y,z,t)$，称做哈密顿算符。则薛定谔方程可写做

$$\mathrm{i}\,\hbar\frac{\partial\Psi}{\partial t} = \hat{H}\Psi \tag{15-4}$$

这就是非相对论性三维实物粒子德布罗意波波函数的动力学方程——薛定谔方程。

很显然，当 $V(r,t)=0$ 时，即自由粒子物质波的薛定谔方程为

$$\mathrm{i}\,\hbar\frac{\partial\Psi}{\partial t} = -\frac{\hbar^2}{2m}\left(\frac{\partial^2}{\partial x^2} + \frac{\partial^2}{\partial y^2} + \frac{\partial^2}{\partial z^2}\right)\Psi = -\frac{\hbar^2}{2m}\nabla^2\Psi \tag{15-5}$$

实践证明，只有由自由粒子的一维波函数即单色平面波复数表达式得到的薛定谔方程与实验事实是一致的，而由单色平面波的正弦或余弦的实数表达式得到的波动方程则与实验事实不符。

例 15-1 设在 $-\frac{a}{2} \leqslant x \leqslant \frac{a}{2}$ 范围内运动的粒子波函数为 $\varphi(x) = C\cos\left(\frac{n\pi x}{a}\right)$，$n=1,3,5,\cdots$，求常数 C。

解：由波函数的归一化条件

$$\int_{-\frac{a}{2}}^{\frac{a}{2}} \left| C\cos\frac{n\pi x}{a} \right|^2 \mathrm{d}x = 1$$

完成左边的积分得

$$\frac{|C|^2 a}{2} = 1$$

解得

$$C = \sqrt{\frac{2}{a}}$$

例 15-2 设作一维运动的粒子波函数为 $\varphi(x) = Cx\mathrm{e}^{-ax^2}$，$a>0$，试求测到粒子概率最大处的位置，以及在这一位置处单位距离内测到粒子的概率。

解：由波函数的归一化条件

$$\int_{-\infty}^{\infty} |\varphi(x)|^2 \mathrm{d}x = \int_{-\infty}^{\infty} C^2 x^2 \mathrm{e}^{-2ax^2} \mathrm{d}x = C^2 \frac{1}{4a}\sqrt{\frac{\pi}{2a}} = 1$$

解得

$$C = \sqrt{4a\sqrt{\frac{2a}{\pi}}} = \left(\frac{32a^3}{\pi}\right)^{1/4}$$

根据波函数的统计诠释，确定粒子概率取极值处位置的条件是

$$\frac{\mathrm{d}}{\mathrm{d}x}|\varphi(x)|^2 = \frac{\mathrm{d}}{\mathrm{d}x}(C^2 x^2 \mathrm{e}^{-2ax^2}) = C^2(2x - 4ax^3)\mathrm{e}^{-2ax^2} = 0$$

这个方程有两个解 $x=0$ 和 $x=\sqrt{\frac{1}{2a}}$，它们分别是粒子概率取极小值(0)和极大值处的位置。在粒子概率极大值 $x=\sqrt{\frac{1}{2a}}$ 处单位距离内测到粒子的概率为

$$\left|\varphi(x)\right|^2_{x=\sqrt{\frac{1}{2a}}}=C^2\frac{1}{2a}\mathrm{e}^{-2a\cdot\frac{1}{2a}}=\frac{2}{\mathrm{e}}\sqrt{\frac{2a}{\pi}}$$

15.2　定态薛定谔方程

15.2.1　定态　定态薛定谔方程

如果 $V(r,t)$ 仅与位置 r 有关，而与时间 t 无关，即 $V(r,t)=V(r)$，粒子的能量 E（动能 $\frac{p^2}{2m}$ 和势能 $V(r)$ 之和）不随时间变化，是个常量，此时可将波函数 $\Psi(r,t)$ 分离变量，即改写成

$$\Psi(r,t)=\psi(r)f(t)$$

代入薛定谔方程(15-4)得

$$\mathrm{i}\,\hbar\frac{\partial\psi(r)f(t)}{\partial t}=\left[-\frac{\hbar^2}{2m}\nabla^2+V(r)\right]\psi(r)f(t)$$

整理得

$$\frac{\mathrm{i}\,\hbar\frac{\partial f(t)}{\partial t}}{f(t)}=\frac{\hat{H}\psi(r)}{\psi(r)}$$

上式中方程左边唯有变量 t，右边唯有变量 r，当且仅当它们等于同一个常量时才成立。设此常量为 E，则

$$\frac{\mathrm{i}\,\hbar\frac{\partial f(t)}{\partial t}}{f(t)}=\frac{\hat{H}\psi(r)}{\psi(r)}=E$$

即

$$\mathrm{i}\,\hbar\frac{\partial f(t)}{\partial t}=Ef(t)$$

$$\hat{H}\psi(r)=E\psi(r) \tag{15-6}$$

容易解出

$$f(t)=\mathrm{e}^{-\frac{\mathrm{i}}{\hbar}Et}$$

式(15-6)称为定态薛定谔方程，或称不含时的薛定谔方程。$\psi(r)$ 称为定态波函数。

只要势能 V 不随时间变化，粒子的波函数就可以写成 $\Psi(r,t)=\psi(r)\mathrm{e}^{-\frac{\mathrm{i}}{\hbar}Et}$。

粒子在空间各点出现的概率密度为

$$|\Psi(r,t)|^2=\Psi(r,t)\Psi^*(r,t)=\psi(r)\mathrm{e}^{-\frac{\mathrm{i}}{\hbar}Et}\psi^*(r)\mathrm{e}^{\frac{\mathrm{i}}{\hbar}Et}=\psi(r)\psi^*(r)=|\psi(r)|^2$$

概率密度只与空间位置 r 有关，与时间无关，即概率密度在空间形成稳定分布，称粒子处于定态，E 称为定态能量。

对于一维自由粒子，$V=0$，定态薛定谔方程为

$$-\frac{\hbar^2}{2m}\cdot\frac{\mathrm{d}^2\psi(x)}{\mathrm{d}x^2}=E\psi(x)$$

可以解得

$$\psi(x)=A\mathrm{e}^{\frac{\mathrm{i}}{\hbar}px}$$

式中

$$p=\sqrt{2mE}$$

波函数

$$\Psi(r,t)=\psi(x)f(t)=A\mathrm{e}^{\frac{\mathrm{i}}{\hbar}(px-Et)}$$

正是单色平面物质波的波函数,由此可知常量 E 为粒子的能量。

如果粒子在一维空间运动,定态薛定谔方程可简化为一维定态薛定谔方程

$$\frac{\mathrm{d}^2\Psi(x,t)}{\mathrm{d}x^2}+\frac{2m}{\hbar^2}(E-V)\Psi(x,t)=0 \tag{15-7}$$

在微观粒子的各种定态问题中,只要知道势能函数 $V(r)$ 的具体形式,代入定态薛定谔方程即可求得定态波函数 $\Psi(r,t)$,也就确定了概率密度的分布及能量等。一般情况下粒子处于束缚态,即只能在有限区域中运动,由于波函数必须满足标准条件,解出的能量等必然是不连续即量子化的。

15.2.2 一维无限深势阱中的粒子

如果势能随空间的分布曲线构成一个深阱状,则这种势能分布称为势阱。如果阱深为无限,则称为无限深势阱。例如金属中的电子、原子核中的质子就处在这样的势阱中。一维无限深势阱的势能函数为

$$V(x)=\begin{cases}\infty, & x\leqslant 0\\ 0, & 0<x<L\\ \infty, & x\geqslant L\end{cases}$$

其势能曲线如图 15-1 所示。

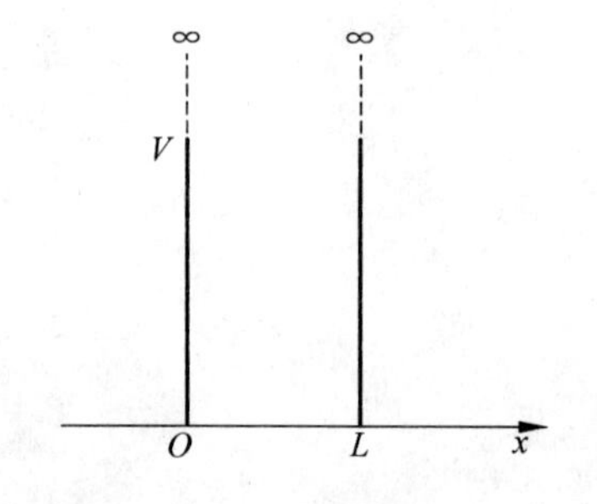

图 15-1 一维无限深势阱的势能曲线

因为势能与时间无关,粒子的波函数具有定态形式

$$\Psi(x,t)=\psi(x)\mathrm{e}^{-\frac{\mathrm{i}}{\hbar}Et}$$

只需由定态薛定谔方程解出 $\psi(x)$。

在阱外,$x\leqslant 0$ 或 $x\geqslant L$ 处,设波函数为 $\psi_{\mathrm{e}}(x)$,定态薛定谔方程为

$$-\frac{\hbar^2}{2m}\cdot\frac{\mathrm{d}^2\psi_{\mathrm{e}}(x)}{\mathrm{d}x^2}+V\psi_{\mathrm{e}}(x)=E\psi_{\mathrm{e}}(x)$$

其中 $V=\infty$,因为粒子的能量 E 为有限值,只有 $\psi_{\mathrm{e}}(x)=0$ 时,方程才能成立,因此粒子不会出现在 $x\leqslant 0$ 或 $x\geqslant L$ 处。在 $x=0$ 和 $x=L$ 处,势能突变为无穷大,粒子受到无穷大的指向阱内的力,粒子的位置被限制在一维阱内。

在阱内,$0<x<L$ 的范围内,$V=0$,设波函数为 $\psi_{\mathrm{i}}(x)$,定态薛定谔方程为

$$-\frac{\hbar^2}{2m}\cdot\frac{\mathrm{d}^2\psi_{\mathrm{i}}(x)}{\mathrm{d}x^2}=E\psi_{\mathrm{i}}(x)$$

接下来，求解此微分方程。整理得

$$\frac{d^2\psi_i(x)}{dx^2}+\frac{2mE}{\hbar^2}\psi_i(x)=0$$

取$\frac{2mE}{\hbar^2}=k^2$，则$k=\frac{p}{\hbar}=\frac{h}{\lambda\hbar}=\frac{2\pi}{\lambda}$，称为波数。方程改写为

$$\frac{d^2\psi_i(x)}{dx^2}+k^2\psi_i(x)=0$$

这与简谐振动的振动方程形式相同，它的通解为

$$\psi_i(x)=A\sin(kx+\delta)$$

其中A和δ是由边界条件决定的积分常量。常量A、δ、k的数值可以借助于波函数的标准条件来确定。

在$x=0$和$x=L$处，波函数必须单值且连续，得

$$\begin{aligned}&\psi_i(0)=\psi_e(0)=0\\&\psi_i(L)=\psi_e(L)=0\\&\psi_i(0)=A\sin(\delta)=0\quad\Rightarrow\quad\delta=0\\&\psi_i(L)=A\sin(kL)=0\quad\Rightarrow\quad kL=n\pi,\quad n=1,2,3,\cdots\\&\Rightarrow\quad k=\frac{n\pi}{L},\quad n=1,2,3,\cdots\end{aligned}$$

因此

$$\psi_i(x)=A\sin\left(\frac{n\pi x}{L}\right),\quad n=1,2,3,\cdots$$

$\psi_i(x)$应满足波函数的归一化条件

$$\int_0^L|\psi_i(x)|^2dx=\int_0^L A^2\sin^2\left(\frac{n\pi x}{L}\right)dx=1$$

求得$A=\sqrt{\frac{2}{L}}$，于是得到定态波函数

$$\begin{cases}\psi_i(x)=\sqrt{\frac{2}{L}}\sin\frac{n\pi x}{L},\quad n=1,2,3,\cdots\\\psi_e(x)=0\end{cases}\tag{15-8}$$

由$\frac{2mE}{\hbar^2}=k^2$和$k=\frac{n\pi}{L}$可得粒子的能量

$$E_n=\frac{n^2\pi^2\hbar^2}{2mL^2},\quad n=1,2,3,\cdots\tag{15-9}$$

n为什么没有从零开始取呢？如果$n=0$，则$\psi_i(x)=A\sin0\equiv0$，意味着在$0<x<L$的范围内粒子永远不会出现，这显然是与事实不符的。因此n不能为零。n最小取1，对应的能量为$E_1=\frac{\pi^2\hbar^2}{2mL^2}$，$E_1$是粒子的最低能量，称为粒子的基态能量。基态能量并不为零，即阱内没有静止的粒子。

$$E_2=\frac{4\pi^2\hbar^2}{2mL^2}=4E_1$$

$$E_3=\frac{9\pi^2\hbar^2}{2mL^2}=9E_1$$

$$E_4=\frac{16\pi^2\hbar^2}{2mL^2}=16E_1$$

其他可类推。则一维无限深势阱中粒子的能量如图 15-2 所示。

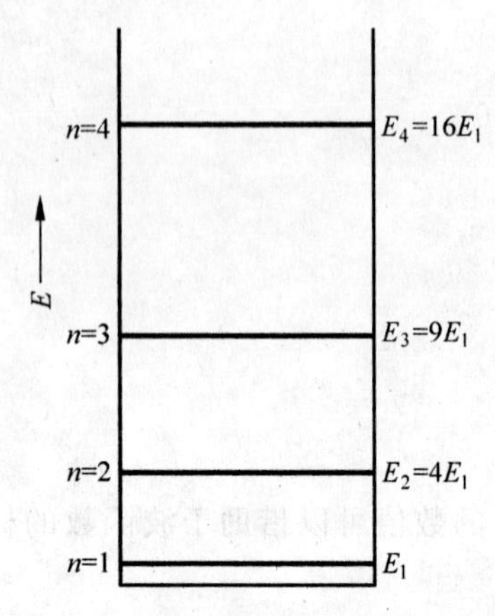

图 15-2 一维无限深势阱中粒子的能量

由此可见粒子的能量是不连续的，这是由薛定谔方程自然而然推导出来的，再也不是停留在假设阶段时强加给微观粒子的了。

最终得到阱内粒子的物质波波函数为

$$\Psi(x,t)=\psi(x)\mathrm{e}^{-\frac{\mathrm{i}}{\hbar}Et}=\sqrt{\frac{2}{L}}\sin kx\,\mathrm{e}^{-\frac{\mathrm{i}}{\hbar}Et}$$

$$=\sqrt{\frac{2}{L}}\sin\left(\frac{n\pi x}{L}\right)\mathrm{e}^{-\frac{\mathrm{i}}{\hbar}Et} \tag{15-10}$$

由 $\mathrm{e}^{\mathrm{i}kx}=\cos kx+\mathrm{i}\sin kx$，$\mathrm{e}^{-\mathrm{i}kx}=\cos kx-\mathrm{i}\sin kx$ 可得

$$\sin kx=\frac{\mathrm{e}^{\mathrm{i}kx}-\mathrm{e}^{-\mathrm{i}kx}}{2\mathrm{i}}$$

于是，

$$\Psi(x,t)=\sqrt{\frac{2}{L}}\cdot\frac{1}{2\mathrm{i}}(\mathrm{e}^{\mathrm{i}kx}-\mathrm{e}^{-\mathrm{i}kx})\mathrm{e}^{-\frac{\mathrm{i}}{\hbar}Et}$$

由 $k=\dfrac{p}{\hbar}$ 可得

$$\begin{aligned}\Psi(x,t)&=\sqrt{\frac{2}{L}}\cdot\frac{1}{2\mathrm{i}}(\mathrm{e}^{\mathrm{i}kx}-\mathrm{e}^{-\mathrm{i}kx})\mathrm{e}^{-\frac{\mathrm{i}}{\hbar}Et}\\&=\sqrt{\frac{2}{L}}\cdot\frac{1}{2\mathrm{i}}(\mathrm{e}^{\frac{\mathrm{i}}{\hbar}px}-\mathrm{e}^{-\frac{\mathrm{i}}{\hbar}px})\mathrm{e}^{-\frac{\mathrm{i}}{\hbar}Et}\\&=\sqrt{\frac{2}{L}}\cdot\frac{1}{2\mathrm{i}}(\mathrm{e}^{-\frac{\mathrm{i}}{\hbar}(Et-px)}-\mathrm{e}^{-\frac{i}{\hbar}(Et+px)})\end{aligned}$$

阱内粒子的波函数为沿 x 正方向传播的单色平面波与沿 x 负方向传播的单色平面波的叠加，由 $kL=n\pi$ 及 $k=\dfrac{2\pi}{\lambda}$ 可得

$$\frac{2\pi}{\lambda}L=n\pi\ \Rightarrow\ L=n\,\frac{\lambda}{2},\quad n=1,2,3,\cdots \tag{15-11}$$

即阱内粒子的物质波在阱的两壁间形成稳定的驻波。根据经典力学的观点，任何波动如果被限定在空间某一有限区域都会形成驻波。由薛定谔方程也可推导出微观粒子德布罗意物质波如果被限定在一个有限的区域内也会形成驻波。

由式(15-8)可得

$n=1$ 时，$\psi_{\mathrm{i}}(x)=\sqrt{\dfrac{2}{L}}\sin\left(\dfrac{\pi x}{L}\right)$，$|\psi_{\mathrm{i}}(x)|^2=\dfrac{2}{L}\sin^2\left(\dfrac{\pi x}{L}\right)$

$n=2$ 时，$\psi_{\mathrm{i}}(x)=\sqrt{\dfrac{2}{L}}\sin\left(\dfrac{2\pi x}{L}\right)$，$|\psi_{\mathrm{i}}(x)|^2=\dfrac{2}{L}\sin^2\left(\dfrac{2\pi x}{L}\right)$

$n=3$ 时，$\psi_{\mathrm{i}}(x)=\sqrt{\dfrac{2}{L}}\sin\left(\dfrac{3\pi x}{L}\right)$，$|\psi_{\mathrm{i}}(x)|^2=\dfrac{2}{L}\sin^2\left(\dfrac{3\pi x}{L}\right)$

$n=4$ 时，　$\psi_i(x)=\sqrt{\dfrac{2}{L}}\sin\left(\dfrac{4\pi x}{L}\right)$，　$|\psi_i(x)|^2=\dfrac{2}{L}\sin^2\left(\dfrac{4\pi x}{L}\right)$

图 15-3 和图 15-4 为上述四种定态波函数和粒子的概率密度 $|\psi_i(x)|^2$ 的分布曲线。

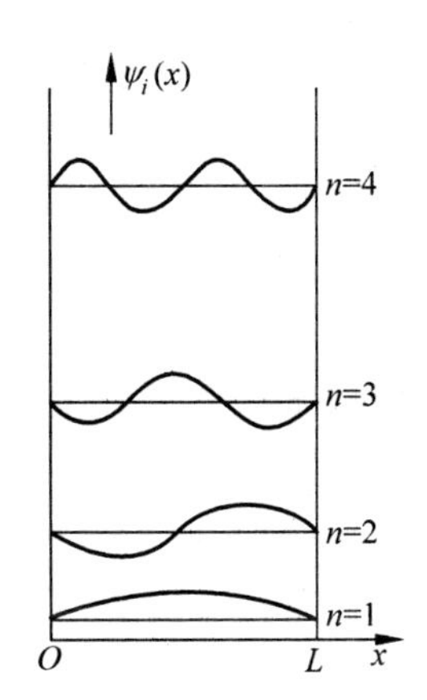

图 15-3　一维无限深势阱中粒子的定态波函数

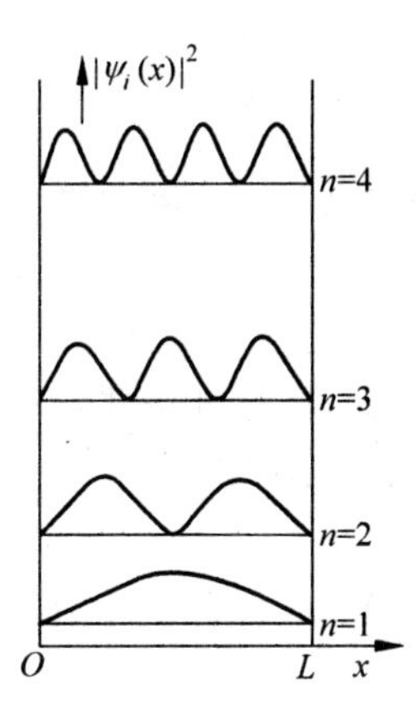

图 15-4　一维无限深势阱中粒子的概率密度

如果无限深势阱是二维或三维的，也可用同样的方法求解粒子的波函数和能量，这里只给出结论：

$$\psi(x,y,z)=\sqrt{\frac{8}{L_1L_2L_3}}\sin\frac{n_1\pi x}{L_1}\sin\frac{n_2\pi y}{L_2}\sin\frac{n_3\pi z}{L_3} \tag{15-12}$$

$$E=\frac{n_1^2\pi^2\hbar^2}{2mL_1^2}+\frac{n_2^2\pi^2\hbar^2}{2mL_2^2}+\frac{n_3^2\pi^2\hbar^2}{2mL_3^2},\quad n_1,n_2,n_3=1,2,3,\cdots \tag{15-13}$$

其中，L_1、L_2、L_3 分别为三维无限深势阱的长、宽、高，n_1、n_2、n_3 分别为 x、y、z 方向上的量子数。

15.2.3　势垒中的粒子

如果势阱为有限深度，粒子的能量 E 低于阱壁的深度 V_0，其势能函数为

$$V(x)=\begin{cases}0, & x<0\\ V_0, & x\geqslant 0\end{cases}$$

其势能分布曲线如图 15-5 所示。

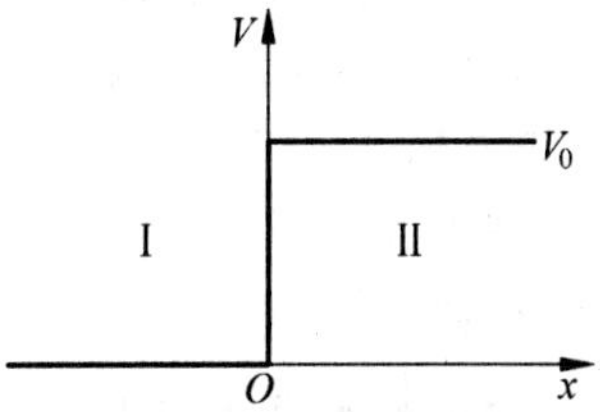

这种势垒称为单壁直角势垒。势能函数中不含时，为定态问题。

图 15-5　单壁直角势垒

在Ⅰ区，$x<0$，设波函数为 $\psi_1(x)$，定态薛定谔方程为

$$-\frac{\hbar^2}{2m}\cdot\frac{\mathrm{d}^2\psi_1(x)}{\mathrm{d}x^2}=E\psi_1(x)$$

取 $\dfrac{2mE}{\hbar^2}=k_1^2$，整理得

$$\frac{\mathrm{d}^2\psi_1(x)}{\mathrm{d}x^2}+k_1^2\psi_1(x)=0 \tag{15-14}$$

在Ⅱ区，$x>0$，设波函数为 $\psi_2(x)$，定态薛定谔方程为

$$-\frac{\hbar^2}{2m}\cdot\frac{\mathrm{d}^2\psi_2(x)}{\mathrm{d}x^2}+V_0\psi_2(x)=E\psi_2(x)$$

取$\frac{2m(V_0-E)}{\hbar^2}=k_2^2$，整理得

$$\frac{\mathrm{d}^2\psi_2(x)}{\mathrm{d}x^2}-k_2^2\psi_2(x)=0 \tag{15-15}$$

式(15-14)和式(15-15)的通解分别为

$$\psi_1(x)=A\mathrm{e}^{\mathrm{i}k_1x}+B\mathrm{e}^{-\mathrm{i}k_1x}$$
$$\psi_2(x)=C\mathrm{e}^{k_2x}+D\mathrm{e}^{-k_2x}$$

根据波函数的标准条件，当 $x\to\infty$时，$C\mathrm{e}^{k_2x}\to\infty$，根据波函数的标准条件中的有限条件，$C$必须等于零，因此

$$\psi_2(x)=D\mathrm{e}^{-k_2x}$$

根据波函数的标准条件中的单值条件可得

$$\psi_1(0)=\psi_2(0)\quad\Rightarrow\quad A+B=D$$

根据波函数的标准条件中的连续条件可得

$$\left.\frac{\mathrm{d}\psi_1(x)}{\mathrm{d}x}\right|_{x=0}=\left.\frac{\mathrm{d}\psi_2(x)}{\mathrm{d}x}\right|_{x=0}\quad\Rightarrow\quad A-B=\mathrm{i}\frac{k_2}{k_1}D$$

可解出

$$B=\frac{\mathrm{i}k_1+k_2}{\mathrm{i}k_1-k_2}A,\quad D=\frac{2\mathrm{i}k_1}{\mathrm{i}k_1-k_2}A$$

A可以由波函数的归一化条件来确定，一旦A确定了，B和D也就可以确定下来。于是得到波函数$\psi_1(x)$和$\psi_2(x)$为

$$\psi_1(x)=A\left(\mathrm{e}^{\mathrm{i}k_1x}+\frac{\mathrm{i}k_1+k_2}{\mathrm{i}k_1-k_2}\mathrm{e}^{-\mathrm{i}k_1x}\right) \tag{15-16}$$

$$\psi_2(x)=\frac{2\mathrm{i}k_1}{\mathrm{i}k_1-k_2}A\mathrm{e}^{-k_2x} \tag{15-17}$$

从经典力学的观点看，如果粒子的总能量E低于Ⅱ区的势能V_0时，粒子是不可能出现在Ⅱ区的。然而微观粒子的波动性使得粒子可以出现在Ⅱ区。只是$\psi_2(x)$不是周期性的波，而是呈指数衰减的波。

如果势垒有一定的宽度L，则称为双壁势垒，如图15-6所示。理论上可以证明，Ⅰ区、Ⅱ区、Ⅲ区的波函数都不为零，即粒子可以从Ⅰ区穿过Ⅱ区到达Ⅲ区。

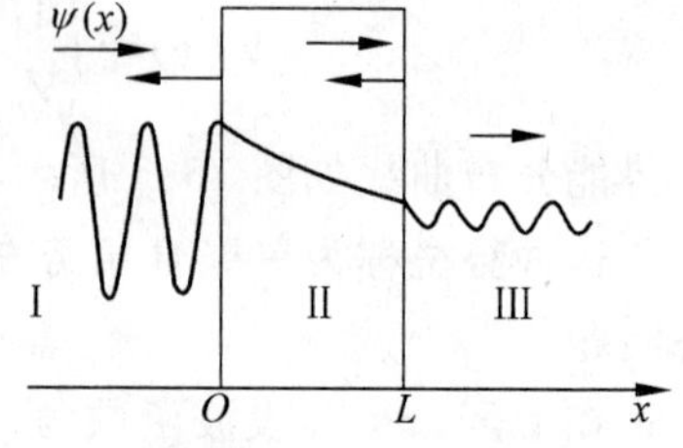

图15-6 双壁势垒

在粒子总能量低于势垒壁高的情况下，粒子能越过垒壁甚至能穿透有一定宽度的势垒而逃逸出来，这种现象称为隧道效应。微观粒子具有穿透势垒的能力已被很多实验事实证实，其中最著名的一个应用技术是1981年美国IBM公司的宾尼希（Binnig Gerd，1947— ）和他的老师罗雷尔（Rohrer Heinrich，1933— ）发明的扫描隧道显微镜（scanning tunneling microscopy，STM）。

例 15-3 设一维箱宽$a=0.2\text{nm}$，试计算其中电子最低的三个能级值。

解：设一维箱沿x轴，边界为$x=0$和$x=a$。粒子在箱内自由运动，但不能到箱外。所

以,在箱内($0<x<a$)波函数可以写成频率相同的正反两个方向德布罗意波的叠加,在边界上($x=0$ 和 $x=a$)波函数为0。满足这个条件的波是以边界处为节点的驻波,即波在边界上来回反射。由式(15-11)得

$$a = n\frac{\lambda}{2}, \quad n = 1,2,3,\cdots$$

代入德布罗意关系 $p=\frac{h}{\lambda}$ 可得

$$p = \frac{h}{\lambda} = \frac{h}{\frac{2a}{n}} = \frac{hn}{2a}$$

电子的能级为

$$E_n = \frac{p^2}{2m} = \frac{h^2 n^2}{8a^2 m} = \frac{(6.626\times 10^{-34})^2 n^2}{8\times(0.2\times 10^{-9})^2\times 9.1\times 10^{-31}\times 1.602\times 10^{-19}}$$
$$= 9.41n^2(\mathrm{eV})$$

于是

$$E_1 = 9.41\mathrm{eV}, \quad E_2 = 2^2\times 9.41 = 37.6(\mathrm{eV}), \quad E_3 = 3^2\times 9.41 = 84.7(\mathrm{eV})$$

一维箱是一个简化的理想模型,实际的微观体系不可能有这样明晰的锐边界,波函数多多少少总会有一些传播到边界以外的区域。不过这个模型反映了某些物理体系的基本特征,突出了这些体系的主要特点,所以在一些实际问题中起着重要的作用。

15.3 氢原子 电子自旋 四个量子数

15.3.1 氢原子中电子的运动

氢原子只有一个核外电子,是最简单的原子。在氢原子中,电子在原子核的库仑场中运动,处于束缚状态。假定原子核静止,以原子核为坐标原点,无穷远为势能零点,电子具有的势能为

$$V(r) = -\frac{e^2}{4\pi\varepsilon_0 r} \tag{15-18}$$

式中 r 为电子到原子核的距离。势能函数中不含时,属于定态问题。其薛定谔方程为

$$\frac{\partial^2 \Psi(x,y,z)}{\partial x^2} + \frac{\partial^2 \Psi(x,y,z)}{\partial y^2} + \frac{\partial^2 \Psi(x,y,z)}{\partial z^2}$$
$$+ \frac{2m}{\hbar^2}\left(E + \frac{e^2}{4\pi\varepsilon_0 r}\right)\Psi(x,y,z) = 0 \tag{15-19}$$

由于势能分布具有球对称性,用球坐标系比较方便。设电子位置的球坐标为 $P(r,\theta,\varphi)$,如图15-7所示。

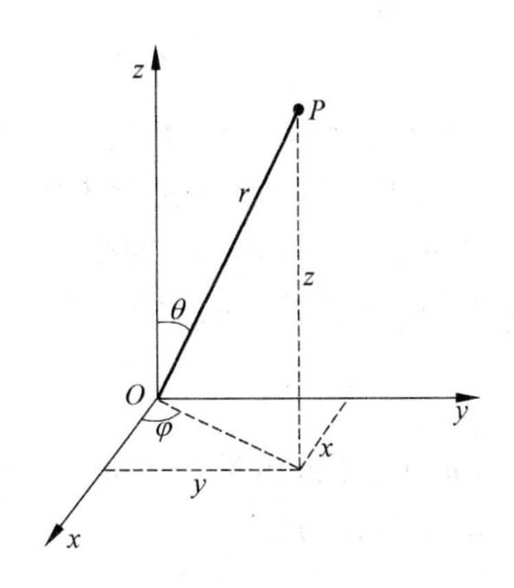

图15-7 氢原子中电子位置的球坐标系

设电子的波函数为 $\Psi(r,\theta,\varphi)$,球坐标系中薛定谔方程为

$$\frac{1}{r^2}\cdot\frac{\partial}{\partial r}\left(r^2\frac{\partial\Psi}{\partial r}\right)+\frac{1}{r^2\sin\theta}\cdot\frac{\partial}{\partial\theta}\left(\sin\theta\frac{\partial\Psi}{\partial\theta}\right)+\frac{1}{r^2\sin^2\theta}\cdot\frac{\partial^2\Psi}{\partial\varphi^2}+\frac{2m}{\hbar^2}\left(E+\frac{e^2}{4\pi\varepsilon_0 r}\right)\Psi=0 \tag{15-20}$$

可以用分离变量法来求解，即令

$$\Psi(r,\theta,\varphi)=R(r)\Theta(\theta)\Phi(\varphi) \tag{15-21}$$

代入球坐标薛定谔方程(15-20)并整理可得三个变量各自独立的常微分方程，即

$$\frac{1}{r^2}\cdot\frac{\mathrm{d}}{\mathrm{d}r}\left(r^2\frac{\mathrm{d}R}{\mathrm{d}r}\right)+\left[\frac{2m}{\hbar^2}\left(E+\frac{e^2}{4\pi\varepsilon_0 r}\right)-\frac{l(l+1)}{r^2}\right]R=0 \tag{15-22a}$$

$$\frac{1}{\sin\theta}\cdot\frac{\mathrm{d}}{\mathrm{d}\theta}\left(\sin\theta\frac{\mathrm{d}\Theta}{\mathrm{d}\theta}\right)+\left[l(l+1)-\frac{m_l^2}{\sin^2\theta}\right]\Theta=0 \tag{15-22b}$$

$$\frac{\mathrm{d}^2\Phi}{\mathrm{d}\varphi^2}+m_l^2\Phi=0 \tag{15-22c}$$

由式(15-22c)可解出

$$\Phi_{m_l}(\varphi)=\frac{1}{\sqrt{2\pi}}\mathrm{e}^{\mathrm{i}m_l\varphi},\quad m_l=-l,-(l-1),\cdots,0,1,2,\cdots,(l-1),l \tag{15-23}$$

其中 l 和 m_l 均为常数。

如果能再解出微分方程(15-22a)和(15-22b)即可求出 $R(r)$、$\Theta(\theta)$ 的具体形式，然后将 $R(r)$、$\Theta(\theta)$ 和 $\Phi(\varphi)$ 的具体形式代入式(15-21)，即可求出 $\Psi(r,\theta,\varphi)$ 的具体形式，这样就可以得到电子在原子核周围的概率分布。为了使电子的波函数满足单值、有限、连续等条件，可自然地导出电子的能量、电子绕核运动角动量及其投影的量子化结果。即氢原子中电子的状态由3个量子数决定，见表15-1。由于求解的过程和 $\Psi(r,\theta,\varphi)$ 的具体形式比较复杂，只有关于 $\Phi(\varphi)$ 的方程容易求解，下面只给出波函数 $\Psi(r,\theta,\varphi)$ 的一些结论。

表15-1　氢原子的量子数

名　称	符　号	可能取值
主量子数	n	$1,2,3,\cdots$
轨道量子数	l	$0,1,2,\cdots,n-1$
轨道磁量子数	m_l	$-l,-(l-1),\cdots,0,1,2,\cdots,(l-1),l$

1）主量子数　能量的量子化

主量子数 n 和波函数的径向成分 $R(r)$ 有关，它决定电子的能量，或者说决定整个氢原子在其质心坐标系中的能量。其表达式为

$$E_n=-\frac{me^4}{2(4\pi\varepsilon_0)^2\hbar^2}\cdot\frac{1}{n^2},\quad n=1,2,3,\cdots \tag{15-24}$$

式中，m 为电子的质量；e 为电子电量。这就是氢原子量子化的能量公式。

E_n 还可以写成

$$E_n=-\frac{e^2}{2(4\pi\varepsilon_0)a_0}\cdot\frac{1}{n^2} \tag{15-25}$$

式中 $a_0=\dfrac{4\pi\varepsilon_0\hbar^2}{me^2}$，称做玻尔半径，其值为 $a_0=0.0529\text{nm}$。

$n=1$ 时，氢原子处于基态，其能量为

$$E_1=-\frac{me^4}{2(4\pi\varepsilon_0)^2\hbar^2}=-13.6(\text{eV})$$

称为氢原子的基态能量。

$n>1$ 的所有状态统称为激发态。在没有扰动的情况下，氢原子通常处在基态。一旦有了外界的扰动，例如光照等，氢原子吸取外界能量后就会跃迁到某一激发态，处于激发态的原子极不稳定，经过约 10^{-8}s 就又会跃迁回能量较低的激发态或基态。

2）轨道量子数　轨道角动量的量子化

轨道量子数 l 和波函数的 $\Theta(\theta)$ 成分有关，它决定了电子的轨道角动量的大小 L。电子绕核运动的角动量的大小为

$$L=\sqrt{l(l+1)}\hbar,\quad l=0,1,2,\cdots,n-1 \tag{15-26}$$

因电子带负电，其轨道运动必产生“轨道”磁矩 μ 为

$$\mu=-\frac{e}{2m}L$$

“轨道”磁矩 μ 的大小为

$$\mu=\sqrt{l(l+1)}\frac{e\hbar}{2m}=\sqrt{l(l+1)}\mu_{\text{B}} \tag{15-27}$$

其中 $\mu_{\text{B}}=\dfrac{e\hbar}{2m}=0.927\times10^{-27}\text{A}\cdot\text{m}^2$，称为玻尔磁矩。

一般用 s、p、d、f、g、…字母来表示 $l=0,1,2,3,\cdots$ 状态，例如 $n=3$，$l=0,1$ 或 2 的电子分别称为 3s、3p 或 3d 电子。

3）轨道磁量子数　空间的量子化

轨道磁量子数 m_l 和波函数的 $\Phi(\varphi)$ 成分有关，它决定了电子的轨道角动量 L 在空间某一方向（如 z 方向）的投影。通常取外磁场方向为 z 方向，则 m_l 决定了轨道角动量在外磁场方向的投影是量子化的（这也就是 m_l 叫做磁量子数的原因），这就意味着不仅仅电子的轨道角动量的大小是量子化的（$L=\sqrt{l(l+1)}\hbar$），其方向也是量子化的，因此称为空间量子化，其取值为

$$L_z=m_l\hbar,\quad m_l=-l,-(l-1),\cdots,0,1,2,\cdots,(l-1),l \tag{15-28}$$

图 15-8 给出了 $l=1$ 和 $l=2$ 时 L 的空间取向。

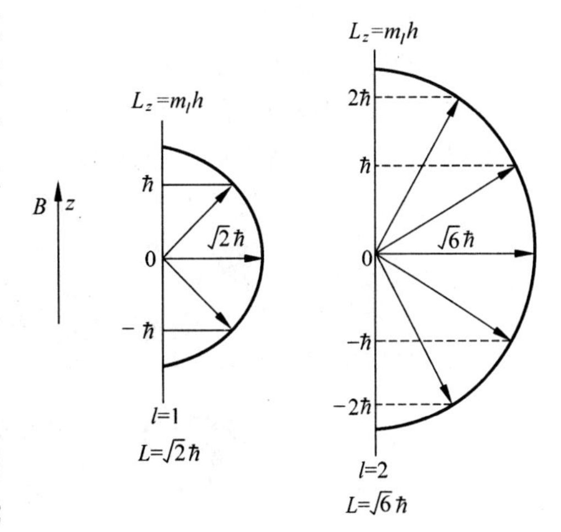

图 15-8　氢原子中电子轨道角动量的空间量子化

4）氢原子核外电子的概率分布

有确定量子数（n,l,m_l）的电子状态的波函数记作 $\psi_{n,l,m_l}=R_{n,l}(r)\Theta_{l,m_l}(\theta)\Phi_{m_l}(\varphi)$，表 15-2 给出了一些 n、l、m_l 取不同值的定态波函数 $\psi_{n,l,m_l}(r,\theta,\varphi)$ 的具体形式。

表 15-2 n、l、m_l 取不同值的定态波函数

量子数			$\psi_{n,l,m_l}(r,\theta,\varphi)=R_{n,l}(r)\Theta_{l,m_l}(\theta)\Phi_{m_l}(\varphi)$	
n	l	m_l	$R_{n,l}(r)$	$\Theta_{l,m_l}(\theta)\Phi_{m_l}(\varphi)$
1	0	0	$2\left(\frac{1}{a_0}\right)^{\frac{3}{2}}\mathrm{e}^{-\frac{r}{a_0}}$	$\frac{1}{4\pi}$
2	0	0	$\frac{1}{\sqrt{2}}\left(\frac{1}{a_0}\right)^{\frac{3}{2}}\left(1-\frac{r}{2a_0}\right)\mathrm{e}^{-\frac{r}{2a_0}}$	$\frac{1}{\sqrt{4\pi}}$
	1	0	$\frac{1}{2\sqrt{6}}\left(\frac{1}{a_0}\right)^{\frac{3}{2}}\frac{r}{a_0}\mathrm{e}^{-\frac{r}{2a_0}}$	$\sqrt{\frac{3}{4\pi}}\cos\theta$
		±1		$\mp\sqrt{\frac{3}{8\pi}}\sin\theta\,\mathrm{e}^{\pm\mathrm{i}\varphi}$
3	0	0	$\frac{2}{3\sqrt{3}}\left(\frac{1}{a_0}\right)^{\frac{3}{2}}\left[1-\frac{2r}{3a_0}+\frac{2}{27}\left(\frac{r}{a_0}\right)^2\right]\mathrm{e}^{-\frac{r}{3a_0}}$	$\frac{1}{\sqrt{4\pi}}$
	1	0	$\frac{8}{27\sqrt{6}}\left(\frac{1}{a_0}\right)^{\frac{3}{2}}\frac{r}{a_0}\left(1-\frac{r}{6a_0}\right)\mathrm{e}^{-\frac{r}{3a_0}}$	$\sqrt{\frac{3}{4\pi}}\cos\theta$
		±1		$\mp\sqrt{\frac{3}{8\pi}}\sin\theta\,\mathrm{e}^{\pm\mathrm{i}\varphi}$
	2	0	$\frac{4}{81\sqrt{30}}\left(\frac{1}{a_0}\right)^{\frac{3}{2}}\left(\frac{r}{a_0}\right)^2\mathrm{e}^{-\frac{r}{3a_0}}$	$\sqrt{\frac{5}{16\pi}}(3\cos^2\theta-1)$
		±1		$\mp\sqrt{\frac{15}{8\pi}}\cos\theta\sin\theta\,\mathrm{e}^{\pm\mathrm{i}\varphi}$
		±2		$\sqrt{\frac{15}{32\pi}}\sin^2\theta\,\mathrm{e}^{\pm2\mathrm{i}\varphi}$

电子在核外的概率密度为

$$|\psi_{n,l,m_l}(r,\theta,\varphi)|^2=R_{n,l}^2(r)\Theta_{l,m_l}^2(\theta)\Phi_{m_l}(\varphi)\Phi_{m_l}^*(\varphi)=\frac{1}{2\pi}R_{n,l}^2(r)\Theta_{l,m_l}^2(\theta)\tag{15-29}$$

可见，电子的概率分布仅与 r 和 θ 有关，与 φ 无关，即概率密度的分布关于 z 轴对称。图 15-9 给出了几种概率密度分布示意图，当 $l=0$ 时的概率分布具有球对称性。这种图常被叫做"电子云"。量子力学对电子绕核运动的描述只是给出这个疏密分布，即只能说电子在空间某处小体积内出现的概率多大，电子的运动并不遵循确定的轨道，因而没有轨道的概念。有时提到电子的轨道角动量只是沿用以往的词，不应认为是电子沿某封闭轨道运动的角动量。还有一个原因就是为了和下面要讨论的自旋角动量相区别。$n=1$ 时电子在 $r=a_0$

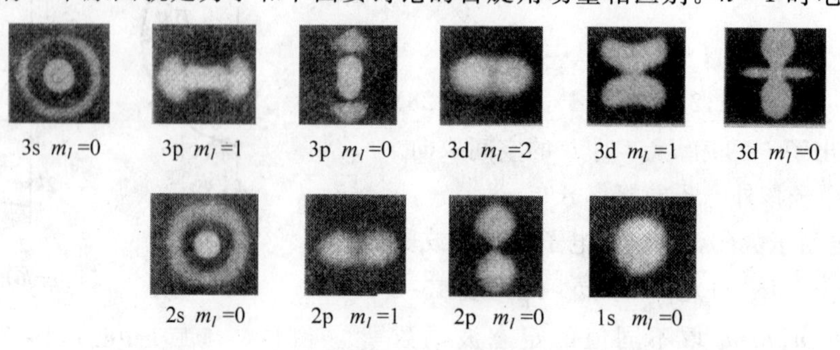

图 15-9 氢原子的"电子云"

附近出现的概率最大，$n=2$ 时电子在 $r=4a_0$ 附近出现的概率最大，$n=3$ 时电子在 $r=9a_0$ 附近出现的概率最大，这些概率极大值对应的是早期量子论中玻尔用半经典理论求出的氢原子中电子绕核运动的量子化圆轨道。

15.3.2　电子的自旋　第四个量子数

1921 年，斯特恩(Stern Otto，1888—1969)和革拉赫(W. Gerlach，1899—1979)合作运用分子束方法首先证明原子磁矩的存在，即在实验上证实原子在磁场中的取向是空间量子化的，这就是科学史上著名的斯特恩-革拉赫实验。斯特恩-革拉赫实验装置、实验中所用的磁场和实验结果如图 15-10 所示。使银原子在电炉 O 内蒸发，通过狭缝 S_1、S_2 形成细束，经过一个抽成真空的不均匀的磁场区域(磁场方向与细束的入射方向垂直)，最后到达照相底片 P 上。根据实验中制备的原子来看，原子束中极大多数原子均处在基态，且 $l=0$，即处于轨道角动量和相应的磁矩皆为零的状态，原子的总角动量为零，通过磁场的原子束理应不发生任何偏转，可是显像后的底片上出现了两条黑斑，表示银原子经过不均匀磁场区域时分成了两束。直到 1925 年乌伦贝克(G. Uhlenbeck，1900—1988)和古兹密特(S. Goudsmit，1902—1978)在分析原子光谱的一些实验结果的基础上提出电子具有自旋的假设——电子除了轨道运动外，还有自旋运动，并且指出电子自旋角动量和自旋磁矩在外磁场中只有两种可能取向，实验结果才得到全面的解释。微观粒子都具有自旋角动量，所谓“自旋”并非指粒子是自转着的小球体。自旋是微观粒子的一种内禀属性，所以又称内禀角动量，它的微观图像以及产生原因目前尚不清楚。

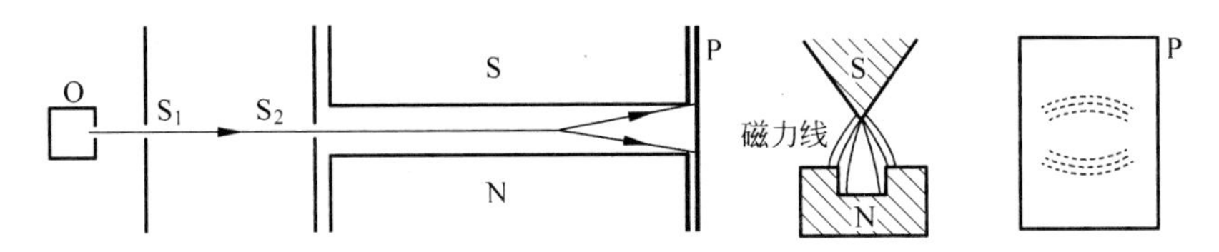

图 15-10　斯特恩-革拉赫实验装置、实验中所用的磁场和实验结果

假设电子自旋角动量的大小 S 和它在外磁场方向的投影 S_z 可以用自旋量子数 s 和自旋磁量子数 m_s 表示为

$$S=\sqrt{s(s+1)}\hbar \tag{15-30}$$

$$S_z=m_s\hbar \tag{15-31}$$

且当 s 一定时，m_s 可取 $2s+1$ 个值。由实验知，m_s 只有两个值，即 $2s+1=2$，所以

$$s=\frac{1}{2}$$

$$m_s=\pm\frac{1}{2}$$

所以电子自旋角动量的大小 S 及其在外磁场方向的投影 S_z 分别为

$$S=\sqrt{s(s+1)}\hbar=\sqrt{\frac{1}{2}\left(\frac{1}{2}+1\right)}\hbar=\sqrt{\frac{3}{4}}\hbar \tag{15-32}$$

$$S_z=\pm\frac{1}{2}\hbar \tag{15-33}$$

图 15-11 和图 15-12 分别为电子自旋角动量及电子自旋的量子化示意图。

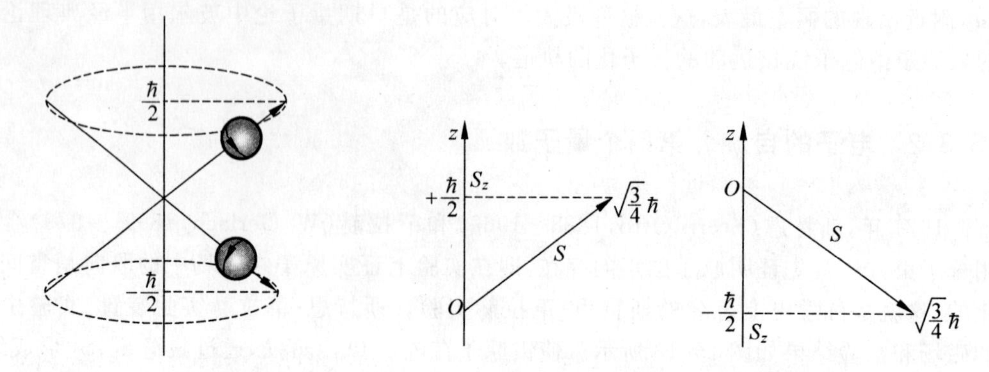

图 15-11　电子自旋角动量示意图　　　　图 15-12　电子自旋的量子化

例 15-4　用一束电子轰击 H 样品，如要发射巴尔末系的第一条谱线，试问加速电子的电压应多大？

解：H 原子光谱巴尔末系的第一条谱线是从 $n=3$ 到 $n=2$ 的跃迁。为了能发射这条谱线，需要把 H 原子从 $n=1$ 的基态激发到 $n=3$ 的第二激发态。

由式(15-24)可得

$$E_3 = -13.6 \times \frac{1}{3^3} \text{eV}$$

$$E_1 = -13.6\text{eV}$$

把 H 原子从 $n=1$ 的基态激发到 $n=3$ 的第二激发态需要的能量为

$$E_3 - E_1 = 13.6 \times \left(1 - \frac{1}{9}\right) = 12(\text{eV})$$

所以加速电子的电压应为 12V。

例 15-5　如果定义轨道角动量与 z 轴的夹角 θ 为 $\cos\theta = \frac{L_z}{L}$，试计算 $l=3$ 时可能有的夹角 θ。

解：由式(15-26)和式(15-28)可得

$$\cos\theta = \frac{L_z}{L} = \frac{m_l}{\sqrt{l(l+1)}} = \frac{m_l}{\sqrt{3(3+1)}} = \frac{m_l}{\sqrt{12}}$$

其中

$$m_l = -3, -2, -1, 0, 1, 2, 3$$

则

$$\cos\theta = -\frac{\sqrt{3}}{2}, -\frac{\sqrt{3}}{3}, -\frac{\sqrt{3}}{6}, 0, \frac{\sqrt{3}}{6}, \frac{\sqrt{3}}{3}, \frac{\sqrt{3}}{2}$$

得

$$\theta = 150°, 125.3°, 106.8°, 90°, 73.2°, 54.7°, 30°$$

15.4 原子的壳层结构

对于有两个或两个以上电子的多电子原子系统，每个电子除受到原子核势场的引力作用外，还受到其他电子的排斥作用，电子与电子之间的相互作用使得薛定谔方程更为复杂，更加难以精确求解。可以近似认为电子都是各自独立的，来自其他电子的排斥作用可看作对核电场存在一种平均的屏蔽作用（使核电场减小一个常数因子）。因此，每个电子的波函数与氢原子波函数相同，仍能用四个量子数（n,l,m_l,m_s）来确定电子的状态；不同的是，这时原子中每个电子的能量不仅决定于n，也决定于l的取值。

1916年，柯塞尔提出多电子原子中核外电子按壳层分布的形象化模型。他认为主量子数n相同的电子，组成一个主壳层，n越大的主壳层离原子核的平均距离越远，$n=1,2,3,4,5,6,7,\cdots$的各主壳层分别用大写字母K，L，M，N，O，P，Q，…表示。在一个主壳层内，又按角量子数l分为若干个支壳层，因为给定n，$l=0,1,2,\cdots,n-1$，共有n种可能的取值，因此主量子数为n的主壳层包含n个支壳层。$l=0,1,2,3,4,5,\cdots$的各支壳层分别用小写字母s，p，d，f，g，h，…表示。一般来说，n越大的主壳层其能级越高，同一主壳层中，角量子数l越大的支壳层能级越高。支壳层通常表示为这样的方式：把n的数值写在前面，把l的符号写在后面，例如1s，2s，2p，3s，3p，3d等。核外电子在不同壳层上的分布情况由泡利不相容原理和能量最小原理来决定。

15.4.1 泡利不相容原理

自旋为$\frac{1}{2}$或其他半整数的粒子统称为费米子，如电子、质子、中子都是费米子。而自旋为整数的粒子统称为玻色子，如光子、π介子等。1925年奥地利物理学家泡利（Wolfgang E. Pauli，1900—1958）在分析了大量原子能级数据的基础上，为解释化学元素周期性提出不相容原理（后称为泡利不相容原理），即全同费米子体系中不能有两个或两个以上的粒子同时处于相同的状态，也即是该原子内不可能有四个量子数完全相同的两个电子。玻色子体系则完全不受泡利不相容原理限制。

根据泡利不相容原理可以得到每个主壳层最多可容纳的电子数目Z_n和每个支壳层最多可容纳的电子数目Z_l。对于主量子数为n的主壳层，因为n已经给定，则l有n个可能的取值，$l=0,1,2,\cdots,n-1$，对于每个给定的l，m_l有$2l+1$个可能的取值，对于每个给定的m_l、m_s有两个可能的取值，即对于每个给定的l，可以有$2(2l+1)$个可能的状态，因此

$$Z_l = 2(2l+1) \tag{15-34}$$

$$Z_n = \sum_{l=0}^{n-1} 2(2l+1) = 2n^2 \tag{15-35}$$

如表15-3表示。

表 15-3　各主壳层和支壳层可容纳的最多电子数

n \ l	0(s)	1(p)	2(d)	3(f)	4(g)	5(h)	6(i)	$Z_n=2n^2$
1(K)	2(1s)							2
2(L)	2(2s)	6(2p)						8
3(M)	2(3s)	6(3p)	10(3d)					18
4(N)	2(4s)	6(4p)	10(4d)	14(4f)				32
5(O)	2(5s)	6(5p)	10(5d)	14(5f)	18(5g)			50
6(P)	2(6s)	6(6p)	10(6d)	14(6f)	18(6g)	22(6h)		72
7(Q)	2(7s)	6(7p)	10(7d)	14(7f)	18(7g)	22(7h)	26(7i)	98

15.4.2　能量最小原理

能量最小原理是物理学的普遍原理，即当原子处于稳定状态时，它的每个电子总是尽可能去占据最低的能量状态，从而使整个原子体系的能量最低。因此，能级越低即离核越近的壳层先被电子填满。能量不仅与主量子数 n 有关，还和轨道量子数 l 有关，所以有时候 n 较小的壳层尚未填满时，下一个壳层就开始有电子填入了。关于壳层的能量高低问题，我国学者徐光宪总结出一条规律，对于核外电子，能级的高低由 $n+0.7l$ 决定，该值越大的能级能量越高。例如，3d 态能量比 4s 态高，因此钾的第 19 个电子不是占据 3d 态，而是 4s 态。表 15-4 为原子中电子按壳层排布表。

表 15-4　原子中电子按壳层排布表

类	原子序数	元素名称	化学符号	各壳层的电子数											
				K	L		M			N				O	
				1s	2s	2p	3s	3p	3d	4s	4p	4d	4f	5s	5p
Ⅰ	1	氢	H	1											
	2	氦	He	2											
Ⅱ	3	锂	Li	2	1										
	4	铍	Be	2	2										
	5	硼	B	2	2	1									
	6	碳	C	2	2	2									
	7	氮	N	2	2	3									
	8	氧	O	2	2	4									
	9	氟	F	2	2	5									
	10	氖	Ne	2	2	6									
Ⅲ	11	钠	Na	2	2	6	1								

续表

类	原子序数	元素名称	化学符号	各壳层的电子数											
				K	L		M			N				O	
				1s	2s	2p	3s	3p	3d	4s	4p	4d	4f	5s	5p
Ⅲ	12	镁	Mg	2	2	6	2								
	13	铝	Al	2	2	6	2	1							
	14	硅	Si	2	2	6	2	2							
	15	磷	P	2	2	6	2	3							
	16	硫	S	2	2	6	2	4							
	17	氯	Cl	2	2	6	2	5							
	18	氩	Ar	2	2	6	2	6							
Ⅳ	19	钾	K	2	2	6	2	6		1					
	20	钙	Ca	2	2	6	2	6		2					
	21	钪	Sc	2	2	6	2	6	1	2					
	22	钛	Ti	2	2	6	2	6	2	2					
	23	钒	V	2	2	6	2	6	3	2					
	24	铬	Cr	2	2	6	2	6	5	1					
	25	锰	Mn	2	2	6	2	6	5	2					
	26	铁	Fe	2	2	6	2	6	6	2					
	27	钴	Co	2	2	6	2	6	7	2					
	28	镍	Ni	2	2	6	2	6	8	2					
	29	铜	Cu	2	2	6	2	6	10	1					
	30	锌	Zn	2	2	6	2	6	10	2					
	31	镓	Ga	2	2	6	2	6	10	2	1				
	32	锗	Ge	2	2	6	2	6	10	2	2				
	33	砷	As	2	2	6	2	6	10	2	3				
	34	硒	Se	2	2	6	2	6	10	2	4				
	35	溴	Br	2	2	6	2	6	10	2	5				
	36	氪	Kr	2	2	6	2	6	10	2	6				
Ⅴ	37	铷	Rb	2	8	18	2	6			1				
	38	锶	Sr	2	8	18	2	6			2				
	39	钇	Y	2	8	18	2	6	1		2				
	40	锆	Zr	2	8	18	2	6	2		2				
	41	铌	Nb	2	8	18	2	6	4		1				
	42	钼	Mo	2	8	18	2	6	5		1				
	43	锝	Tc	2	8	18	2	6	5		2				

续表

类	原子序数	元素名称	化学符号	各壳层的电子数											
				K	L		M			N				O	
				1s	2s	2p	3s	3p	3d	4s	4p	4d	4f	5s	5p
	44	钌	Ru	2	8	18	2	6	7		1				
	45	铑	Rh	2	8	18	2	6	8		1				
	46	钯	Pd	2	8	18	2	6	10						
	47	银	Ag	2	8	18	2	6	10		1				
	48	镉	Cd	2	8	18	2	6	10		2				
Ⅴ	49	铟	In	2	8	18	2	6	10		2	1			
	50	锡	Sn	2	8	18	2	6	10		2	2			
	51	锑	Sb	2	8	18	2	6	10		2	3			
	52	碲	Te	2	8	18	2	6	10		2	4			
	53	碘	I	2	8	18	2	6	10		2	5			
	54	氙	Xe	2	8	18	2	6	10		2	6			
	55	铯	Cs	2	8	18	2	6	10		2	6			1
	56	钡	Ba	2	8	18	2	6	10		2	6			2
	57	镧	La	2	8	18	2	6	10		2	6	1		2
	58	铈	Ce	2	8	18	2	6	10	1	2	6	1		2
	59	镨	Pr	2	8	18	2	6	10	3	2	6			2
	60	钕	Nd	2	8	18	2	6	10	4	2	6			2
	61	钷	Pm	2	8	18	2	6	10	5	2	6			2
	62	钐	Sm	2	8	18	2	6	10	6	2	6			2
	63	铕	Eu	2	8	18	2	6	10	7	2	6	1		2
	64	钆	Gd	2	8	18	2	6	10	7	2	6			2
Ⅵ	65	铽	Tb	2	8	18	2	6	10	9	2	6			2
	66	镝	Dy	2	8	18	2	6	10	10	2	6			2
	67	钬	Ho	2	8	18	2	6	10	11	2	6			2
	68	铒	Er	2	8	18	2	6	10	12	2	6			2
	69	铥	Tm	2	8	18	2	6	10	13	2	6			2
	70	镱	Yb	2	8	18	2	6	10	14	2	6			2
	71	镥	Lu	2	8	18	2	6	10	14	2	6	1		2
	72	铪	Hf	2	8	18	2	6	10	14	2	6	2		2
	73	钽	Ta	2	8	18	32	2	6	3		2			
	74	钨	W	2	8	18	32	2	6	4		2			
	75	铼	Re	2	8	18	32	2	6	5		2			

续表

类	原子序数	元素名称	化学符号	各壳层的电子数											
				K	L		M			N				O	
				1s	2s	2p	3s	3p	3d	4s	4p	4d	4f	5s	5p
	76	锇	Os	2	8	18	32	2	6	6		2			
	77	铱	Ir	2	8	18	32	2	6	7		2			
	78	铂	Pt	2	8	18	32	2	6	9		1			
	79	金	Au	2	8	18	32	2	6	10		1			
	80	汞	Hg	2	8	18	32	2	6	10		2			
Ⅵ	81	铊	Tl	2	8	18	32	2	6	10		2	1		
	82	铅	Pb	2	8	18	32	2	6	10		2	2		
	83	铋	Bi	2	8	18	32	2	6	10		2	3		
	84	钋	Po	2	8	18	32	2	6	10		2	4		
	85	砹	At	2	8	18	32	2	6	10		2	5		
	86	氡	Rn	2	8	18	32	2	6	10		2	6		
	87	钫	Fr	2	8	18	32	2	6	10		2	6		1
	88	镭	Ra	2	8	18	32	2	6	10		2	6		2
	89	锕	Ac	2	8	18	32	2	6	10		2	6	1	2
	90	钍	Th	2	8	18	32	2	6	10	2	6	2	2	
	91	镤	Pa	2	8	18	32	2	6	10	2	2	6	1	2
	92	铀	U	2	8	18	32	2	6	10	3	2	6	1	2
	93	镎	Np	2	8	18	32	2	6	10	4	2	6	1	2
	94	钚	Pu	2	8	18	32	2	6	10	6	2	6		2
Ⅶ	95	镅	Am	2	8	18	32	2	6	10	7	2	6		2
	96	锔	Cm	2	8	18	32	2	6	10	7	2	6	1	2
	97	锫	Bk	2	8	18	32	2	6	10	9	2	6		2
	98	锎	Cf	2	8	18	32	2	6	10	10	2	6		2
	99	锿	Es	2	8	18	32	2	6	10	11	2	6		2
	100	镄	Fm	2	8	18	32	2	6	10	12	2	6		2
	101	钔	Md	2	8	18	32	2	6	10	13	2	6		2
	102	锘	No	2	8	18	32	2	6	10	14	2	6		2
	103	铹	Lr	2	8	18	32	2	6	10	14	2	6	1	2

例 15-6 在宽度为 a 的一维箱中每米有 5×10^9 个电子,如果所有的单电子最低能级都被填满,试求能量最高的电子的能量。

解:例 15-3 中已经得出一维箱中电子的能级公式

$$E_n=\frac{h^2n^2}{8a^2m}$$

式中,m 是电子质量,a 是箱宽。根据泡利不相容原理,在每个能级上可以存在自旋投影不同的两个电子。已知所有的单电子最低能级都被填满,从 $n=1$ 的基态填起,填到量子数为 n 的第 n 个态,一共填了 $2n$ 个电子,所以能量最高的电子的量子数 n 满足

$$2n=5\times10^9\times a$$

则

$$\frac{n}{a}=2.5\times10^9$$

代入能级公式得

$$E_n=\frac{h^2n^2}{8a^2m}=\frac{(6.626\times10^{-34})^2\times(2.5\times10^9)^2}{8\times9.1\times10^{-31}\times1.602\times10^{-19}}=2.35(\mathrm{eV})$$

每纳米有几个电子,这大约是金属中自由电子密度的量级,所以本题可以看作是金属中自由电子的一个简化模型。其中能量最高的电子能量大约为几个电子伏特,这也正是金属自由电子逸出功的量级。

例 15-7 在宽度为 a 的一维箱中每飞米(fm)有一个中子,试求此中子体系处于基态时中子最高能量。

解:中子自旋为$\frac{1}{2}$,是费米子,受泡利不相容原理的限制。与例 15-6 同理,中子的质量为 $m=1.67\times10^{-27}\,\mathrm{kg}$,$1\,\mathrm{fm}=10^{-15}\,\mathrm{m}$

$$2n=1\times10^{-15}\times a$$

$$\frac{n}{a}=0.5\times10^{-15}$$

$$E_n=\frac{h^2n^2}{8a^2m}=\frac{(6.626\times10^{-34})^2\times(0.5\times10^{15})^2}{8\times1.67\times10^{-27}\times1.602\times10^{-19}}$$

$$=51\times10^6(\mathrm{eV})=51(\mathrm{MeV})$$

中子半径大约是零点几个 fm。每 fm 有一个中子,则这个体系的中子基本上是一个挤着一个排列,这大致上就是中子星中的中子物质的情形。所以本题可以看作是中子物质或者核物质的一个简化模型。其中能量最高的中子能量大约为几十个 MeV,这也正是原子核中核子能量的量级。

本章要点

1. 波函数 微观粒子的状态描述

(1) 物质波的本质 微观粒子不是经典意义上的波,也不是经典意义上的粒子,波粒二象性是微观粒子的固有属性。

(2) 波函数的物理意义 波函数振幅的平方$|\Psi(r,t)|^2$表示粒子在r处单位体积内出现的概率(称为概率密度)。

(3) 波函数必须满足单值、有限、连续、归一化。

(4) 薛定谔方程是量子力学的基本方程,表示为

$$i\hbar\frac{\partial\Psi}{\partial t}=\hat{H}\Psi$$

2. 定态薛定谔方程

(1) 定态 概率密度只与空间位置r有关,与时间无关,称粒子处于定态。

(2) 定态薛定谔方程

$$\hat{H}\psi(r)=E\psi(r)$$

(3) 一维无限深势阱中的粒子波函数

$$\begin{cases}\psi_i(x)=\sqrt{\dfrac{2}{L}}\sin\dfrac{n\pi x}{L}, & n=1,2,3,\cdots\\ \psi_e(x)=0\end{cases}$$

能级:

$$E_n=\frac{n^2\pi^2\hbar^2}{2mL^2},\quad n=1,2,3,\cdots$$

(4) 隧道效应:在粒子总能量低于势垒壁高的情况下,粒子能越过垒壁甚至能穿透有一定宽度的势垒而逃逸出来的现象。

3. 表征氢原子中电子状态的四个量子数

(1) 主量子数n 决定电子的能量。

$$E_n=-\frac{me^4}{2(4\pi\varepsilon_0)^2\hbar^2}\cdot\frac{1}{n^2},\quad n=1,2,3,\cdots$$

(2) 轨道量子数l 决定电子的轨道角动量的大小。

$$L=\sqrt{l(l+1)}\hbar,\quad l=0,1,2,\cdots,n-1$$

(3) 轨道磁量子数m_l 决定电子的轨道角动量L在空间某一方向(如z方向)的投影。

$$L_z=m_l\hbar,\quad m_l=-l,-(l-1),\cdots,0,1,2,\cdots,(l-1),l$$

(4) 自旋量子数s 决定电子自旋角动量S的大小。

$$S=\sqrt{s(s+1)}\hbar=\sqrt{\frac{3}{4}}\hbar,\quad s=\frac{1}{2}$$

(5) 自旋磁量子数m_s 决定电子自旋角动量在外磁场方向的投影S_z。

$$S_z=m_s\hbar=\pm\frac{1}{2}\hbar,\quad m_s=\pm\frac{1}{2}$$

4. 表征氢原子中电子状态的四个量子数

(1) 泡利不相容原理 全同费米子体系中不能有两个或两个以上的粒子同时处于相同的状态。

每个主壳层最多可容纳的电子数目:

$$Z_n=\sum_{l=0}^{n-1}2(2l+1)=2n^2$$

每个支壳层最多可容纳的电子数目：

$$Z_l = 2(2l+1)$$

（2）能量最小原理　当原子处于稳定状态时，它的每个电子总是尽可能去占据最低的能量状态，从而使整个原子体系的能量最低。核外电子能级的高低由 $n+0.7l$ 决定，该值越大的能级能量越高。

习题 15

一、填空题

1. 描述粒子运动的波函数为 $\psi(r,t)$，则 $\psi\psi^*$ 表示________，$\psi(r,t)$需要满足的条件为________，其归一化条件是________。

2. 如图 15-13 所示的一维无限深势阱中运动的粒子，其定态能量为________，定态波函数为________，当粒子处于 $n=6$ 的量子态时，概率密度极大值处的 x 坐标为________，概率密度极小值处的 x 坐标为________。

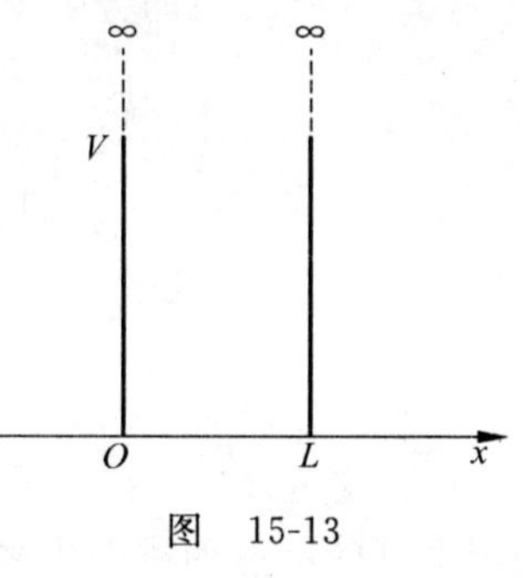

图　15-13

3. 按量子力学理论，若氢原子中电子的主量子数 $n=3$，那么它的轨道角动量可能有________个取值；若电子的角量子数 $l=2$，则电子的轨道角动量在磁场方向的分量可能取的各个值为________。

4. 已知粒子在一维矩形无限深势阱中运动，其波函数为 $\psi(x)=\sqrt{\frac{2}{a}}\sin\frac{3\pi}{a}x, 0\leqslant x\leqslant a$，那么粒子在 $x=\frac{a}{6}$ 处出现的概率密度为________。

二、计算题

1. 一粒子被禁闭在长度为 a 的一维箱中运动，其定态为驻波，试根据德布罗意关系式和驻波条件证明：该粒子定态动能是量子化的，并求出量子化能级和最小动能公式(不考虑相对论效应。顺便指出，所得结果与严格求解量子力学方程所得结果恰好完全相同)。

2. 一维无限深势阱中粒子的定态波函数为 $\psi_n(x)=\sqrt{\frac{2}{a}}\sin\frac{n\pi}{a}x$，试求粒子在 $x=0$ 到 $x=\frac{a}{3}$ 之间被找到的概率，当：

(1) 粒子处于基态时；

(2) 粒子处于 $n=2$ 的激发态时。

3. 试证明：(1)在氢原子中距原子核为 $r\sim r+\mathrm{d}r$ 之间找到电子的概率为 $r^2|R_{nl}|^2\mathrm{d}r$；(2)对于 1s 电子，$r^2|R_{nl}|^2\mathrm{d}r$ 在 $r=a$(玻尔半径)处有极大值。

4. 求出能够占据一个 d 支壳层的最多电子数，并写出这些电子的 m_l 和 m_s 值。

5. 试写出 $n=4, l=3$ 壳层所属各态的量子数。

6. 已知一原子具有最大的轨道磁量子数 $m_l=\pm4$，你能对其他量子数作何说明？

7. $n=5$ 壳层中电子可能的状态有哪些？

第7篇

专题选读

专题 I

激光技术

随着1960年世界上第一台激光器的问世，激光技术成为20世纪60年代最重大的科学成就，并渐渐走向实用化。激光器的发明开创了一个光学新时代，使光波通信成为现实；开发了信息存储技术；还广泛应用于机械加工、生物学、化学、医学、军事、农业、商业等领域。本专题简要介绍激光器的工作原理以及它在生产、生活和国防中所发挥的至关重要的作用。

I.1 激光器概述

1. 激光器的由来

雷达的空间分辨本领，即能区分的最小物体长度，与使用的电磁波波长有关。而电磁波的衍射角 θ 和波长 λ 的关系为

$$\theta = 1.22\,\frac{\lambda}{D} \tag{I-1}$$

式中，D 是电磁波束的半径。λ 越小，衍射角 θ 越小，能区分的物体的长度就越小，即空间分辨力越高。比如用波长为1m的电磁波的雷达可以区分长度为10m的物体，用波长为1mm的电磁波的雷达就可以分辨长度为1cm的物体。然而要得到波长为厘米或毫米数量级的单色电磁波，在制作工艺上是非常困难的。

1954年美国哥伦比亚大学汤斯(Townes Charles Hard，1915—)制成第一台微波(波长范围为0.1mm～1m的电磁辐射)激射器——氨分子振荡器，产生出波长为1.25cm的微波，这种振荡器被命名为Maser，是英文microwave amplification by stimulated emission of radiation中每个单词的首字母，译为微波受激发射放大，简称为微波激射器。1958年，在美国贝尔电话实验室工作的肖洛(Schawlow，Arthur Leonard，1921—1999)和汤斯合作，提出设计激光器初步方案及其研制的可能性和特性。1958年12月他们把研究成果写成论文，投寄给《物理学评论》，论文题目为《红外和光学激射器》。之后科学家们提出制造激光器的方案有很多种，结果休斯实验室的梅曼(C. M. Maman)的方案首先获得成功，在1960年5月制成了世界上第一台激光器——Laser(light amplification by stimulated emission of radiation)，是用红宝石作为工作物质的。我国第一台激光器也是红宝石激光器，是由中国科学院长春光学精密机械研究所王之江领导设计并和邓锡铭、汤星里、杜继禄等共同实验研制成的，并

在1961年9月制成。由于一开始没有统一的名称，不便于学术交流，后来由钱学森教授将Laser译成“激光”和“激光器”，此后，我国的各种媒体上统一使用激光、激光器这两个名称。

2. 激光的特性

1）能量高度集中

激光光束的发散范围很小，在几千米以外，扩展范围不超过几个厘米，这是普通光源无法达到的，因此激光的能量在空间沿发射方向高度集中，亮度比普通光源有极大的提高。有些激光器发光的亮度可达到地球表面太阳光的亮度的10^{14}倍。一个聚焦的几千瓦的连续CO_2激光光束可以在约10s内把一块厚约6.4mm的不锈钢板烧穿。激光的这个特性被用于切割、焊接材料等。

2）单色性高

光源发射的光的波长范围叫做单色光的谱线宽度$\Delta\lambda$。很显然，$\Delta\lambda$越小，光的单色性越好，它的颜色就越单纯。激光的谱线宽度很窄，如He-Ne激光的谱线宽度$\Delta\lambda$只有2×10^{-9}nm，而普通光源中单色性最好的氪灯发射的橘黄色谱线(605.7nm)的谱线宽度$\Delta\lambda$也有4.7×10^{-4}nm，比激光的单色性要低5个数量级。激光是目前世界上发光颜色最单纯的光源。

3）相干性好

相干长度为$L=\dfrac{\lambda^2}{\Delta\lambda}$，激光的单色性好，$\Delta\lambda$很小，因此相干长度大，如He-Ne激光的相干长度可达200km，而有单色光之冠的氪灯的相干长度只有0.78m。激光是目前相干性最好的光源，所产生的干涉条纹非常清晰。

3. 激光的种类

激光器的分类方法很多。根据工作物质的形态可分为：固体激光器、气体激光器、液体激光器和半导体激光器等；根据激光的输出方式可分为连续激光器和脉冲激光器；另外还可根据激光器的结构、性能、发光频率和功率的大小以及谐振腔的类型等来分，但最常用的是从工作物质的形态来区分。

1）固体激光器

采用晶体或玻璃为基质材料，并均匀掺入少量激活离子。一般是过渡族金属元素的离子(如铬离子)、稀土金属离子(如铜离子)等，这些激活离子和基质材料适当配比就能够形成三能级或四能级结构，达到粒子数反转条件。比较有代表性的固体激光器主要有红宝石激光器、钕玻璃激光器和钇铝石榴石激光器。

(1) 红宝石激光器：基质材料为红宝石晶体(三氧化二铝)，激活离子为铬离子Cr^{3+}。

(2) 钕玻璃激光器：基质材料为玻璃，激活离子为钕离子。

(3) 钇铝石榴石激光器：基质材料为钇铝石榴石(YAG)晶体，激活离子为钕离子。

2）气体激光器

气体激光器以气体或金属蒸气为工作物质，它是利用气体原子、分子或离子的分离能级进行工作的，典型的气体激光器有He-Ne激光器、CO_2激光器等。

(1) He-Ne激光器：以惰性气体He和Ne的混合物为工作物质。

(2) CO_2激光器：以CO_2、He、N_2和Xe的混合气体为工作物质。

3）液体激光器

最常见的液体激光器是以有机溶液为工作物质的染料激光器，利用不同染料可获得在可见光范围内不同波长的光。例如若丹明 6G 的水溶液，用氙闪光灯或其他激光激发可以使它发出激光。

4）半导体激光器

这类激光器分子激活介质是半导体材料，如砷化镓（GaAs）、掺铝砷化镓（AlGaAs）等。

I.2　激光器的工作原理

1. 爱因斯坦的辐射理论

1917 年爱因斯坦指出，原子能够通过两种途径发射光子而回到一个较低的态：一种是原子无规则地变到低能态，这称为自发辐射；另一种是一个具有能量等于二能级间能量差的光子与处于高能态的原子作用，使原子产生发射，这称为受激辐射。受激辐射具有两个特性，一是产生光子的能量几乎等于引起受激发射的光子的能量，所以有近似相同的频率；二是这两个光子相联系的光波是同相位的，偏振状态相同，传播的方向也相同，所以是相干的。

1）自发辐射跃迁（spontaneous emission）

原子能级中基态最稳定，通常情况下绝大多数原子都处于基态，而处于激发态或亚稳态上的原子很少，而且寿命很短，处于激发态的原子寿命为 10^{-8} s，处于亚稳态的原子寿命为 10^{-2} s，很不稳定，即使没有受到任何外界作用，处于高能级（E_2）的原子也会跃迁到低能级（E_1）上，同时辐射出能量为 $h\nu=E_2-E_1$ 的光子，称为自发辐射，如图 I-1 所示。原子的自发辐射过程完全是一种随机过程，其发光过程各自独立、互无关联，处在高能级的原子什么时候自发辐射带有偶然性，辐射的光波在其位相、偏振状态、发射方向上都没有确定的关系。高能级向低能级跃迁的能量差不同，辐射的光子的频率就不同，因此自发辐射的单色性、方向性、亮度都是非常不理想的，是非相干的。自然光的发光机理就是自发辐射。例如太阳光、灯光、荧光都属于自发辐射光，包含多种波长成分。

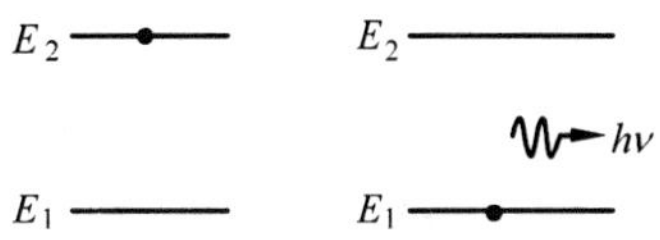

E_2 —●—　　E_2 ——
　　　　　　　$h\nu$
E_1 ——　　E_1 —●—

图 I-1　自发辐射跃迁

假设 t 时刻 E_2 能级上的原子数密度为 $N_2(t)$，则在 $\mathrm{d}t$ 时间内，由 E_2 能级自发辐射到 E_1 能级的原子数密度为

$$\mathrm{d}N_{2\mathrm{sp}}=-A_{21}N_2(t)\mathrm{d}t \tag{I-2}$$

其中 A_{21} 称为爱因斯坦自发辐射系数。

可以推出

$$N_2(t)=N_2(0)\mathrm{e}^{-A_{21}t}=N_2(0)\mathrm{e}^{-\frac{t}{\tau}} \tag{I-3}$$

式中，$N_2(0)$ 为 $t=0$ 时刻 E_2 能级上的原子数密度；$\tau=\dfrac{1}{A_{21}}$ 为时间常数。如果没有其他过程，$N_2(t)$ 将按 $\mathrm{e}^{-\frac{t}{\tau}}$ 迅速衰减。

2）受激吸收跃迁（stimulated absorption）

当处于低能级 E_1 上的原子从外界获得 E_2-E_1 的能量时，就会跃迁到高能级 E_2 上，这个过程称为受激吸收。要使处于基态的原子发光,必须由外界提供能量使原子跃迁到激发态,所以普通光源的发光包含了受激吸收和自发辐射两种过程,如图 I-2 所示。

假设 t 时刻 E_1 能级上的原子数密度为 $N_1(t)$,$\rho(\nu)$ 为辐射场的能量密度,则在 $\mathrm{d}t$ 时间内由 E_1 能级跃迁到 E_2 能级的原子数密度为

$$\mathrm{d}N_{1\mathrm{ab}} = -B_{12}N_1(t)\rho(\nu)\mathrm{d}t \tag{I-4}$$

式中 B_{12} 称为爱因斯坦吸收系数。

3) 受激辐射跃迁(stimulated emission)

处于高能级 E_2 的原子,在满足频率为 $\nu=\frac{E_2-E_1}{h}$ 的外来光子的激励下被诱发,由高能级 E_2 向低能级 E_1 的状态跃迁,并发出一个同频率的光子来,这种过程称为受激辐射,如图 I-3 所示。这种受激辐射的光子与诱发光子不仅有相同的频率,而且发射方向、偏振状态以及光波相位都完全一样。这样通过一个光子的作用,得到两个特征完全相同的光子,这两个光子可以再诱发其他原子产生受激辐射,这样在一个光子的作用下获得了大量特征完全相同的光子,使原来的光信号被放大了。受激辐射是产生激光的基础。由受激辐射所引起的能级 E_2 上的原子数密度的变化为

$$\mathrm{d}N_{2\mathrm{st}} = -B_{21}N_2(t)\rho(\nu)\mathrm{d}t \tag{I-5}$$

式中 B_{21} 称为爱因斯坦受激辐射系数。

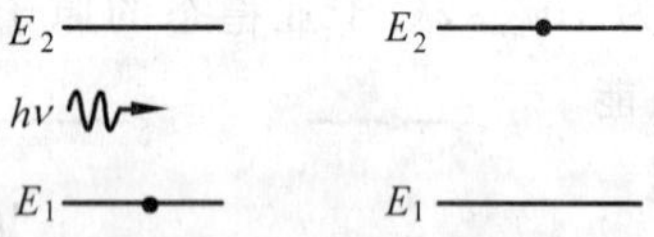

图 I-2 受激吸收跃迁

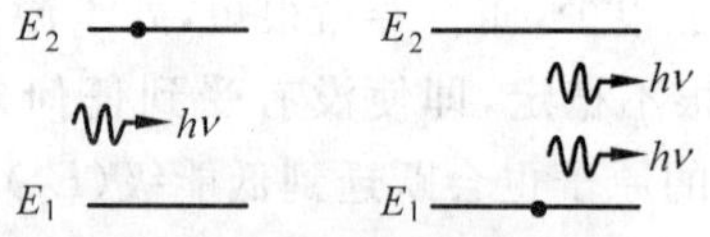

图 I-3 受激辐射跃迁

在热平衡状态下,处于能级 E_1 和 E_2 上的原子数是保持稳定的。因此从能级 E_1 跃迁到能级 E_2 的原子数密度应与从能级 E_2 跃迁回能级 E_1 的原子数密度相等,即

$$\mathrm{d}N_{1\mathrm{ab}} = \mathrm{d}N_{2\mathrm{sp}} + \mathrm{d}N_{2\mathrm{st}} \tag{I-6}$$

将式(I-2)、式(I-4)和式(I-5)代入式(I-6)得

$$\frac{N_2}{N_1} = \frac{B_{12}\rho(\nu)}{A_{21}+B_{21}\rho(\nu)} \tag{I-7}$$

又由玻耳兹曼统计分布公式得

$$\frac{N_2}{N_1} = \frac{g_2}{g_1}\mathrm{e}^{-\frac{E_2-E_1}{kT}} = \frac{g_2}{g_1}\mathrm{e}^{-\frac{h\nu}{kT}} \tag{I-8}$$

式中,g_1、g_2 分别为能级 E_1 和 E_2 的简并度,即对应于同一能量的原子的所有状态的数目。

联立式(I-7)和式(I-8)可得

$$\frac{g_2}{g_1}\mathrm{e}^{-\frac{h\nu}{kT}} = \frac{B_{12}\rho(\nu)}{A_{21}+B_{21}\rho(\nu)} \tag{I-9}$$

由式(I-9)可解得

$$\rho(\nu) = \frac{A_{21}}{B_{21}}\,\frac{1}{\frac{g_1}{g_2}\cdot\frac{B_{12}}{B_{21}}\mathrm{e}^{\frac{h\nu}{kT}}-1} \tag{I-10}$$

普朗克的黑体辐射公式为

$$\rho(\nu)=\frac{8\pi h\nu^3}{c^3}\cdot\frac{1}{e^{\frac{h\nu}{kT}}-1} \tag{I-11}$$

比较式(I-10)和式(I-11)可得

$$\frac{B_{12}}{B_{21}}=\frac{g_2}{g_1} \tag{I-12}$$

$$\frac{A_{21}}{B_{21}}=\frac{8\pi h\nu^3}{c^3} \tag{I-13}$$

可见,三个爱因斯坦系数 A_{21}、B_{21}、B_{12} 是相互关联的。知道其中的任一个,就可以求出其余两个。事实上,这些系数都是原子特征的表现,虽然它们是借助热平衡条件下的能量密度公式得到的,但理论与实验都证明,它们是普遍成立的,也适用于非热平衡状态。在常温下,受激辐射的概率比自发辐射的概率小得多,几乎可以忽略。因此,一般光源的辐射大都是自发辐射,其中的受激辐射使人无法察觉。但是受激辐射的光子具有很好的相干性,如果能使其占据辐射的优势,就可以大大提高光辐射的用途,这就是激光器形成的历史背景。

2. 粒子数反转

发射激光的材料称为激光的工作物质。当频率为 $\nu=\frac{E_2-E_1}{h}$ 的光子作用于工作物质的原子系统时,受激吸收和受激辐射这两个过程将同时发生。前一过程使入射光子数减少,后一过程使入射光子数得到放大。根据能量最小原理,在热平衡条件下,只有极少数原子处于 E_2 能级上,所以一般情况下,当光波通过热平衡介质时,总是受激吸收占优势,因此总是使得入射光有所衰减,并不能实现光放大。为了使受激辐射取得优势地位,必须使高能级的原子数超过低能级的原子数,这种分布称为粒子数反转或称为负温度分布。负温度是对处于高能态的原子数目比处于低能态的原子数目多的状态的表述。实现了粒子数反转的介质称为激活介质。要实现粒子数反转必须具备两个条件。一是要有激励源,即从外界不断地给工作物质的原子系统输入能量,使物质中尽可能多的原子处于高能态,这个激励过程称为泵浦或抽运,其作用像一只水泵一样把低能态的原子抽运到高能态来,主要方法有:光泵浦、气体放电泵浦、粒子束泵浦、化学泵浦。二是工作物质的能级结构中存在亚稳态能级,亚稳态能级是能量较低的激发态能级,其特点是原子在其上的寿命较长。例如红宝石激光器的工作物质是一根红宝石棒(掺杂 Cr^{3+} 的三氧化二铝晶体),如图 I-4 所示。铬离子中涉及激发和发射激光的三能级系统,如图 I-5 所示。作为泵浦源的高压氙灯发出强光激发铬离子到达激发态 E_3,处于激发态的原子寿命极短,约 10^{-7} s 内无辐射跃迁到能级 E_2 上,E_2 是亚稳态能级,原子在其上停留的时间较长,约 10^{-3} s,只要激发足够强,原子就会在 E_2 上累积起来,而基态的原子数逐渐减少,从而实现了亚稳态能级 E_2 和基态能级 E_1 之间的粒子数反转,实现受激辐射。三能级激光器中,获得亚稳态和基态间粒子数反转的效率不是很高。因为在开始抽运时亚稳态上实际是空的,最低限度要将基态原子数的半数以上抽运到亚稳态才可实现粒子数反转。有些工作物质的原子系统拥有四能级结构,如图 I-5 所示。典型的代表是 He-Ne 激光器,它是一个四能级结构。处于基态 E_1 的原子被激发到最高能级 E_4,从 E_4 无辐射地跃迁到亚稳态 E_3,因为能级 E_2 实际上是空的,这样在 E_3 上只要有较少的粒子累积就可实现 E_3 和 E_2 之间的粒子数反转,因此比三能级结构更容易实现粒子数反转。

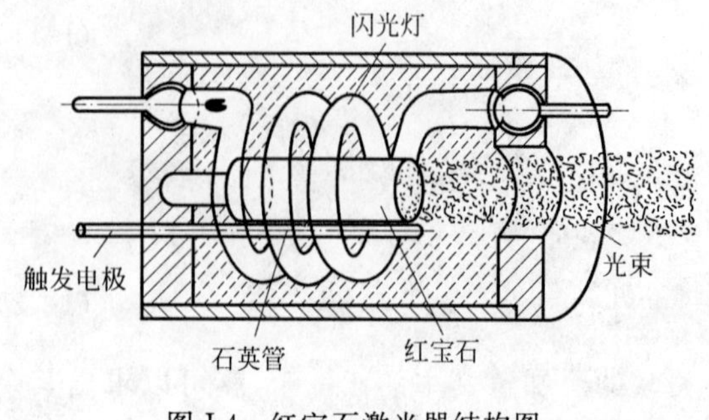

图 I-4　红宝石激光器结构图

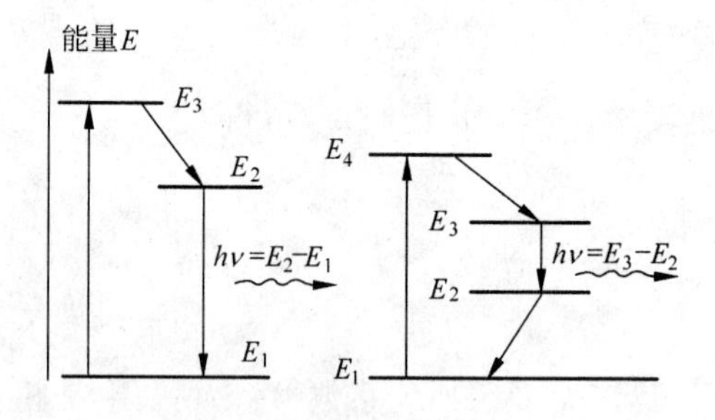

图 I-5　三能级系统及四能级系统

3．光学谐振腔

产生激光需要两个条件，一是工作物质中的粒子数反转；二是要建立一个满足阈值条件的光学谐振腔。谐振腔是放在工作物质两端的反射镜构成的光学系统，光子可以在其中来回反射振荡。谐振腔主要由两块互相平行的平面反射镜组成，其中一块反射镜对激光的反射率接近 100％，另一块对激光有微小的透射率，在谐振腔中形成的激光有一部分从这块反射镜透射到腔外。如图 I-6 所示。谐振腔有三个作用。

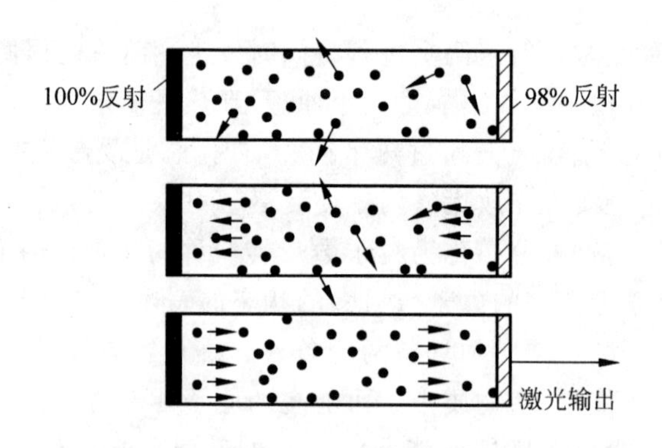

图 I-6　光学谐振腔

1）放大

光在粒子数反转的工作物质中传播时，得到光放大。当光到达反射镜时，又反射回来穿过工作物质，进一步得到光放大，这样不断地反射的现象叫做光振荡，光在谐振腔内来回振荡，造成连锁反应，雪崩似的获得放大，因此从具有一定透过率的平面镜一端输出强烈的激光。

2）选向

由于只有在谐振腔轴线方向上振荡的光才得到加强，偏离谐振腔轴线方向的光经过反射后会逸出腔外，所以激光的方向性好。

3）选频

组成谐振腔的反射镜都镀有多层反射膜，只要选择每层反射膜的厚度使之等于所要输出的激光在这膜中的波长的$\frac{1}{4}$，就可以使所需要的波长得到最大限度的反射，而限制其他波长的光的反射。另外，光在谐振腔传播时形成驻波，只有满足驻波条件 $L=n\frac{\lambda}{2}$（L 为谐振腔长度，

n 为正整数，λ 为激光的波长）的光才可以在腔内形成稳定的振荡而不断得到加强，而不满足此条件的光很快减弱而被淘汰，所以激光的单色性好。

在谐振腔内除了发生光放大作用（或称为增益）外，还存在由于工作物质对光的散射以及反射镜的吸收和透射等造成的各种损耗。只有当光在谐振腔内来回一次所得到的增益大于损耗时，才能形成激光。要使光在谐振腔内增益大于损耗，必须满足的阈值条件是

$$r_1 r_2 e^{2GL} > 1 \tag{I-14}$$

式中，r_1、r_2 分别为两反射镜的反射率；G 为增益系数；L 为谐振腔长度。

I.3 激光器的应用领域

激光的诸多特性使它在科学研究、工业、军事、信息技术、精密计量、医学，直至日常生活等方面都有重要应用。经过半个多世纪的发展，激光波长的覆盖范围已大为扩展，激光的各种性能也有很大的提高。许多应用已日趋成熟，应用的范围也日益扩大。作为一种有效的研究手段它已经在物理学、化学和生物学等学科的研究中发挥了重要作用。

1）激光测距仪

激光测距仪的基本原理与雷达相似，如图 I-7 所示，激光测距仪对准目标发出脉冲激光信号，将被目标反射回置于发出点的接收器，测出从开始发射到反射回来后所接收到的时间间隔 t，就能得出待测距离 s，即

$$s = \frac{1}{2}ct \tag{I-15}$$

式中，c 为光速。因为 t 极短，精确测量 t 是准确测量距离的关键，所以激光测距仪中采用的是时标电脉冲振荡器的电子计时器，能精确记录光信号的往返时间。

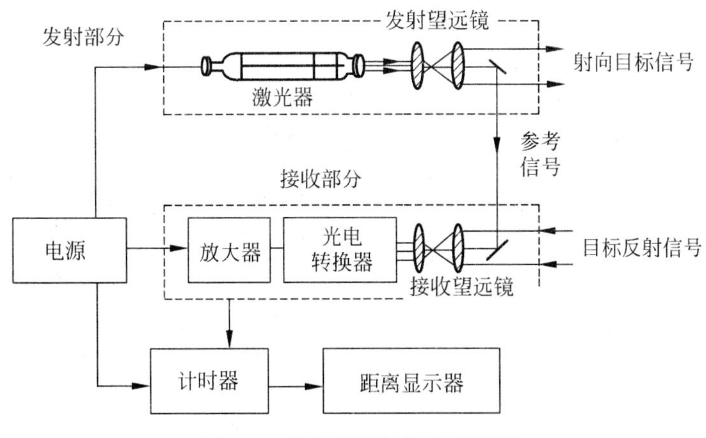

图 I-7 激光测距仪的基本原理

激光测距仪测量精度高、可测距离远。如测量月球与地球表面之间的距离 3.8×10^5 km，精度可达到 ±2cm。目前，房屋面积丈量也常采用激光测距仪。另外由于激光具有极好的相干性，还可以用激光干涉法来测量微小长度。方法是：把激光器输出的激光在干涉仪中分成两束，其中一束在干涉仪中走过固定路程，另一束经靶棱镜后反射回干涉仪，两

束光在会合处会发生干涉。当靶棱镜相对于干涉仪移动时,光程差发生变化,干涉条纹移动,数出通过参考点的条纹移动数目 n,就可以由下式得到靶棱镜移动的长度:

$$L = n\frac{\lambda}{2} \tag{I-16}$$

激光测距仪操作方便、速度快。一般几秒钟便可测得一个数据,而且它体积小、质量轻,最小的质量只有 0.45kg,形如一架小型望远镜,另外它的抗电磁干扰能力也很强。

随着激光技术的发展,测距仪也经历了很多变化,测距仪的这些优点使之广泛应用于各个领域。在军事上测距仪已普遍装备于坦克、火炮、导弹、飞机、军舰、潜艇等。目前第三代小型人眼安全激光测距仪已在很多国家的军事装备中使用。

2)激光测速

激光测速是测量移动物体反射回来光的频率由于多普勒效应发生的偏离,或利用从运动物体表面散射回来的激光衍射花样发生的移动来确定物体的运动速度。由于激光多普勒效应测速是非接触式的,在被测物体是热的或者是易碎的不能用接触法时,这种方法是很有用的。测量过程中对物体的行为不会产生干扰,而且不怕腐蚀,不怕高温、高压。已用此法测出轧钢机中炽热钢坯的移动速度。这种方法测量的速度范围很大,低的可测出 0.07mm/s 的速度,高的可测出几百米每秒的速度。

3)激光准直导向

激光是良好的天然准直和导向指示线。光无重量,不产生重力弯曲,沿直线传播,准直精度高,完成准直花费的时间少。比如,造船时采用激光准直定中心线、桅杆的位置等,可将工效提高 10 倍以上,精度可提高 1 个数量级。此外,激光准直导向在飞机制造等方面也得到广泛应用。

4)激光雷达

激光雷达是激光测距技术向多功能发展的产物。激光测距仪测的是固定点的目标,而激光雷达可测量运动目标或相对运动的目标,既能探测位置又能探测速度,是现代化战争必不可少的工具。激光雷达向目标发射的激光探测信号碰到目标后被反射回来成为回波,通过测量回波信号的时间、频率、方向变化就可以确定目标的距离、方位和速度等。激光雷达识别能力强,可识别空中较小的物体。由于大气对激光有较高的光学吸收和散射效应,它更适合于执行探测低空飞行的任务。激光雷达的测量精度高,它可精确地探测 1 万千米以外两只交会的飞船间的距离。另外,激光雷达的抗干扰性能好,可以排除背景和地面回波的干扰。

5)激光制导

激光制导就是利用激光来控制导弹的飞行,以极高的精度将导弹、炸弹或炮弹引向目标。由于激光单色性好、方向性好、能量集中,使得激光制导武器有命中率高、抗干扰能力强、机构简单、成本低的特点。20 世纪 90 年代爆发的海湾战争和 21 世纪初的阿富汗战争和伊拉克战争,是近年来发生的规模最大、影响最广的高科技战争。多种先进的武器竞相登场,而激光制导武器更是出尽风头。

6)激光捕获原子

激光捕获原子是将原子限制在自由空间中某个小范围内的光学方法。原子在电磁场中会被感应产生一个电偶极矩。电磁场作用在原子上的力就是电磁场作用在这个感生电偶极矩上的力。为了捕获飞行中的原子，除了电偶极矩力外，还需要利用散射力。将散射力和电偶极矩力结合起来就可捕获飞行中的原子。激光捕获原子这一方法可用于原子制冷。

7）激光跟踪

激光跟踪是以激光照射移动目标，利用从目标反射回来的激光信号与测量系统光轴的偏离作为反馈信号来操纵系统锁定目标的技术。向目标发射的激光信号经目标反射后，通过光学系统投射到探测器上。探测器一般为四象限光电探测器。如果反射信号的方向偏离测量系统的光轴，则投射在光电探测器上的光斑在四个象限上的积分强度不相等。以此作为反馈来调节伺服控制系统，使控制系统转向目标，从而实现激光跟踪。激光跟踪在导航、反导系统、武器精确制导等诸多领域都具有非常重要的意义。

8）激光光谱学

激光光谱学是以激光为光源的光谱学分支，是激光器发明以后开辟的新领域。

常规光谱学中，光谱线的宽度较宽，光源的强度较弱，限制了光谱学的深入发展。自激光器成为光谱学的研究工具以来，情况发生了突变。由于激光所具有的高亮度、单色性（相干性）、可调谐（频率和波长可变）和实现超短脉冲运行的特点，使光谱学的面貌发生了深刻的变化。激光光谱学具有很多优势，例如极高的光谱分辨率，极高的探测灵敏度，极高的时间分辨率等。运用激光光谱学方法可以深入研究物质的结构、能谱、瞬态变化和它们的微观动力学过程（包括弛豫规律），由此来获得用经典方法无法得到的信息。

9）激光核聚变

激光核聚变是以高功率激光作为驱动器的惯性约束核聚变。在探索实现受控热核聚变反应过程中，随着激光技术的发展，1963年苏联科学家N. G. 巴索夫和1964年中国科学家王淦昌分别独立提出了用激光照射在聚变燃料靶上实现受控热核聚变反应的构想，开辟了实现受控热核聚变反应的新途径——激光核聚变。

各国对激光核聚变研究的兴趣并不完全在于获取聚变功率，而是出自军事目的。激光核聚变可用于热核爆炸模拟中的核武器物理的模拟和核爆炸辐射效应的模拟。激光束以很高的功率密度将大量能量集中在靶丸上，能产生与热核爆炸时相应的高温、高压条件，因此利用激光驱动的靶丸爆聚可用于研究核爆炸动力学、爆炸稳定性以及其他物理规律，为核武器的设计和验证数值计算提供有价值的数据。核武器爆炸时会发射大量的X射线、γ射线、中子等，这些辐射造成的破坏效应及其同物质的相互作用，对核武器研究是十分重要的。现在核爆炸辐射效应的研究主要通过地下核试验进行，但试验受到全面禁止核武器试验条约的约束。激光核聚变能产生与核爆炸相应的辐射环境，可当成热核爆炸的小型辐射场，在一定程度上可用来替代地下核试验。

10）激光的危害与防护

激光还有很多有价值的应用，这里不再一一列举。值得注意的是，激光对人体和工作环境可能造成的有害作用也不得不引起我们的警惕。进行激光加工和激光治疗时，可能产生有害的烟雾、蒸气和噪声等。大功率激光辐射会破坏某些精密仪器，甚至引起火灾。激光器电源的高压也可能造成危害。激光辐射能对人眼和皮肤造成严重伤害。人眼对不同波长激光的投射和吸收不同，不同波长激光对人眼伤害的部位也不同。激光辐射造成的眼部伤害主要有由紫外线导致的光致角膜炎（又称电光性眼炎或雪盲），由可见光导致的视网膜烧伤凝固、穿孔、出血和爆裂，以及由红外光导致的晶状体混浊、角膜凝固等。激光辐射造成的皮肤伤害主要有色素沉着、红斑和水泡等。伤害程度取决于辐射剂量的大小，而这与激光器的输出能量、工作波长和工作状态有关，其中能量是最主要的因素。因此需要对激光源、操作人员和工作环境分别采取相应的保护措施。比如，有激光的工作场所应张贴醒目的警告牌，设置危险标志；工作人员应先接受激光防护的培训，进入工作场所应戴激光防护眼镜；激光不用时，应在输出端加防护盖，并尽量让光路封闭，避免人员暴露于激光束；应保持光路高于或低于人眼高度，这对可见光波段以外的激光尤其显得重要；在激光运行空间内应保证足够的照明使眼睛的瞳孔保持收缩状态；对激光操作人员应进行定期体检等。

专题 Ⅱ

光纤　光纤通信

20 世纪初人类发明了电子通信，即利用无线电波段的电磁波传输各种信息，如电话、电报、广播、电视等。电子通信的弊端是容量不可能无限制地增大，其极限信息带宽大约是 50GHz(5×10^{10} Hz)，并被称为电子通信的带宽瓶颈，克服这个瓶颈的办法就是光通信。因为光通信的信息带宽可达 200THz(2×10^{14} Hz)以上，约为电子通信的 4000 倍。1960 年发明的激光，尤其是半导体激光器的发明，为光通信提供了非常理想的光源。1966 年华裔学者高锟(Kao Charles,1933—　)等建议采用光学纤维进行光信号的远距传输，这样可以克服通过大气传输的种种不利因素，奠定了光纤通信的基础。如今，光纤通信已在大部分通信干线及网络中取代了电子电缆通信，成为全世界的信息基础设施。我们常说的信息高速公路就是指各个国家的信息基础设施，也就是一个国家的高速通信网。未来如果我国也建成自己的信息高速公路并与世界联网，我们每个人就都可以从任一地方与亲友进行可视通话，收看任一地方的电视节目，查阅任一图书馆的藏书，接受任一大学的远程教育，远距离控制家中的电器。所有这一切均得益于信息技术的发展，其核心则是光通信技术。本章简要介绍光纤的工作原理、应用以及光纤通信技术。

1. 光纤的结构

用于传导光的人造纤维称为光导纤维或光学纤维，简称光纤。它的基本结构是圆柱形的细长丝，直径在 1～100μm 之间，与头发丝粗细差不多。最常用的材料是二氧化硅(石英)，也有用多组分玻璃或有机玻璃的。光纤的材料都要高度透明，对材料的纯度要求非常高，如通信用的光纤其材料纯度有的要求达到八个 9(99.999999%)以上。如果材料的纯度低，光在传输过程中的衰减就会很快。光纤的制造过程是将材料放在高温炉中熔化，经高速拉制成细丝。拉制工艺要求拉出的丝粗细均匀，符合光学要求。

光纤有两种类型：一种是反射型光纤，由均匀透明介质构成，利用光的全反射使光沿折线路径在光纤内传播。另一种是折射型光纤，由非均匀介质构成，利用折射率逐渐变化使光沿曲线路径在光纤内传播。

1) 反射型光纤

反射型光纤又称阶跃折射率光纤，其结构如图Ⅱ-1所示。一根纤维由两种均匀介质组成，内层为纤芯，外

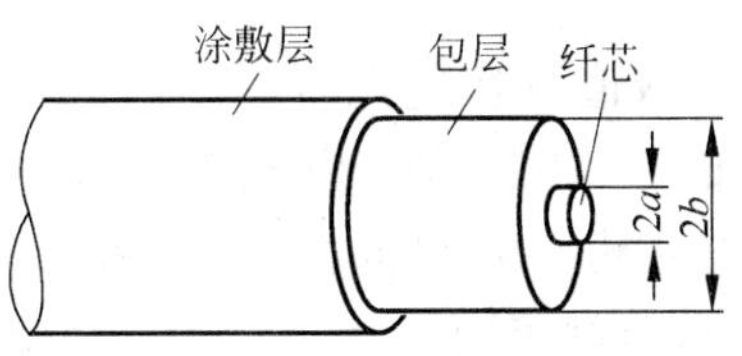

图Ⅱ-1　光纤的基本结构

层包住纤芯的叫做包层,纤芯和包层的主体材料都是石英玻璃,但两区域中掺杂情况不同,因而折射率不同。纤芯的折射率 n 比包层的折射率 n' 稍微大一些。包层的作用是减少损失和保护纤芯,因为光在全反射时在界面外虽没有折射波,但有一层贴着界面的隐失波(又称衰逝波或指数衰减波),如果没有包层,隐失波会被界面上和附近的微粒所散射,造成光的能量损失。包层外面还有一层硅橡胶类材料制成的保护层用来保护光纤免受污染和机械损伤。

下面讨论位于过光纤对称轴线的截面内的光线,它相当于共轴系统中的子午光线。设光纤纤芯的折射率为 n,包层材料的折射率为 n',并且 $n>n'$,光纤所在空间介质的折射率为 n_0,如图Ⅱ-2 所示。

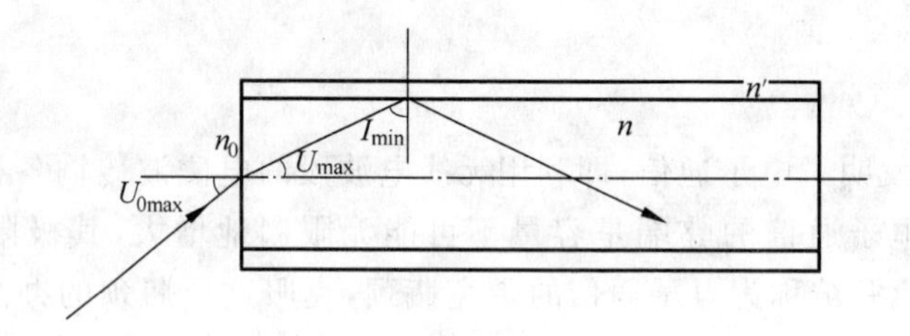

图Ⅱ-2 光线在光纤中传播

光线在光纤的内外介质分界面上发生全反射,则入射角 I 必须大于或等于临界角 $I_{\min}$,即

$$\sin I \geqslant \sin I_{\min} \tag{Ⅱ-1}$$

$$\sin I_{\min} = \frac{n'}{n} \tag{Ⅱ-2}$$

由图中的几何关系可知

$$U_{\max} = \frac{\pi}{2} - I_{\min} \tag{Ⅱ-3}$$

由式(Ⅱ-2)和式(Ⅱ-3)可得

$$\sin U_{\max} = \sin\left(\frac{\pi}{2} - I_{\min}\right) = \cos I_{\min} = \sqrt{1-\sin^2 I_{\min}} = \sqrt{1-\left(\frac{n'}{n}\right)^2}$$

整理得

$$n\sin U_{\max} = \sqrt{n^2 - n'^2} \tag{Ⅱ-4}$$

光线在光纤入射端面上发生折射,根据折射定律有

$$n_0\sin U_{0\max} = n\sin U_{\max} = \sqrt{n^2 - n'^2} \tag{Ⅱ-5}$$

式(Ⅱ-5)中,$U_{0\max}$ 为光线在光纤入射端面与光纤轴线的夹角,$n_0\sin U_{0\max}$ 或 $n\sin U_{\max}$ 称为光纤的数值孔径。数值孔径用 N. A. (numerical aperture)表示,即

$$\text{N. A.} = n_0\sin U_{0\max} = n\sin U_{\max} = \sqrt{n^2 - n'^2} \tag{Ⅱ-6}$$

数值孔径越大,能够进入光纤并被传输的光就越多。当 N. A. $=1$ 时,如果 $n_0=1$,则 $U_{0\max}=90°$,即以任何角度入射到光纤端面上的光,都能进入光纤被传输。光纤的数值孔径仅由纤芯和包层的折射率 n 和 n' 决定,而与光纤的尺寸无关。因此,选用适当的 n 和 n' 值,可制成数值孔径大而半径又很小的光纤,这样的光纤既便于光的传输,又柔软易于弯曲。

2）折射型光纤

折射型光纤又叫做变折射率光纤或梯度折射率光纤，它的折射率在轴线上最大，离轴线越远就越小，如图Ⅱ-3所示。根据折射定律，光从折射率较大的介质进入折射率较小的介质时，会偏离交界面的法线；反之，光从折射率较小的介质进入折射率较大的介质时，会靠近交界面的法线。因此，光进入折射型光纤后，所走的路径便是一条如图Ⅱ-4所示的周期性曲线。光到轴线的最大距离 R_s 相当于反射型光纤中纤芯的半径，光在该处被全反射回来。但由于光不到达边界，因此就没有全反射损耗。

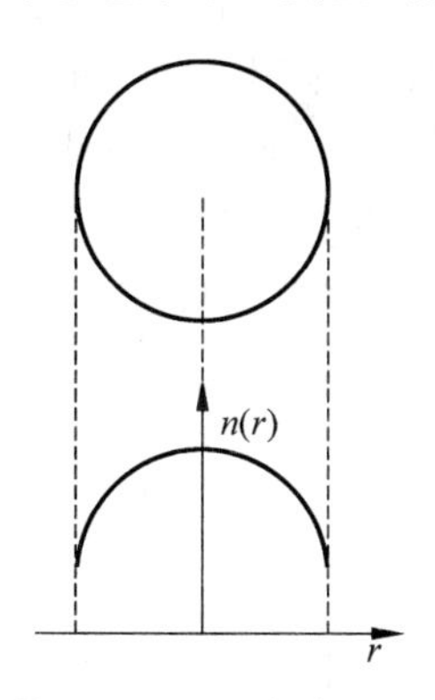

图Ⅱ-3　折射型光纤的折射率随半径 r 的变化

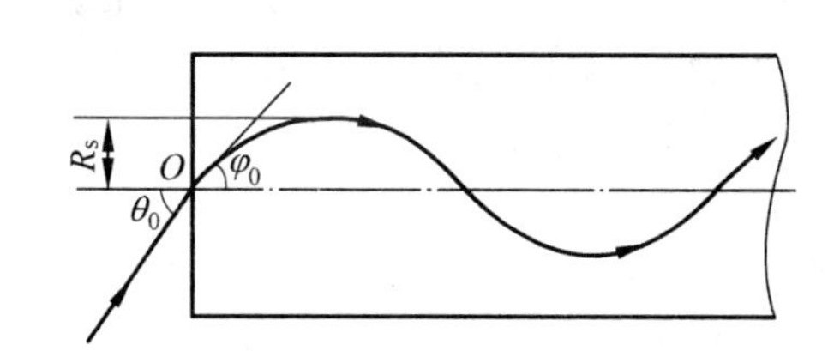

图Ⅱ-4　折射型光纤中光线的路径

折射率分布近似符合以下关系：

$$n^2(r) = n_0^2(1 - \alpha^2 r^2) \tag{Ⅱ-7}$$

式中，n_0 为光纤中心的折射率；α 为常数；r 为光纤截面内的半径。

折射率满足一定的条件，折射型光纤可使光线聚焦，如图Ⅱ-5所示。从 O 点发出的光前进一段距离后，又会聚于一点，这种光纤称为自聚焦光纤，它可以用来成像，如图Ⅱ-6所示。

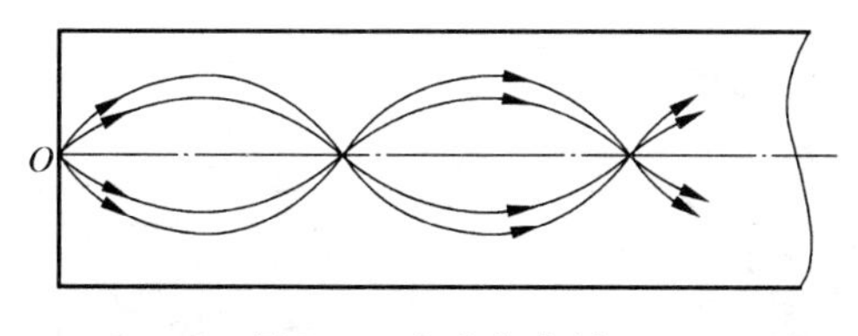

图Ⅱ-5　自聚焦光纤

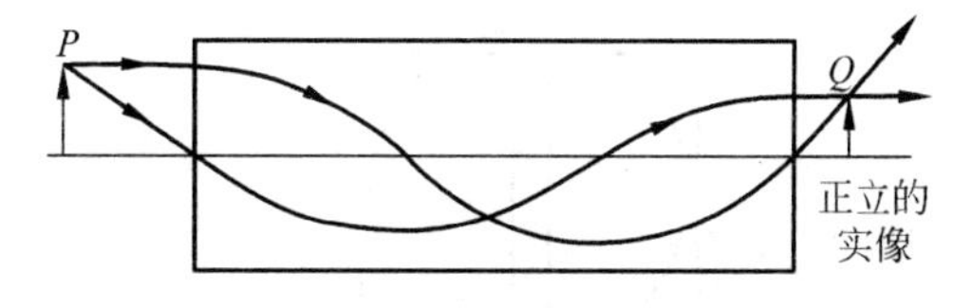

图Ⅱ-6　光纤成像

2．传播模式

光波在光纤中传播时，由于纤芯边界的存在，其电磁场解是不连续的。这种不连续的场解称为模式。从几何光学的角度看，以某一角度射入光纤端面，并能在其中传播的一条光线，称为一个传播模式。在纤芯中只能传输一种模式的光纤称为单模光纤；在纤芯中可以有多种不同的传输模式的称为多模光纤。

3．光纤的损耗和色散

光在光纤中传播的过程中存在材料色散和模间色散，这会影响光纤传输速度和大容量的通信。采用折射型光纤可以消除这种损耗。而对于材料色散，可以采用石英材料的光纤，选用波长为 1.3μm 的光波作载波，这样可以把损耗降到最低，因为石英材料对波长为 1.3μm 的光波的色散几乎为零。

4. **光纤的应用**

全反射光纤主要有两方面应用价值，一是传递光能，称为非相关传光束；二是传递图像，称为相关传光束。

1）非相关传光束

将多根光纤捆成一束用于传光，就成为传光束。仅用于传光时，输出端面上各根光纤的排列并不需要与输入端面上的排列一一对应，这种传光束称为非相关传光束。例如用一个点光源去照明一个竖直长狭缝，可以把传光束的输入端排成圆形，通过透镜把光源发出的光聚焦在传光束的输入端面上，把传光束的输出端排列成线状，以照明整个竖直长狭缝。如果用一般光学系统，如图Ⅱ-7 所示，直接把点光源经透镜聚焦后照射在狭缝上，则聚焦后的光源直径必须大于狭缝长度，由图Ⅱ-7 可见，大部分光能都被浪费了。

2）相关传光束

光束中的光纤都平行排列，每根光纤两端在光束端面上的位置相对应，这样的传光束就称为相关传光束。传光时每根光纤单独传递一个信息元，合起来就能将图像从一端传到另一端，如图Ⅱ-8 所示，这样的传光束又称为传像束。用于传像束的光纤必须有很好的外包层以避免像的失真，并且输入端和输出端的排列顺序应完全相同。传像束最常见的用途就是内窥镜。内窥镜的主要结构是在光纤输入端前面用一个物镜把观察目标成像在光纤束的输入端面上，通过光纤束把像传至输出端，然后通过目镜来观察输出端的像，或者通过透镜组把像成在感光底片上。由于光纤束能任意弯曲，可以用来观察人眼无法直接看到的目标。例如检查涡轮发动机的叶片，观察人体内部的组织和器官。这些内窥镜往往还需要同时进行照明，可用另一条传光束把光从外部引入到内部目标上。一般把传光束和传像束装在同一根软管里。

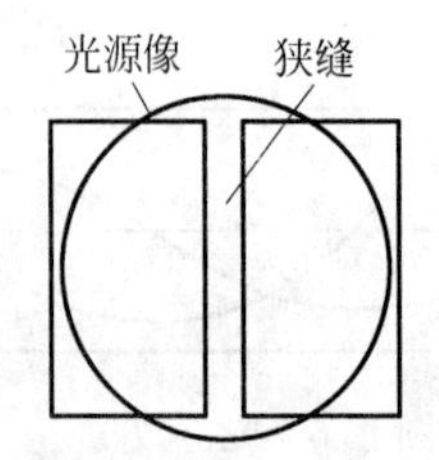

图Ⅱ-7　一般光学系统光源照射在狭缝上

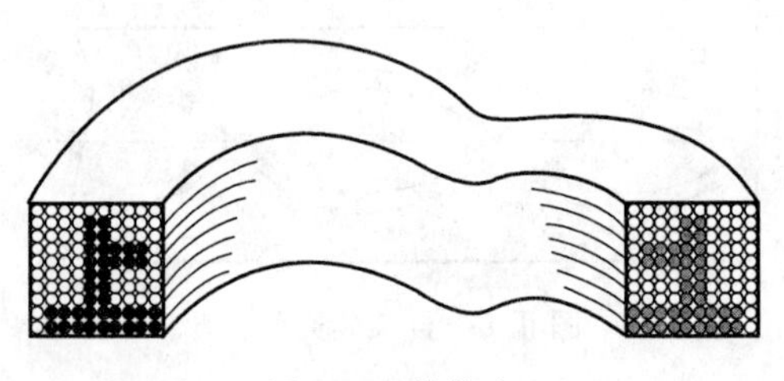
图Ⅱ-8　传像束

3）光纤面板

光纤面板是将多根光纤聚配成一定的几何结构，经热熔、加压、切断和研磨而成，被广泛用作各种阴极射线管和摄像管的面板。它有很高的集光能力，可消除用普通玻璃面板对成像所造成的变形。

4）光纤通信

光纤通信就是用光波经过光纤通话、传输电视或其他如信函、数据文件等多媒体信息。光纤通信具有很多电子通信无可比拟的优势。例如通信容量大，一条光纤中可同时传输一万多路电话；与同轴电缆相比，光缆的尺寸小、重量轻；传输损耗低。同轴电缆的传输损耗为

5～10dB/km，中继距离仅数千米。而光纤的传输损耗约0.2dB/km，中继距离可达50～100km。随着光纤放大器的应用，光通信可实现无中继通信；由于石英为绝缘体材料，光纤不怕外部电磁干扰，光缆内各路光纤之间也不会相互串扰；光纤内部光信号不会泄漏到外面，因此用于电子通信的电磁感应窃听对光纤通信不再有效，即保密性好；光纤的原料是二氧化硅，价格便宜，储量足，即光通信成本低；光纤的耐腐蚀性强，能自由弯曲传输；用金属或塑料将多根光纤或多组光纤绞合在一起，加上包带和护层而成的光缆，已逐渐取代了传统的电缆，发展成为通信的重要工具。

5. 光纤通信技术简介

光纤通信属于有线光通信，其系统结构如图Ⅱ-9所示，主要包含光发送机、中继机和光接收机三部分。它的工作过程与有线电子通信相同，不同之处在于以光波为信息载体并通过光纤传输。

1）光发送机

光发送机实现电光转换，其中电端机包括电发送机和电接收机。发送机的任务是将模拟信号（话音、图像等）转换为数字信号，完成编码，然后由电接收机将数字信号进行分解，还原成模拟信号。光端机包括光发送机和光接收机，前者是将传来的电信号变成适合驱动光源发光的信号，使激光光源发光，这就实现了电光转换，然后将接受的光信号耦合进光纤，传输出去。光源一般采用半导体发光二极管（LED）或半导体激光二极管（LD）。LD适合用于传输容量大的远程信息系统。LED适合用于短程较小容量的信息系统，但LED价格便宜，且可靠性好。光发送机的重要参数之一是输出光功率要大，输出光功率越大，输出的光信号损耗越小。

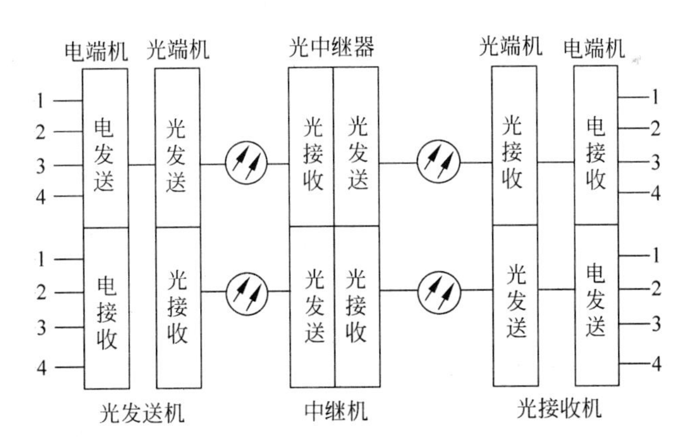

图Ⅱ-9　光纤通信系统简图

2）中继机（光纤放大器）

信号在光纤中传输，由于光纤的色散、吸收等使信号衰减、变形，所以必须每隔几十千米就需要有一个中继机把减弱、畸变的光信号复原。中继机中的光探测器把已变弱和畸变的光信号变成电信号，经判断再生装置复原处理，再驱动光源再生出复原的光信号，送入光纤继续传播。在现代光纤通信中，一般用光纤放大器代替上述的中继机。研制成功的掺铒光纤放大器，用它替代中继机是光纤通信技术中的一项重大突破。

3）光接收机

光接收机把接收到的光信号经光探测器转换成电信号，经过放大器放大，送入电接收机进行解码和重建，使之恢复成原来的信号，传送给电接收机。通信都是双向的，即一方发出信号，同时也接收对方发来的信号，所以，光端机和电端机一一对应，组成光纤通信系统。

专题 Ⅲ

半 导 体

物质具有三种状态，即气态、凝聚态（包括固态、液态及非晶态）和等离子态。与人类社会关系最密切的物质形态是由近似自由运动的原子和分子构成的气态和由原子和分子“凝聚”在一起构成的凝聚态。固体是凝聚态物质中比较重要的一种形态，原子和分子之间有较强的作用，因此有确定的形状。半导体是指导电能力介于金属和绝缘体之间的固体材料。而且它的电学性质对材料中微量杂质的含量极其敏感，这一特点使得人为控制半导体材料的物理性质成为可能。人们利用半导体材料制造出形形色色的电子器件和大规模集成电路，从而使电子工业和计算机工业发生了革命性的变化。本章简要介绍半导体技术的发展历史、基本概念以及未来发展的方向。

Ⅲ.1 半导体概述

1. 半导体技术的发展概况

19 世纪是电磁学大发展的时代。美国大发明家爱迪生（T. A. Edison，1847—1931）在致力于研究如何延长碳丝白炽灯寿命时，发现当灯丝比周围导体电势低时，在灯丝与导体间会出现电流，这是后来电子管的基础，称为爱迪生效应。1899 年，J. J. 汤姆孙揭示出爱迪生效应是一种热电子发射现象。在此基础上，1904 年，英国物理学家弗莱明（J. A. Fleming，1849—1945）发明了电子二极管，首先把爱迪生效应付诸实用，为无线电报接收提供了一种灵敏可靠的检波器。1906 年，美国科学家德弗莱斯特（L. de Forest，1873—1961）发明了具有放大能力的电子三极管，为无线电通信提供了一种应用极其广泛的器件。在这样的背景下，理论研究应运而生。1911 年英国物理学家欧文・理查森（O. W. Richardson，1879—1959）提出了热电子发射的规律——理查森定律，后来他荣获 1928 年诺贝尔物理学奖。这个定律为电子管的设计和制造提供了理论指导。电子管作为第一代电子器件，在 20 世纪前半叶对人类社会发挥了难以估量的巨大作用，随后电子学取得的成就，如大规模无线电通信、电视、雷达、计算机的发明，都和电子管分不开。直到现在，在电子学的某些特殊领域，大功率电子管、微波管、电子束管等依然大有用武之地。

电子管的缺点是体积大、耗电多、制作复杂、价格昂贵、寿命短、易破碎等，这一切促使人们设法寻求可以替代它的器件。20 世纪中期发明的晶体管克服了上述所有缺点。晶体管的诞生使电子学发生了根本性的变革，加快了自动化和信息化的步伐，为人类进入信息社会奠定了坚实的物质基础，影响不可估量。

晶体管的发明是固体物理学理论指导实践的产物，与其重要分支——半导体物理学的发展密不可分。1947 年年底美国贝尔实验室的肖克莱(Shockley William Bradford，1910—1989)，巴丁(Bardeen John，1908—1991)和布拉坦(Brattain Walter Houser，1902—1987)发明了世界上第一只点接触型晶体管。这种晶体管使用起来不太方便，但它却带来了现代电子学的革命，因此具有划时代的历史意义。现代晶体管的真正始祖应该是 1950 年肖克莱发明的以 PNP 结或 NPN 结为基本结构的结型晶体管。1954 年出现硅晶体管，1958 年集成电路问世，1960 年出现平面晶体管，意味着现代集成电路的开端。1968 年硅大规模集成电路实现产业化大生产，随后得到广泛应用，标志着进入以硅大规模集成电路为主的微电子学时代。大规模集成电路的集成度一直以惊人的速度发展。表Ⅲ-1 为动态随机存储器(DRAM)的集成度的发展概况。由于集成电路向大规模甚至超大规模集成电路快速发展，电子元件的深刻变革使得电子产品的价格性能比急剧下降，并达到了空前普及。电子技术扶持了一大批高精尖技术的发展，其中包括航空航天技术、自动化技术、激光技术、电子计算机技术等。

表Ⅲ-1 大规模集成电路发展概况

年 度	1977	1979	1981	1983	1985	1987	1989	1991	1995
容量/b	4k	16k	64k	256k	1M	4M	16M	64M	256M
规 模	MSI 中规模		LSI 大规模		VLSI 超大规模		ULSI 甚大规模		GLSI 巨大规模
线宽/μm	7	4	3	2	1.2	0.8	0.6	0.35	0.25

1990 年日立公司研制了 64Mb DRAM，集成密度达到 70 万元件/mm^2。1970 年以后各种半导体光电器件的出现，使半导体光电技术在半导体技术中的地位日渐提高。20 世纪 80 年代开始，半导体激光器在光通信和光盘等方面得到大量的应用，逐渐形成了以半导体激光器和探测器为主体的光电子学。光电子学在全球性的信息高速公路的建设中将起重要的作用。如果说 20 世纪是以微电子技术为基础的电子信息时代，则 21 世纪将是微电子与光子技术相结合的光电子信息时代。

2. 半导体物理的发展概况

20 世纪 40 年代开始兴起的固体能带理论的发展奠定了晶体管的理论基础。随着晶体管的发明，在 50 和 60 年代，金属-半导体接触理论、半导体杂质态理论、PN 结理论和隧道效应理论代表了这一时期研究的主导方向。70 年代开始对半导体表面、界面物理的系统研究。1982 年宾尼希等提出了扫描隧道显微镜技术，不仅可以直接观察物质表面原子的几何排列和表面形貌，而且还可以获得表面价键、能隙等电子结构信息。

70 年代初期，江崎玲於奈(Esaki Leo，1925—)与朱兆祥首次提出半导体超晶格的概念。同时，美国贝尔实验室和 IBM 公司成功地开发了分子束外延技术，制成了第一类晶格匹配的组分型 $Al_xGa_{1-x}As/GaAs$ 超晶格。1978 年 Dingle 等人对异质结中二维电子气沿平行于界面的输运进行了研究，发现了电子迁移率增强现象。之后，出现了高电子迁移率晶体管，并为量子霍耳效应的发现创造了条件。1980 年 von Klitzing 发现了整数量子霍耳效应。1982 年，崔琦等人又发现了分数量子霍耳效应。1984 年 Miller 等人发现了量子限制斯塔克效应以及激子光学非线性效应。1990 年，Canham 观测到多孔硅的可见光光致发光。

近年来，随着微电子技术的发展和应用市场的开发，对集成电路的集成密度的要求越来越高，电子器件的特征尺寸从微米级到亚微米级再缩小至纳米级。利用纳米结构中电子所呈现的各种量子化效应，可以设计和制作各种量子功能器件。如单电子晶体管、单电子开关等单电子器件和量子线晶体管、量子干涉器件、谐振隧道二极管等量子化器件。特别是量子阱和超晶格、量子线、量子点，是半导体物理理论研究和半导体器件开发与应用最为活跃的领域。这些半导体量子器件的研制和开发已经成为 21 世纪半导体学科的发展方向和主旋律。

Ⅲ.2 半导体的基本概念

1. 固体的能带

在自由电子近似中，认为金属中的价电子是自由的，完全忽略电子和离子实之间的相互作用，在这一近似中，金属中的离子对电子的运动完全没有影响，似乎离子实的作用就是保持电中性。

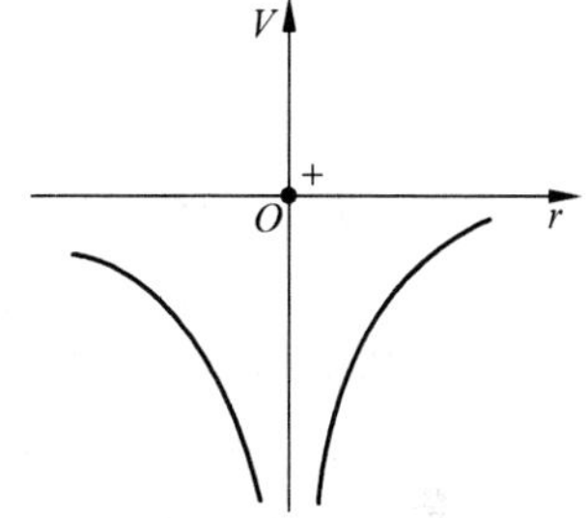

图Ⅲ-1 单个原子中电子的势能曲线

事实上，电子不是在一个空的空间运动，而是在一个离子有规则排列的周期晶格中运动。在单个原子中，电子的势能曲线如图Ⅲ-1 所示；在双原子分子中，每个价电子将同时受到两个离子实的电场作用，这时的势能曲线如图Ⅲ-2 中的实线所示；当大量原子规则排列形成晶体时，其势场则如图Ⅲ-3 所示。实际晶体是三维点阵，势场也具有三维周期性，可以写成

$$V(\boldsymbol{r}) = V(\boldsymbol{r}+\boldsymbol{R}) \tag{Ⅲ-1}$$

其中 $\boldsymbol{R}$ 为任意晶格矢量。

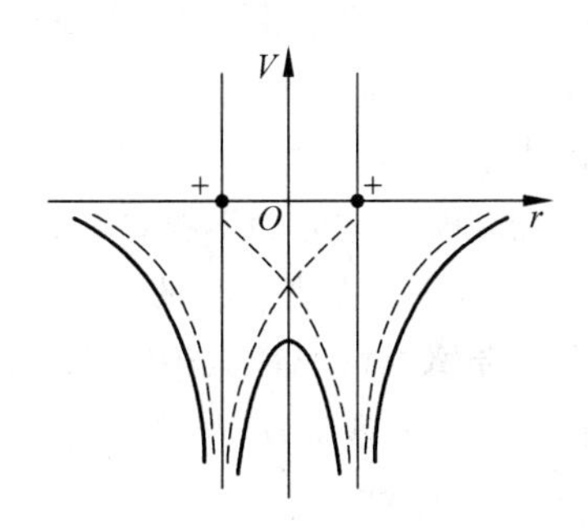

图Ⅲ-2 双原子分子中电子的势能曲线

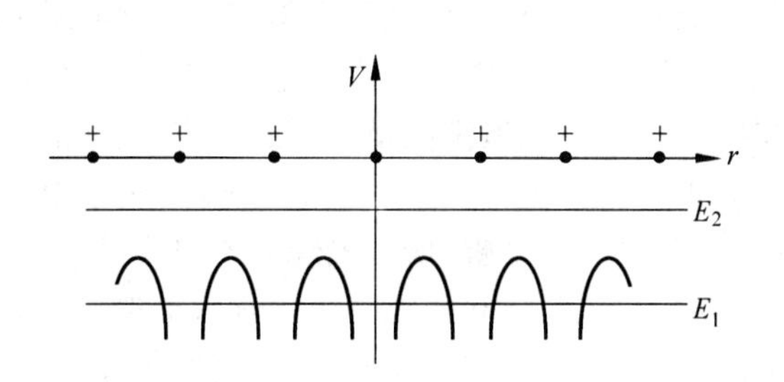

图Ⅲ-3 晶体中周期性势场

电子运动的波动方程为

$$\left[-\frac{\hbar^2}{2m}\nabla^2+V(\boldsymbol{r})\right]\psi = E\psi \tag{Ⅲ-2}$$

对单个原子中的电子，能量曲线是连续的抛物线，但对晶格中的电子，假设晶格常数为 a，在 $k=n\dfrac{\pi}{a}$ 处，每一个 k 对应着两个不同的能量值，这样原来连续的抛物线 E-k 关系就分裂成一个个能带，能带之间隔着能隙 E_g。也就是说考虑到离子实的周期性势场的影响后，晶体中的电子的能量不容许具有 E_g 范围的能量值。即晶体中原子的周期性排列形成了对自由电子运动有影响的周期性势场。在周期性势场中，电子占据的可能能级形成能带，能带间有一定的能隙，如图Ⅲ-4 所示。

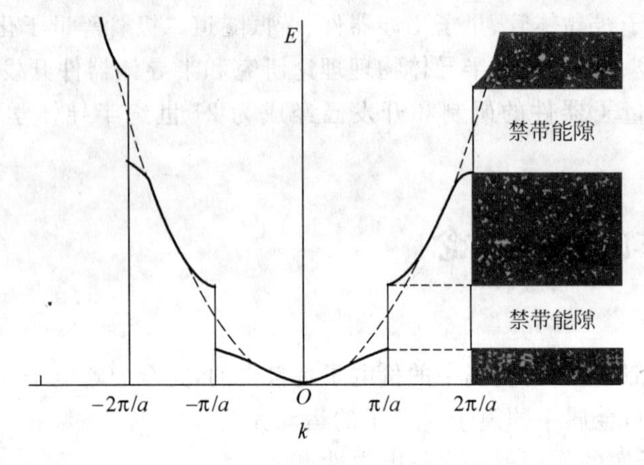

图Ⅲ-4 晶体中的能带

当自由原子组成固体时，固体中的电子只能填充在这些能带上，能带与能带之间的禁带是禁止电子停留的能量区域。按照泡利不相容原理和能量最小原理，电子从最低能级到高能级依次占据能带中的各个能级，每个能级能填充 $2N$ 个电子，N 是固体中的原子数。在一个能带中如果所有能级都已被电子所占据，则这个能带称为满带。其中最高的满带有时称为价带。满带中的电子不会导电。在一个能带中，部分能级被电子所占据，这种能带中的电子具有导电性，称为导带。当一个能带没有一个电子占据（在原子未被激发的正常态下），这种能带称为空带。空带中一旦存在电子就具有导电性质，所以空带也称导带。图Ⅲ-5 为晶体能带结构示意图。能带理论可以解释金属、绝缘体和半导体的区别。对金属来说，内层电子能量较低，充满能带，不参与导电。多数金属是一价的，每个原子的外层轨道有一个价电子，故晶体中的 N 个价电子不能填满一个能带而形成导带。在外电场的作用下，导带中的自由电子可以从外电场吸收能量，跃迁到自身导带中未被占据的较高能级上。对晶态绝缘体来说，电子恰能填满能量最低的能带，其他的能带都是空带，即绝缘体中不存在导带，只有满带和空带，其禁带又较宽，为 3～6eV，电子很难在热激发或外电场的作用下获得足够的能量由满带跃迁到空带，所以绝缘体不容易导电。半导体的能带填充情况很像绝缘体，但半导体的空带与价带之间的禁带比绝缘体窄得多。因此可引入杂质或热激发，使空导带出现少量电子或价带中出现少量空穴，或二者兼有，从而具有一定的导电性。

2. N型半导体和P型半导体

半导体中自由运动电子数较少，容易通过外部电学作用来控制其中电子的运动，因此半导体比金属更适合作电子器件。常用的半导体材料有：元素半导体，如硅(Si)、锗(Ge)等；化合物半导体，如砷化镓(GaAs)等；以及掺杂或制成其他化合物半导体材料，如硼(B)、磷

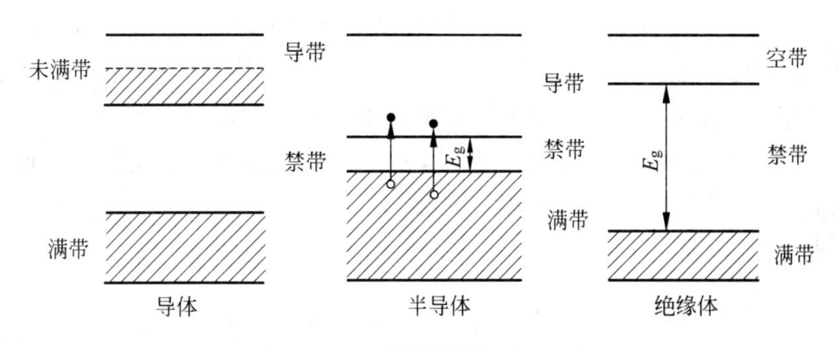

图Ⅲ-5　能带结构示意图

(P)、铟(In)和锑(Sb)等。其中硅是最常用的一种半导体材料。

能够荷载电流的粒子称为载流子,它们在电场作用下能作定向运动而形成电流。金属中只有电子一种载流子,在电介质中载流子是正、负离子。半导体的一大特点就是在半导体中有两种载流子参与导电,而且在金属和电介质中,载流子数目一般不变,而在半导体中载流子的数目会随其中的杂质含量和外界条件(如加热、光照等)的变化而显著变化。

在空带中若由于某种原因存在电子,则这种电子是载流子,就可以导电;在满带中,若某个能级是空的,即出现能级的空穴,则相邻电子可以占据其中而导电,因此空穴也是载流子,即在半导体中有两种载流子:电子和空穴。电子带负电,空穴带等效正电。在掺杂半导体中,居多数的一种载流子对导电起支配作用,称为多数载流子。在同一种半导体材料中,与多数载流子带相反电荷的载流子称为少数载流子。主要依靠电子导电的半导体称为N型半导体,主要依靠空穴导电的半导体称为P型半导体。因此在N型半导体中,电子是多数载流子,空穴是少数载流子,而在P型半导体中,空穴是多数载流子,电子是少数载流子。

完全不含杂质和缺陷的半导体称为本征半导体。半导体中每个原子平均有四个价电子,恰好能填满能带,因此只有满带和空带,此时它的能带结构跟绝缘体类似,所不同的是它的禁带较窄。在常温下,满带中少数电子在热、光、电场的激发下能够越过禁带而跃迁到空带中去,使空带变成导带。满带中跑掉一部分电子而在相应能级上留下一些空穴,从而使半导体导电能力增大,这种过程称为本征激发。本征激发所产生的电子和空穴数是相等的,其中没有哪一个占据优势,因此本征半导体中既有导带中的电子导电,又有满带中的空穴导电,这种混合导电机制叫做本征导电。空穴和电子称为本征载流子。

实际半导体不能绝对地纯净。以硅材料为例,每个硅原子有四个价电子,它们分别与周围的硅原子共同组成了四个共价键。如果在硅中掺砷杂质,让一个砷原子取代一个硅原子,砷是五价,有五个价电子,其中四个价电子也与周围硅原子组成了共价键,而剩下的一个价电子对于共价键的形成是多余的,它的能级非常靠近硅的导带的底部,只低大约0.04eV,因而电子很容易从这能级跃迁到硅的导带中去,类似这种杂质称为施主杂质,相应的能级称为施主能级。这种半导体中的载流子主要是电子,所以掺杂砷的硅材料是N型半导体,如图Ⅲ-6所示。其中砷原子称为施主,意思是砷原子能给出价电子。如果在硅中掺硼杂质,使一个硼原子代替一个硅原子，硼是三价，只有三个价电子，与硅形成共价键时缺一个价电子，也就是说杂质的价电子能级上还有一个空位。这个能级位于硅的价带上面的禁带中，只比价带的能量略高一点点，价带中的电子很容易通过热激发跃迁到杂质能级上来，从而在价带中产生空穴。类似这种杂质称为受主杂质，相应的能级称为受主能级。这种半导体中空穴是多数载流子，所以掺杂硼的硅材料是P型半导体。其中硼原子称为受主，意思是它能得到一个价电子，如图Ⅲ-7所示。

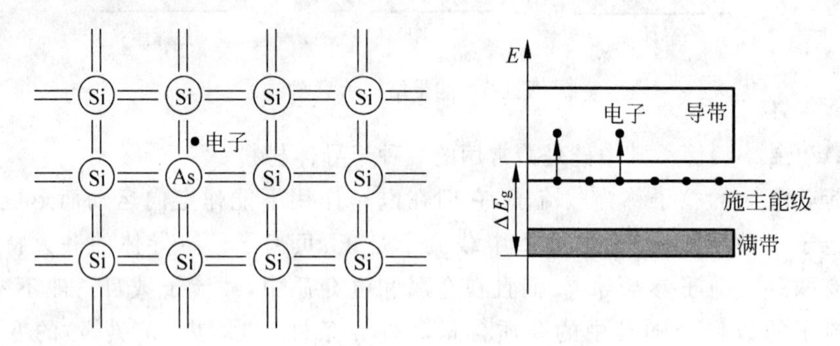

图Ⅲ-6　N型半导体

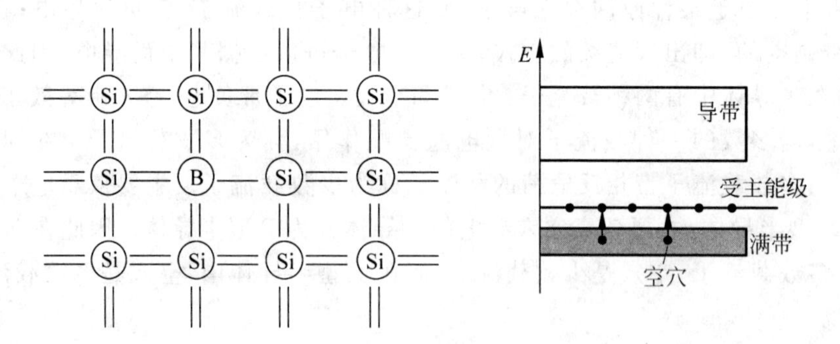

图Ⅲ-7　P型半导体

3. PN结

在一块N型(或P型)半导体单晶上，用适当的工艺方法(如合金法、扩散法、离子注入法等)把P型(或N型)杂质掺入其中，使这块单晶的不同区域分别具有P型和N型的导电类型，在二者的交界面处就形成了PN结。P区和N区刚开始接触时，在P区多数载流子是空穴，而在N区多数载流子是电子。由于在界面处载流子浓度梯度的存在，载流子的扩散是不可避免的，它使得空穴从P区向N区扩散，在N区的边界附近与电子复合。P区失去空穴，在其边界附近就剩下带负电的受主离子；同理，电子也从N区向P区扩散，在其边界附近剩下带正电的施主离子。结果在P区和N区的交界面的两侧形成带正、负电荷的区域，称为空间电荷区，这里正、负电荷总量相等，形成了由N区指向P区的电场，是PN结的自建电场，也叫内电场。平衡时内电场的大小正好能阻止边界附近空穴和电子的进一步扩散，使空间电荷区宽度保持一定。空间电荷区也称为耗尽区，因为内电场使得该区域无法存在运动的电子和空穴，如图Ⅲ-8所示。

如果在PN结两端加正向电压，即电源的正极连接P区，电源的负极连接N区，如

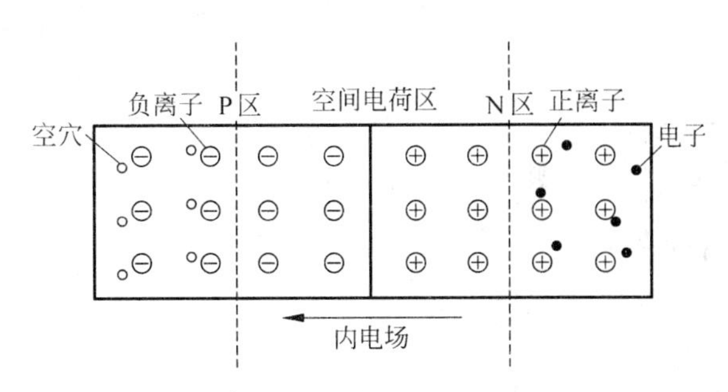

图Ⅲ-8　PN 结内电场

图Ⅲ-9 所示，则外加电场使得内电场削弱，因此导致 P 区的空穴向 N 区的扩散以及 N 区的电子向 P 区的扩散增强。扩散的电子和空穴分别在 P 区和 N 区被复合掉，总的电流是这两部分电流之和，称为复合电流，因而电流较大。这时 PN 结称为正向偏置，电流也称为正向电流。

如果在 PN 结两端加反向电压，内电场增强，因此更加抑制了 P 区的空穴向 N 区的扩散以及 N 区的电子向 P 区的扩散，只有少数载流子(P 区的电子和 N 区的空穴)容易通过 PN 结，因而电流很小，这时 PN 结称为反向偏置，电流称为反向电流，如图Ⅲ-10 所示。这就是 PN 结的单向导电性，或称为 PN 结的整流。

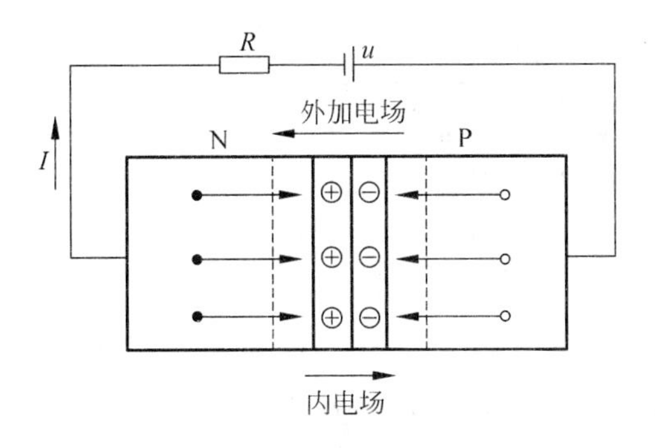

图Ⅲ-9　PN 结正向偏置

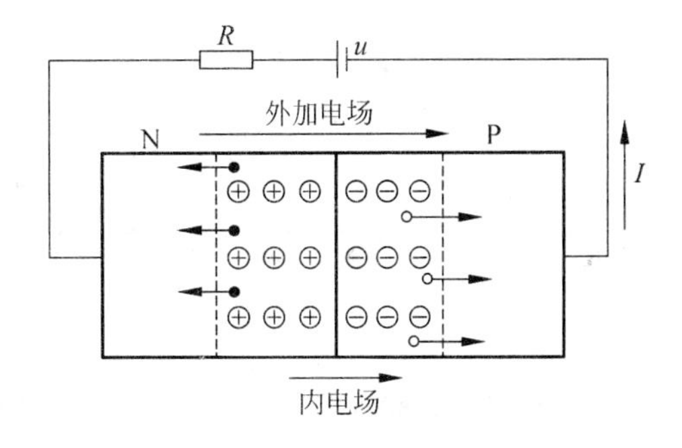

图Ⅲ-10　PN 结反向偏置

4. **晶体管**

晶体管是组成电子电路的最基本和最重要的元件。当两侧用同一种类型的半导体(如 P 型半导体或 N 型半导体)，中间用另一种类型的半导体(如 N 型半导体或 P 型半导体，厚度非常薄，约几微米)，形成如同“三明治”结构，并且从每一层都引出一个电极，被夹在中间的电极叫基极，夹住基极的两个半导体，一个称集电极，另一个称发射极，如此构成的器件称为晶体三极管，简称三极管。根据结构不同，晶体管一般可分成两种类型：NPN 型和 PNP 型。如图Ⅲ-11 和图Ⅲ-12 为两种类型晶体管的结构及元件符号。半导体的三个区域相应地分别称为发射区、基区和集电区。发射区与基区间的 PN 结称为发射结，基区与集电区间的 PN 结称为集电结。

下面以 NPN 型晶体管为例讨论晶体管的工作原理。它的结构特点是发射区的杂质浓度很高，基区很薄且杂质浓度很低，即发射区的电子浓度远大于基区的空穴浓度。集电区面

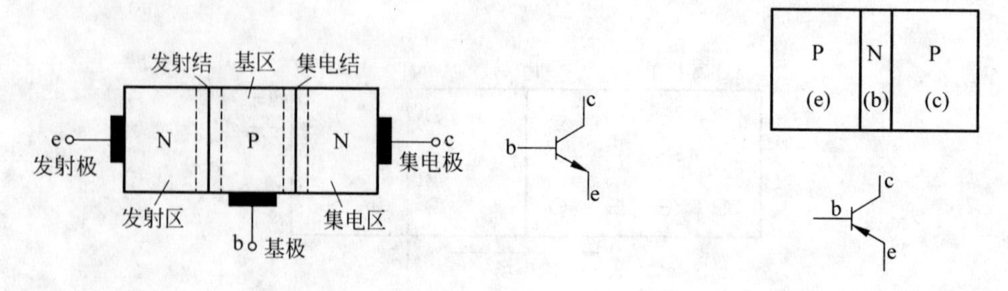

图Ⅲ-11　NPN型晶体管结构示意图及元件符号

图Ⅲ-12　PNP型晶体管结构示意图及元件符号

积很大。电压偏置如图Ⅲ-13所示。在发射区与基区之间加正偏压，由于发射区的电子浓度远大于基区的空穴浓度，则电流主要是由从N区向P区的电子扩散形成的。由于基区很薄且掺杂浓度低，则在P区中电子只有少部分与空穴复合，形成基极电流 I_b，其余大部分电子都进入集电区。在集电区反向偏压的作用下，它们将扫过集电区形成集电极电流 I_c。因为电子带负电，因此电流方向将与电子运动方向相反。由上述讨论可知，$I_b \ll I_c$，通常用电流放大系数 β 作为晶体管的一个重要参量，其表达式为

$$\beta = \frac{\Delta I_c}{\Delta I_b} \tag{Ⅲ-3}$$

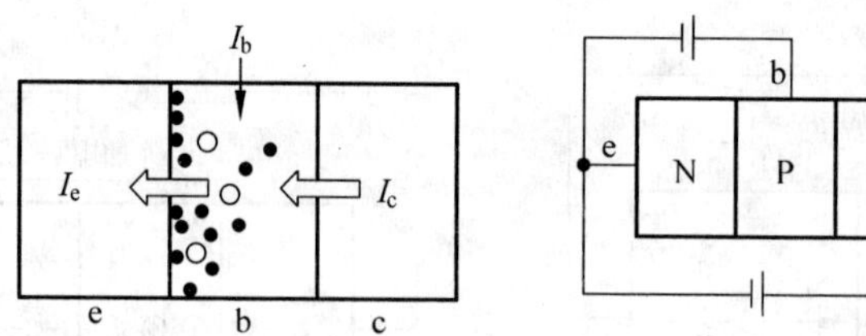

图Ⅲ-13　NPN型晶体管的电压偏置及电流示意图

其中 ΔI_b 是基极电流的变化量，ΔI_c 是相对应的集电极电流变化，β 值通常在100左右。可见晶体管基极电流的较小变化可以引起集电极电流的显著变化，这就是晶体三极管的电流放大作用。

5. MOS晶体管

MOS晶体管是金属-氧化物-半导体场效应管（metal-oxide-semiconductor field transistor，MOSFET）的简称。MOS晶体管有N沟道和P沟道之分，而每一类又分为增强型和耗尽型两种。一个集成电路由成千上万个MOS晶体管组成。下面以N沟道增强型MOS晶体管为例来说明它们的结构和工作原理。

图Ⅲ-14和图Ⅲ-15分别为N沟道增强型MOS管的结构及符号。N沟道增强型MOS晶体管一共有三层：第一层是P型半导体，为衬底，它的掺杂浓度较低，在衬底上用光刻或其他工艺制作两个 N^+ 型区。N^+ 表示重掺杂，即掺杂浓度很高。这两个 N^+ 型区分别称为漏区和源区，由它们引出的电极分别称为漏极d和源极s。第二层是一层很薄的二氧化硅绝缘层，最上面一层为金属。在绝缘层开两个缺口，使得金属层能分别与源区和漏区相连。在源区和漏区中间的绝缘层上方安装一个铝电极，作为栅极g，它很靠近源区和漏区，又与

它们绝缘。另外在衬底上也引出一个电极B，这就构成了一个N沟道增强型MOS晶体管。如果衬底是N型半导体，则可构成P型沟道的MOS晶体管。增强型和耗尽型的区别在于在栅-源电压为零时，增强型MOS管漏-源极之间没有导电沟道存在，而耗尽型MOS管漏-源极之间有导电沟道存在。

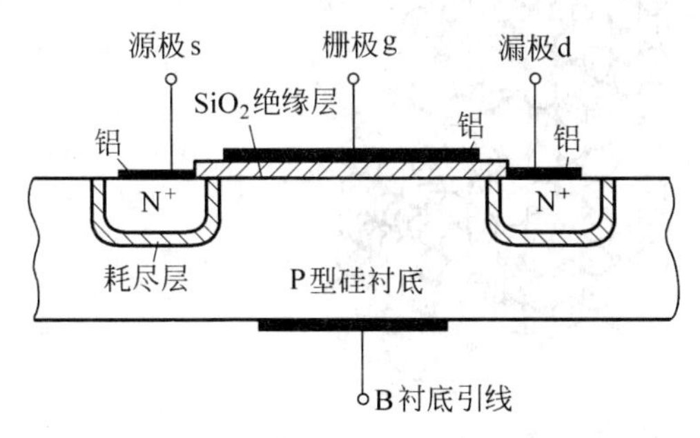

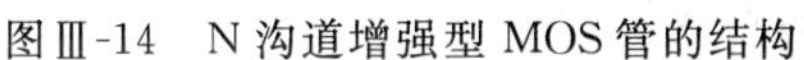
图Ⅲ-14 N沟道增强型MOS管的结构

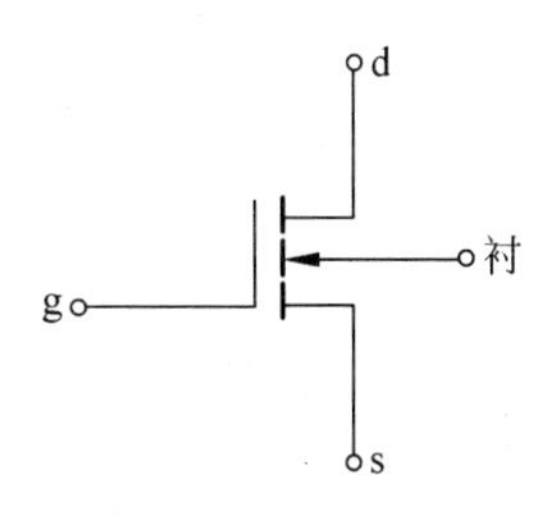

图Ⅲ-15 N沟道增强型MOS管符号

当栅极上不加电压时，源极和漏极之间由于被周围的结绝缘着，故没有电流。当栅极加上电压，栅极下的氧化层中产生电场，其电力线由栅极指向衬底P区，外加电压将在衬底表面产生表面感应电荷。随着栅极电压的增加，源区和漏区之间的P区中的空穴将会被耗尽，当电压超过一阈值时(例如10V)，P区中就会产生电子积累，形成一个N型的电子沟道，因为其导电类型与衬底的导电类型相反，故称此表面薄层为反型层。反型层成为连接源极和漏极的沟道。这时如果漏区相对于源区是正电势的话，电子就会通过电子沟道从源极流向漏极，产生电流。因此MOS管起一个开关的作用。改变栅极电压，可以改变沟道中的电子密度，从而改变沟道电阻。

Ⅲ.3 半导体技术的未来

晶体管的特性决定于半导体材料，而决定半导体材料中电子性能的最主要因素是半导体的能带结构。随着理论快速发展以及近年来高质量半导体薄膜的生长技术如分子束外延(molecular beam epitaxy，MBE)、金属有机化学汽相淀积(metallorganic chemical vapor deposition，MOCVD)等的发展，人们已经可以按需要去创造特殊能带结构的材料，并且对薄膜单晶生长过程的控制可以精确到一个单原子层。

1. 半导体微结构：量子阱和超晶格

1970年江崎玲於奈和朱兆祥提出了半导体超晶格的概念，两年以后在MBE设备上得以实现。用两种晶格匹配很好的半导体材料交替地生长，形成一种周期性结构，每层材料的厚度在100nm以下，则电子沿生长方向的运动将会产生振荡。

量子阱是一种人工设计采用外延方法生长的半导体微结构。其主要特性是电子(或空穴)在空间上被限制在一个很薄的区域内运动，该区域的厚度小于电子的德布罗意波长，电子(或空穴)的行为表现出二维特征。以AlGaAs/GaAs/AlGaAs为例来说明，如图Ⅲ-16所示。当AlGaAs、GaAs层的厚度小至与电子波长相比拟时，在两个AlGaAs势垒间形成GaAs量子阱。半导体中的自由电子局限在一个平面内运动，称为二维电子气。由于提供自由电子的杂质和电子运动不在同一平面内，使得杂质对电子的散射作用大大减小。

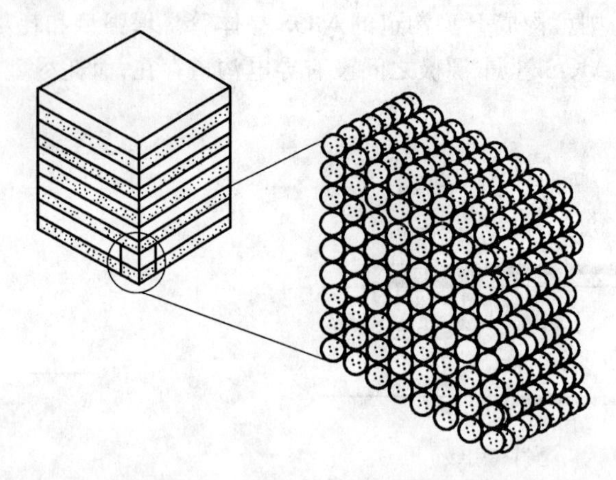

图Ⅲ-16　半导体超晶格的层状结构（两种颜色代表两种材料的原子）

2. 量子线和量子点器件

一维量子线和零维量子点是利用分子束外延、半导体微细加工技术等手段制成的。理想的量子阱、量子线和量子点如图Ⅲ-17所示，其中阴影部分是为了区分不同的材料。量子线中的电子在横向两个方向的运动都受到限制，电子只能在一个方向上自由运动。在量子点中，电子运动在三个方向上都受到限制。

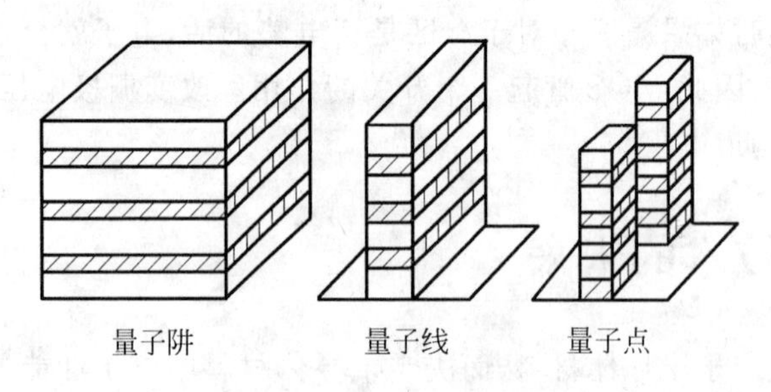

图Ⅲ-17　量子阱、量子线和量子点

量子阱结构主要用于发光器件和光电探测器件。它的发现导致了诸如光电集成、单电子晶体管、半导体微腔及自旋电子学的产生。利用量子点和量子线的一些特殊的物理性质可以制成许多性能更好的器件，如量子线激光器、量子点激光器等。它还可能导致“单电子”器件的发明。当器件的尺寸、维度进一步减小，预计可制造出超高速、超低电能消耗的开关器件。

专题 Ⅳ

超导电性

Ⅳ.1 超导的发现及其电磁特性

1. 超导的发现

超导电性是在发展低温技术的过程中发现的。19 世纪末，空气、氧气和氮气相继被液化。1898 年杜瓦(J. Dewar)成功将氢气液化，获得了 20K 的低温。1908 年，荷兰莱登实验室的物理学家开默林·昂内斯(Kamerlingh Onnes Heike,1853—1926)经过长期努力，将最后一个“永久气体”——氦气液化，在一个大气压下获得了 4.25K 的低温。后来昂内斯使用减压降温法，获得了 4.25～1.15K 的低温，这是当时所能达到的最低温度。所有这些低温领域的成就为研究各种物质在极低温条件下的物理性质创造了条件。

19 世纪末关于金属的电阻率随温度降低的变化规律还没有达成一个统一的结论。直到 1911 年，昂内斯得到了纯汞在液氦温区内电阻随温度的变化规律。他发现，当温度降低时，纯汞的电阻先是平缓地减小，但当温度降至 4.2K 附近时电阻突降至零，如图Ⅳ-1 所示。当温度降至某一低温以下时，物质的电阻突然降为零而具有超传导电性，昂内斯将这种物质状态命名为超导态，并把电阻发生突变的温度称为超导临界温度或超导转变温度，用 T_c 表示。后来，他又发现了许多其他物质的超导电性，如表Ⅳ-1 所示。

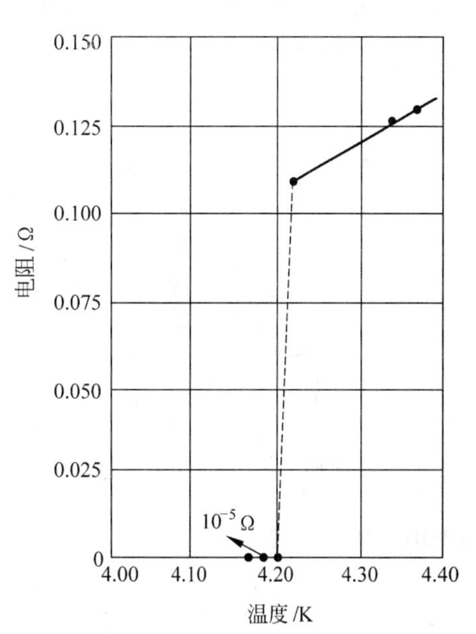

图Ⅳ-1　纯汞在液氦温区的电阻变化

2. 超导体的电磁性质

1) 零电阻效应(理想导电性)

超导态金属的电阻率小于 $10^{-28}\Omega\cdot m$，远小于正常态金属的最小电阻率 $10^{-15}\Omega\cdot m$，所以可以认为超导态金属的电阻率为零，即超导态金属具有理想导电性。图Ⅳ-2 和图Ⅳ-3 分别为正常金属和超导态金属的低温电阻率。

表Ⅳ-1　金属超导体的临界温度和发现年份

金 属	临界温度 T_c/K	发现的年份	金 属	临界温度 T_c/K	发现的年份
汞(Hg)	4.15	1911	铌(Nb)	9.2	1930
锡(Sn)	3.69	1913	铝(Al)	1.14	1933
铅(Pb)	7.26	1913	钒(V)	4.3	1934
钽(Ta)	4.38	1928			

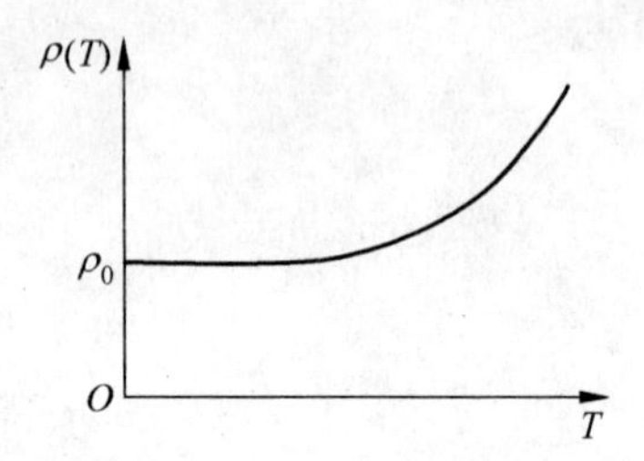

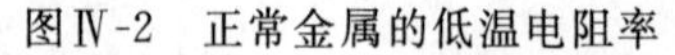

图Ⅳ-2　正常金属的低温电阻率

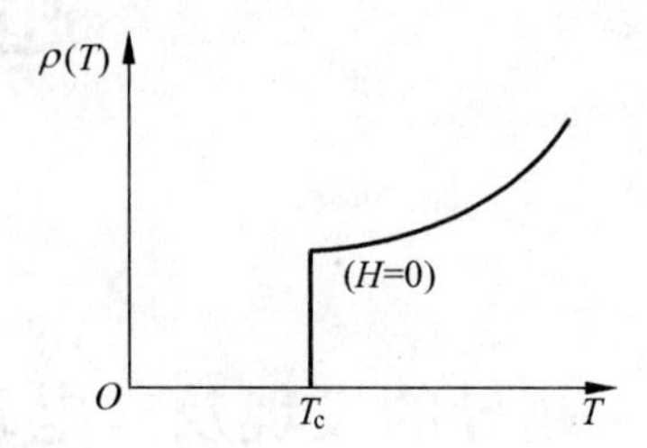

图Ⅳ-3　超导态金属的低温电阻率

为了证明超导态金属的零电阻现象，曾经有人尝试把一个超导金属制成的线圈放进磁场中，然后降温至临界温度以下，使金属处于超导态，再把磁场去掉。根据法拉第电磁感应定律的“动磁生电”的原理，在超导线圈中会产生感应电流。在正常金属线圈中，由于有电阻，这个感应电流很快就会衰减为零。但是超导线圈中的这个感应电流居然在经过一年多的时间里未有任何衰减，如图Ⅳ-4和图Ⅳ-5所示。设环的电感为 L，电阻为 R，则线圈中电流衰减的时间常数为

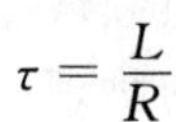

$$\tau = \frac{L}{R}$$

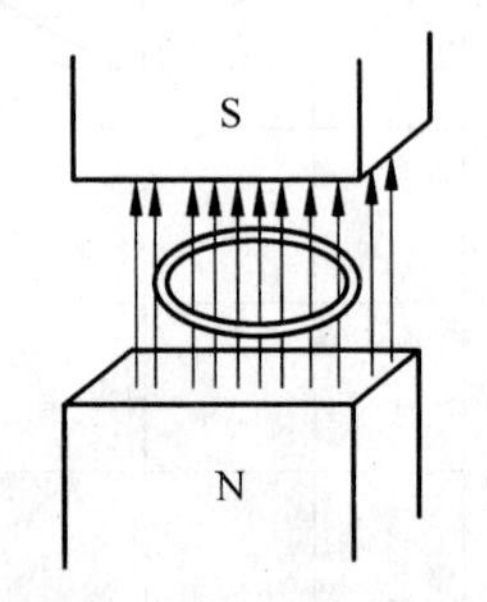

图Ⅳ-4　正常态下加磁场

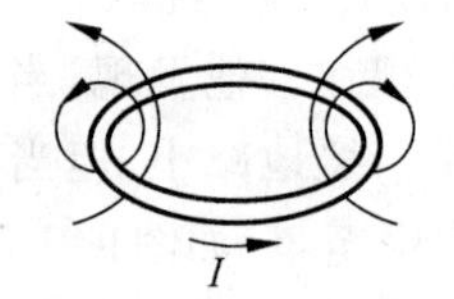

图Ⅳ-5　超导态下撤磁场

线圈中电流的衰减规律为

$$I = I_0 e^{-\frac{t}{\tau}} \tag{Ⅳ-1}$$

1963年J. File和R. G. Mills利用核磁共振(nuclear magnetic resonance，NMR)方法测量超导金属中感应电流的磁场，由此间接估算出电流衰减的时间不少于10万年。

当温度高于 T_c 时，超导态被破坏而变回正常态，即由零电阻状态回归到有电阻的状态。此外，实验还发现，当外加磁场超过某一数值 $H_c(T)$ 时，也会破坏超导态。对于给定的超导体，$H_c(T)$ 是温度 T 的函数，称为温度为 T 时的临界磁场，当 $T=T_c$ 时，$H_c(T_c)=0$。$H_c(T)$ 可近似地表示为

$$H_c(T)=H_c(0)\left(1-\frac{T^2}{T_c^2}\right) \quad (\text{Ⅳ-2})$$

其中 $H_c(0)$是绝对零度时所对应的临界磁场。图Ⅳ-6 分别为铅（Pb）、汞（Hg）、锡（Sn）、铟（In）和铊（Tl）的 $H_c(T)$-T 曲线。

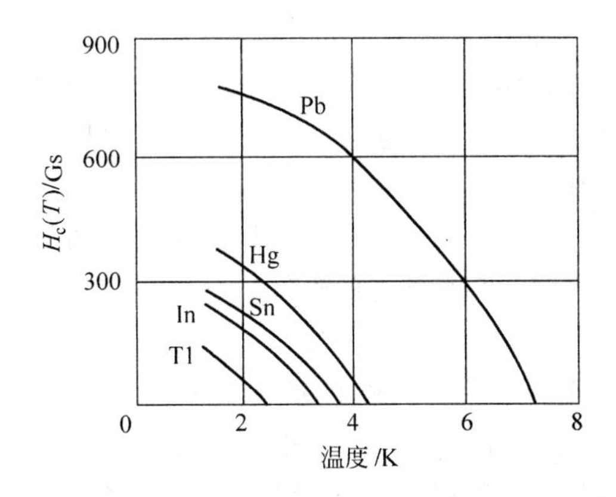

图Ⅳ-6　几种超导元素的临界磁场与温度的关系曲线

如果没有外加磁场，在超导体中通过某一电流 $I_c(T)$也会破坏超导态，$I_c(T)$称做临界电流。对于一给定超导体，$I_c(T)$也是温度 T 的函数。并且同样地，当 $T=T_c$ 时，$I_c(T_c)=0$。其实当在超导体中通过 $I_c(T)$时，电流在超导体表面产生的磁场正好为 $H_c(T)$，因此可以破坏超导电性。

2）迈斯纳效应（完全抗磁体）

超导体的电阻等于零，但它不是电阻无限小的理想导体。对于理想导体，根据欧姆定律得

$$E=\rho j$$

当电阻率 ρ 为零时，若 j 保持一恒定值，则 E 必须为零。根据麦克斯韦方程得

$$\frac{\partial B}{\partial t}=-\nabla\times E$$

当 E 恒为零时，得到

$$\frac{\partial B}{\partial t}=0$$

即磁感应强度 B 不会随时间变化，导体的磁感应强度由初始条件唯一决定。也就是说在理想导体内磁感应通量不可能改变。图Ⅳ-7 为先降温至理想导体状态，再加磁场，然后去掉磁场的过程；图Ⅳ-8 为先加磁场，再降温至理想导体状态，然后再去掉磁场的过程。可见，对理想导体而言，尽管最初条件和最终条件一致，但是最后留在体内的磁感应通量却是不同的。也就是说理想导体内的磁感应通量和它所经历的过程有关。

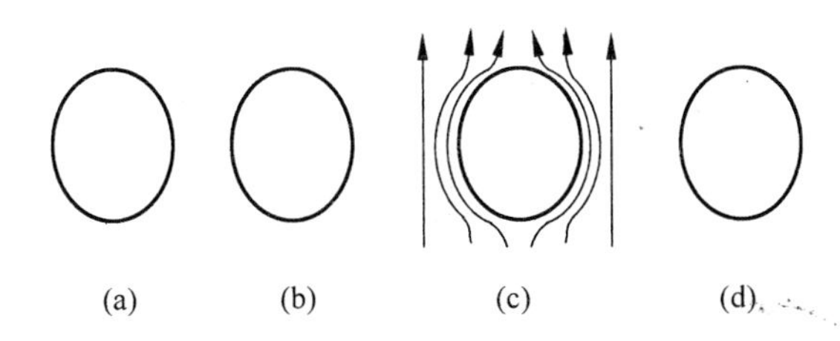

图Ⅳ-7　理想导体经历先降温后加磁场时的磁通变化

(a) $T>T_c$；(b) $T<T_c$；(c) $T<T_c$；(d) $T<T_c$

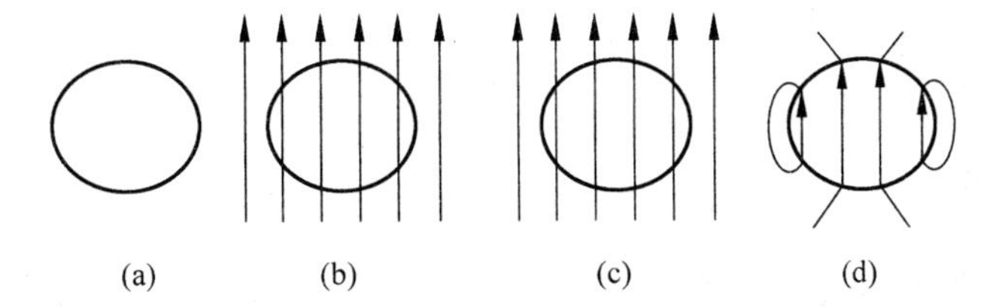

图Ⅳ-8　理想导体经历先加磁场后降温时的磁通变化

(a) $T>T_c$；(b) $T>T_c$；(c) $T<T_c$；(d) $T<T_c$

1933年德国物理学家迈斯纳(W. Meissner)和奥森菲尔德(R. Ochsenfeld)发现当在磁场中把锡单晶球冷却到超导态时，超导体内的磁感应线被排斥到体外，体内的磁感应强度为零。这一过程跟图Ⅳ-8是一致的，但结果却大相径庭。这意味着超导体不是理想导体。超导体的这一性质称为迈斯纳效应。实验表明，不论在进入超导态之前金属体内有没有磁感应线，当它进入超导态后，只要外加磁场低于临界磁场，超导体内磁感应强度总是等于零。即金属在超导状态的磁化率为

$$\chi = -1$$

超导体在静磁场中是“完全抗磁体”。

零电阻效应和迈斯纳效应是超导态的两个独立的基本属性，从零电阻效应出发得不到迈斯纳效应，从迈斯纳效应出发也得不到零电阻效应。衡量一种材料是否具有超导电性必须看其是否同时具有零电阻效应和迈斯纳效应。

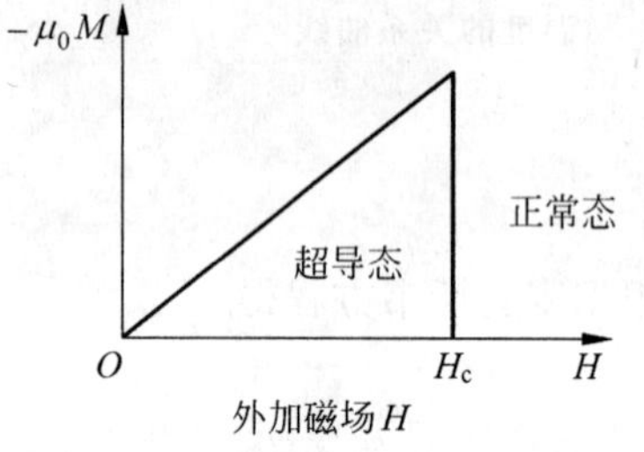

图Ⅳ-9　第Ⅰ类超导体的磁化曲线

3. 两类超导体的基本特征

超导体按其磁化规律可分为两类：第Ⅰ类超导体和第Ⅱ类超导体。第Ⅰ类超导体只有一个临界磁场H_c，其磁化曲线如图Ⅳ-9所示。

第Ⅱ类超导体有两个临界磁场：下临界磁场H_{c1}和上临界磁场H_{c2}，其临界磁场随温度的变化关系和磁化曲线分别如图Ⅳ-10和图Ⅳ-11所示。对第Ⅱ类超导体，当外磁场小于下临界磁场H_{c1}时，样品内无磁场，即$B=0$，是完全抗磁体；当外磁场大于上临界磁场H_{c2}时，样品处于正常态；当外磁场介于下临界磁场H_{c1}和上临界磁场H_{c2}之间时，样品内既有$B=0$的超导态存在，又有$B\neq 0$的正常态存在，称为混合态。当第Ⅱ类超导体处于混合态时，样品内将出现奇妙的微观结构。理论和实验都表明：在样品内，通过正常态的磁感应线周围是一个半径很小并以它为轴线的圆柱形正常区，各正常区之间是相互连通的超导区。需要特别指出的是通过这些圆柱形正常区的磁感应通量是量子化的，称为磁通量子化，其最小单位称为磁通量子，它为

$$\Phi_0 = \frac{h}{2e} = 2.0678 \times 10^{-15}\,(\text{Wb})$$

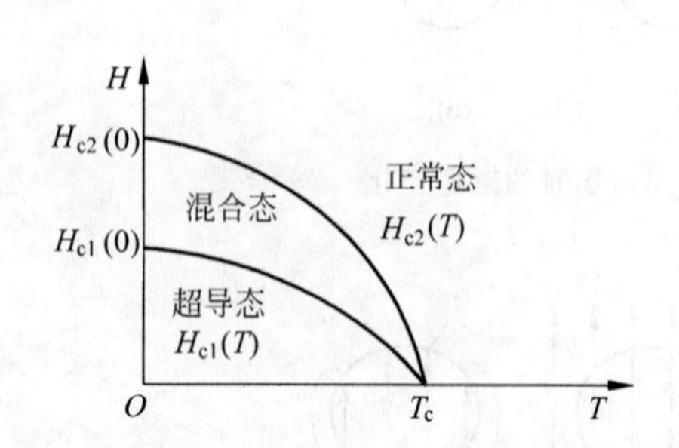

图Ⅳ-10　第Ⅱ类超导体的H_c-T关系

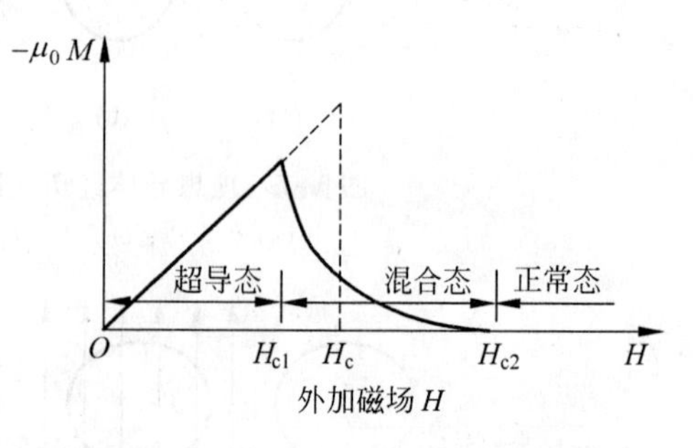

图Ⅳ-11　第Ⅱ类超导体的磁化曲线

并称这些圆柱形正常区为量子磁通线。由于每条量子磁通线周围都有涡旋电流起屏蔽作用以保证周围的超导区内无磁场，因此第Ⅱ类超导体的混合态又称为涡旋态，量子磁通线也称

为涡旋线，如图Ⅳ-12 所示。

4. 高温超导体

自从 1911 年发现超导以来，科学家一直在努力寻找高临界温度的超导材料。直到 1942 年发现 NbN(氮化铌)的临界温度 T_c 为 15K，1973 年发现 Nb_3Ge(铌三锗)的临界温度 T_c 为 23.2K。直到 1986 年贝德诺尔茨(Bednorz Johannes Georg，1950—)和缪勒(Müller Karl Alexander，1927—)发现 La-Ba-Cu-O(镧钡铜氧化物)系统中存在临界温度 T_c 为 35K 的超导体。高 T_c 氧化物超导体的发现立刻引起了物理学界的重视，从而开始了超导研究的新纪元，并掀起了一场席卷世界的超导热。贝德诺尔茨和缪勒也因此而荣获 1987 年的诺贝尔物理学奖。随后，1987 年 2 月中国科学院物理所的赵忠贤、美国休斯敦大学的朱经武分别独立地发现了 T_c 为 90K 的 Y-Ba-Cu-O(钇钡铜氧化物)超导体。很快，日本物理学家合成出 T_c 为 110K 的 Bi-Sr-Ca-Cu-O(铋锶钙铜氧化物)体系。此后又发现了 Tl-Ba-Ca-Cu-O(铊钡钙铜氧化物)系列氧化物，其超导转变温度提高到了 125K。最近人们又合成了 Hg 系氧化物超导体，其超导转变温度达到 133.8K。如图Ⅳ-13 所示为超导临界温度提高的历程。

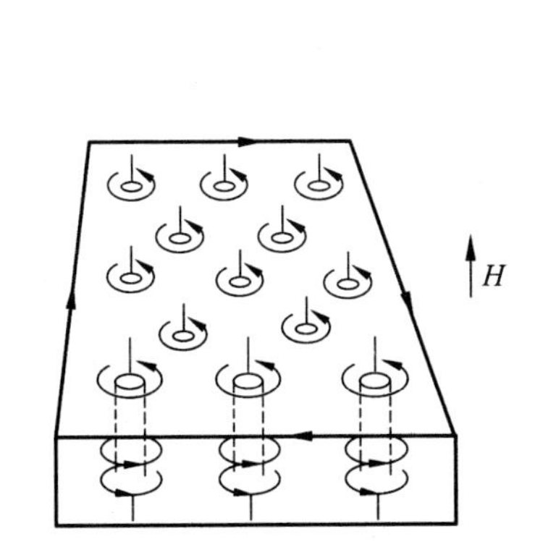

图Ⅳ-12 第Ⅱ类超导体混合态中的磁通点阵

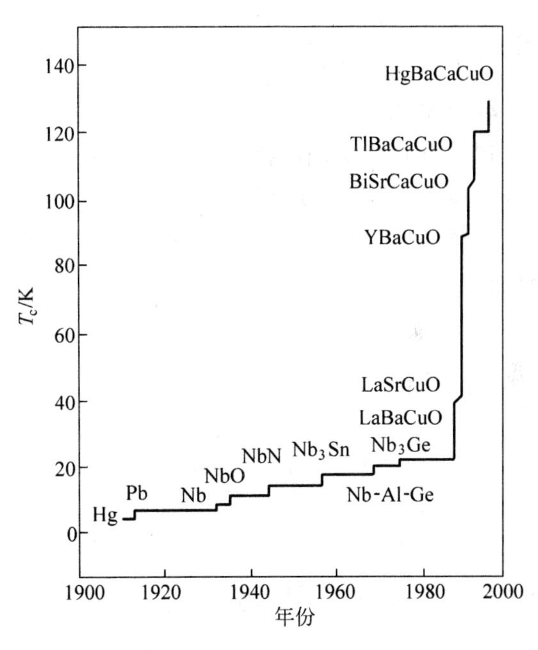

图Ⅳ-13 超导临界温度提高的历程

Ⅳ.2 超导体的微观理论

1. 二流体模型

1934 年戈特(C. J. Gorter)和卡西米尔(H. B. G. Casimir)提出一个二流体模型：

(1) 处于超导态的金属，共有化的自由电子分为两部分：一部分叫正常电子 n_n，占总数的$\frac{n_n}{n}$；剩下的部分叫超流电子(即认为金属处于超导态时，这部分自由电子可以在晶格点阵中无阻地流动，因此称之为超流电子）n_s，占总数的$\frac{n_s}{n}$，$n=n_n+n_s$ 为自由电子总数。

（2）正常电子 n_n 受到晶格振动的散射作杂乱运动，对熵有贡献。

（3）超流电子 n_s 不受晶格散射，超导态是低能量状态，对熵没有贡献。

二流体模型的假设成功地解释了电子比热实验。比热定义为每单位质量的物质当温度降低或升高 1℃ 时，放出或吸收的热量，如图Ⅳ-14 所示，其中 C_n 为正常态的比热，C_s 为超导态的比热。当温度到达临界温度 T_c 时，金属比热发生了一个不连续的跳跃，比热随温度变化的关系发生了显著变化。根据二流体模型的假设，在温度不断降低的过程中，当温度高于临界温度时，金属中全部都是正常电子，比热来源于正常电子由于温度降低而释放出的内能；一旦温度降到临界温度，就有一部分正常电子释放出一定能量而转变为超流电子，因此在临界温度附近的比热除了来源于正常电子由于温度降低所释放出的能量外，还有正常电子转变为超流电子所释放出的能量，因此在临界温度附近比热发生激增。

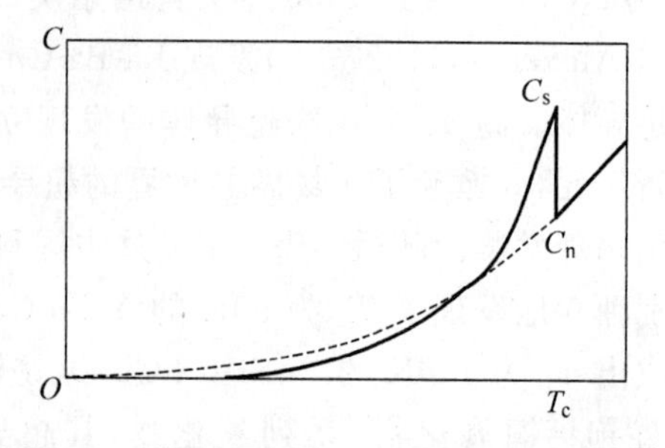

图Ⅳ-14　低温下正常电子和超导电子的比热

2. **伦敦方程**

1935 年旅居英国的德国物理学家伦敦兄弟（Fritz London，1900—1954；Heinz London，1907—1970）提出了两个著名的伦敦方程。

超导态时电阻为零，对于超导电子，在一定电场下并不会形成稳定的电流，而是作加速运动，即

$$m^* \frac{\mathrm{d}v_s}{\mathrm{d}t} = eE \tag{Ⅳ-3}$$

其中，m^* 为电子的有效质量；v_s 为超导电子的速度。超导电流密度 J_s 表示为

$$J_s = n_s e v_s \tag{Ⅳ-4}$$

式中，n_s 为超导电子密度。整理式（Ⅳ-3）和式（Ⅳ-4）得

$$\frac{\partial}{\partial t}J_s = \frac{n_s e^2}{m^*}E \tag{Ⅳ-5}$$

令 $\Lambda=\frac{m^*}{n_s e^2}$，式（Ⅳ-5）可表示为

$$\frac{\partial}{\partial t}J_s = \frac{E}{\Lambda} \tag{Ⅳ-6}$$

式（Ⅳ-6）称为伦敦第一方程，它可以解释零电阻效应。

将伦敦第一方程代入麦克斯韦方程$\nabla\times\boldsymbol{E}=-\frac{\partial}{\partial t}\boldsymbol{B}$，得

$$\nabla\times\left(\Lambda\frac{\partial}{\partial t}J_s\right)=-\frac{\partial}{\partial t}\boldsymbol{B}$$

或者写成

$$\frac{\partial}{\partial t}[\nabla\times(\Lambda J_s)+\boldsymbol{B}]=\boldsymbol{0} \tag{Ⅳ-7}$$

式（Ⅳ-7）称为伦敦第二方程，即$\nabla\times(\Lambda J_s)+\boldsymbol{B}$ 不随时间变化。由伦敦第二方程和另两个麦

克斯韦方程$\nabla\times\boldsymbol{B}=\mu_0\boldsymbol{J}$以及$\nabla\cdot\boldsymbol{B}=0$，可推出

$$\nabla^2\boldsymbol{B}\equiv\frac{\mu_0}{\Lambda}\boldsymbol{B} \tag{Ⅳ-8}$$

式(Ⅳ-8)的一维解为

$$\boldsymbol{B}(x)=\boldsymbol{B}(0)\mathrm{e}^{-x\sqrt{\frac{\mu_0}{\Lambda}}}=\boldsymbol{B}(0)\mathrm{e}^{\frac{-x}{\lambda_L}} \tag{Ⅳ-9}$$

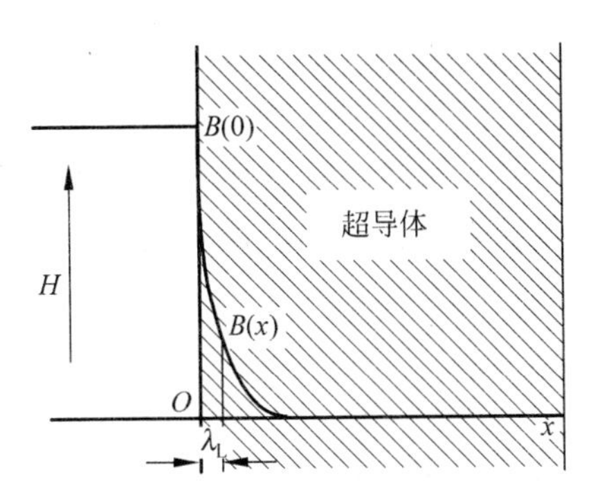

图Ⅳ-15 磁场在超导体中的磁感应强度分布和穿透深度

其中$\lambda_L=\sqrt{\frac{\Lambda}{\mu_0}}=\sqrt{\frac{m^*}{\mu_0 n_s e^2}}$。设超导体占据$x\geqslant 0$的空间，$x<0$的区域为真空，如图Ⅳ-15所示。$B(0)$表示超导体表面的磁感应强度，$B(x)$表示超导体内距离表面为$x$处的磁感应强度。

在$x\gg\lambda_L$的区域，$B(x)\to 0$，即超导体内此区域的磁感应强度为零。

在$x=\lambda_L$处，$B(x)=\frac{1}{\mathrm{e}}\cdot B(0)$，磁感应强度$B$从$B(0)$衰减至$\frac{1}{\mathrm{e}}\cdot B(0)$。

在$0<x<\lambda_L$的区域，$\frac{1}{\mathrm{e}}\cdot B(0)<B(x)<B(0)$，有磁感应线穿过这一区域，$\lambda_L$的物理意义在于描述磁场穿透超导体的深度，称为伦敦穿透深度。

伦敦第一和第二方程可以很好地解释超导体的零电阻和迈斯纳效应。伦敦方程指出超导体表面的磁感应强度B以指数形式迅速衰减。迈斯纳效应指出超导体内部磁感应强度为零，但不意味着超导体表面的磁感应强度也为零。实际上，为了使体内的B为零，在超导体表面的一个薄层内必须有电流产生磁场以抵消外磁场，使得体内$\mu_0 M+H=0$。由于超导体的电阻为零，这个表面电流并不损耗能量，因此称为超导电流或超流。在超导体表面上，流过超导电流的表面薄层的厚度称为磁场的穿透深度λ_L，这个表面薄层称为穿透层，穿透深度λ_L定义为磁感应强度从$B(0)$衰减至$\frac{1}{\mathrm{e}}\cdot B(0)$的距离。穿透深度的数量级约为$10^{-8}$m，已被实验验证。

3. 同位素效应

质子数相同而中子数不同(从而原子量不同)的元素在元素周期表中占同一位置，具有同样的核外电子层和几乎同样的化学性质，叫做该元素的同位素。例如汞(Hg)的质子数为80，它有七种天然的稳定的同位素，原子量分别为196、198、199、200、201、202和204。1950年麦克斯韦(E. Maxwell)和雷诺(C. A. Raynold)各自独立地测量了汞同位素的临界温度，获得了原子量M和临界温度T_c的简单关系(图Ⅳ-16)：

$$M^\alpha T_c=\text{常量} \tag{Ⅳ-10}$$

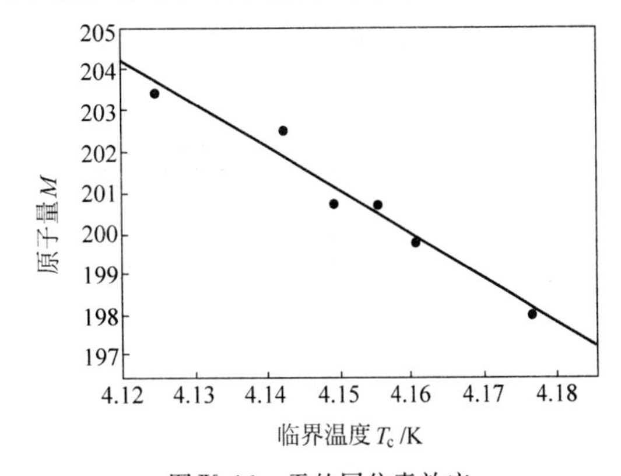

图Ⅳ-16 汞的同位素效应

式中，$\alpha=0.50\pm0.03$。这种临界温度T_c依

赖于同位素质量 M 的现象称为同位素效应。

构成晶格的离子如果其质量不同，在给定波长的情况下，晶格振动的频率会依离子质量不同而不同。离子质量反映晶格性质，临界温度反映电子性质，同位素效应把晶格与电子联系起来了。如果把描述晶格振动的能量子称为声子，则同位素效应揭示了电子-声子的相互作用与超导电性有密切关系。

1950 年，弗洛里希(H. Frolich)提出电子-声子相互作用在高温下导致电阻，而在低温下导致超导电性。

图Ⅳ-17 为电子-声子相互作用的简单模型。一个电子先与晶格相互作用而造成晶格变形，接着另一个电子遇到此变形的晶格随即调整其自身以利用此变形来降低能量。第二个电子通过变形的晶格与第一个电子相互作用，这种电子-晶格-电子相互作用与离子质量有关，因而很好地解释了超导态的同位素效应。

如果忽略晶格变形这个中间过程，最后的结果就是第一个电子吸引了第二个电子。用电子、声子的语言可将这个过程描述为：动量为 P_1 的电子发射一个声子 q 后，动量变为 P_1'，当这个声子被另一个动量为 P_2 的电子吸收后，这个电子的动量变为 P_2'，如图Ⅳ-18 所示。这个电子-声子相互作用的过程造成了电子之间的相互吸引作用。

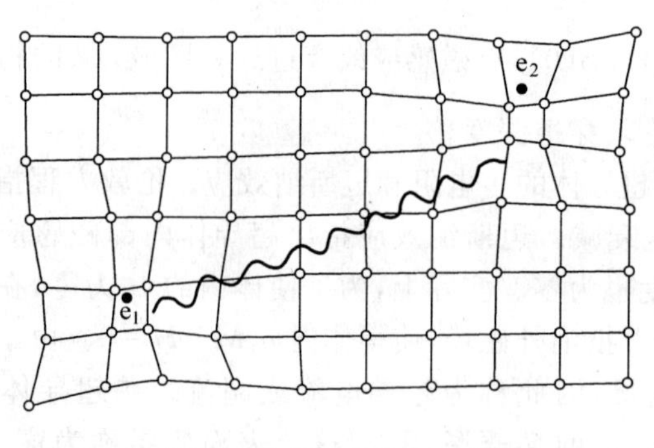

图Ⅳ-17 电子与晶格相互作用

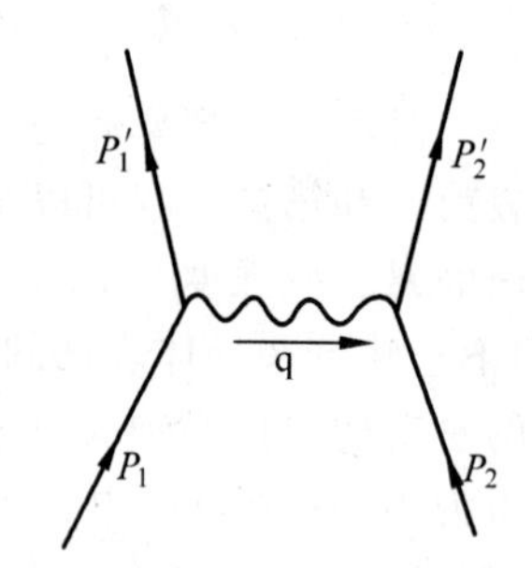

图Ⅳ-18 电子对的相互作用

4. 超导能隙

20 世纪 50 年代，许多实验表明，当金属处于超导态时，电子能谱与正常态不同。图Ⅳ-19 为绝对零度下的电子能谱示意图。在费米能 E_F 附近出现了一个宽度为 2Δ 的能量间隔，在这个能量范围内不能有电子存在，Δ 称为超导能隙，数量级为 $10^{-3}\sim10^{-4}$ eV。在绝对零度时，能量处于能隙下边缘以下的各态全被占据，而能隙以上的各态则全空着，这就是超导基态。

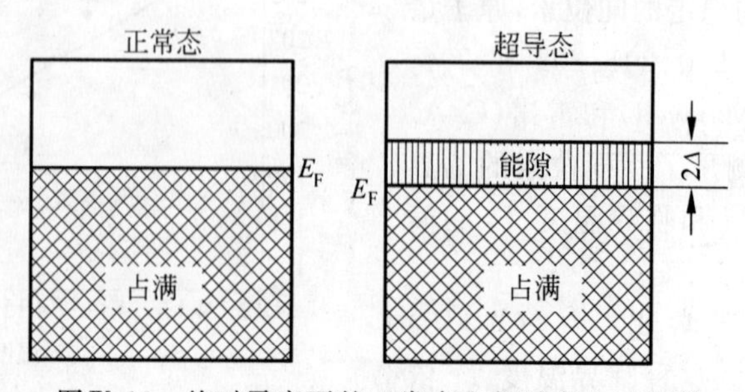

图Ⅳ-19 绝对零度下的正常态和超导态电子能谱

5. 库珀电子对

通常电子间的库仑作用是互相排斥的，前面介绍了电子间交换声子能够产生吸引作用，当这种间接的吸引作用大于库仑斥力时，电子间的合力为相互间的引力。库珀(Cooper Leon Neil，1930—)证明了当电子间的合力为引力时，费米面附近的两个电子将形成束缚的电子对的状态，这种电子对的能量比两个独立的电子的能量和低，称为库珀对。最佳的配对方式是动量相反且自旋相反的两个电子组成库珀电子对。可表示为$(P\uparrow,-P\downarrow)$。

库珀对中两个电子的结合很松散，它们之间的距离可以达到微米(10^{-6}m)这一宏观数量级，因此不会受到晶格缺陷和杂质这种微观尺度(约为10^{-10}m)结构的散射。另外，由于库珀对中两个电子的动量相反，库珀对的质心动量为零。有电流时，库珀对作为整体产生定向运动，质心的动量很小，波长很长，也不会被晶格振动、晶体缺陷和杂质散射，所以超导态以库珀对作为传导电流的载体，就没有电阻。

库珀对的结合能只有10^{-3}eV左右，当导体的温度大于临界温度T_c时，热运动使库珀对解体成为正常电子，超导态因此被破坏。

6. BCS理论

超导电性的量子理论，是1957年由巴丁(Bardeen John，1908—1991)、库珀和施里弗提出的，就是后来著名的BCS理论。该理论指出电子通过交换声子而形成库珀对，并定量地描述了能隙、热学和一些电磁性质。

BCS理论预测临界温度

$$T_c = 1.14\theta_D e^{-\frac{1}{UN(E_F)}} \qquad (\text{Ⅳ-11})$$

式中，θ_D为德拜温度；$N(E_F)$为费米面附近电子能态密度；U为电子-声子相互作用能。

由BCS理论计算出的电子的比热、临界磁场等和温度的关系都与实验吻合得相当好，同时它还可以导出伦敦方程。提出BCS理论的三位科学家因此获得了1972年的诺贝尔物理学奖，其中巴丁曾因半导体的研究和发现晶体管效应获得了1956年的诺贝尔物理学奖。到目前为止，巴丁仍然是唯一一位两次获得诺贝尔物理学奖的科学家。

BCS理论取得了巨大的成功，但它也只是一个相对真理。根据BCS理论，超导体的临界温度不可能超过50K，而实际上后来发现的高温超导体的临界温度已超过150K。

Ⅳ.3 超导的应用

1. 超导磁体

超导磁体就是超导线绕制的线圈。利用超导体电阻为零的特性，超导磁体可通以大电流，产生很强的磁场。由于超导体存在临界磁场H_c、临界电流密度J_c、临界温度T_c，超过临界值的超导体从超导态转变成正常态，因此超导磁体产生的磁场不能随意提高，一般在几特斯拉到十几特斯拉。绕制超导磁体的材料要求有高的临界参数，通常是第Ⅱ类超导体，而且机械性能和加工性能也是选择用材的一个重要因素。制造超导磁体最常用的材料是铌钛(NbTi)合金，其次是金属间化合物铌三锡(Nb_3Sn)。高温超导体发现后，高温超导材料也在研究中。与常规磁体相比，超导磁体没有焦耳损耗，维持磁体正常工作温度(约4.2K)所需制冷功率比常规磁体损耗小1～2个数量级。超导磁体的电流密度比常规磁体高两个量级，也不用铁芯，因此超导磁体重量轻、体积小。超导磁体可用超导开关进行闭环电路运行，不受电源及外界干扰，达到极高的稳定性（10^{-7}/h）。超导磁体有广泛的应用价值，特别是在高技术领域，超导磁体已应用在磁共振成像技术、高能加速器、核聚变装置、磁流体发电、磁悬浮列车及其他科学试验中用的强场设备。超导磁体在电力工业中有很诱人的应用前景，超导电机、超导储能、超导变压器和超导限流器的性能已远优于常规器件。

2. 超导磁悬浮

超导体中的磁通线被冻结，与外部磁力线达到稳定状态而悬浮的现象称为超导磁悬浮。对于可承载很大电流的第Ⅱ类超导体，外加磁场超过一定值后，磁场会以磁通线的形式穿透进去，加上缺陷的钉扎作用，磁通线可稳定地存在。当超导体在外磁场中被冻结，超导体内部的磁通线和外部的磁力线会达到相对稳定的状态，改变超导体的位置和角度必须付出能量，因此超导体就会稳定悬浮在空中。在超导体形状和外磁场非常对称的情况下，超导体可沿轴心旋转，如果没有空气阻尼，超导体中的磁通线也钉扎不动，旋转会永远持续下去，这就是超导陀螺的工作原理。超导体在旋转和运动过程中，不会出现对磁力线的切割过程，因为随超导体一起运动的磁通线弥散开来形成磁力线，与外界随时保持平衡。但当超导体从一种磁场位型变化到另外一种磁场位型（包括角度和位置）时需要做功，这是超导磁悬浮具有高度稳定特点的原因。超导磁悬浮不能解释成是由于超导体的抗磁能力，如果仅仅是抗磁，把超导体从磁场中移开时应该不需要做功，而实际上把超导体从一种磁场位型变化到另外一种磁场位型时都需要做功。超导磁悬浮具有其他技术所难以达到的稳定性，因此在制造磁悬浮列车方面有非常大的优势。

3. 约瑟夫森效应

1962 年，约瑟夫森（Josephson Brian David，1940— ）钻研两块超导体之间的结的性质。在两块超导体中间夹一很薄（厚度约为 1nm）的绝缘层，就形成一个超导-绝缘-超导结（S-I-S 结），如图Ⅳ-20 所示，这个结后来被称为约瑟夫森结。他计算了超导结的隧道效应并从理论上预言：如果两个超导体距离足够近，电子可以作为一种辐射波穿透超导体之间的极薄绝缘层而形成无损耗的超流电流，即超导电子对的隧道效应，而超导结上并不出现电压；如果超导结上加有电压，电流就停止流动并产生高频振荡。这就是约瑟夫森效应。此时，约瑟夫森刚满 22 岁。1963 年，美国贝尔实验室的安德森（Anderson Philip Warren，1923— ）和夏皮罗（S. Shapiro）等人从实验上证明了约瑟夫森的预言。由此，一门新的学科——超导电子学创立。尤其是伴随着根据约瑟夫森效应原理制成的超导量子干涉器件（superconducting quantum interference device，SQUID）的问世，相应地，超导体的另一大类应用，即弱电（弱磁）应用也拉开了序幕。由于这些效应在理论上和实用上的重要意义，约瑟夫森获得了 1973 年诺贝尔物理学奖的一半，另一半由半导体隧道效应的发现者江崎玲於奈、超导体隧道效应的发现者贾埃沃（Giaever Ivar，1929— ）共同获得。

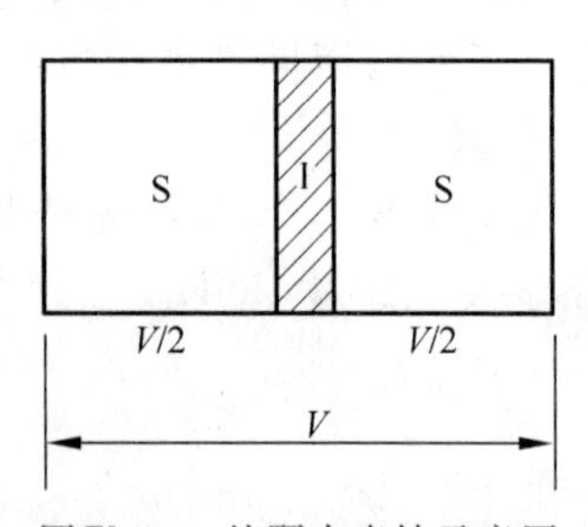

图Ⅳ-20 约瑟夫森结示意图

4. 超导量子干涉器件

超导量子干涉器件 SQUID 是根据嵌入约瑟夫森结的超导环中电子对电流随结的量子

位相差相干的原理制成的磁场敏感器件。按其结构和工作条件可分为直流 SQUID 和射频 SQUID 两种。图Ⅳ-21 为直流超导量子干涉器件示意图。它是由两个完全相同的约瑟夫森结并联而成的一个环路。a、b 是两个完全相同的约瑟夫森结。在与环面垂直的方向加一外磁场。由于从 1 处通过结a 到达 2 处的超导电流与从 1 处通过结 b 到达 2 处的超导电流相对于通过环面的磁通的环绕方向相反，因而经过 a、b 两结到达 2 处的库珀对的相位也不同。这和双缝干涉现象非常相似。因此外加磁场极其微小的变化就会引起电流的变化。

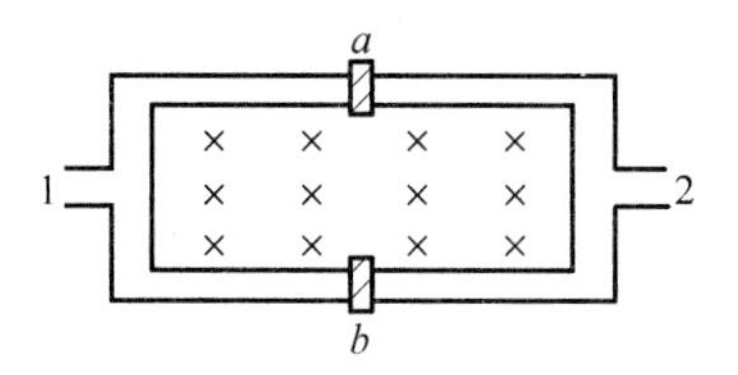

图Ⅳ-21 直流超导量子干涉器件示意图

SQUID 可对磁场或磁通作直接测量，其磁场分辨率可优于 10^{-14} T/$Hz^{1/2}$，磁通分辨率优于 10^{-5}磁通量子/$Hz^{1/2}$，可用来检测人体中微弱的心磁和脑磁信号及其他弱磁信号，还可用于对电流、电压、电阻、磁化率、位移等多种物理量作间接测量。高灵敏度是其突出的优点，如用窄带技术测量交流电流，灵敏度可达 10^{-15} A 量级。除高灵敏度外，SQUID 器件还有高的响应速度(10ps)和低的功耗(μW)。

由于氧化物超导薄膜工艺和高温 SQUID 理论的进展，再加上使用液氮冷却带来的极大便利，除脑磁测量等少数特殊应用外，在常规测量中高温 SQUID 大有替代传统的低温器件之趋势，但在灵敏度和稳定性方面还有待提高，其性能的改善将来自对此类新材料中相关物理过程更深入的了解。

专题 V

新材料技术

材料是人类用于制造生活和生产用的机器、构件、器件和产品的物质，是人类赖以生存和发展的物质基础。每一种主要材料的发现、发明和使用，都会把人类支配和改造自然的能力提高到一个新水平。人类历史已证明材料是人类社会发展的物质基础和先导，是人类进步的里程碑。

从材料的发展进程可以看出，随着人类社会的进步和科学技术的发展，不断出现新材料；反之，新材料的发明与应用又会促进科学技术发展和人类社会进步。可以肯定地说，无论哪一代新技术的形成与发展都依赖材料工业的发展。现代文明社会中，高新技术的发展更是紧密依赖于新材料的发展。因此，新材料的研究开发与应用反映出一个国家的科学技术与工业水平。到了 20 世纪 60 年代，人们把材料、信息与能源誉为当代文明的三大支柱，70 年代，又把新材料、信息技术和生物技术认为是新技术革命的主要标志。可以预料，谁掌握了新材料，谁就掌握了未来高新技术竞争的主动权。

近代世界已经历了两次工业革命，都是以新材料的发现和应用为先导的。钢铁工业的发展，为 18 世纪以蒸汽机的发明和应用为代表的第一次世界工业革命奠定了物质基础。20 世纪中叶以来，以电子技术特别是微电子技术的发明和应用为代表的第二次工业革命，硅单晶材料则起着先导和核心作用。新材料的研究开发与应用和一个国家的工业活力及军事力量的增长都有着十分密切的关系，如新型半导体材料、光导纤维和新的光电器件的出现，使通信技术从铜为主的金属电缆跨入了光纤通信的新时代。世界各国特别是工业发达国家非常重视新材料的研究与开发，投入大量人力和资金。我国政府历来重视新材料的发现与研究。自 1956 年以来，历次国家科技发展规划中都包含了新材料技术的研究与开发。第一期“八六三”计划中新材料技术就是七大重点研究领域之一；第二期“八六三”计划又把新材料及其制备技术列为重点支持和强化的领域，这将会牵引和带动大批相关新技术领域的跨越发展，支撑国家支柱产业发展和重点工程实施，增强我国的综合实力。

新材料的生产具有三个基本特点：①综合利用现代的先进科学技术成就，多学科交叉，知识密集，投资量大；②往往在特定的条件下(如高温、高压、低温、急冷、超净等)才能完成，没有新技术、新工艺，没有精确的控制和检测，就不能够生产高质量的新材料；③新材料的生产规模一般都比较小，品种比较多，更新换代快，价格昂贵，技术保密性强。因此，新材料产业属于难度较大的产业。

当代材料科学技术正面临新的突破，诸如高温超导材料、纳米材料、先进复合材料、生物医用材料，以及材料的分子、原子设计等，正处于日新月异的发展之中。材料品种多，涉及面广，内容十分丰富，本章简要介绍纳米材料、液晶的基本知识。

Ⅴ.1 纳米材料技术

1. 纳米材料概述

纳米材料技术是20世纪80年代末迅速发展起来的一门交叉性很强的综合学科。1nm就是10^{-9}m，相当于头发丝直径的十万分之一。纳米科技是指以0.1～100nm尺度的超细微材料为研究对象的新学科，可以是金属、陶瓷、聚合物或复合材料，也可以是晶态或非晶态。处于这种尺寸的物质有很多既不同于宏观物质也不同于单个孤立原子的奇异性质。纳米科技以其新颖性、独特的思路和首批研究成果在科技界产生了巨大影响，受到广泛关注。自20世纪末以来，许多国家先后投入巨资组织力量加紧研究，以期抢占纳米技术的战略高地。欧盟在1995年发表的一份研究报告曾预测，10年后，纳米技术的开发将成为仅次于芯片制造业的第二大制造业。更有人预言，纳米技术将成为21世纪信息时代的核心，甚至引起又一次工业革命，它的发展对诸多领域将产生重大影响。

天然纳米材料在自然界中广泛存在，如牙齿、蛋白质、陨石碎片都是由纳米微粒构成的，海洋中存在着大量小于120nm的海洋胶体纳米粒子。

人工制备纳米材料的历史也很早。1000多年前，我国古代用蜡烛燃烧的烟雾制成炭黑，古人在铜镜表面镀的二氧化锡薄膜防锈层也是纳米材料。1861年，化学家开始研究1～10nm的微粒胶体，并建立起胶体化学学科。1963年，正式把纳米微粒作为专门研究对象，通过人工制造获得纳米颗粒。1984年，德国制出了纳米晶体铅、纳米晶体铜和纳米晶体铁，1987年，美国制造出纳米二氧化钛多晶体，1991年，制造出二维纳米碳管，其密度为钢的六分之一，而强度比钢高100倍。我国20世纪80年代中期也开始了对纳米材料的研究，1997年，中国科学院解思深等人创造了一种制备碳纳米管陈列的新方法。美国、日本、德国、俄罗斯、法国、比利时、中国和印度是纳米材料研究的强国。

构成纳米材料的基本颗粒称为纳米结构基元，按维数可分为零维、一维和二维：

(1) 零维　是指其空间三维尺度均在纳米尺度，如原子团簇、纳米颗粒等；

(2) 一维　指其空间有二维处于纳米尺度，如纳米管、纳米丝、纳米棒等；

(3) 二维　指在三维空间中有一维在纳米尺度，如超薄膜、多层膜等。

纳米管、纳米丝、纳米棒和同轴纳米电缆均属于准一维材料，可用作扫描隧道显微镜的针尖，纳米器件和超大集成电路中的连线，光导纤维、微电子学方面的微型钻头及复合材料的增强剂，因而具有重要的应用前景。

原子团簇是20世纪80年代发现的、粒径小于或等于1mm，由几个或几百个原子组成的一类聚集体。原子簇的形状多种多样，已知有线状、层状、管状、洋葱状、骨架状、球状等。目前能大量制备和分离的团簇是C_{60}和其他富勒烯。

纳米微粒与病毒大小相当，是肉眼与一般显微镜看不见的微小粒子，只能用高倍电子显微镜进行观察。日本名古屋大学上田良二教授下的定义为：用电子显微镜能看到的微粒称为纳米颗粒。

1970 年，法国奥林大学的安多(Endo)首次制成直径为 7nm 的碳纤维。1991 年 1 月，日本科学家饭岛澄男发现了多层同轴的碳纳米管。单壁碳纳米管是美国 IBM Almaden 公司实验室的伯森(Bethune)等人首先发现的，如图Ⅴ-1 所示。1996 年，发现 C_{60} 的斯莫利等合成了成行排列的单壁碳纳米管束。中国科学院物理所解思深等人试验了碳纳米管的定向生长，成功地合成了超长(毫米级)的碳纳米管。

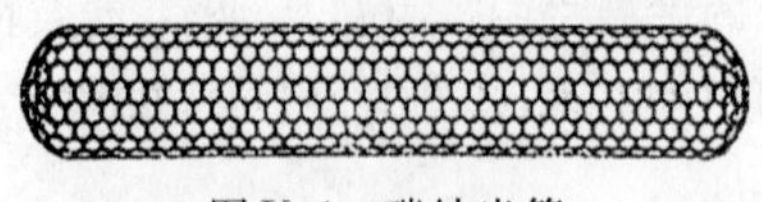

图Ⅴ-1　碳纳米管

1997 年，法国科学家柯里克斯(Colliex)等在分析电弧放电获得的产物中，发现了两种类似于同轴电缆，直径又为纳米级物质的几何结构，故称其为同轴纳米电缆。1998 年，日本 NEC 公司张跃刚等用激光烧蚀法合成了直径几十纳米、长度为 50μm 的同轴纳米电缆。

2. 纳米材料的基本物理性能

从材料的角度出发，当组成材料微粒的尺寸进入纳米数量级(1～100nm)时，其本身具有了一些完全新的效应，从而展现出许多特有的性质。在催化、滤光、光吸收、医药、磁介质以及新材料方面有广阔的应用前景，同时也将推动基础研究的发展。纳米材料具有以下四种基本效应。

(1) 小尺寸效应　当超细微粒的尺寸与光波长、德布罗意波长以及超导态的相干长度相当或更小时，晶体周期性的边界条件将被破坏，非晶态纳米微粒的颗粒表面附近原子密度减小，导致声、光、电、磁、热力学等物性呈现新的小尺寸效应。比如，光的吸收显著增加并产生吸收峰的等离子共振频移。当用高倍电子显微镜对超细金颗粒的结构进行观察时，发现其颗粒形态在单晶与多晶、孪晶之间连续地转变。这种小尺寸效应为实用技术的开发开辟了新的领域。例如，纳米尺度的强磁性颗粒(Fe-Co 合金等)，当颗粒尺寸为单磁畴临界尺寸时，具有很高的矫顽力，可以制成磁性信用卡、磁性钥匙、磁性车票、磁性液体等，广泛应用于电声器件、阻尼器件、润滑、选矿等。纳米微粒的熔点可以远低于块状金属。例如，2nm 的金颗粒熔点为 600K，而块状时为 1337K，这一特性为粉末冶金提供了新的工艺。

(2) 表面效应　纳米微粒尺寸小、表面能高，位于表面的原子占相当大的比例。微粒越小，表面原子数就越多。如果用比表面积表示，粒径为 10nm 时，比表面积为 $90m^2/g$；粒径为 5nm 时，比表面积为 $180m^2/g$；粒径为 2nm 时，比表面积为 $450m^2/g$。这样高的比表面积造成表面能迅速增加，从而造成表面的原子具有很高的活性，极不稳定，容易与其他原子结合。

(3) 量子尺寸效应　当粒子尺寸小到某一值时，金属费米能级附近的电子能级由准连续变为离散能级的现象，以及纳米半导体微粒存在不连续的最高被占据的分子轨道和最低未被占据的分子轨道能级，而使能隙变宽的现象，均称为量子尺寸效应。按照能带理论，金属费米能级附近电子能级一般是连续的。这一点只在高温或宏观尺寸时成立。对于只有有限个导电电子的超微粒子来说，低温下能级是离散的。对于宏观物体，原子数无限多，能级间距趋于零。而对于纳米微粒，能包含的原子数有限能级间距有一定值，也就是能级间距发生分裂，当能级间距大于热能、磁能、静磁能、静电能、光子能量或超导态的凝聚能时，就必须考虑量子尺寸效应了。它将导致纳米颗粒磁、光、声、热、电以及超导电性，与宏观特性有明显的差异。

(4) 宏观量子隧道效应　隧道效应是指微观粒子具有贯穿势垒的能力。近年来，人们发现一些宏观量，例如微粒的磁化强度、量子相干器件中的磁通量等具有隧道效应，称为宏观量子隧道效应。宏观量子隧道效应的研究对基础研究和实用研究都有重要的意义，正是它限定了磁带、磁盘进行信息存储的时间极限。宏观尺寸效应和隧道效应将是未来微电子器件的基础。

3．纳米材料的应用

1）结构材料

20世纪80年代开始研究纯金属纳米材料，现在则是向多元合金及纳米复合材料方向发展。纳米金属有很多优异的性质，如纳米铁的抗断裂压力高于普通铁12倍；粒径为6nm的铜的硬度比粗晶试样增长了500%。纳米材料中存在大量界面，因此具有较高的扩散率，而较高的扩散率对蠕变、超塑性等力学性能有显著影响，有利于在较低温度下使不相溶金属形成新的合金相。纳米金属表面能高，表面原子数多，因而纳米微粒的熔点急剧下降。纳米晶金属材料在液氦温度下(4K)仍有极高的延展性。

陶瓷材料已发展到新一代纳米陶瓷。用纳米级超细微粉体制成的纳米陶瓷具有延展性，甚至具有超塑性，如纳米二氧化钛陶瓷可以弯曲，其塑性变形高达100%，韧性极好。在常规粉体中加入纳米粉体，提高了致密度、韧性、热导性与耐热疲劳性能，而且降低了陶瓷的烧结温度。

常规复合材料也发展到纳米复合材料。加了纳米氮化铝粒子的橡胶可提高介电性和耐磨性。纳米复合材料玻璃，既保证透明度，又能提高玻璃的高温冲击韧性。纳米复合材料有机玻璃表现出良好的宽频带红外吸收性能。现在制成的有机和无机交替的多层膜(可达百层)，其强度、韧性、硬度都达到与天然贝壳相似，可用于耐磨涂层、机械部件等。

碳纳米管具有特别优异的力学性能，其刚性极限和弹性极限都很高，已成功地用单根纳米碳管制成了世界上最小的秤，最小可以称量一个病毒。单壁纳米碳管带有不同电荷内、外层，在电解液中施加一定电压会发生弯曲，现已制成世界上最小的、可夹住纳米颗粒的纳米钳。

碳纳米管具有极高的强度和极大的韧性，约为钢的100倍，密度却只有钢的六分之一，比其他纤维强度高200倍。可用这种既轻、又软且非常结实的材料做防弹背心。

2）磁性材料

(1) 磁性液体　1963年，美国国家航空航天局的Papen用油酸作表面活性剂包覆10nm超细的Fe_3O_4微粒，并大量弥散于煤油中，形成一种稳定的胶体体系。由于磁性作用，磁性粒子带动表面活性剂和液体一起运动，成为磁性液体。磁性液体在磁场中可被磁化，可在磁场中运动，又具有液体的流动性；可用于高速、高真空条件下旋转轴的动密封，具有无磨损、寿命长的优点。计算机中，为防止尘埃进入硬盘中损坏磁头与磁盘，在转轴处已普遍采用磁性液体的防尘密封。磁性液体还可用于磁液扬声器，并可作为不损耗、无污染的新型润滑剂等。

(2) 巨磁电阻材料　磁性材料的交流阻抗随外磁场发生急剧变化的特性是巨磁电阻效应。1988年，在铁/铬多层膜中发现了巨磁电阻效应。磁性超微粒尺寸小，具有单磁畴结构、矫顽力很高的特性，已被用作高储存密度的磁记录磁粉，大量应用于磁带、磁盘、磁卡等。1994年，IBM公司制造出具有巨磁电阻效应的磁头，将磁盘记录密度提高了17倍。随着纳米电子学的飞速发展，电子元件微型化和高度集成化要求测量系统也微型化。瑞士苏黎世高等工业学校在实验室中成功地研制了纳米尺寸的巨磁电阻丝，可用于探测 10^{-11}T 的磁通密度。

磁性纳米微粒除了上述应用外，还可作光快门、光调节器、病毒检测仪等仪器仪表材料；抗癌药物磁性载体、细胞磁分离介质材料；复印机墨粉材料以及磁墨水和磁印刷材料等。

3）光学材料

纳米微粒具有光学非线性、光吸收、光反射、光传输能量损耗等光学特性，因此用纳米材料制备的光学材料在日常生活和高科技领域得到广泛的应用，在现代通信和光传输方面占有极其重要的地位。

（1）吸收材料　纳米粒子对紫外线的强吸收性能可用于改进防晒油、化妆品及油漆性能。另外，涂在汽车、船舰表面以氯丁橡胶、双酚树脂或环氧树脂为原料的底漆，在太阳光紫外线照射下很容易老化变脆甚至脱离。在油漆中加入能强烈吸收紫外线的纳米微粒，就能起到保护底漆的作用。

纳米粒子对红外线有强吸收性能，可用作隐身材料。将具有很强吸收中红外波段特性的纳米颗粒加到纤维中做成军服不仅隐身，而且可以保暖。把强烈吸收微波和红外线的超微粒子涂在飞机、坦克表面，可摆脱雷达与红外探测器的监视，已用于高科技的现代战争中。

（2）红外反射材料　纳米微粒用于红外反射材料多制成薄膜和多层膜，有透明导电膜、多层干涉膜。纳米微粒组成的反射膜材料在照明工业上有很好的应用前景。用纳米微粒制成总厚度在微米级的多层干涉膜衬在有灯丝灯泡罩的内壁，不但透光性好，而且有很强的红外反射能力。在亮度相同的情况下，可节电 15%。

4）电子学材料

（1）传感器材料　传感器是超微粒最有前途的应用领域之一。用纳米二氧化锡膜制成的传感器，可用于可燃性气体泄漏报警器和湿度传感器。金的超微粒膜对可见光至红外范围的吸收率很高，可制成辐射热测量器。

（2）微电子器件材料　碳纳米管有导体的，也有半导体的，甚至同一根纳米管的不同部位，结构变化也可呈现出不同的导电性。IBM 的 P. C. Collins 等用单根半导体碳纳米管和它两端的金属电极做成了一种场效应晶体管。1995 年，美国赖斯大学的研究人员发现：当碳纳米管直立并通电时，可以像避雷针一样使电场集中在尖端，并从尖端高速发射电子。由于碳纳米管尖端很细，所以发射电子所需的电压低于其他材料制成的电极，而且碳纳米管电极的使用寿命更长。北京大学的研究人员用单壁碳纳米管做出了世界上最细、性能最好的扫描探针，获得了精美的热解石墨的原子形貌像。利用单壁短管作为场电子显微镜（FEM）的电子发射源，拍摄到了过去认为不可能的原子图像。用碳纳米管发射电子可用来取代笨重的阴极射线管。日本的 Ise 电子公司用纳米管复合材料做成 6 种颜色的真空管灯，亮度比一般灯管高 1 倍，不仅寿命长，而且能效至少高 10 倍。韩国三星公司的科学家在控制电子器件上覆盖一层极薄的纳米管，然后把涂有发光体的玻璃放在上面，制成了一个原型平板显示器，亮度可与阴极射线管媲美，功耗只有前者的十分之一。现在已经能够做出一种完全用纳米管做成的纳米电路，包括纳米导线、纳米开关和记忆元件。

利用纳米管中的库仑阻塞效应，可制成电子器件中灵敏度最高的单电子晶体管。

作为跨世纪的新材料，纳米材料制造的微电子器件使未来的计算机、电视机、卫星、机器人等变得越来越小。

5）生物反应与催化材料

纳米材料的表面效应是随着粒径的减小，表面积急剧变大。超微粒的表面有效活性中心多，为做催化剂提供了基本条件。纳米催化剂将会成为催化反应的主要角色。

通常的金属催化剂制成纳米微粒可大大改善催化效应。粒径为30nm的催化剂可使有机化合物的加氢和脱氢反应速度提高15倍。纳米二氧化钛在可见光照射下，对碳氢化合物有催化作用，在玻璃、瓷砖表面涂上一层纳米二氧化钛薄层，就制成自洁玻璃和自洁瓷砖。粘在表面的油污与细菌在光照下，由于纳米二氧化钛的催化作用而氧化成气体或易被擦掉的物质，将使高层建筑的玻璃窗与厨房中瓷砖的保洁变得容易。日本已用保洁瓷砖装饰了一家医院的墙壁，经使用证明这种保洁瓷砖有明显的杀菌作用。二氧化钛粒子表面用银离子、铜离子修饰，杀菌效果更好，在电冰箱、空调、医疗器械、医院手术室装修方面有着广阔的应用前景。纳米金属、半导体粒子具有热催化作用，在火箭燃料中加入1%（质量分数）的纳米银和纳米镍粉，燃烧效率可提高1倍。在汽车尾气净化处理过程中，纳米铜粉作为催化剂可以用来部分代替贵金属铂和铑。近年来国际上对超微粒催化剂十分重视。

6）复合材料

纳米材料在复合材料的制备方面也有广泛的应用。普通陶瓷中加入金属纳米颗粒，可大大改善材料力学性能。合成纤维中掺入金属超微粒可防止带静电。塑料中掺入金属超微粒可不改变其强度而控制电磁性质。超微粒制成的陶瓷与金属的复合梯度功能材料可用于温差达1000℃的航天飞机隔热材料、核聚变反应堆的结构材料等。

V.2　液晶

1. 液晶的发现

物质的状态分为固态、液态和气态。当物质处于固态时，其原子或分子间距较小，相互束缚较紧，排列相对整齐，原子或分子不能自由运动，只能在平衡位置附近作微小的振动；当物质处于液态时，分子间距要比其处于固态时大一些，分子间的束缚较弱，分子可以在一定体积范围内自由运动，因此，液体具有流动性；当物质处于气态时，分子间束缚很弱，分子排列完全无序。在各向异性的固相和各向同性的液相之间存在一个具有各向异性的液态，这个各向异性的液态中介相称为液晶相。凡是能出现液晶相的物体统称为液晶。液晶可以处在固相，也可以处在液晶相，或者是处在各向同性液相，根据它所处的物理条件而定，因此液晶是一个不严格的名称。由于液晶相具有各向异性，而且是液态，所以液晶必然是由各向异性的分子构成，而且分子倾向于定向排列。各向同性分子构成的液态是不可能出现各向异性的。一般来讲，液晶都是由有机分子构成。到目前还未能合成无机分子液晶。这仍然是一个有待研究的课题。

早在1888年，奥地利植物学家莱尼兹（F. Reinitzer）把$C_6H_5CO_2C_{27}H_{45}$晶体加热到145.5℃时，它熔融成为浑浊液体。继续加热到178.5℃，浑浊液体突然变成清亮液体。而且这个由浑浊到清亮的过程是可逆的，即出现了相变。由浑浊液体变为清亮各向同性液体的温度称为该物体的清亮点。从熔点到清亮点的温度范围内物质处于液晶态。1889年德国物理学家雷曼（O. Lehmann）用自己设计的附有加热装置的偏光显微镜对这些酯类化合物进行观察，结果发现莱尼兹提到的浑浊液体具有各向异性晶体所特有的双折射性。经过系统研究，雷曼还发现很多有机化合物也都有类似的性质。这些有机化合物在熔点到清亮点的温度范围内，其机械性能与各向同性液体相似，但光学性质却与各向异性晶体相似。雷曼将此种液相晶体简称为"液晶"。此后 20 年的时间里该领域没有更深入的进展，直到 20 世纪 60 年代末期发现了液晶的动态光电效应，液晶的理论和实验研究才得到迅速发展。

2. 液晶的种类

1）按形成条件分类

按液晶的形成条件，可将液晶分成热致液晶（thermotropic）和溶致液晶（lytropic）两类。由于加热破坏结晶晶格而形成的液晶称为热致液晶，热致液晶是单成分的纯化合物或均匀混合物在温度变化下出现的液晶相。莱尼兹最初发现的液晶就属于热致液晶。由于溶剂破坏结晶晶格而形成的液晶称为溶致液晶，是两种或两种以上组分形成的液晶，其中一种是水或其他的极性溶剂。大多数溶致液晶具有双亲性分子结构，是两性分子，一端带有极性，能与水和极性溶剂分子相结合，称为亲水端；另一端则不带极性，称为疏水端。

2）按分子结构分类

（1）近晶相液晶（smectic）　分子呈棒状或条状，分子重心形成层状结构，每层分子的长轴相互平行，但与层面垂直或成一定角度。各层分子间的相互作用力较弱，因而容易产生相对滑动，各层中的分子只能在本层内活动，因而又称为层型液晶。

（2）向列相液晶（nematic）　分子呈棒状或条状，分子的长轴相互平行，但分子的位置是随机的，因此形成层。这种液晶的分子容易顺着长轴方向自由移动，因此流动性更强。

（3）胆甾相液晶（cholesteric）　具有层状结构，每层中分子长轴相互平行，且与层面平行，但每层中的分子没有位置有序。胆甾相液晶是向列相液晶的一种畸变态，这种液晶相邻两层间分子轴向逐层改变一个固定级角度。因此，各层分子长轴的排列方向逐渐扭转成螺旋结构。

3. 液晶的物理性质

1）液晶的异向性

液晶分子一般是刚性棒状的，由于分子头尾所接的分子团不同，使分子在轴向和径向上具有不同的性质。液晶的分子排列不管是哪种形式，其自然状态总是轴向相互平行。正因为如此，液晶的折射率、介电常数、磁化率、电导率、黏滞系数等均沿轴向和径向具有不同的性质，即各向异性。液晶的这种异向性又由于液晶本身的弹性系数很小而使其分子排列在外电场、磁场、应力和热能等作用下极易发生变动。

2）液晶的光学性质

绝大多数液晶都呈现光学各向异性，即它们都有双折射性质。从而使液晶具有下列特别有用的光学性质：①使入射光的前进沿分子轴向偏转；②使入射光的偏振状态发生变化；③使入射的左旋或右旋偏振光产生对应的反射或透射。

由于胆甾相液晶的螺距会随温度、电场、磁场、应力、试样的成分等发生变化而变化，因此，胆甾相液晶薄层的干涉色也会发生变化，这就为这类液晶的实际应用提供了多种可能性。

3）电学和磁学性质

液晶分子在径向和轴向的磁化率是不一样的。在磁场中，液晶分子的长轴会平行于磁场方向排列,形成一种液相单晶。这样就可以对介电常数、电导率、黏度等物理量进行测量,并可以进行 X 射线衍射研究。由于液晶分子在径向和轴向的介电常数不同,如果在液晶上施加一个电场,根据液晶分子在径向和轴向的介电常数大小的不同,液晶分子的长轴将沿电场方向平行排列或垂直于电场方向正交排列。

4) 液晶的弹性连续体性质

液晶的弹性系数很小,分子排列很容易受电场、磁场、应力和热能等外部影响而发生畸变,可呈现展曲、扭曲及弯曲三种基本畸变。这三种畸变总伴随液晶分子的重新排列。另外,在不同的取向,液晶有不同的弹性系数。液晶的弹性系数还取决于分子的结构及外部温度,当温度上升时,弹性系数迅速降低。一般而言,弹性系数越大,则阈值电压越大,同时响应速度加快。

5) 液晶的电光效应

液晶的电光效应(electro-optic effect)是指液晶在外电场的作用下分子的排列状态发生变化,从而引起液晶的光学性质也随之变化的一种电的光调制现象。外加电场能使液晶分子的排列发生变化,进行光调制,同时由于双折射性,可以显示出旋光、干涉、散射等光学性质。根据电光效应可表现出扭曲向列效应、电控双折射效应、相变效应、铁电效应、超扭曲效应、宾主效应、动态散射效应、近晶热效应和热光学效应等。

附　录

附录 A　量纲

本书根据我国计量法，物理量的单位采用国际单位制，即 SI。SI 以长度、质量、时间、电流、热力学温度、物质的量及发光强度这 7 个最重要的相互独立的基本物理量的单位作为基本单位，称为 SI 基本单位。

物理量是通过描述自然规律的方程或定义新物理量的方程而彼此联系着的，因此，非基本量可根据定义或借助方程用基本量来表示，这些非基本量称为导出量，它们的单位称为导出单位。

某一物理量 Q 可以用方程表示为基本物理量的幂次乘积：

$$\dim Q = \mathrm{L}^{\alpha}\mathrm{M}^{\beta}\mathrm{T}^{\gamma}\mathrm{I}^{\delta}\Theta^{\varepsilon}\mathrm{N}^{\xi}\mathrm{J}^{\eta}$$

这一关系式称为物理量 Q 对基本量的量纲。式中 α、β、γ、δ、ε、ξ 和 η 称为量纲的指数，L、M、T、I、Θ、N、J 则分别为 7 个基本量的量纲。下表列出几种物理量的量纲。

物理量	量　纲	物理量	量　纲
速度	$\mathrm{LT^{-1}}$	磁通	$\mathrm{L^2MT^{-2}I^{-1}}$
力	$\mathrm{LMT^{-2}}$	亮度	$\mathrm{L^{-2}J}$
能量	$\mathrm{L^2MT^{-2}}$	摩尔熵	$\mathrm{L^2MT^{-2}\Theta^{-1}N^{-1}}$
熵	$\mathrm{L^2MT^{-2}\Theta^{-1}}$	法拉第常数	$\mathrm{TN^{-1}}$
电势差	$\mathrm{L^2MT^{-3}I^{-1}}$	平面角	1
电容率	$\mathrm{L^{-3}M^{-1}T^4I^2}$	相对密度	1

所有量纲指数都等于零的量称为量纲一的量。量纲一的量的单位符号为 1。导出量的单位也可以由基本量的单位（包括它的指数）的组合表示，因为只有量纲相同的物理量才能相加减；只有两边具有相同量纲的等式才能成立，故量纲可用于检验算式是否正确，对量纲不同的项相乘除是没有限制的。此外，三角函数和指数函数的自变量必须是量纲一的量。

在从一种单位制向另一单位制变换时，量纲也是十分重要的。

附录 B 国际单位制(SI)的基本单位和辅助单位

一、国际单位制的基本单位

物理量	单位名称	单位符号	单位的定义
长度	米	m	光在真空中(1/299 792 458)s 时间间隔内所经路径的长度
质量	千克(公斤)	kg	千克是质量单位,等于国际千克原器的质量
时间	秒	s	秒是铯-133 原子基态的两个超精细能级之间跃迁所对应的辐射的 9 192 631 770 个周期的持续时间
电流	安[培]	A	在真空中截面积可忽略的两根相距 1m 的无限长平行圆直导线内通以等量恒定电流时,若导线间相互作用力在每米长度上为 2×10^{-7}N,则每根导线中的电流为 1A
热力学温度	开[尔文]	K	开尔文是水的三相点热力学温度的 1/273.16
物质的量	摩[尔]	mol	摩尔是一系统的物质的量,该系统中所包含的基本单元数与 0.012kg 碳-12 的原子数目相等。在使用摩尔时,基本单位应予指明,可以是原子、分子、离子、电子及其他粒子,或是这些粒子的特定组合
发光强度	坎[德拉]	cd	坎德拉是一光源在给定方向上的发光强度,该光源发出频率为 540×10^{12} Hz 的单色辐射,且在此方向上的辐射强度为(1/683)W/sr

二、国际单位制的辅助单位

物理量	单位名称	单位符号	定　　义
[平面]角	弧度	rad	弧度是一圆内两条半径之间的平面角,这两条半径在圆周上截取的弧长与半径相等
立体角	球面度	sr	球面度是一立体角,其顶点位于球心,而它在球面上所截取的面积等于以球半径为边长的正方形面积

附录 C 希腊字母

小写	大写	英文名称	小写	大写	英文名称
α	A	Alpha	ν	N	Nu
β	B	Beta	ξ	Ξ	Xi
γ	Γ	Gamma	ο	O	Omicron
δ	Δ	Delta	π	Π	Pi
ε	E	Epsilon	ρ	P	Rho
ζ	Z	Zeta	σ	Σ	Sigma

续表

小写	大写	英文名称	小写	大写	英文名称
η	Η	Eta	τ	Τ	Tau
θ	Θ	Theta	υ	Υ	Upsilon
ι	Ι	Iota	φ(ϕ)	Φ	Phi
κ	Κ	Kappa	χ	Χ	Chi
λ	Λ	Lambda	ψ	Ψ	Psi
μ	Μ	Mu	ω	Ω	Omega

附录 D　物理量的名称、符号和单位（SI）

物理量		单位	
名称	符号	名称	符号
长度	l,L	米	m
质量	m	千克	kg
时间	t	秒	s
速度	v	米每秒	$\mathrm{m\cdot s^{-1}}$, m/s
加速度	a	米每二次方秒	$\mathrm{m\cdot s^{-2}}$, $\mathrm{m/s^2}$
角	$\theta,\alpha,\beta,\gamma$	弧度	rad
角速度	ω	弧度每秒	$\mathrm{rad\cdot s^{-1}}$, rad/s
(旋)转速(度)	n	转每秒	$\mathrm{r\cdot s^{-1}}$, r/s
频率	ν	赫[兹]	Hz, $\mathrm{s^{-1}}$; Hz, 1/s
力	F	牛[顿]	N
摩擦因数	μ	—	1
动量	p	千克米每秒	$\mathrm{kg\cdot m\cdot s^{-1}}$, $\mathrm{kg\cdot m/s}$
冲量	I	牛[顿]秒	$\mathrm{N\cdot s}$
功	A	焦[耳]	J
能量,热量	E,E_k,E_p,Q	焦[耳]	J
功率	P	瓦[特]	$\mathrm{W(J\cdot s^{-1})}$, W(J/s)
力矩	M	牛[顿]米	$\mathrm{N\cdot m}$
转动惯量	J	千克二次方米	$\mathrm{kg\cdot m^2}$
角动量	L	千克二次方米每秒	$\mathrm{kg\cdot m^2\cdot s^{-1}}$, $\mathrm{kg\cdot m^2/s}$
劲度系数	k	牛顿每米	$\mathrm{N\cdot m^{-1}}$, N/m

续表

物理量		单位	
名称	符号	名称	符号
压强	p	帕[斯卡]	Pa
体积	V	立方米	m^3
热力学能	U	焦[耳]	J
热力学温度	T	开[尔文]	K
摄氏温度	t	摄氏度	℃
物质的量	ν, n	摩尔	mol
摩尔质量	M	千克每摩尔	$kg\cdot mol^{-1}$, kg/mol
分子自由程	λ	米	m
分子碰撞频率	Z	次每秒	s^{-1}
黏度	η	帕[斯卡]秒，千克每米秒	$Pa\cdot s$, $kg\cdot m^{-1}\cdot s^{-1}$, kg/(m·s)
热导率	κ	瓦每米开	$W\cdot m^{-1}\cdot K^{-1}$, W/(m·K)
扩散系数	D	平方米每秒	$m^2\cdot s^{-1}$, m^2/s
比热容	c	焦[耳]每千克开	$J\cdot kg^{-1}\cdot K^{-1}$, J/(kg·K)
摩尔热容	$C_m, C_{V,m}, C_{p,m}$	焦[耳]每摩尔开	$J\cdot mol^{-1}\cdot K^{-1}$, J/(mol·K)
摩尔热容比	$\gamma=C_{p,m}/C_{V,m}$		
热机效率	η		
制冷系数	ε		
熵	S	焦[耳]每开	$J\cdot K^{-1}$, J/K
电荷	q, Q	库[仑]	C
体电荷密度	ρ	库[仑]每立方米	$C\cdot m^{-3}$, C/m^3
面电荷密度	σ	库[仑]每平方米	$C\cdot m^{-2}$, C/m^2
线电荷密度	λ	库[仑]每米	$C\cdot m^{-1}$, C/m
电场强度	E	伏[特]每米	$V\cdot m^{-1}$, V/m
真空电容率	ε_0	法拉每米	$F\cdot m^{-1}$, F/m
相对电容率	ε_r		
电场强度通量	Ψ_e	伏[特]米	V·m
电势能	E_p	焦[耳]	J
电势	V	伏[特]	V
电势差	V_1-V_2	伏[特]	V
电偶极矩	p	库[仑]米	C·m

续表

物理量		单位	
名称	符号	名称	符号
电容	C	法拉	F
电极化强度	P	库[仑]每平方米	$\mathrm{C\cdot m^{-2}}$, $\mathrm{C/m^2}$
电位移	D	库[仑]每平方米	$\mathrm{C\cdot m^{-2}}$, $\mathrm{C/m^2}$
电流	I	安[培]	A
电流密度	j	安[培]每平方米	$\mathrm{A\cdot m^{-2}}$, $\mathrm{A/m^2}$
电阻	R	欧[姆]	Ω
电阻率	ρ	欧[姆]米	$\Omega\cdot\mathrm{m}$
电动势	$\mathscr{E}$	伏[特]	V
磁感应强度	B	特[斯拉]	T
磁矩	m	安[培]平方米	$\mathrm{A\cdot m^2}$
磁化强度	M	安[培]每米	$\mathrm{A\cdot m^{-1}}$, $\mathrm{A/m}$
真空磁导率	μ_0	亨[利]每米	$\mathrm{H\cdot m^{-1}}$, $\mathrm{H/m}$
相对磁导率	μ_r		
磁场强度	H	安[培]每米	$\mathrm{A\cdot m^{-1}}$, $\mathrm{A/m}$
磁通[量]	Φ_m	韦[伯]	Wb
磁通匝链数	Ψ		
自感	L	亨[利]	H
互感	M	亨[利]	H
位移电流	I_d	安[培]	A
磁能密度	ω_m	焦[耳]每立方米	$\mathrm{J\cdot m^{-3}}$, $\mathrm{J/m^3}$
周期	T	秒	s
频率	ν, f	赫[兹]	Hz
振幅	A	米	m
角频率	ω	弧度每秒	$\mathrm{rad\cdot s^{-1}}$, $\mathrm{rad/s}$
波长	λ	米	m
角波数(波数)	k	每米	$\mathrm{m^{-1}}$, $\mathrm{1/m}$
相位	φ	弧度	rad
光速	c	米每秒	$\mathrm{m\cdot s^{-1}}$, $\mathrm{m/s}$
振动位移	x, y	米	m
振动速度	v	米每秒	$\mathrm{m\cdot s^{-1}}$, $\mathrm{m/s}$
波强	I	瓦[特]每平方米	$\mathrm{W\cdot m^{-2}}$, $\mathrm{W/m^2}$

附录 E 基本物理常数表(2006年国际推荐值)

物 理 量	符号	数 值	单 位	计算时的取值
真空光速	c	299 792 458(精确)	m/s	3.00×10^{8}
真空磁导率	μ_0	$4\pi\times10^{-7}$(精确)	H/m	
真空介电常数	ε_0	$8.854\ 187\ 817\cdots\times10^{-12}$(精确)	F/m	8.85×10^{-12}
牛顿引力常数	G	$6.674\ 28(67)\times10^{-11}$	$\mathrm{m^3/(kg\cdot s^2)}$	6.67×10^{-11}
普朗克常数	h	$6.626\ 608\ 96(33)\times10^{-34}$	J·s	6.63×10^{-34}
基本电荷	e	$1.602\ 176\ 487(40)\times10^{-19}$	C	1.60×10^{-19}
里德伯常数	R_∞	10 973 731.568 527(73)	$\mathrm{m^{-1}}$	10 973 731
电子质量	m_e	$0.910\ 938\ 215(45)\times10^{-30}$	kg	9.11×10^{-31}
康普顿波长	λ_C	$2.426\ 310\ 58(22)\times10^{-12}$	m	2.43×10^{-12}
质子质量	m_p	$1.672\ 621\ 637(83)\times10^{-27}$	kg	1.67×10^{-27}
阿伏伽德罗常数	N_A,L	$6.022\ 141\ 79(30)\times10^{23}$	$\mathrm{mol^{-1}}$	6.02×10^{23}
摩尔气体常数	R	8.314 472(15)	J/(mol·K)	8.31
玻耳兹曼常数	k	$1.380\ 650\ 4(24)\times10^{-23}$	J/K	1.38×10^{-23}
摩尔体积(理想气体),T=273.15K,p=101 325Pa	V_m	22.414 10(19)	L/mol	22.4
斯特藩-玻耳兹曼常数	σ	$5.670\ 400(40)\times10^{-8}$	$\mathrm{W/(m^2\cdot K^4)}$	5.67×10^{-8}

附录 F 常用数学公式

1. 矢量运算

1) 单位矢量的运算

$\boldsymbol{i}$、$\boldsymbol{j}$ 和 $\boldsymbol{k}$ 为坐标轴 x、y 和 z 方向的单位矢量,有

$$\boldsymbol{i}\cdot\boldsymbol{i}=\boldsymbol{j}\cdot\boldsymbol{j}=\boldsymbol{k}\cdot\boldsymbol{k}=1,\quad \boldsymbol{i}\cdot\boldsymbol{j}=\boldsymbol{j}\cdot\boldsymbol{k}=\boldsymbol{k}\cdot\boldsymbol{i}=0$$

$$\boldsymbol{i}\times\boldsymbol{i}=\boldsymbol{j}\times\boldsymbol{j}=\boldsymbol{k}\times\boldsymbol{k}=\boldsymbol{0}$$

$$\boldsymbol{i}\times\boldsymbol{j}=\boldsymbol{k},\boldsymbol{j}\times\boldsymbol{k}=\boldsymbol{i},\boldsymbol{k}\times\boldsymbol{i}=\boldsymbol{j}$$

2) 矢量的标积和矢积

设两矢量 $\boldsymbol{a}$ 与 $\boldsymbol{b}$ 之间小于 π 的夹角为 θ,有

$$\boldsymbol{a}\cdot\boldsymbol{b}=\boldsymbol{b}\cdot\boldsymbol{a}=a_xb_x+a_yb_y+a_zb_z=ab\cos\theta$$

$$\boldsymbol{a}\times\boldsymbol{b}=-\boldsymbol{b}\times\boldsymbol{a}=\begin{vmatrix}\boldsymbol{i} & \boldsymbol{j} & \boldsymbol{k}\\ a_x & a_y & a_z\\ b_x & b_y & b_z\end{vmatrix}$$

$$|\boldsymbol{a}\times\boldsymbol{b}|=ab\sin\theta$$

3）矢量的混合运算

$$\boldsymbol{a}\times(\boldsymbol{b}+\boldsymbol{c})=(\boldsymbol{a}\times\boldsymbol{b})+(\boldsymbol{a}\times\boldsymbol{c})$$
$$(s\boldsymbol{a})\times\boldsymbol{b}=\boldsymbol{a}\times(s\boldsymbol{b})=s(\boldsymbol{a}\times\boldsymbol{b})\quad(s\text{ 为标量})$$
$$\boldsymbol{a}\cdot(\boldsymbol{b}\times\boldsymbol{c})=\boldsymbol{b}\cdot(\boldsymbol{c}\times\boldsymbol{a})=\boldsymbol{c}\cdot(\boldsymbol{a}\times\boldsymbol{b})$$
$$\boldsymbol{a}\times(\boldsymbol{b}\times\boldsymbol{c})=(\boldsymbol{a}\cdot\boldsymbol{c})\boldsymbol{b}-(\boldsymbol{a}\cdot\boldsymbol{b})\boldsymbol{c}$$

2. 三角函数公式

$$\sin(90^\circ-\theta)=\cos\theta$$
$$\cos(90^\circ-\theta)=\sin\theta$$
$$\sin\theta/\cos\theta=\tan\theta$$
$$\sin^2\theta+\cos^2\theta=1$$
$$\sec^2\theta-\tan^2\theta=1$$
$$\csc^2\theta-\cot^2\theta=1$$
$$\sin2\theta=2\sin\theta\cos\theta$$
$$\cos2\theta=\cos^2\theta-\sin^2\theta=2\cos^2\theta-1=1-2\sin^2\theta$$
$$\sin(\alpha\pm\beta)=\sin\alpha\cos\beta\pm\cos\alpha\sin\beta$$
$$\cos(\alpha\pm\beta)=\cos\alpha\cos\beta\pm\sin\alpha\sin\beta$$
$$\tan(\alpha\pm\beta)=\frac{\tan\alpha\pm\tan\beta}{1\pm\tan\alpha\tan\beta}$$
$$\sin\alpha\pm\sin\beta=2\sin\frac{1}{2}(\alpha\pm\beta)\cos\frac{1}{2}(\alpha\pm\beta)$$
$$\cos\alpha+\cos\beta=2\cos\frac{1}{2}(\alpha+\beta)\cos\frac{1}{2}(\alpha-\beta)$$
$$\cos\alpha-\cos\beta=-2\sin\frac{1}{2}(\alpha+\beta)\sin\frac{1}{2}(\alpha-\beta)$$

3. 常用导数公式

(1) $\dfrac{\mathrm{d}x}{\mathrm{d}x}=1$

(2) $\dfrac{\mathrm{d}(au)}{\mathrm{d}x}=a\dfrac{\mathrm{d}u}{\mathrm{d}x}$

(3) $\dfrac{\mathrm{d}}{\mathrm{d}x}(u+v)=\dfrac{\mathrm{d}u}{\mathrm{d}x}+\dfrac{\mathrm{d}v}{\mathrm{d}x}$

(4) $\dfrac{\mathrm{d}}{\mathrm{d}x}x^m=mx^{m-1}$

(5) $\dfrac{\mathrm{d}}{\mathrm{d}x}\ln x=\dfrac{1}{x}$

(6) $\dfrac{\mathrm{d}}{\mathrm{d}x}(uv)=u\dfrac{\mathrm{d}v}{\mathrm{d}x}+v\dfrac{\mathrm{d}u}{\mathrm{d}x}$

(7) $\dfrac{\mathrm{d}}{\mathrm{d}x}\mathrm{e}^x=\mathrm{e}^x$

(8) $\dfrac{\mathrm{d}}{\mathrm{d}x}\sin x=\cos x$

(9) $\dfrac{\mathrm{d}}{\mathrm{d}x}\cos x=-\sin x$

(10) $\frac{\mathrm{d}}{\mathrm{d}x}\tan x=\sec^2 x$

(11) $\frac{\mathrm{d}}{\mathrm{d}x}\cot x=-\csc^2 x$

(12) $\frac{\mathrm{d}}{\mathrm{d}x}\sec x=\tan x\sec x$

(13) $\frac{\mathrm{d}}{\mathrm{d}x}\csc x=-\cot x\csc x$

(14) $\frac{\mathrm{d}}{\mathrm{d}x}\mathrm{e}^u=\mathrm{e}^u\frac{\mathrm{d}u}{\mathrm{d}x}$

(15) $\frac{\mathrm{d}}{\mathrm{d}x}\sin u=\cos u\frac{\mathrm{d}u}{\mathrm{d}x}$

(16) $\frac{\mathrm{d}}{\mathrm{d}x}\cos u=-\sin u\frac{\mathrm{d}u}{\mathrm{d}x}$

4. 常用积分公式

(1) $\int \mathrm{d}x = x + c$

(2) $\int au\,\mathrm{d}x = a\int u\,\mathrm{d}x + c$

(3) $\int (u+v)\mathrm{d}x = \int u\,\mathrm{d}x + \int v\,\mathrm{d}x + c$

(4) $\int x^m\,\mathrm{d}x = \frac{1}{m+1}x^{m+1} + c,\quad m\neq -1$

(5) $\int \frac{\mathrm{d}x}{x} = \ln|x| + c$

(6) $\int \mathrm{e}^x\,\mathrm{d}x = \mathrm{e}^x + c$

(7) $\int \sin x\,\mathrm{d}x = -\cos x + c$

(8) $\int \cos x\,\mathrm{d}x = \sin x + c$

(9) $\int \tan x\,\mathrm{d}x = \ln|\sec x| + c$

(10) $\int \mathrm{e}^{-ax}\,\mathrm{d}x = -\frac{1}{a}\mathrm{e}^{ax} + c$

(11) $\int x\mathrm{e}^{-ax}\,\mathrm{d}x = -\frac{1}{a^2}(ax+1)\mathrm{e}^{-ax} + c$

(12) $\int x^2\mathrm{e}^{-ax}\,\mathrm{d}x = -\frac{1}{a^3}(a^2x^2+2ax+2)\mathrm{e}^{-ax} + c$

(13) $\int \frac{\mathrm{d}x}{\sqrt{x^2+a^2}} = \ln(x+\sqrt{x^2+a^2}) + c$

(14) $\int \frac{x\,\mathrm{d}x}{(x^2+a^2)^{3/2}} = -\frac{1}{(x^2+a^2)^{1/2}} + c$

(15) $\int \frac{\mathrm{d}x}{(x^2+a^2)^{3/2}} = \frac{1}{a^2(x^2+a^2)^{1/2}} + c$

习题答案

习 题 9

一、选择题

1. B　2. C　3. D　4. B　5. C　6. A　7. C　8. C　9. B
10. C

二、填空题

1. 1.33×10^{5} Pa　　2. 6.23×10^{3}；6.21×10^{-21}；1.035×10^{-20}
3. 12.5J；20.8J；24.9J　　4. 1∶1；2∶1；10∶3
5. 氩；氦

三、计算题

1.90kg/m^3

四、思考题

1. 略

2. (1) $f(v)\mathrm{d}v=\frac{\mathrm{d}N}{N}$表示理想气体分子速率大小在$v$附近，$v\sim v+\mathrm{d}v$速率区间内的相对分子数；

(2) $Nf(v)\mathrm{d}v=\mathrm{d}N$表示理想气体分子速率大小在$v$附近，$v\sim v+\mathrm{d}v$速率区间内的分子数；

(3) $\int_{v_1}^{v_2}f(v)\mathrm{d}v=\frac{\Delta N}{N}$表示某种理想气体分子速率在$v_1\sim v_2$区间内的分子数占总分子数的百分比(相对分子数)；

(4) $N\int_{v_1}^{v_2}f(v)\mathrm{d}v=\Delta N$表示某种理想气体分子速率在$v_1\sim v_2$区间内的分子数；

(5) $\frac{\int_{v_1}^{v_2}vf(v)\mathrm{d}v}{\int_{v_1}^{v_2}f(v)\mathrm{d}v}=\frac{\int_{v_1}^{v_2}v\mathrm{d}N}{\Delta N}$表示某种理想气体分子速率在$v_1\sim v_2$区间内分子的平均速率$\bar{v}$

习 题 10

一、选择题

1. B　2. C　3. B　4. C　5. B　6. B　7. C　8. B　9. C
10. A

二、填空题

1. 15J　　2. 2∶5　　3. 1.6×10^{3}J

4. $-|W_1|$；$-|W_2|$　　5. 124.7J；−84.3J　　6. 500；700

7. $\frac{W}{R}$；$\frac{7}{2}W$　　8. $\frac{3}{2}p_1V_1$；0　　9. $\frac{2}{i+2}$；$\frac{i}{i+2}$

10. 8.31J；29.09J

三、计算题

1. −700J

2. （1）$T_c=100\text{K}, T_b=300\text{K}$；（2）$W_{AB}=400\text{J}, W_{BC}=-200\text{J}, W_{CA}=0$；
   （3）循环中气体总吸热 $Q=200\text{J}$

3. （1）$W_{da}=-5.065\times10^3\text{J}$；（2）$\Delta E_{ab}=3.039\times10^4\text{J}$；
   （3）净功 $W=5.47\times10^3\text{J}$；（4）$\eta=13\%$

4. （1）$\eta=10\%$；（2）$W_{bc}=3\times10^4\text{J}$

习　题　11

一、选择题

1. B　　2. A　　3. A

二、计算题

1. （1）$T=1.2\text{s}$；（2）$v=-20.9\text{cm/s}$　　2. $x=2\cos\left(\frac{4}{3}\pi t+\frac{2}{3}\pi\right)\text{cm}$

3. $x=2\times10^{-2}\cos\left(\frac{5t}{2}-\frac{1}{2}\pi\right)$　(SI)　　4. $\frac{2}{3}\text{s}$

5. （1）π；（2）$-\frac{\pi}{2}$；（3）$\frac{\pi}{3}$　　6. $\varphi=-\frac{2\pi}{3}$；$T=3.43\text{s}$

7. $\frac{3}{4}$　　8. $\frac{15}{16}$

9. A_2-A_1；$x=(A_2-A_1)\cos\left(\frac{2\pi}{T}t+\frac{1}{2}\pi\right)$　　10. $1\times10^{-2}\text{m}$；$\frac{\pi}{6}$

习　题　12

一、选择题

1. C　　2. C　　3. A　　4. A　　5. A　　6. B　　7. D　　8. A　　9. C
10. C　　11. B　　12. D

二、计算题

1. $y=0.2\cos\left[4\pi\left(t-\frac{x}{20}\right)\right]$(SI)；$y=0.2\cos\left(4\pi t+\frac{\pi}{3}\right)$(SI)

2. 0　　3. $\frac{\lambda}{2}$　　4. 826Hz

习 题 13

一、选择题

1. A 2. C 3. D 4. C 5. B 6. C 7. A 8. C 9. A
10. C 11. B 12. C

二、计算题

1. (1) 0.11m； (2) 零级明纹移到原第7级明纹处，光路图略
2. 条纹向上移动；4.8×10^{-6} m 3. 480nm 4. 90.6nm
5. $\frac{3\lambda}{4n_2}$ 6. 明条纹；$\frac{\lambda}{2n_2}$ 7. 4λ
8. 第一级明纹 9. 0.0058cm 10. $\frac{3I_0}{32}$
11. $\frac{1}{2}$ 12. $\sqrt{3}$

习 题 14

一、选择题

1. D 2. D 3. D 4. D 5. A 6. A 7. D 8. A 9. C
10. D 11. C 12. D 13. C 14. C 15. D 16. D

二、填空题

1. $\frac{hc}{\lambda}$；$\frac{h}{\lambda}$；$\frac{h}{\lambda c}$ 2. 2.5；0.3967×10^{15} 3. $hc\left(\frac{1}{\lambda_0}-\frac{1}{\lambda}\right)$ 4. 15；4 5. 0.85
6. 39.8×10^{-16}J；1.32×10^{-23}kg·m/s 7. 0.0243 8. 0.0275 9. 0.119
10. 0.73×10^{6}m/s；3.98×10^{2}m/s 11. π；0 12. −0.85；−3.4
13. 13.6；5

习 题 15

一、填空题

1. t 时刻粒子在 $r(x,y,z)$ 处出现的概率密度；单值、有限、连续；$\iiint|\psi|^2\mathrm{d}x\mathrm{d}y\mathrm{d}z=1$

2. $E_n=\frac{n^2\pi^2\hbar^2}{2mL^2}$，$n=1,2,3,\cdots$；$\psi_n(x)=\sqrt{\frac{2}{L}}\sin\frac{n\pi x}{L}$，$n=1,2,3,\cdots$；

$\frac{1}{12}L,\frac{1}{4}L,\frac{5}{12}L,\frac{7}{12}L,\frac{3}{4}L,\frac{11}{12}L$； $0,\frac{1}{6}L,\frac{1}{3}L,\frac{1}{2}L,\frac{2}{3}L,\frac{5}{6}L,L$

3. 3；0，$\pm\hbar$，$\pm2\hbar$ 4. $\frac{2}{a}$

二、计算题

1. 量子化能级公式：$E_k=\frac{n^2h^2}{8ma^2}$，$n=1,2,3,\cdots$

最小动能公式：$E_{k1}=\dfrac{h^2}{8ma^2}$

2. (1) 粒子处于基态时，在 $x=0$ 到 $x=\dfrac{a}{3}$ 之间被找到的概率为 0.19；

(2) 粒子处于 $n=2$ 的激发态时，在 $x=0$ 到 $x=\dfrac{a}{3}$ 之间被找到的概率为 0.40

3. 略

4. d 支壳层最多能容纳的电子数为 10 个；

m_l 可取 $0,\pm1,\pm2$；

m_s 可取 $\pm\dfrac{1}{2}$

5. m_l 可取 $0,\pm1,\pm2,\pm3$；m_s 可取 $\pm\dfrac{1}{2}$

6. $l=4, n\geqslant5, m_s=\pm\dfrac{1}{2}$

7. 50 种

参考文献

1. 陆果.基础物理学[M].北京：高等教育出版社，1997.
2. 吴锡珑.大学物理教程[M].2版.北京：高等教育出版社，1999.
3. 王文福，税正伟.大学物理学[M].2版.北京：科学出版社，2011.
4. 张三慧. 大学物理学[M].3版.北京：清华大学出版社，2008.
5. 吴百诗.大学物理学[M].北京：高等教育出版社，2004.
6. 东南大学等七所工科院校编.马文蔚，解希顺，周雨青改编.物理学[M].5版.北京：高等教育出版社，2006.
7. 祝之光.物理学[M].3版.北京：高等教育出版社，2009.
8. 周光召.中国大百科全书(物理学)[M].北京：中国大百科全书出版社，2009.
9. 马廷钧.现代物理技术及其应用[M].北京：国防工业出版社，2002.
10. 戴剑锋，李维学，王青. 物理发展与科技进步[M].北京：化学工业出版社，2005.
11. 徐龙道，等.物理学词典[M].北京：科学出版社，2004.
12. 蔡枢，吴铭磊.大学物理(当代物理前沿专题部分)[M].北京：高等教育出版社，1996.
13. 丁俊华.物理(工)[M].沈阳：辽宁大学出版社，1999.
14. 高崇寿，谢柏青.今日物理[M].北京：高等教育出版社，2004.
15. 陈世杰.物理学的100个基本问题[M].太原：山西科学技术出版社，2004.
16. 周光召.现代科学技术基础[M].北京：群众出版社，2001.
17. 陈泽民.近代物理与高新技术物理基础——大学物理续编[M].北京：清华大学出版社，2001.
18. 安连生.应用光学[M].3版.北京：北京理工大学出版社，1997.
19. 吴青.自然科学与高新技术[M].北京：国防工业出版社，2009.
20. 张礼.近代物理学进展[M].2版.北京：清华大学出版社，2009.
21. [美]R.戈特罗，W.萨万.全美经典学习指导系列——近代物理学(原2版)[M].孙宗扬，译.北京：科学出版社，麦格劳-希尔教育出版集团，2002.
22. 魏京花，黄伟.大学物理学金牌辅导[M].北京：中国建材工业出版社，2007.
23. 魏京花，余丽芳，黄伟，等.工科物理教程[M].北京：机械工业出版社，2011.
24. 王正行.在解题中学习近代物理[M].北京：北京大学出版社，2004.